文学的长河

封面・构成

广州图书馆文献整理丛书

文学的长河

封面·构成

苏家杰

广州图书馆 主编

GUANGXI NORMAL UNIVERSITY PRESS
广西师范大学出版社
·桂林·

文学的长河：封面·构成
WENXUE DE CHANGHE FENGMIAN GOUCHENG

图书在版编目（CIP）数据

文学的长河 ： 封面·构成 / 苏家杰，广州图书馆主编. -- 桂林 ： 广西师范大学出版社，2024.8
（广州图书馆文献整理丛书）
ISBN 978-7-5598-6763-6

Ⅰ. ①文… Ⅱ. ①苏… ②广… Ⅲ. ①书籍装帧－设计－作品集－中国－现代 Ⅳ. ①TS881

中国国家版本馆 CIP 数据核字（2024）第 026705 号

广西师范大学出版社出版发行
　广西桂林市五里店路 9 号　邮政编码：541004
　　网址：http://www.bbtpress.com
出版人：黄轩庄
全国新华书店经销
珠海市豪迈实业有限公司印刷
　珠海市斗门区白蕉镇城东金坑中路 19 号 4 栋（厂房）二楼
　邮政编码：519125
开本：880 mm × 1 240 mm　1/16
印张：38.5　　　字数：725 千
2024 年 8 月第 1 版　2024 年 8 月第 1 次印刷
定价：388.00 元

如发现印装质量问题，影响阅读，请与出版社发行部门联系调换。

广州图书馆文献整理丛书编委会

主　　编	方家忠
副 主 编	黄广宇　刘平清　陈深贵
编　　委	（按各职级姓氏笔画序）

巫朝滨　李少鹏　肖红凌　肖秉杰　张江顺
陆庆强　陈　荧　陈智颖　招建平　高美云
唐　琼　黄臻雄　潘拥军　付跃安　冯　莉
李保东　张　伟　张希慧　陈丽纳　陈　欣
林　静　罗逸生　冼　立　郑　爽　黄小娟
黄新慧　梁超文　彭琳彦　詹　田　蔡晓绚
朱　海　刘文仕　许　换　陈思妍　曾　洁

常务编辑　邵　雪

《文学的长河：封面·构成》编委会

主　　编	刘平清
副 主 编	林志成　陈智颖　何　虹（执行）
编　　纂	何　虹
编　　委	刘平清　林志成　陈智颖　林　静　何　虹
	何清华　朱俊芳　金　峰　苏晓明　陈　露
	严泽欣　孙鲁渝

南国文学封面设计第一人

——《文学的长河：封面·构成》序

都说封面是一本书的脸面，类似一个人的衣装打扮。但以我多年混迹书店和图书馆的体会，读书人买书借书，很多时候，更多是冲着某本书的内容，或者作者的名声，或者某本书的书名很吸引人；很少有人冲着封面而去。这个真相似乎对封面设计专家有些残酷：他们为一本书的封面设计绞尽脑汁，有时甚至达到"为伊消得人憔悴"的地步，对图书的销售和借阅真没有实质性的帮助吗？当然不能说没有。好的封面设计，增添了书籍的魅力，也能引发读书人在逛书店、到图书馆时，拿起来翻阅浏览的冲动。近年来，大陆图书行业越来越重视封面设计，年年都搞最美图书评奖。这个"最美"就是从书籍形式——从封面到整体装帧等而言，并不关涉书的内容。

域外小说集（会稽周氏兄弟纂译，1909，神田印刷所）

说起来，我自己对封面的关注，或者说封面设计的一点可怜知识，大抵上多是来自于鲁迅、闻一多等人。他们一个是美术爱好者，一个本来就是学美术出身。他们是文学大家，别说其创作了，就是生平的点点滴滴，都被学界和社会评头论足。也因此，他们自己或别人为他们著作设计的封面，也屡屡被后人提起。就说鲁迅吧，在和周作人合译《域外小说集》出版时，他手绘封面画：在青灰色的底面上方，设一长方形希腊图案，绘着司文艺的女神缪斯在朝日初升时弹奏竖琴。图案之下是横排的书名，由陈师曾题签，下端标注"第一册"。整体设计显露出年轻鲁迅的审美情趣与追求。优美的构图，深远的意境，浓郁的域外风情，扑面而来，令人遐想。《呐喊》面世前，鲁迅再次操刀，亲自绘制封面图案：在封面上首作一黑色长方框，内嵌镂空的美术字"呐喊"，背景衬以满版的暗红色，显得热烈深沉，质朴大方。当时的中国，鲁迅比喻为"黑屋子"，他执笔为文，就是要大声疾呼，唤醒人们冲破黑屋子。在我看来，这个封面设计很好地传递出他的这一思想。

在中国现代书籍装帧史上，采用新颖的图案装饰作为新文艺书籍的封面设计，向来陶元庆被视为第一人。而他之所以名垂青史，获此殊荣，很大程度上是因为他生前基本上包揽了鲁迅著作的封面设计。如他设计的《彷徨》初版封面，以橙红色为底色，配以线条勾勒的黑色装饰人物，类似剪影，似坐又似行，将"彷徨"表现得恰到好处。人物旁边，夕阳的造型，同样处理成黑色。这张封面，岂止是醒目，几乎有些刺目。《彷徨》的封面延续了《呐喊》的风格，但又有所改变。这种变化，与鲁迅小说反映的内容和和此时思想上的矛盾是一致的。因此，鲁迅称赞说："《彷徨》的书面实在非常有力，看了使人感动。"

闻一多先生的诗集《死水》，装帧由他本人亲自操刀。封面和封底全部选用无光黑纸，在封面左上方和封底右上方各是一长方形金框，框内上方各横印"死水"二字。封面和封底除了占据整体面积很小一部分的金黄色块外，其它版块都是让人"两眼一抹黑"的浓黑，传递出作者"这是一沟绝望的死水"的思绪。

传统线装书的封面，一般只是简单标识书名等信息，或者加上印章，或加框加线。近代以来，书刊封面本质上是市场营销重要组成部分。为达到吸引读者的目的，晚清民国至今，封面设计要求高得多。近代以来，伴随着近代出版机构的崛起，出版物的商品属性愈发浓厚；西方版权意识的引入，出版物的销量，不仅关乎出版机构的经营，更与作者本人的收入直接挂钩。这是近代以来包括封面在内的书籍装帧艺术越来越受到出版机构和作者重视的时代背景。丰子恺先生说："书的装帧，于读书心情大有关系。精美的装帧，能象征书的内容，使人未开卷时先已准备读书的心情与态度，犹如歌剧开幕前的序曲，可以整顿观者的感情，使之适合于剧的情调……善于装帧者，亦能将书的内容精神翻译为形状与色彩，使读者发生美感，而增加读者的兴味。"这段话，颇能代表了民国文人对装帧的基本认识。

呐喊（鲁迅原著；鲁迅先生纪念委员会编纂，1948，鲁迅全集出版社发行）

彷徨（鲁迅著；鲁迅先生纪念委员会编，1947，鲁迅全集出版社）

死水（闻一多著，1929，新月书店）

有专家考证，"装帧"是由日本引进的外来词。书籍的装帧设计包括整体设计、封面设计、内文版面设计等。封面设计一般来说，包括封面、封底与书脊三部分。这三部分是一个整体，特别是精装本，更是如此。但对于我们普通读者而言，拿起一本书，最吸引我们眼球的首先是封面，其次是书脊。现代书店敞开式的销售模式，也是尽可能把书籍封面陈设出来，希望通过此吸引读者打开书、浏览、购买。从这点来说，封面相当于一本书的"导览员"。其功能，好比画展的宣传海报，或者说今天影视剧的"片花"。但无论是读书人，还是作者，对封面设计者大抵是陌生的。封面设计，作为图书出版不可或缺的一环，封面设计师默默地配合图书出版的整体流程，虽然也在责任编辑后印有他们的名字，但一般来说，确实很少被人注意。从这点上说，社会对这批艺术家是不公平的。

在广州图书馆人文馆名人专藏"南粤一家"专藏区，一个专柜存放着的2000余种书籍，所有封面都出自同一个装帧艺术家苏家杰先生之手。从出版时间上说，最早是广东人民出版社1972年面世的《发生在旅店里的故事》《友谊花开》，最晚一本则是2016年花城出版社推出的《聂绀弩文集》。时间跨度前后达44年，几乎与改革开放同步。上世纪70年代初，苏家杰已参与书籍的封面设计工作。1980年，苏家杰正式入职广东人民出版社，开始了他书籍装帧设计职业生涯的探索旅程。他更多的封面作品，诞生于1981年花城出版社成立后。他是该社最早一批员工之一。从1981年到2009年退休，作

详见本书第527页50001

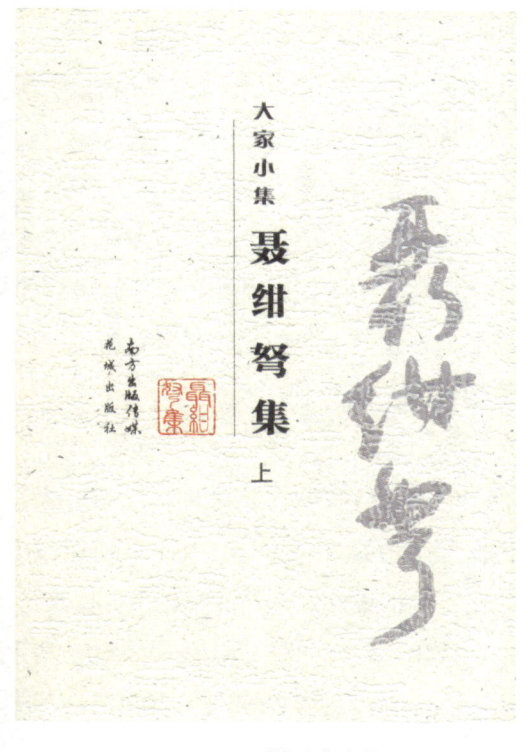

详见本书第527页50002

详见本书第433页11732

为花城出版社美术室负责人，他几乎承揽了这家以文学作品出版见长的出版社，大多数文学书籍的封面设计；同时连续28年为该社出版发行的《随笔》杂志设计封面。收藏在专柜里一排排的书籍，向外展露的书脊，不同的色彩、书名、作者名，蔚为大观；如果把它们摊平展开，斑斓多姿的封面，更让人叹为观止。如果把这些封面图片连缀成为一张长长的画幅——苏家杰先生把这幅长图形象地称为"粤版文学长河"，有种很强烈的视觉冲击感。

在南中国，在同一领域——主要是文学类作品封面设计、深耕；持续时间如此之长——长达40余年；成果如此之丰——多达2000余幅，多次荣获行业大奖；流布如此之广——这些书籍总印数三亿余册；苏家杰先生堪称第一人。夸张点说，是前无古人：改革开放前，广东出版业还不发达，尤其是没有专门的文学出版机构，出版的文学类书籍比较少。苏家杰职业生涯大放光彩之时，正是花城出版社发展最好的时期之一，也是文学作品发行井喷，印数与影响力非常大的时期。这为他大展身手，提供了广阔的舞台，可谓生当其时。是否后无来者，我估计也有可能。从美术各领域而言，书籍装帧，赚钱少，回报低，实属"雕虫小技，壮夫不为"。今后是否还会有一个人，如苏家杰先生这样，同一件事，一做就是40年，一生一事，一事一生，我是很怀疑的。长达40余年的案头耕耘，才有了属于他的独特的"粤版文学长河"。这些构成了《文学的长河：封面·构成》的主体。苏家杰作为1980～2010年粤版文学书籍最主要的平面设计师，他设计的文学图书，成为改革开放以来，粤版文学书籍装帧设计的史料之一，见证着新时期以来文学作品出版印刷的起落沉浮。对于研究20世纪80年代以来广东文学书籍的设计流派与设计师的风格变化，提供了极好的直观样本。

犹记1999年底，姜德明先生编著，三联书店出版的《书衣百影》，向读者推荐他认为优秀的带有典范性的书衣（封面）。类似以封面为主角的书籍，近年来也有，但多是不同设计者的封面佳作汇总。一本几乎囊括同一作者设计的封面为主体的书，在汪洋大海一般的书籍海洋里，至少在我有限的视野里也是少见的。

我对苏家杰先生了解并不多。但十多年前，因为偶然的机缘，我就知道他的大名。那时我的一本时政评论集《百姓知情天下太平》，由花城出版社推出，封面是由他设计的。封面整体色调呈淡黄色，横排的书名选用淡红色的隶书字体。右上角选用的是我一篇时评的标题：《我们需要什么样的政绩观》；标题和文章原文黑色字若隐若现，从清晰到模糊，渐渐变淡，

详见本书第355页11424

铺陈在封面上。看着封面，让我联想起一张张泛黄的新闻纸。当时我就想，书籍封面设计，不只是装帧设计家自我才华的纸上流露，更主要的是，设计师要吃透领会捕捉一本书的基本精髓。现在还记得，选用隶书字体，是陈建华先生的建议，我转告此书负责文字的责编。处理成暗红色，或许苏老师想到这些文章都是来自我当时供职的《广州日报》党报的报头都是红色。

这之后，我开始留意到，原来家里书柜中，不少书籍封面都出自他手。有些封面印象很深。如80年代花城版《沈从文文集》封面，红色为基调，以黑色作为区间色，浓墨重彩。细看，封面的右手边，站着一个面朝左方的眉清目秀的女子侧影，身着传统的汉服；她的左上方是一只大鸟的造型，长长的脖子，似乎在展翅高翔。下半部分，比较醒目的是游鱼，黑色线条勾勒出山川大地。熟悉沈从文笔下的湘西的读者，大概从这幅图中能读出女巫、楚歌、凤凰等传奇故事。整幅构图十分繁复，生机勃勃，想象丰赡。有些类似于长沙马王堆出土的汉帛上的画幅，又有些像青铜鼎上繁复的花纹。如果不了解沈从文先生小说的背景，很难设计出这么具有传统意味的封面。比较而言，90年代出版的《沈从文文集》封面，金色的画面，由淡色到黑色的过渡，丝丝缕缕，似涓涓水波，绵绵不绝的思绪，也能抓住沈从文作品的一个方面；整体上来说，还是要比80年代版的封面逊色。

新时期以来，花城出版社是内地较早引进港台版图书的机构。曾几何时，席慕蓉诗、琼瑶小说、三毛散文，以及柏杨杂文集《丑陋的中国人》等风靡国内。花城版的《七里香》《无怨的青春》，从印刷册数说，估计创造了新诗印量的记录？这两本诗集的封面设计者，都是苏家杰。多少年过去了，也许是印象太深，我还记得这两本诗集的封面，一

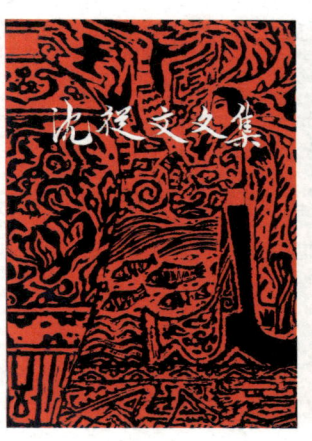

详见本书第6页 10012 　　详见本书第86页 10341

详见本书第41页 10165 　　详见本书第37页 10151

本是淡紫色，一本是稍稍深点的紫色，黄色的书名，都有一个女子的剪影——后来才知道，这是选自席慕蓉手绘的画像；在书的一角，用小些的字，竖排席慕蓉的诗句。在国人审美世界，紫色代表的是梦是幻，是清新脱俗，是远离尘寰。这两本诗集的封面设计，很好地传达出席慕蓉诗歌世界里，属于少男少女特有的情愫。他在封面设计时，大胆使用彩色，形成很强的视觉冲击力，例证不胜枚举。如他设计的史光柱著《我恋》封面，一片血红色，马上让我联想起那首传唱一时的《血染的风采》。

详见本书第41页10164

现在想来，80、90年代，北京上海的文学书籍封面，仍然以灰色白色为基调，至多再用其他彩色做些点缀，很少像苏家杰这样大胆采用紫色。如果说，同一时期北京上海的装帧艺术，从字体字号到色彩的选用，仍然延续的是新中国成立后，封面设计上端庄大气朴实无华的风格；苏家杰的封面设计，则呈现出南国艳阳高照、艳丽多姿的一面。浓郁的地方特色与鲜明的时代特征——比如上面提到的他最早的作品，1972年出版的《发生在旅店里的故事》《友谊花开》封面，人物与氛围，都是"文革"时期出版物和宣传画才有的特色——有机地融为一体，逐渐呈现并形成苏家杰个人的封面设计的独特风貌乃至艺术风格。

纵观苏家杰的封面设计，特别是把它们作为一个整体，暂时远离某本书具体的内容进行审视时，我想起了克莱夫·贝尔《艺术》一书的名言："一种艺术品的根本性质是有意味的形式。""有意味的形式，就是一切视觉艺术的共同性质"，它"是对某种特定的现实之感情的表现"。在克莱夫·贝尔看来，线条、色彩以及某种特殊方式组合成某种形式或形式间的关系，激起我们的审美感情，就是"有意味的形式"。

封面设计，在我看来，属于戴着镣铐跳舞的行当。大32开本、小32开本、16开本……这些是封面设计者驰骋才华的有限天地。书名、作者名（有时还要标注原作的国别和翻译者）、出版社名称，都是书籍封面必不可少的元素。封面设计，有些像螺丝壳里做道场，腾挪折腾；如果再加上书脊、封底，作为整体来考虑，对设计者其实是一种有形的限制。但对于一个有追求的艺术家来说，束缚反而能激发创造力。不同的书籍、不同的书名、不同的内容，又为封面设计者提供了发挥自我主观能动性的余地。从一片有限的空间入手，苏家杰先生借助色彩、线条、构图，组合成一个又一个"有意味的形式"，构筑营造出一个属于自己的艺术天地，乃至艺术王国。

在一篇创作谈中，他说想通过自己持续不断的努力，特别是他设计封面的那些古今中外文学书籍的出版，以此反驳"广东无文化"的说法。焉不知，这里的"文化"其实是"经典"的代名词。说"广东无文化"，是说广东人没有创造出有全国影响的示范性的精神文化典籍。但是即或从装帧艺术一隅而言，苏家杰先生的贡献，让广东在这方面足以媲美京沪，鼎足为三。从这点上说，苏家杰对广东文化做出了自己的贡献。他不同时期的封面作品，结合不同书籍的内容，风格各异：或写实，或写意，或抽象；或古典，或现代；或细腻，或狂放；或轻灵，或沉重；或幽默，让人会心一笑；或跳跃，让人浮想联翩……它们反映出苏家杰在各时期图书装帧设计理念与艺术情怀的不同侧面。当我一张张翻看着、摩挲着、欣赏着他的封面作品时，我坚信自己的上述判断，同时也认同他的这一说法："在小小的平面上，可以用山水、人物、动物、花鸟虫鱼来展现各种想象，可以以装饰性、重复性、单纯性、有秩序性并带有点幽默感的表现手法，来营造一个个有观赏性的空间。"

本书把同一个装帧设计师四十多年来的封面设计作品按图书编目标准整理出版，汇为一册，我不敢说是否世界范围内尚属首次，但可以说比较少见吧。它的面世，是改革开放以来广东文化在书籍装帧设计方面发展成就的一个缩影；同时也是广州图书馆开展名人专藏整理工作以来取得的又一成果。从专科目录学方面看，是广东地方文学的系列主题书目，具有一定的学科参考价值；同时也是具有鲜明地方特色的重要出版史料。从版本学看，反映了系列图书装帧版次外部特征的异同与变化。

在此书正式出版前，我们在人文馆举行过小型的"苏家杰先生书籍装帧作品展"，精选了他不同时期设计的封面图。为此，苏家杰先生撰写了简短的创作絮语：

"80年代的文学书籍定价十分低廉。超低的成本预算、落后的铅印排版印刷技术和刚刚从贫穷中走出来不求美观只要实惠的大众欣赏习惯，迫使封面设计师不能在图书封面的用料上和印刷特技上做文章，只能在平面图形上寻求创新。"

90年代，"封面设计者开始使用电脑进行设计和创作……同样的设计软件带来了千百万的雷同，这种令人讨厌的雷同显示在封面上，被称之为'电脑味'。有专家指出，'电脑味'将毁掉中国传统的书卷气，我同意这种看法。这一时期，我一直在使用电脑消灭'电脑味'。"

21世纪后，"由于阅读方式和阅读载体已发生了颠覆性的改变，大量的读者习惯了碎片化的阅读，文学书籍已回归到书生读书时代，因此，我的设计也倾向于朴实无华，强调手感和书卷气。"

由此，我们不难看出，作者对装帧艺术的思考，不仅是因书而变，而且一直在因时而变。扎实的艺术功底，对书籍内容的精准把握，特别是对书籍作者表达出的思想内涵的尊重——有些图书封面，美则美矣，但让人猜不透与图书本体的关联，感觉是设计者本人天马行空自我表现的膨胀——色彩色调的大胆使用，线条画面字体的不同组合，长年累月持续不断的追求探索努力，铸就了他在这一领域达到的高度，获得的声誉。

苏家杰先生是著名的南粤苏家其中一员。"南粤一家"是岭南地区一个颇具传奇和影响力的美术大家庭，三代人共涌现了十多位知名美术家，分别是第一代吴丽娥；第二代苏华、苏家芬、苏家杰、苏家芳、苏小华；第三代林蓝、韦潞、苏芸、乔乐、李山珊。"南粤一家"还包括与苏家有直接关联的夫婿、儿媳如林墉、韦振中、曾海彤、章哲、叶子等。第二代第三代，有一个共同特点，都成长毕业于广州美术学院附属中学和广州美术学院。

"南粤一家"用笔墨所书写的艺术传奇，不仅享誉岭南和华夏，在异国他乡也大放异彩。2003年，"南粤一家"三代八位女画家代表广州市人民政府远赴法国里昂举办画展，庆祝中国/法国文化年，成为传颂一时的佳话。此家族传奇将在中国美术史乃至世界美术史上留下精彩的一页。

"南粤一家"不仅潜心于艺术事业，更热心支持公共图书馆事业，多次向广州图书馆惠赠艺术书籍共近4000册，全部是家族成员的专著及合集。我们推出《文学的长河：封面·构成》，既是对南粤苏家捐赠的感谢，也有对苏家杰先生在封面设计上取得成就的彰显。我们希望，能为中国图书装帧设计留下一笔宝贵的精神财富。

何虹等人担负本书具体的资料整理等编纂工作，陈智颖为全书的出版做了大量统筹工作。苏家杰先生对此书的出版也给与了许多指导。特此志谢。

刘平清

2022年8月17日于广州

自序：文学的长河

1931年，我的母亲跟随外公从澳门回到家乡新会。有一天到河里挑水浇菜时，捡到一本随着流水漂来的书。母亲在她的自传《命运的云，没有雨》中写道："……原来是一本旧书。书已发黄，没有封面，不知是什么书名。翻开一看是五言句的文字，拿回家用布一页页吸干水分，读来浅显流畅，很有趣味。这书讲的是由盘古到夏、商、周及各代的兴亡史。我如饥似渴地捧着读完它。事隔60年，至今还有点印象。能有书读多好啊。"

少年时的母亲酷爱读书，捡到一本没有封面的小书就留下如此深刻的印象，那是因为当年村子里确实是无书可读。所以，从文化相对发达的澳门回来的母亲感慨地说："能有书读多好啊。"

新会是我国著名思想家文学家梁启超先生的家乡。20世纪30年代，新会是广东农村最发达的地区之一。想不到在这人杰地灵的地方盼望寻找一本小书阅读也如此艰难，那些边远山区就更加一穷二白了。

当年，贫瘠的文化现象，全国各地基本相似，很多地区比广东更加严重，只是广东经济比较发达，不幸被流言盯上了，导致外地坊间盛传广东是"文化沙漠"。

放在几百年前，形容广东是"文化沙漠"，或许不算偏见，放在90年前的1932年，似乎还说得过去。

不过，到现在还一成不变地坚持那古老的认知，我以为真的是偏见了。

因为，时间可以改变一切。

时间的流逝，让母亲的经历成了历史的见证。当年在河水里捡到小书的情节，在60年后的1992年，母亲把它写进了自传《命运的云，没有雨》里。母亲说，她要把70多年的经历写出来，家史应该让孩子们知道。

21万字的自传《命运的云，没有雨》由广东教育出版社在1992年出版发行，

2000年日本明石书店在日本发行日文版。

不经意母亲成了能漂洋过海的作家。

广东的文化基础和文化氛围已经发生了翻天覆地的变化。只是还有人不愿意接受现实，选择视而不见，"文化沙漠"在其思维中似乎已经是定论。

文化的构成是多方面的，其中文学作品的创作和出版是十分重要的一个方面，有时候甚至可以成为一个国家、一个朝代的文化标志，例如唐诗、宋词。

"文化沙漠"，更多的是存在于认知层面，存在于感觉和流言上。我想，要改变它，可视的现实和有分量的数据可能会产生效果。

1978年开始的改革开放，创造了空前的文化盛世，我国迎来了有史以来纸媒文学书籍和文学期刊最蓬勃发展的年代。

我赶上这个时代了。经过近半个世纪的努力，我设计的粤版文学图书封面已有2000余种，这些图书里有许多中国和世界上最著名的文学大家和文学经典。这是许多人的劳动成果。我用这些图书，构成了一条"文学的长河"，形成了一组相当有力的数据。

由我设计封面并且已经出版的粤版文学图书有：《诗经》《老子》《庄子》《论语》《左传》《四书》《古文观止》《世说新语》……有《唐诗》《宋词》《元曲》，有明清小说《红楼梦》《三国演义》《水浒传》《西游记》《东周列国志》《儒林外史》《封神演义》《镜花缘》……中国古典文学名著基本都出版了；有众多名家名著，如世界著名作家列夫·托尔斯泰、巴尔扎克、歌德、卢梭、普希金、屠格涅夫、莫泊桑、契诃夫、司汤达、福楼拜、狄更斯、左拉、斯陀夫人、德莱塞、夏·勃朗特、简·奥斯汀、斯达尔夫人、拉法耶特夫人、艾米莉·勃朗特、霍桑、小仲马、笛福、杰克·伦敦、哈代、弗兰西斯·培根、乔治·桑、安徒生、查尔斯·兰姆……中国现当代著名作家鲁迅、郭沫若、茅盾、巴金、老舍、周作人、沈从文、郁达夫、瞿秋白、闻一多、朱自清、胡适、徐志摩、林语堂、梁实秋、沙汀、冰心、萧红、丁玲、叶圣陶、赵树理、孙犁、汪曾祺、聂绀弩……中国台湾、香港及海外著名华文作家张爱玲、苏青、白先勇、陈香梅、余光中、柏杨、琼瑶、古龙、李昂、席幕蓉、施叔青、李碧华、欧阳子、严歌苓……广东著名作家吴趼人、苏曼殊、欧阳山、陈残云、吴有恒、杜埃、秦牧、刘斯奋、黄谷柳、杨应彬、刘田夫、黄秋耘、金敬迈、陈国凯……还有王蒙、艾芜、吕思勉、夏丏尊、舒展、刘绍棠、杨绛、杨沫、戴厚英、柯云路、王安忆、柯蓝、郭风、舒婷、牧惠、邵燕祥、朱正、屠岸、李辉、肖复兴、从维熙等等一大批著名作家的作品。

我担任封面设计的广东版文学艺术图书在全国的发行量达到三亿余册。从2008年起，陆续向广州图书馆捐赠了其中的1800余种、近三千册文学艺术图书，收藏在广州图书馆人文馆"南粤一家专藏"里，同时附有我编写的一份数据："苏家杰为名家名著作装帧设计的部分粤版文学图书书目"，这是一份凝聚了千百年来中外无数文学名家名著的有力数据。依据这组数据，可以说，广东是"文化沙漠"这种古老的偏见，已经被"文学的长河"带来的活水淹没了。

广东的大河小河纵横交错，放眼广东大地，是一望无际的文化沃土，"文化沙漠"已经成为曾经的传说。

苏家杰
2022年8月于广州

编　例

一、内容编排

本书收录由苏家杰先生设计的各类图书出版物封面设计图片共2084幅，由广州图书馆著录书目数据2181条。图书封面图片匹配相应的书目信息。后附书名索引。

（一）第一部分：文集、小说、诗歌、散文、文艺评论、年选、画集、艺术类图书等封面设计图，共1667幅，书目数据1738条。

1. 20世纪80年代图书封面设计作品。

2. 20世纪90年代图书封面设计作品。

3. 21世纪以来图书封面设计作品。

（二）第二部分：教材、期刊、连环画等封面设计图共419幅，书目数据443条。

1. 教材及教学参考书封面设计图46幅，书目数据46条。

2. 随书发行的CD、VCD、CD-ROM、MP3等封面及封套设计图62幅，书目数据86条。

3. 期刊封面设计图222幅，书目数据222条。

4. 连环画封面设计图89幅，书目数据89条。

二、图片排序

1. 封面设计图片按"设计时间—题名拼音顺序—同年出版丛书集中编排"的原则。跨年度出版的丛书、文集，封面设计相异的分别放入相应的出版年份，同年出版的丛书因设计风格统一，故集中按顺序编列。因篇幅有限，全套丛书、文集，封面设计完全一致的，仅展示第一卷（集）设计图片。

2. 同年题名以阿拉伯数字开头的图书排列在以英文字母开头的图书之前。

3. 同年以英文字母开头为题名的图书排在中文题名图书之前。

4. 同一种图书装帧形式不同，先排精装本，再排平装本。

5. 版本相同印次不同的图书，按印次顺序排列。

三、书目信息

（一）书目排列

1. 原则上遵循一幅封面图片配一条书目信息。

2. 封面图片设计完全一致的整套丛书、文集，则在第一卷（集）封面图片后配齐该套丛书、文集的完整书目信息。

（二）条目号设计与排列

按图书的种类分为五个篇章，每一篇章条目号依照编例排序。每一篇章结束后断号重排。条目号由"类别号＋流水号"组成。首个数字代表篇章类别，后接4位流水号。首字代码对应篇章如下：

1– 文集、小说、诗歌、散文、文艺评论、年选、画集、艺术类图书等封面

2– 教材及教学参考书封面

3– 随书发行的 CD、VCD、CD–ROM、MP3 等封面及封套

4– 期刊封面

5– 连环画封面

（三）书目著录规则

1. 元数据

包括条目号、规范化题名、设计时间、装帧/版印次/备注、责任者、出版信息（出版社，出版时间）、广州图书馆索书号（如未入藏则不显示此项）。

2. 题名著录规则

①先著录丛书题名，再著录图书题名，丛书名与图书题名之间以冒号"："连接。

②同年设计的系列图书封面风格相同或为同一作者作品，题名未能体现系列性，则在题名前缀著录"[共同特征]"加以说明，如"[小札]""[刘慧卿作品]"，使同年同作者系列作品集中排列。[共同特征]与图书题名之间以冒号"："连接。

四、资料来源

图片素材主要来源于苏家杰先生提供设计原图、广州图书馆藏书。设计原图已与正式出版物封面逐一核对，确保一致。书目信息核对原书出版物版权页等著录完成。索书号由广州图书馆采编部编著。

何 虹

2022年10月7日

目 录

第一部分：图书封面

（1）20世纪80年代图书封面设计作品　　　　　　　　　　　002

（2）20世纪90年代图书封面设计作品　　　　　　　　　　　064

（3）21世纪以来图书封面设计作品　　　　　　　　　　　　230

第二部分：　教材、期刊、连环画等封面

（1）教材及教学参考书封面设计　　　　　　　　　　　　　436

（2）随书发行的 CD、VCD、CD–ROM、MP3 等封面及封套设计　　449

（3）期刊封面设计　　　　　　　　　　　　　　　　　　　469

（4）连环画封面设计　　　　　　　　　　　　　　　　　　526

书名索引　　　　　　　　　　　　　　　　　　　　　　　　549

后　记　　　　　　　　　　　　　　　　　　　　　　　　　592

第一部分
图书封面

20世纪80年代图书封面设计作品

创作絮语：

　　20世纪80年代，改革开放给文学艺术营造了一个热力四射激情澎湃的创作氛围。各种文艺思潮风起云涌，迎来了文学创作和文学书刊出版的新高潮，世界文学名著也被大量引进，在国内出版。文学作品的最大特点，是描写人类，以及展现人类的情感。我希望散文集、诗歌集和小说的封面都能散发着优美的情调，产生让人着迷的意境。

　　80年代，电脑非常罕有，还未应用在设计上，出版业还未形成完整的数码生产产业链，因此这时期的封面设计作品基本是手绘的，往往像一幅画。

　　这一时期文学书籍定价十分低廉。超低的成本预算、落后的铅印排版印刷技术和刚刚从贫穷中走出来不求美观只要实惠的大众欣赏习惯，迫使封面设计者不能在图书封面的用料上和印刷特技上做文章，只能在平面图形上寻求创新。

—— 苏家杰

10001　创作谈

1981年设计，平装 第1版第1次印刷
［责任者］高晓声著
［出版发行］花城出版社，1981
［索书号］I04/G28

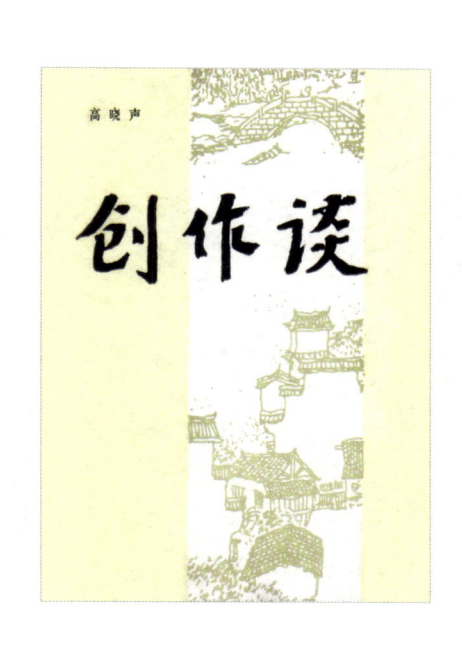

10002　春潮集

1981年设计，平装 第1版第1次印刷
［责任者］秋原著
［出版发行］花城出版社，1981
［索书号］I227/Q79

10003　果园集

1981年设计，平装 第1版第1次印刷
［责任者］柯蓝著
［出版发行］花城出版社，1981
［索书号］I227/K360

10004　红叶集

1981年设计，平装 第1版第1次印刷
［责任者］那家伦著
［出版发行］花城出版社，1981
［索书号］I227/N12

10005　天京之变

1981年设计，平装 第1版第1次印刷
［责任者］李晴著
［出版发行］花城出版社，1981
［索书号］I247.5/L330.1

10006　温暖的情思

1981年设计，平装 第1版第1次印刷
［责任者］刘湛秋著
［出版发行］花城出版社，1981
［索书号］I227/L765

10007　鲜花的早晨

1981年设计，平装 第1版第1次印刷
［责任者］郭风著
［出版发行］花城出版社，1981
［索书号］I227/G940

10008　星星河

1981年设计，平装 第1版第1次印刷
［责任者］耿林莽、徐成淼、刘再光著
［出版发行］花城出版社，1981
［索书号］I227/G47

10009　环球幽默画.上册

1982年设计，精装 第1版第1次印刷
［责任者］《旅伴》编辑部
［出版发行］花城出版社，1982

10010　环球幽默画.下册

1982年设计，精装 第1版第1次印刷
［责任者］《旅伴》编辑部
［出版发行］花城出版社，1982

10011　你在想什么

1982年设计，平装 第1版第1次印刷
［责任者］顾笑言著
［出版发行］花城出版社，1982
［索书号］I247.5/14469

沈从文文集

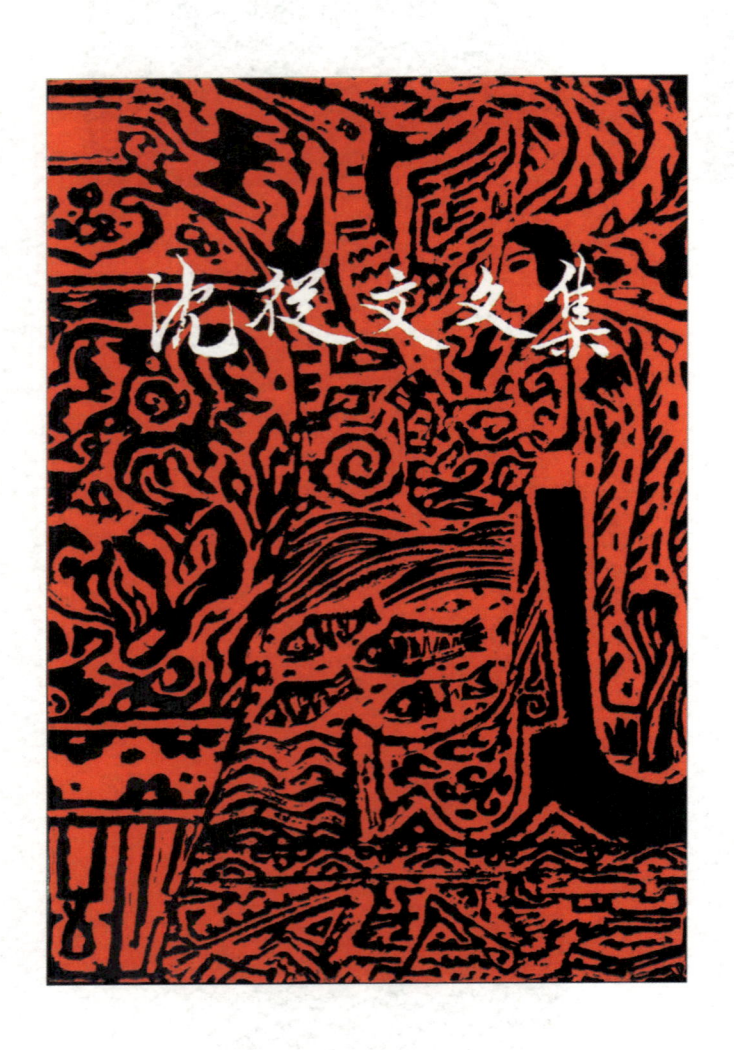

10012　沈从文文集. 第一卷：小说

1982年设计，平装 第1版第1次印刷
［责任者］沈从文著
［出版发行］花城出版社，1982
［索书号］I216.2/S42/1

10013　沈从文文集. 第二卷：小说

1982年设计，平装 第1版第1次印刷
［责任者］沈从文著
［出版发行］花城出版社，1982
［索书号］I216.2/S42/2

10014　沈从文文集. 第三卷：小说

1982年设计，平装 第1版第1次印刷
［责任者］沈从文著
［出版发行］花城出版社，1982
［索书号］I216.2/S42/3

10015　沈从文文集 . 第四卷：小说

1982年设计，平装 第1版第1次印刷
［责任者］沈从文著
［出版发行］花城出版社，1982
［索书号］I216.2/S42/4

10016　沈从文文集 . 第五卷：小说

1982年设计，平装 第1版第1次印刷
［责任者］沈从文著
［出版发行］花城出版社，1982
［索书号］I216.2/S42/5

10017　沈从文文集 . 第六卷：小说

1982年设计，平装 第1版第1次印刷
［责任者］沈从文著
［出版发行］花城出版社，1983
［索书号］I216.2/S42/6

10018　沈从文文集 . 第七卷：小说

1982年设计，平装 第1版第1次印刷
［责任者］沈从文著
［出版发行］花城出版社，1983
［索书号］I216.2/S42/7

10019　沈从文文集 . 第八卷：小说

1982年设计，平装 第1版第1次印刷
［责任者］沈从文著
［出版发行］花城出版社，1983
［索书号］I216.2/S42/8

10020　沈从文文集 . 第九卷：散文

1982年设计，平装 第1版第1次印刷
［责任者］沈从文著
［出版发行］花城出版社，1984
［索书号］I216.2/S42/9

10021　沈从文文集 . 第十卷：散文、诗

1982年设计，平装 第1版第1次印刷
［责任者］沈从文著
［出版发行］花城出版社，1984
［索书号］I216.2/S42/10

10022　沈从文文集 . 第十一卷：文论

1982年设计，平装 第1版第1次印刷
［责任者］沈从文著
［出版发行］花城出版社，1984
［索书号］I216.2/S42/11

10023　沈从文文集 . 第十二卷：文论

1982年设计，平装 第1版第1次印刷
［责任者］沈从文著
［出版发行］花城出版社，1984
［索书号］I216.2/S42/12

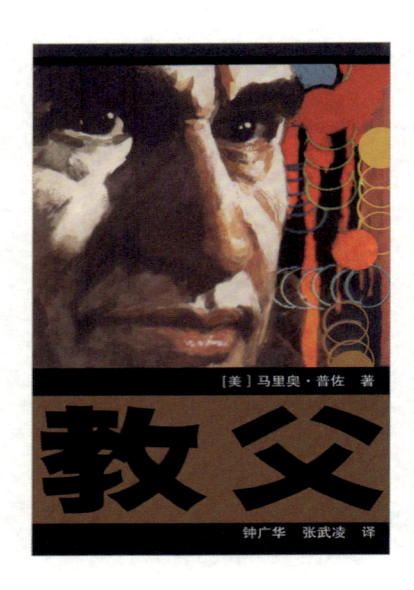

10024　教父

1983年设计，平装 第1版第1次印刷
［责任者］（美）马里奥·普佐著，钟广华、张武凌译
［出版发行］花城出版社，1983
［索书号］I712.45/P97：2

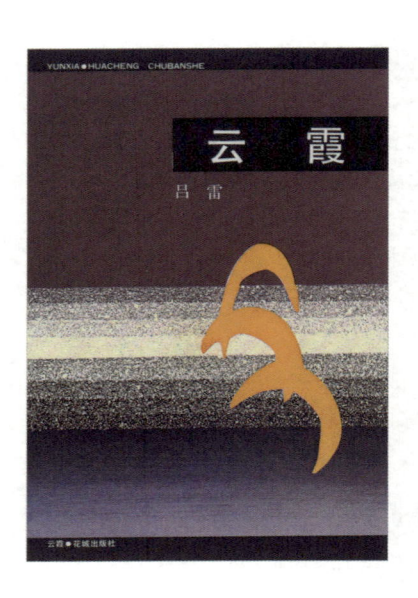

10025　越秀丛书：云霞

1983年设计，平装 第1版第1次印刷
（注：封面和内文内容可能不一致）
［责任者］吕雷著
［出版发行］花城出版社，1983

10026　还我青春

1984年设计，平装 第1版第1次印刷
［责任者］（新加坡）孟恕著
［出版发行］花城出版社，1984

10027　红巾魂

1984年设计，平装 第1版第1次印刷
［责任者］张永枚著
［出版发行］花城出版社，1984
［索书号］I247.5/14504

10028　旅伴丛书：中国幽默画①

1984年设计，精装 第1版第1次印刷
［责任者］苏家杰编
［出版发行］花城出版社，1984

10029　旅伴丛书：中国幽默画②

1984年设计，精装 第1版第1次印刷
［责任者］苏家杰编
［出版发行］花城出版社，1984

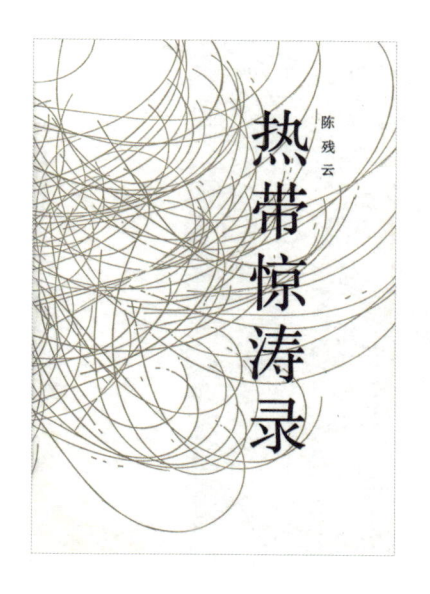

10030　热带惊涛录

1984年设计，精装 第1版第1次印刷
［责任者］陈残云著
［出版发行］花城出版社，1984
［索书号］I247.5/C448-3

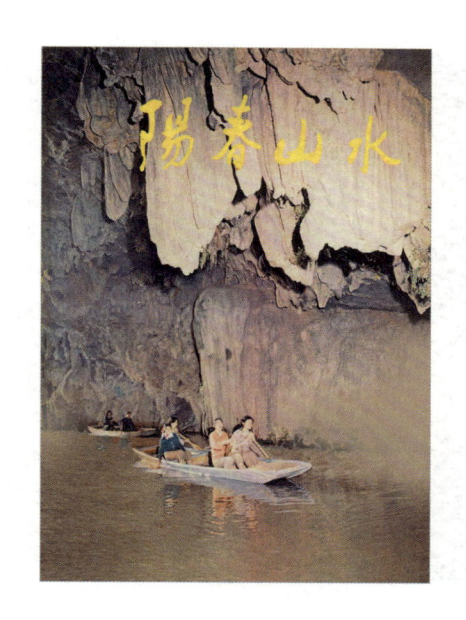

10031　阳春山水

1984年设计，平装 第1版第1次印刷
［责任者］岑元冯著
［出版发行］花城出版社，1984
［索书号］K928.706.5/C26

10032　瑶族歌堂曲，又名，盘古书

1984年设计，精装 第2版第1次印刷
［责任者］陈摩人、萧亭搜集整理
［出版发行］花城出版社，1984

10033　越秀丛书：等待判决的爱

1984年设计，平装 第1版第1次印刷
［责任者］廖琪著
［出版发行］花城出版社，1984
［索书号］I247.7/L56

10034　越秀丛书：黑三点

1984年设计，平装 第1版第1次印刷
［责任者］伊始著
［出版发行］花城出版社，1984

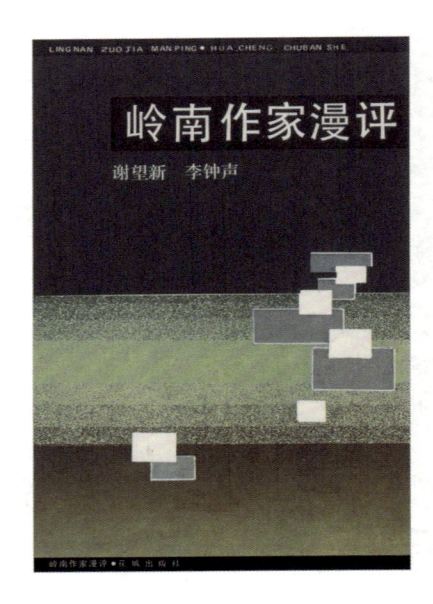

10035　越秀丛书：岭南作家漫评

1984年设计，平装 第1版第1次印刷
［责任者］谢望新、李钟声著
［出版发行］花城出版社，1984
［索书号］I206.7/X54

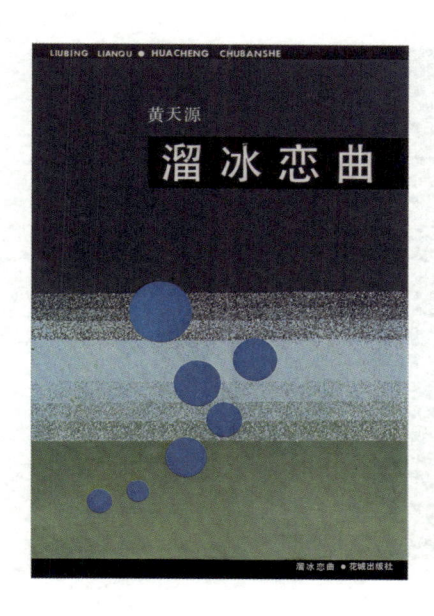

10036　越秀丛书：溜冰恋曲

1984年设计，平装 第1版第1次印刷
［责任者］黄天源著
［出版发行］花城出版社，1984
［索书号］I247.7/H77

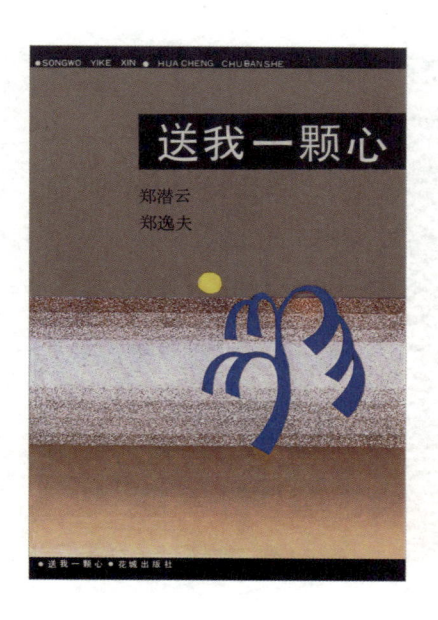

10037　越秀丛书：送我一颗心

1984年设计，平装 第1版第1次印刷
［责任者］郑潜云、郑逸夫著
［出版发行］花城出版社，1984
［索书号］I247.7/Z58

10038　越秀丛书：影子在月亮下消失

1984年设计，平装 第1版第1次印刷
［责任者］朱崇山著
［出版发行］花城出版社，1987
［索书号］I247.5/Z816

10039　越秀丛书：追月

1984年设计，平装 第1版第1次印刷
［责任者］余松岩著
［出版发行］花城出版社，1984
［索书号］I247.7/Y758

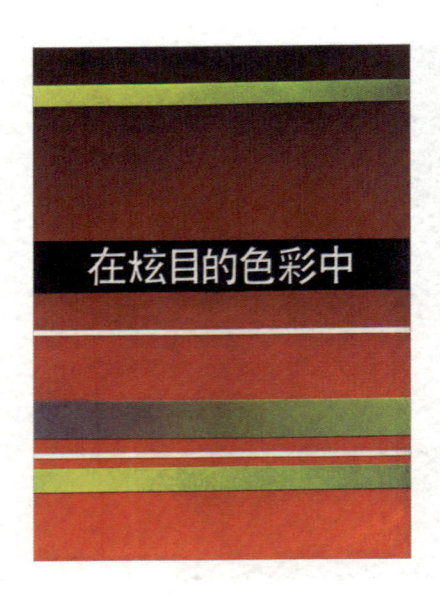

10040　在眩目的色彩中

1984年设计，精装 第1版第1次印刷
［责任者］武汉钢铁公司业余文联编
［出版发行］花城出版社，1984
［索书号］I247.7/W92

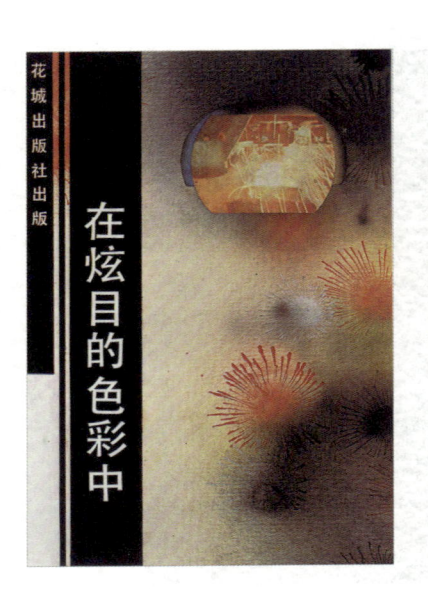

10041　在眩目的色彩中

1984年设计，平装 第1版第1次印刷
［责任者］武汉钢铁公司业余文联编
［出版发行］花城出版社，1984
［索书号］I247.7/W92

10042　早醒的黎明

1984年设计，平装 第1版第1次印刷
［责任者］曾炜著
［出版发行］花城出版社，1984
［索书号］I234.7/Z22

10043　北山记

1985年设计，精装第1版1985年第3次印刷
［责任者］吴有恒著
［出版发行］花城出版社，1978
［索书号］I247.5/14495

10044　大林莽

1985年设计，平装 第1版第1次印刷
［责任者］孔捷生著
［出版发行］花城出版社，1985
［索书号］I247.5/K486-2

10045　当代文艺家画像.1

1985年设计，精装 第1版第1次印刷
［责任者］花城出版社
［出版发行］花城出版社，1985
［索书号］J221/292/1

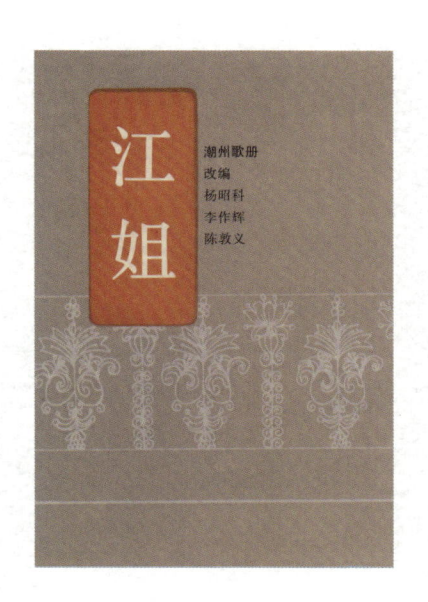

10046　江姐：潮州歌册

1985年设计，平装 第1版第1次印刷
［责任者］杨昭科、李作辉、陈敦义改编
［出版发行］花城出版社，1985
［索书号］I236/37

10047　落难者和他的爱情

1985年设计，平装 第1版第1次印刷
［责任者］李钟声、谢望新著
［出版发行］花城出版社，1985
［索书号］I25/L366

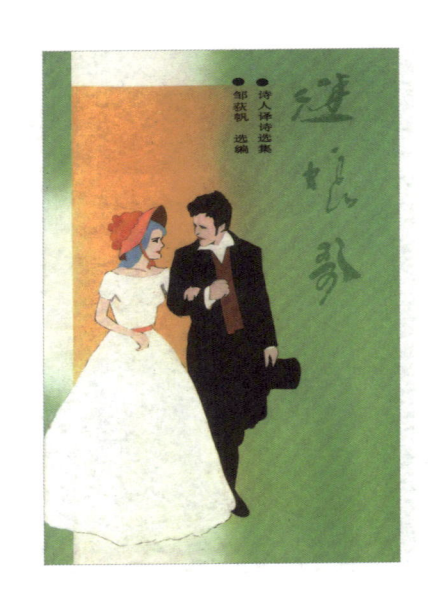

10048　绿色的旋律

1985年设计，平装 第1版第1次印刷
［责任者］华成思编
［出版发行］花城出版社，1985
［索书号］I227/1386

10049　迷娘歌

1985年设计，平装 第1版第1次印刷
［责任者］邹荻帆选编
［出版发行］花城出版社，1985

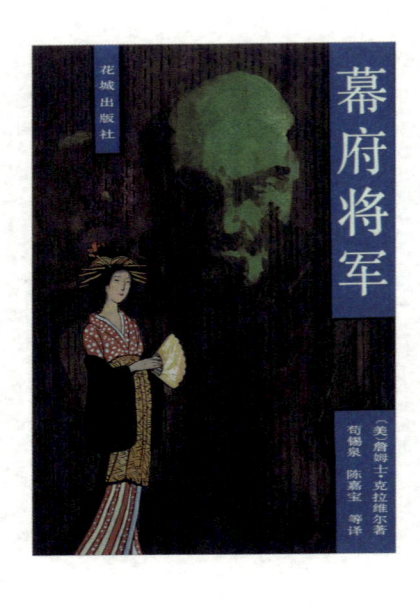

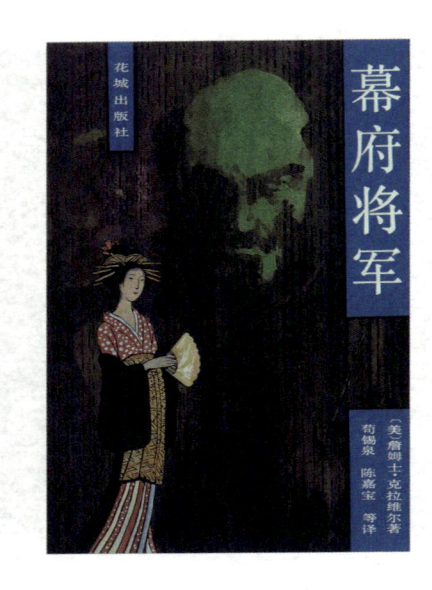

10050　幕府将军.上

1985年设计，精装 第1版第1次印刷
［责任者］（美）詹姆士·克拉维尔著，荀锡泉、陈嘉宝等译
［出版发行］花城出版社，1985
［索书号］I712.45/K424.1/1

10051　幕府将军.下

1985年设计，精装 第1版第1次印刷
［责任者］（美）克拉维尔著，荀锡泉、陈嘉宝译
［出版发行］花城出版社，1985
［索书号］I712.45/K424.1/2

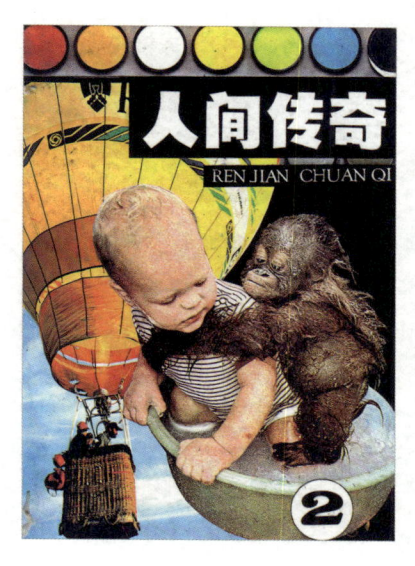

第一部分：图书封面　　‹‹‹　20世纪80年代图书封面设计作品　　015

10052　人间传奇.2

1985年设计，平装 第1版第1次印刷
［责任者］沙可鼎编
［出版发行］花城出版社，1985
［索书号］I14/Y42/2

10053　四星将军

1985年设计，平装 第1版第1次印刷
［责任者］（美）法拉戈著，黎导、黄澄译
［出版发行］花城出版社，1985

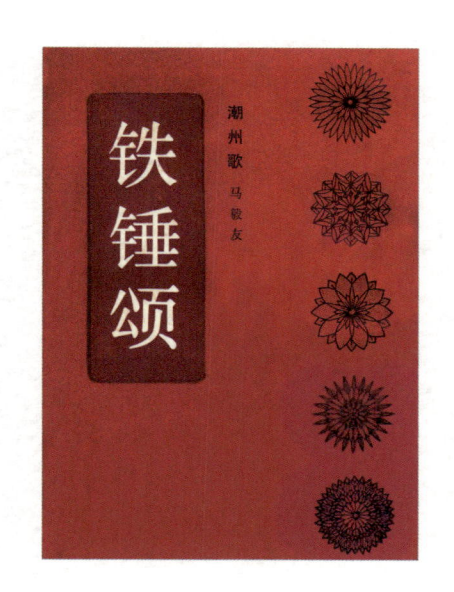

10054　铁锤颂：潮州歌

1985年设计，平装 第1版第1次印刷
［责任者］马毅友著
［出版发行］花城出版社，1985
［索书号］I236/38

10055　万能与万恶

1985年设计，平装 第1版第1次印刷
［责任者］梁信著
［出版发行］花城出版社，1985

10056　虾球传

1985年设计，精装 第1版第1次印刷
［责任者］黄谷柳著
［出版发行］花城出版社，1985
［索书号］I246.5/H74/［3］

10057　峡谷芳踪

1985年设计，平装 第1版第1次印刷
［责任者］峻骧著
［出版发行］花城出版社，1985
［索书号］I247.5/J987

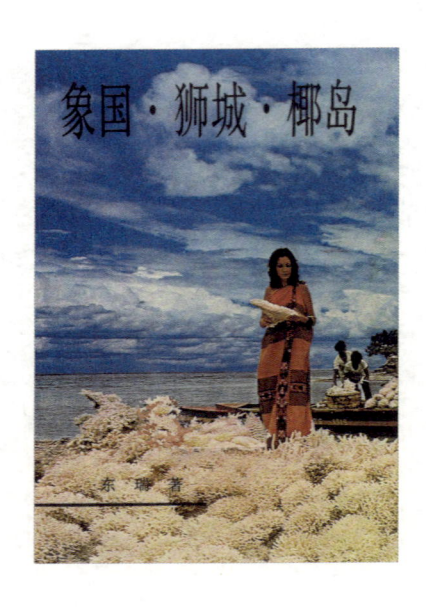

10058　象国·狮城·椰岛

1985年设计，平装 第1版第1次印刷
［责任者］东瑞著
［出版发行］花城出版社，1985
［索书号］K933.09/D64

10059　遗忘的脚印

1985年设计，平装 第1版第1次印刷
［责任者］魏荒弩、吴朗编
［出版发行］花城出版社，1985
［索书号］I227/1421

10060   越秀丛书：留在记忆中的早晨

1985年设计，平装 第1版第1次印刷
［责任者］仇智杰著
［出版发行］花城出版社，1985
［索书号］I247.5/Q85

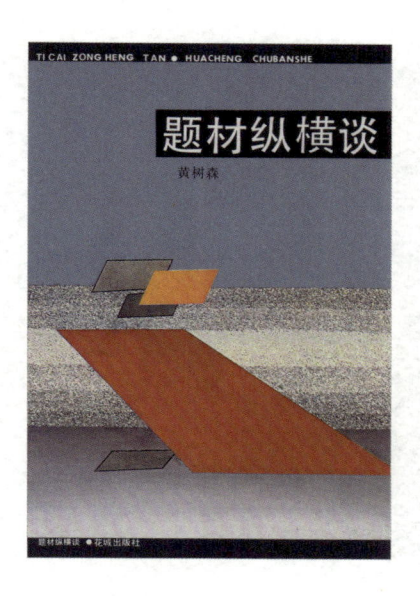

10061   越秀丛书：题材纵横谈

1985年设计，平装 第1版第1次印刷
［责任者］黄树森著
［出版发行］花城出版社，1985
［索书号］I06/H77

10062   越秀丛书：小城之夜

1985年设计，平装 第1版第1次印刷
［责任者］程贤章编著
［出版发行］花城出版社，1985
［索书号］I247.7/2700

10063   越秀丛书：总工程师的日常生活

1985年设计，平装 第1版第1次印刷
［责任者］何卓琼著
［出版发行］花城出版社，1985
［索书号］I247.7/2675

10064　中国新诗年编.1983

1985年设计，平装 第1版第1次印刷
[责任者] 中国社会科学院文学研究所当代文学研究室
[出版发行] 花城出版社，1985
[索书号] I227/S36/1983

10065　中国新诗年编.1984

1985年设计，平装 第1版第1次印刷
[责任者] 中国社会科学院文学研究所当代文学研究室
[出版发行] 花城出版社，1985
[索书号] I227/S36/1984

10066　作家谈创作.上册

1985年设计，精装 第1版第1次印刷
[责任者]《作家谈创作》组编
[出版发行] 花城出版社，1985
[索书号] I04/Z98/[2]1

10067　作家谈创作.下册

1985年设计，精装 第1版第1次印刷
[责任者]《作家谈创作》组编
[出版发行] 花城出版社，1985
[索书号] I04/Z98/[2]2

第一部分：图书封面　　<<<　20世纪80年代图书封面设计作品　　019

10068　潮汐文丛：沉沦的土地

1986年设计，平装 第1版第1次印刷
［责任者］周梅森著
［出版发行］花城出版社，1986

10069　潮汐文丛：错，错，错！

1986年设计，平装 第1版第1次印刷
［责任者］谌容著
［出版发行］花城出版社，1986

10070　潮汐文丛：黎明与黄昏

1986年设计，平装 第1版第1次印刷
［责任者］柯云路著
［出版发行］花城出版社，1986

10071　潮汐文丛：日落的庄严

1986年设计，平装 第1版第1次印刷
［责任者］乔雪竹著
［出版发行］花城出版社，1986

10072　潮汐文丛：他们是丁香铃兰郁金香紫罗兰

1986年设计，平装 第1版第1次印刷
［责任者］俞天白著
［出版发行］花城出版社，1986
［索书号］I247.5/Y76-4

10073　潮汐文丛：祝福你，费尔马

1986年设计，平装 第1版第1次印刷
［责任者］鲍昌著
［出版发行］花城出版社，1986

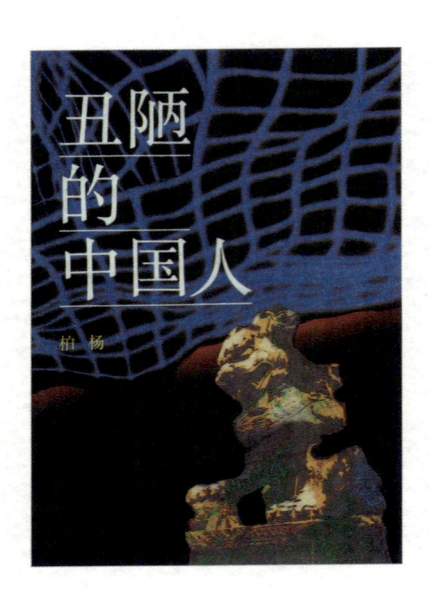

10074　丑陋的中国人

1986年设计，平装 第1版第1次印刷
［责任者］柏杨著
［出版发行］花城出版社，1986
［索书号］I267/B180

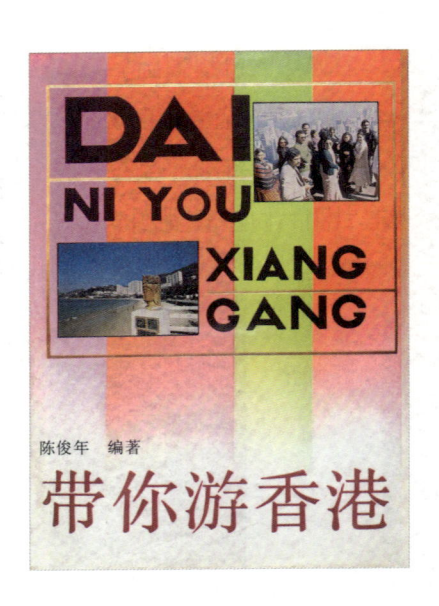

10075　带你游香港

1986年设计，精装 第1版第1次印刷
［责任者］陈俊年编著
［出版发行］花城出版社，1986
［索书号］K926.58/13

10076　芳菲之歌

1986年设计，平装 第1版第1次印刷
［责任者］杨沫著
［出版发行］花城出版社，1986
［索书号］I247.5/Y280-3

10077　风流天子

1986年设计，平装 第1版第1次印刷
［责任者］左云霖著
［出版发行］花城出版社，1986
［索书号］I247.5/14499

10078　广东省出版工作者协会
　　　　成立大会纪念刊

1986年设计，精装 第1版第1次印刷
［责任者］广东省出版工作者协会秘书处
［出版发行］花城出版社，1986
［索书号］C26/5

10079　归来的陌生人

1986年设计，平装 第1版第1次印刷
［责任者］北岛著
［出版发行］花城出版社，1986
［索书号］I247.7/B43

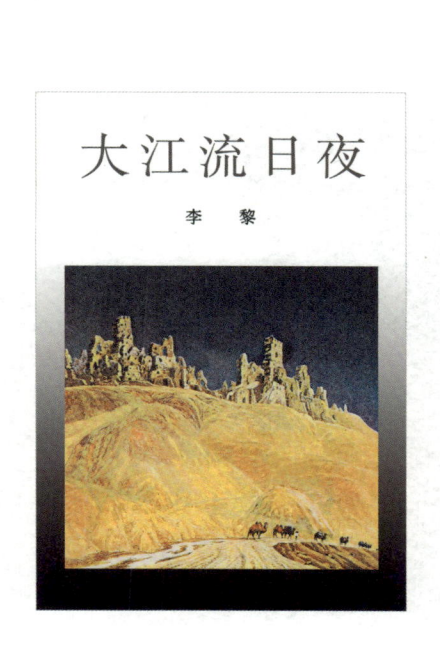

10080　海外文丛：大江流日夜

1986年设计，平装 第1版第1次印刷（和钟蔚帆合作）
［责任者］（美）李黎著
［出版发行］花城出版社，1986
［索书号］I712.6/334

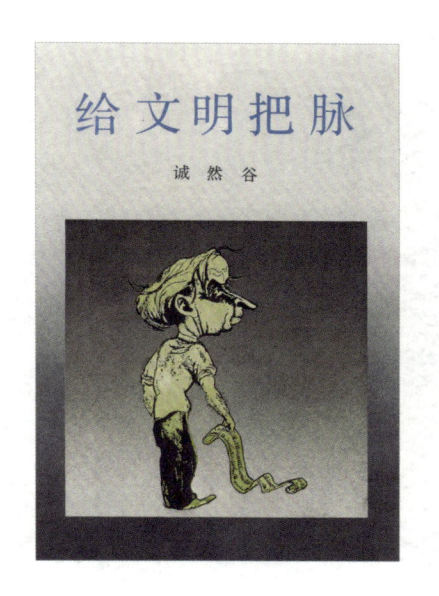

10081　海外文丛：给文明把脉

1986年设计，平装 第1版第1次印刷（和钟蔚帆合作）
［责任者］（美）诚然谷著
［出版发行］花城出版社，1986
［索书号］I712.6/13

10082　海外文丛：黄金泪

1986年设计，平装 第1版第1次印刷（和钟蔚帆合作）
［责任者］（美）张错著
［出版发行］花城出版社，1986
［索书号］D634/93

10083　花城插图选

1986年设计，精装 第1版第1次印刷
［责任者］花城出版社编
［出版发行］花城出版社，1986
［索书号］J228/1554

10084　花魂

1986年设计，平装 第1版第1次印刷
［责任者］张雪杉著
［出版发行］花城出版社，1986
［索书号］I227/Z351-2

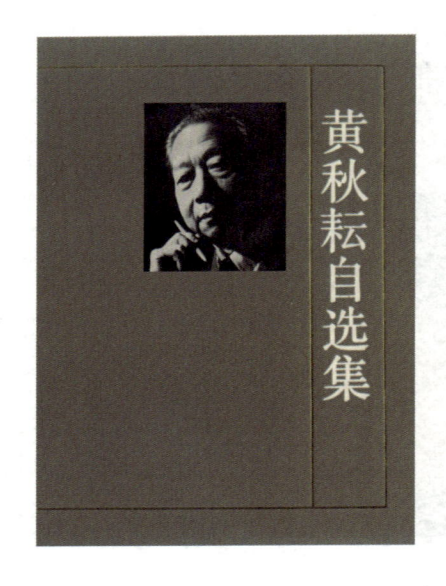

10085　黄秋耘自选集

1986年设计，平装 第1版第1次印刷
［责任者］黄秋耘著
［出版发行］花城出版社，1986
［索书号］I217.2/H76

10086　江东浪子

1986年设计，平装 第1版第1次印刷
［责任者］师飚、亚明著
［出版发行］花城出版社，1986
［索书号］I247.5/S530

10087　结婚礼物

1986年设计，平装 第1版第1次印刷
［责任者］屠珍、王荣华选编
［出版发行］花城出版社，1986
［索书号］I711.45/T82

10088　金箔．第一部

1986年设计，平装 第1版第1次印刷
［责任者］张扬著
［出版发行］花城出版社，1986

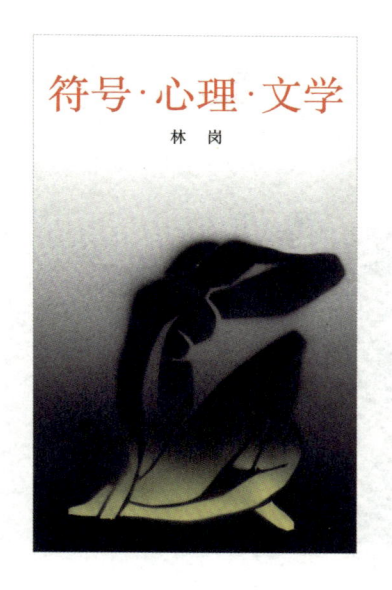

10089　开放文丛：符号·心理·文学

1986年设计，精装 第1版第1次印刷
［责任者］林岗著
［出版发行］花城出版社，1986
［索书号］I0/L610

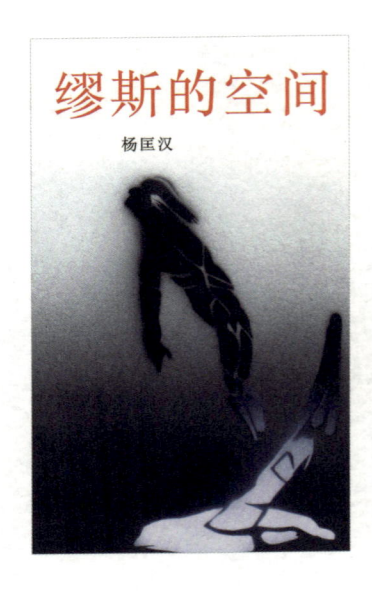

10090　开放文丛：缪斯的空间

1986年设计，精装 第1版第1次印刷
[责任者] 杨匡汉著
[出版发行] 花城出版社，1986
[索书号] I0/Y273

10091　开放文丛：魔幻现实主义

1986年设计，精装 第1版第1次印刷
[责任者] 陈光孚著
[出版发行] 花城出版社，1986
[索书号] I109.9/C44

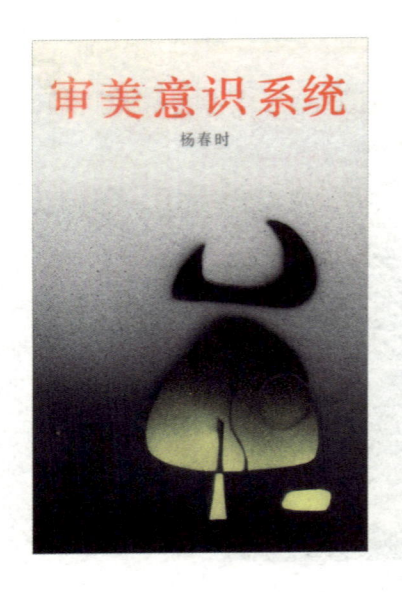

10092　开放文丛：审美意识系统

1986年设计，精装 第1版第1次印刷
[责任者] 杨春时著
[出版发行] 花城出版社，1986
[索书号] B83/Y276

10093　开放文丛：现代艺术的探险者

1986年设计，精装 第1版第1次印刷
[责任者] 叶廷芳著
[出版发行] 花城出版社，1986
[索书号] I109/88

10094　林文杰书画集

1986年设计，精装 第1版第1次印刷
［责任者］林文杰绘，王曼总编辑
［出版发行］花城出版社，1986
［索书号］J222.7/792

10095　刘邦与吕后

1986年设计，平装 第1版第1次印刷
［责任者］叶石著
［出版发行］花城出版社，1986
［索书号］I247.5/Y420

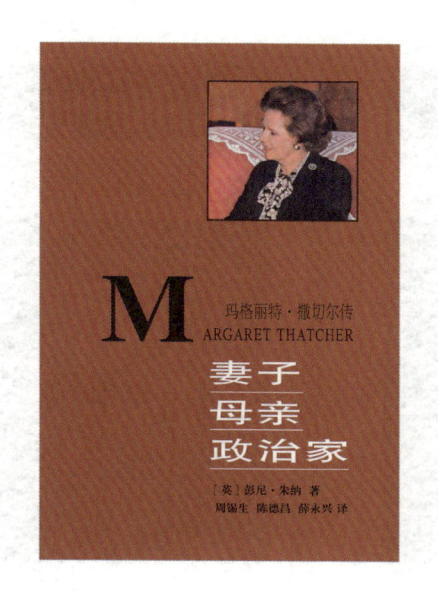

10096　玛格丽特·撒切尔传：妻
　　　　子·母亲·政治家
1986年设计，平装 第1版第1次印刷
［责任者］（英）彭尼·朱纳著，周锡生、陈德昌、薛永兴译
［出版发行］花城出版社，1986
［索书号］K835.617.5/S11-3：［2］

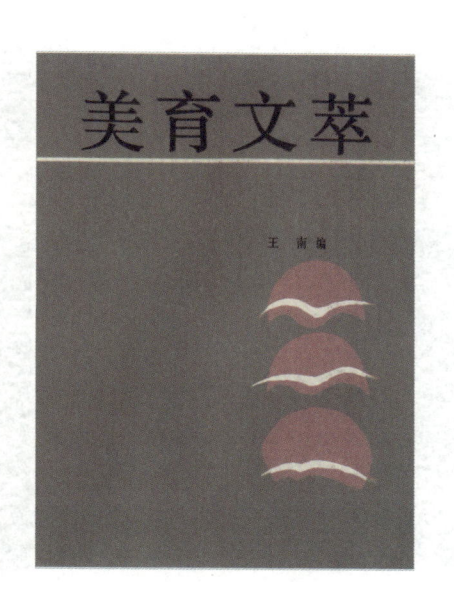

10097　美育文萃

1986年设计，平装 第1版第1次印刷
［责任者］王南编
［出版发行］花城出版社，1986
［索书号］G40/W34

10098　名篇精读.1

1986年设计，平装 第1版第1次印刷
［责任者］华中师范学院中文系编选
［出版发行］花城出版社，1986
［索书号］G634.3/1356/1

10099　名篇精读.2

1986年设计，平装 第1版第1次印刷
［责任者］华中师范学院中文系编选
［出版发行］花城出版社，1986
［索书号］G634.3/1356/2

10100　名篇精读.3

1986年设计，平装 第1版第1次印刷
［责任者］华中师范学院中文系编选
［出版发行］花城出版社，1986
［索书号］G634.3/1356/3

10101　名篇精读.4

1986年设计，平装 第1版第1次印刷
［责任者］华中师范学院中文系编选
［出版发行］花城出版社，1986
［索书号］G634.3/1356/4

10102　名篇精读.5

1986年设计，平装 第1版第1次印刷
［责任者］华中师范学院中文系编选
［出版发行］花城出版社，1986
［索书号］G634.3/1356/5

10103　名篇精读.6

1986年设计，平装 第1版第1次印刷
［责任者］华中师范学院中文系编选
［出版发行］花城出版社，1986
［索书号］G634.3/1356/6

10104　魔谷

1986年设计，平装 第1版第1次印刷
[责任者] 张健人著
[出版发行] 花城出版社，1986

10105　乞丐公主

1986年设计，平装 第1版第1次印刷
[责任者] 海辛著
[出版发行] 花城出版社，1986

10106　上海滩

1986年设计，平装 第1版第1次印刷
[责任者] 胡考著
[出版发行] 花城出版社，1982
[索书号] I247.5/H510-2/ [2]

10107　诗歌辞典

1986年设计，平装 第1版第1次印刷
[责任者] 陈绍伟编
[出版发行] 花城出版社，1986
[索书号] I052/47

10108　诗人丛书第五辑：
　　　　从这里开始
1986年设计，平装 第1版第1次印刷
[责任者] 江河著
[出版发行] 花城出版社，1986
[索书号] I227/J443

10109　诗人丛书第五辑：黑色戈壁石
1986年设计，平装 第1版第1次印刷
[责任者] 章德益著
[出版发行] 花城出版社，1986
[索书号] I227/Z29-3

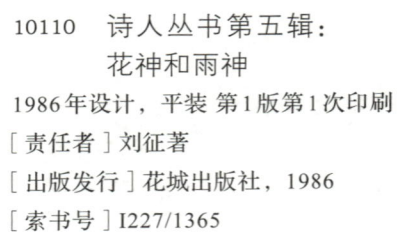

10110　诗人丛书第五辑：
　　　　花神和雨神
1986年设计，平装 第1版第1次印刷
[责任者] 刘征著
[出版发行] 花城出版社，1986
[索书号] I227/1365

10111　诗人丛书第五辑：剪影
1986年设计，平装 第1版第1次印刷
[责任者] 吴钧陶
[出版发行] 花城出版社，1986

10112　诗人丛书第五辑：空白
1986年设计，平装 第1版第1次印刷
[责任者] 贾平凹编
[出版发行] 花城出版社，1986
[索书号] I227/J325

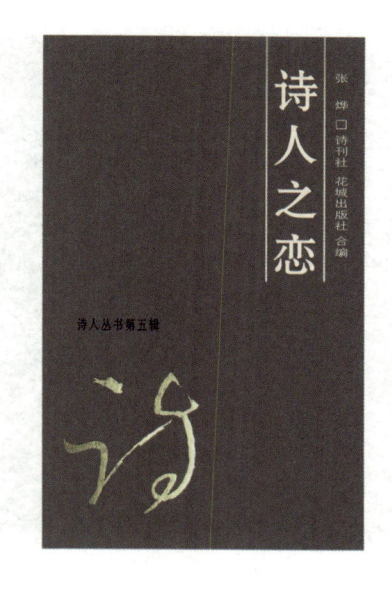

10113　诗人丛书第五辑：
　　　　诗人之恋
1986年设计，平装 第1版第1次印刷
［责任者］张烨著
［出版发行］花城出版社，1986

10114　诗人丛书第五辑：
　　　　天鹅之死
1986年设计，平装 第1版第1次印刷
［责任者］叶文福著
［出版发行］花城出版社，1986
［索书号］I227/Y427.1-2

10115　诗人丛书第五辑：
　　　　屠岸十四行诗
1986年设计，平装 第1版第1次印刷
［责任者］屠岸著
［出版发行］花城出版社，1986
［索书号］I227/T82-2

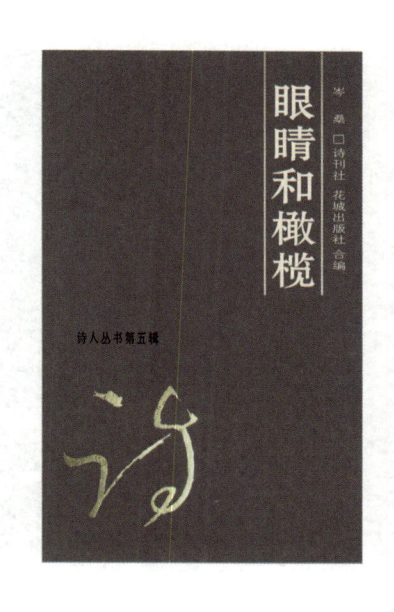

10116　诗人丛书第五辑：
　　　　眼睛和橄榄
1986年设计，平装 第1版第1次印刷
［责任者］岑桑著
［出版发行］花城出版社，1986
［索书号］I227/1368

10117　诗人丛书第五辑：醉石
1986年设计，平装 第1版第1次印刷
［责任者］蔡其矫著
［出版发行］花城出版社，1986
［索书号］I227/1370

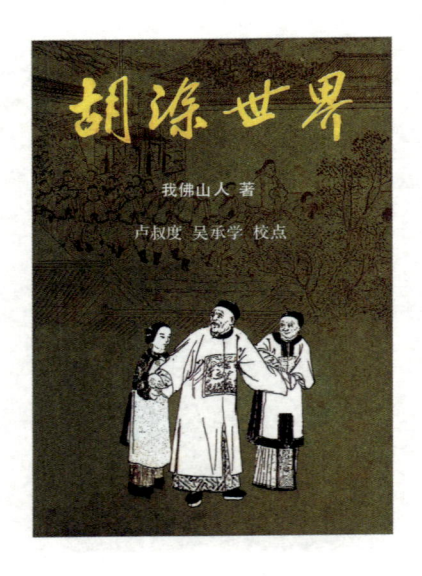

10118　我佛山人作品选本：胡涂世界

1986年设计，平装 第1版第1次印刷
［责任者］我佛山人著，卢叔度、吴承学校点
［出版发行］花城出版社，1986
［索书号］I242.4/W69

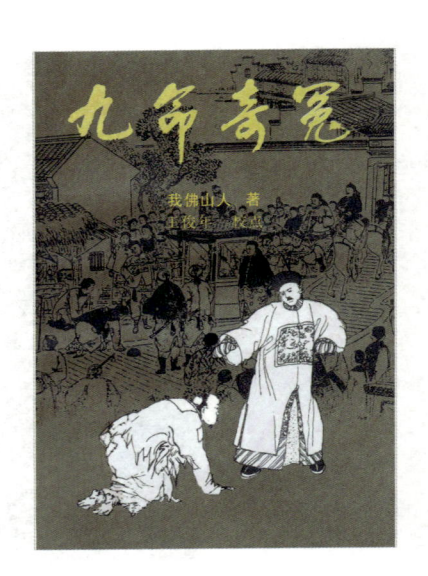

10119　我佛山人作品选本：九命奇冤

1986年设计，平装 第1版第1次印刷
［责任者］我佛山人著，王俊年校点
［出版发行］花城出版社，1986
［索书号］I242.4/W825-3/［2］

10120　五祖庙

1986年设计，平装 第1版第1次印刷
［责任者］巴人著，王克平编选
［出版发行］花城出版社，1986
［索书号］I217/1247

10121　星河

1986年设计，平装 第1版第1次印刷
［责任者］琼瑶著
［出版发行］花城出版社，1986

10122　性灵草

1986年设计，平装 第1版第1次印刷
[责任者] 李汝伦著
[出版发行] 花城出版社，1986
[索书号] I227/L334

10123　亚玛街

1986年设计，精装 第1版第1次印刷
[责任者]（俄）亚·库普林著，蓝英年译
[出版发行] 广东人民出版社，1986
[索书号] I512.44/K58-2

10124　远远一片帆

1986年设计，平装 第1版第1次印刷
[责任者] 陈忠干著
[出版发行] 花城出版社，1986
[索书号] I227/C492-2

10125　越秀丛书：爱海归帆

1986年设计，平装 第1版第1次印刷
[责任者] 王文锦著
[出版发行] 花城出版社，1986
[索书号] I247.7/W37-2

10126　越秀丛书：应召女郎之泪

1986年设计，平装 第1版第1次印刷
［责任者］章以武著
［出版发行］花城出版社，1986

10127　越秀丛书：战场启示录

1986年设计，平装 第1版第1次印刷
［责任者］谭朝阳著
［出版发行］花城出版社，1986
［索书号］I267/T181

10128　哲味的寻觅

1986年设计，平装 第1版第1次印刷
［责任者］金马著
［出版发行］花城出版社，1986
［索书号］I267/2200/［2］

10129　郑玲诗选

1986年设计，平装 第1版第1次印刷
［责任者］郑玲著
［出版发行］花城出版社，1986
［索书号］I227/Z58

10130　中国"野人"之谜

1986年设计，平装 第1版第1次印刷
[责任者] 中国"野人"考察研究会编
[出版发行] 花城出版社，1986

10131　中国新诗年编.1985

1986年设计，平装 第1版第1次印刷
[责任者] 中国社会科学院文学研究所当代文学研究室编
[出版发行] 花城出版社，1986
[索书号] I227/S36/1985

10132　中学生朗诵诗选

1986年设计，平装 第1版第1次印刷
[责任者] 司徒杰选析
[出版发行] 花城出版社，1986

10133　半生缘

1987年设计，平装 第1版第1次印刷
[责任者] 张爱玲著
[出版发行] 花城出版社，1987
[索书号] I246.5/345

10134　潮汐文丛：假面舞会

1987年设计，平装 第1版第1次印刷
［责任者］苏叔阳著
［出版发行］花城出版社，1987
［索书号］I247.5/S916-2

10135　潮汐文丛：满城飞花

1987年设计，平装 第1版第1次印刷
［责任者］林斤澜
［出版发行］花城出版社，1987

10136　多少恨

1987年设计，平装 第1版第1次印刷
［责任者］张爱玲著
［出版发行］花城出版社，1987
［索书号］I247.5/Z314.1-5

10137　二月兰

1987年设计，平装 第1版第1次印刷
［责任者］沈兆希著
［出版发行］花城出版社，1987
［索书号］I247.5/14560

10138　海外文丛：不见不散

1987年设计，平装 第1版第1次印刷（和钟蔚帆合作）
［责任者］袁则难著
［出版发行］花城出版社，1987
［索书号］I247.7/Y89

10139　海外文丛：人的故事

1987年设计，平装 第1版第1次印刷（和钟蔚帆合作）
［责任者］（瑞士）赵淑侠著
［出版发行］花城出版社，1987
［索书号］I522.45/Z46-7

10140　海外文丛：寻

1987年设计，平装 第1版第1次印刷（和钟蔚帆合作）
［责任者］於梨华著
［出版发行］花城出版社，1987
［索书号］I712.45/Y73-9

10141　海外文丛：野餐地上

1987年设计，平装 第1版第1次印刷（和钟蔚帆合作）
［责任者］蓝菱著
［出版发行］花城出版社，1987
［索书号］I267/L144.1：［2］

10142　汉苑血碑

1987年设计，平装 第1版第1次印刷
［责任者］彭拜著
［出版发行］花城出版社，1987
［索书号］I247.5/P430-2

10143　金箔.第二部

1987年设计，平装 第1版第1次印刷
［责任者］张扬著
［出版发行］花城出版社，1987
［索书号］I247.5/Z360-2：2

10144　金箔.第三部

1987年设计，平装 第1版第1次印刷
［责任者］张扬著
［出版发行］花城出版社，1987
［索书号］I247.5/Z360-2：3

10145　绝壁上的情歌

1987年设计，平装 第1版第1次印刷
［责任者］李经纶著
［出版发行］花城出版社，1987
［索书号］I227/L324

第一部分：图书封面　<<< 　20世纪80年代图书封面设计作品　　　037

10146　开放文丛：论变异

1987年设计，精装 第1版第1次印刷
[责任者]孙绍振著
[出版发行]花城出版社，1987
[索书号]I0/S97

10147　开放文丛：美的认识活动

1987年设计，精装 第1版第1次印刷
[责任者]许明著
[出版发行]花城出版社，1987
[索书号]B83/X78

10148　开放文丛：外国现代批评方法纵览

1987年设计，精装 第1版第1次印刷
[责任者]班澜、王晓秦编著
[出版发行]花城出版社，1987
[索书号]I106/B21

10149　开放文丛：文学是人学新论

1987年设计，精装 第1版第1次印刷
[责任者]李劼著
[出版发行]花城出版社，1987
[索书号]I0/L32

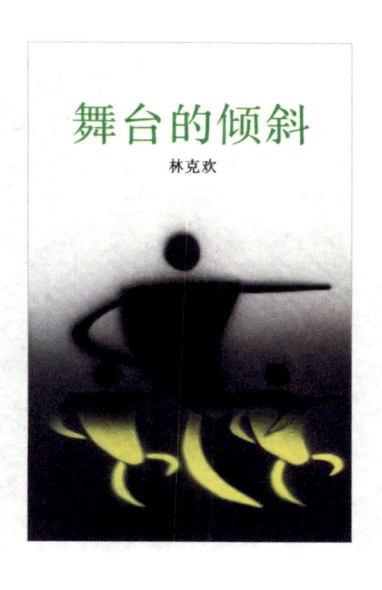

10150　开放文丛：舞台的倾斜

1987年设计，精装 第1版第1次印刷
[责任者]林克欢著
[出版发行]花城出版社，1987
[索书号]I207.34/L61

10151　七里香

1987年设计，平装 第1版第1次印刷
[责任者]席慕蓉著
[出版发行]花城出版社，1987
[索书号]I227/X17-2

10152　人与创造丛书：创造是精确的科学

1987年设计，平装 第1版第1次印刷
[责任者]（苏）阿里特舒列尔（Альтцуллер Г.С.）
　　　　著，魏相、徐明泽译
[出版发行] 广东人民出版社，1987
[索书号] N19/A11

10153　人与创造丛书：创造性想象

1987年设计，平装 第1版第1次印刷
[责任者]（美）奥斯本（Osborn，A.F.）著，
　　　　盖莲香、王明利译
[出版发行] 广东人民出版社，1987
[索书号] B842.4/A38

10154　人与创造丛书：发明导游

1987年设计，平装 第1版第1次印刷
[责任者]（日）丰泽丰雄著，谢燮正、王道生编译
[出版发行] 广东人民出版社，1987
[索书号] N19/F57

10155　人与创造丛书：发明学入门

1987年设计，平装 第1版第1次印刷
[责任者] 谢燮正编著
[出版发行] 广东人民出版社，1987
[索书号] N3/X54

10156　人与创造丛书：高效学习与创造技法

1987年设计，平装 第1版第1次印刷
［责任者］吕刚华等编著
［出版发行］广东人民出版社，1987
［索书号］G79/L93

10157　人与创造丛书：综合与创造

1987年设计，平装 第1版第1次印刷
［责任者］张华夏著
［出版发行］广东人民出版社，1987
［索书号］G3/23

10158　诗经探微

1987年设计，平装 第1版第1次印刷
［责任者］袁宝泉、陈智贤著
［出版发行］花城出版社，1987
［索书号］I207.2/1554

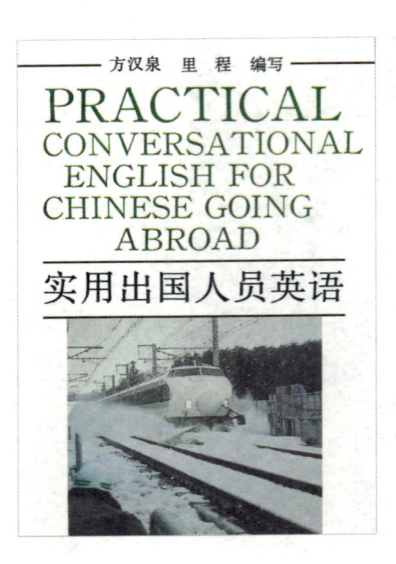

10159　实用出国人员英语

1987年设计，平装 第1版第1次印刷
［责任者］方汉泉、里程编写
［出版发行］花城出版社，1987
［索书号］H319.9/446

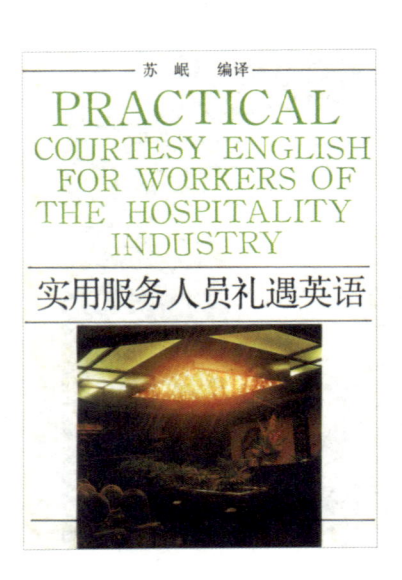

10160　实用服务人员礼遇英语

1987年设计，平装 第1版第1次印刷
［责任者］苏岷编译
［出版发行］花城出版社，1987
［索书号］H319.9/440

10161　谁伴风行

1987年设计，平装 第1版第1次印刷
［责任者］严沁著
［出版发行］花城出版社，1987
［索书号］I247.5/Y210.2-8

10162　孙超现象

1987年设计，平装 第1版第1次印刷
［责任者］陈祖芬著
［出版发行］花城出版社，1987
［索书号］I25/1842

10163　我佛山人作品选本：新石头记

1987年设计，平装 第1版第1次印刷
［责任者］我佛山人著
［出版发行］花城出版社，1987
［索书号］I242.4/W825-6：［2］

10164　我恋

1987年设计，精装 第1版第1次印刷
［责任者］史光柱著
［出版发行］花城出版社，1987
［索书号］I227/S57

10165　无怨的青春

1987年设计，平装 第1版第1次印刷
［责任者］席慕蓉著
［出版发行］花城出版社，1987
［索书号］I227/X17：［2］

10166　相思红

1987年设计，平装 第1版第1次印刷
［责任者］范若丁著
［出版发行］花城出版社，1987
［索书号］I267/F24

10167　胭脂

1987年设计，平装 第1版第1次印刷
［责任者］亦舒著
［出版发行］花城出版社，1987
［索书号］I247.5/Y51-9

10168　银幕内外姐弟情

1987年设计，平装 第1版第1次印刷
［责任者］孔良著
［出版发行］新世纪出版社，1987
［索书号］I247.5/14503

10169　朱力士幽默小说选

1987年设计，平装 第1版第1次印刷
［责任者］朱力士著
［出版发行］花城出版社，1987

10170　爱情·友情·人情

1988年设计，平装 第1版第1次印刷
［责任者］韩笑著
［出版发行］花城出版社，1988

10171　奔星集

1988年设计，平装 第1版第1次印刷
［责任者］吴奔星著
［出版发行］花城出版社，1988
［索书号］I227/W817-2

10172　东山浅唱

1988年设计，平装 第1版第1次印刷
［责任者］杨石著
［出版发行］花城出版社，1988
［索书号］I227/Y280.2-2

10173　二十年目睹之怪现状：
　　　　 绘图·评点．上册
1988年设计，平装 第1版第1次印刷
［责任者］我佛山人著，卢叔度、吴承学校点
［出版发行］花城出版社，1988
［索书号］I242.4/W825/［12］1

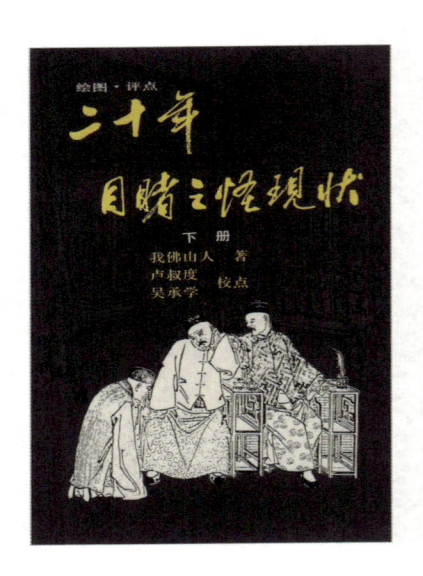

10174　二十年目睹之怪现状：
　　　　 绘图·评点．下册
1988年设计，平装 第1版第1次印刷
［责任者］我佛山人著，卢叔度、吴承学校点
［出版发行］花城出版社，1988
［索书号］I242.4/W825/［12］2

10175　港姐自述

1988年设计，平装 第1版第1次印刷
［责任者］张玛莉著
［出版发行］花城出版社，1988
［索书号］I267/Z334

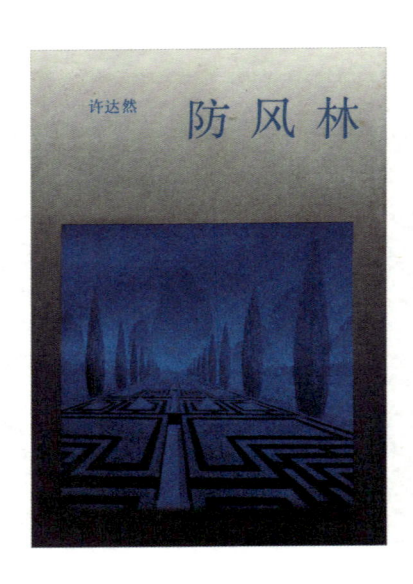

10176　海外文丛：防风林

1988年设计，平装 第1版第1次印刷（和钟蔚帆合作）
［责任者］许达然著
［出版发行］花城出版社，1988
［索书号］I267/X775-3

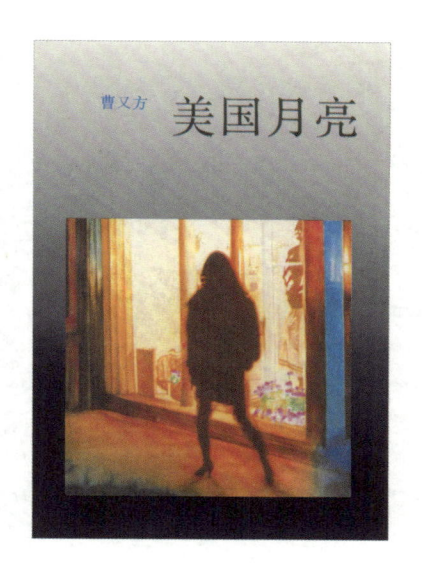

10177　海外文丛：美国月亮

1988年设计，平装 第1版第1次印刷（和钟蔚帆合作）
［责任者］曹又方著
［出版发行］花城出版社，1988

10178　海外文丛：新加坡华文小说家十五人集

1988年设计，平装 第1版第1次印刷（和钟蔚帆合作）
［责任者］杨越、陈实编
［出版发行］花城出版社，1988
［索书号］I339.45/Y29

10179　黑雪

1988年设计，精装 第1版第1次印刷
［责任者］郑九蝉著
［出版发行］花城出版社，1988
［索书号］I247.5/Z571

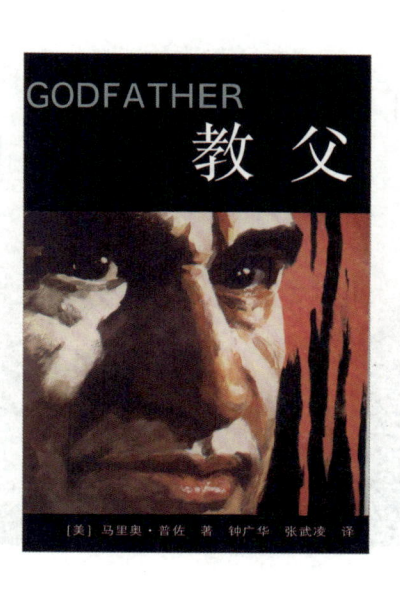

10180　教父

1988年设计，平装 第1版第5次印刷
［责任者］（美）马里奥·普佐著，钟广华、张武凌译
［出版发行］花城出版社，1983
［索书号］I712.45/P97：2

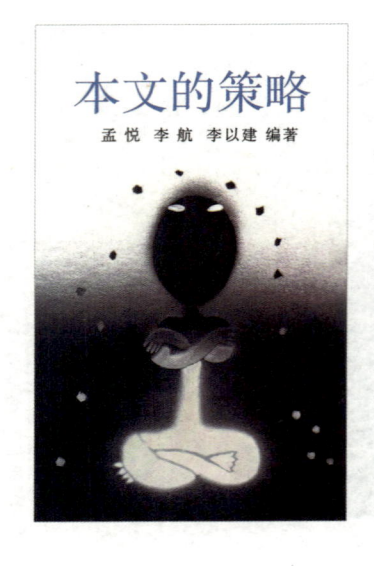

10181　开放文丛：本文的策略

1988年设计，精装 第1版第1次印刷
[责任者]孟悦、李航、李以建编著
[出版发行]花城出版社，1988
[索书号] I06/M55

10182　开放文丛：创作的
　　　　内在流程

1988年设计，精装 第1版第1次印刷
[责任者]余凤高著
[出版发行]花城出版社，1988
[索书号] I04/Y75

10183　开放文丛：弗洛伊德
　　　　与文坛

1988年设计，精装 第1版第1次印刷
[责任者]陈慧著
[出版发行]花城出版社，1988
[索书号] B84-05/C45

10184　开放文丛：文学广角
　　　　的女性视野

1988年设计，精装 第1版第1次印刷
[责任者]陈素琰著
[出版发行]花城出版社，1988
[索书号] I06/C47

10185　开放文丛：文艺的观念世界

1988年设计，精装 第1版第1次印刷
[责任者]陈晋著
[出版发行]花城出版社，1988
[索书号] I0/C45

10186　两分钟疑案

1988年设计，平装 第1版第1次印刷
［责任者］（美）唐纳德·索博尔著，黄湘中译
［出版发行］花城出版社，1988
［索书号］G898/50

10187　刘书民山水画集

1988年设计，精装 第1版第1次印刷
［责任者］刘书民
［出版发行］花城出版社，1988
［索书号］J222.7/2205

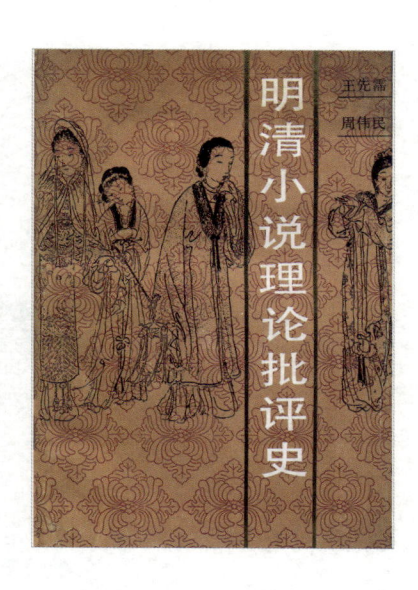

10188　明清小说理论批评史

1988年设计，精装 第1版第1次印刷
［责任者］王先霈、周伟民著
［出版发行］花城出版社，1988
［索书号］I207.409/W37

10189　牛不驯集

1988年设计，平装 第1版第1次印刷
［责任者］舒展著
［出版发行］花城出版社，1988
［索书号］I267/S640.1-2

10190　女人的心

1988年设计，平装 第1版第1次印刷
［责任者］庐隐著
［出版发行］花城出版社，1988
［索书号］I246.5/L82-2

欧阳山文集

10191　欧阳山文集：第一卷．中短篇小说

1988年设计，精装 第1版第1次印刷
［责任者］欧阳山著
［出版发行］花城出版社，1988
［索书号］I217.2/O15-2/1

10192　欧阳山文集：第二卷．中、短篇小说：1936—1949年

1988年设计，精装 第1版第1次印刷
［责任者］欧阳山著
［出版发行］花城出版社，1988
［索书号］I217.2/O15-2/2

10193　欧阳山文集：第三卷. 中、短篇小说：
　　　　1954—1981年
1988年设计，精装 第1版第1次印刷
［责任者］欧阳山著
［出版发行］花城出版社，1988
［索书号］I217.2/O15-2/3

10194　欧阳山文集：第四卷. 长篇小说：
　　　　1939—1946年
1988年设计，精装 第1版第1次印刷
［责任者］欧阳山著
［出版发行］花城出版社，1988
［索书号］I217.2/O15-2/4

10195　欧阳山文集：第五卷. 长篇小说：
　　　　1959年
1988年设计，精装 第1版第1次印刷
［责任者］欧阳山著
［出版发行］花城出版社，1988
［索书号］I217.2/O15-2/5

10196　欧阳山文集：第六卷. 长篇小说：
　　　　1962年
1988年设计，精装 第1版第1次印刷
［责任者］欧阳山著
［出版发行］花城出版社，1988
［索书号］I217.2/O15-2/6

10197　欧阳山文集：第七卷. 长篇小说：
　　　　1981年
1988年设计，精装 第1版第1次印刷
［责任者］欧阳山著
［出版发行］花城出版社，1988
［索书号］I217.2/O15-2/7

10198　欧阳山文集：第八卷. 长篇小说：
　　　　1983年
1988年设计，精装 第1版第1次印刷
［责任者］欧阳山著
［出版发行］花城出版社，1988
［索书号］I217.2/O15-2/8

10199　欧阳山文集：第九卷. 长篇小说：
　　　　1984年
1988年设计，精装 第1版第1次印刷
［责任者］欧阳山著
［出版发行］花城出版社，1988
［索书号］I217.2/O15-2/9

10200　欧阳山文集：第十卷. 论文及其他：
　　　　1930—1987年
1988年设计，精装 第1版第1次印刷
［责任者］欧阳山著
［出版发行］花城出版社，1988
［索书号］I217.2/O15-2/10

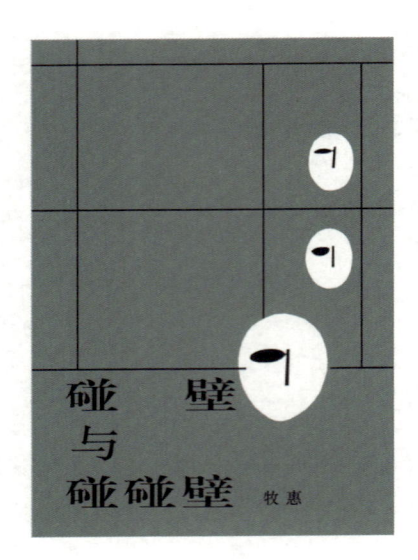

10201　碰壁与碰碰壁

1988年设计，平装 第1版第1次印刷
[责任者] 牧惠著
[出版发行] 花城出版社，1988

10202　让我们认识爱

1988年设计，平装 第1版第1次印刷
[责任者] 陈芳芳主编，江淑棻译
[出版发行] 花城出版社，1988
[索书号] H319.5/C442-2：[2]

10203　人与创造丛书：创造是心智的最佳活动

1988年设计，平装 第1版第1次印刷
[责任者]（美）珀金斯（Perkins，D.N.）著，蒋斌、梁彪译
[出版发行] 广东人民出版社，1988

10204　人与创造丛书：创造性教育与人才

1988年设计，平装 第1版第1次印刷
[责任者] 刘志光著
[出版发行] 广东人民出版社，1988
[索书号] G40/L76

10205　人与创造丛书：创造中的自我

1988年设计，平装 第1版第1次印刷
［责任者］张唐生著
［出版发行］广东人民出版社，1988

10206　人与创造丛书：发现与发明
　　　　过程方法学分析

1988年设计，平装 第1版第1次印刷
［责任者］（苏）吉江（Джиджян, Р.З.）著，徐明泽、魏相译
［出版发行］广东人民出版社，1988
［索书号］G312/J17

10207　人与创造丛书：军人素
　　　　质的延伸

1988年设计，平装 第1版第1次印刷
［责任者］王锦辉、徐布加
［出版发行］广东人民出版社，1988
［索书号］E0/248

10208　人与创造丛书：人与人

1988年设计，平装 第1版第1次印刷
［责任者］庄稼著
［出版发行］广东人民出版社，1988

10209　人与创造丛书：智慧术

1988年设计，平装 第1版第1次印刷
［责任者］谢燮正著
［出版发行］广东人民出版社，1988

10210　审判《查泰莱夫人的情人》

1988年设计，平装 第1版第1次印刷
［责任者］《译海》编辑部编
［出版发行］花城出版社，1988
［索书号］I561.074/Y51

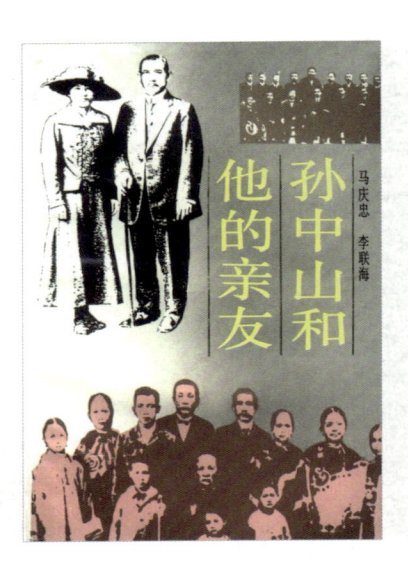

10211　孙中山和他的亲友

1988年设计，平装 第1版第1次印刷
［责任者］马庆忠、李联海著
［出版发行］花城出版社，1988
［索书号］K827.6/181

10212　她从梦中走出来

1988年设计，平装 第1版第1次印刷
［责任者］谭伟文著
［出版发行］新世纪出版社，1988

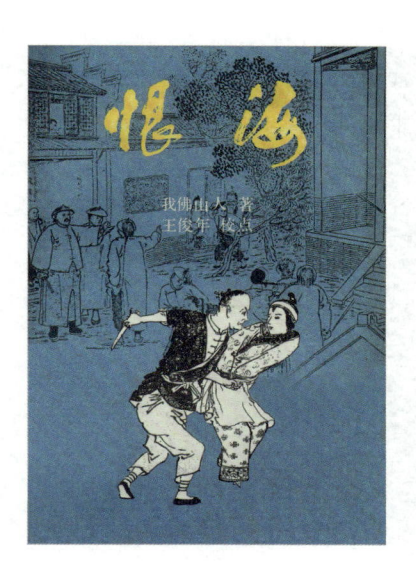

10213　我佛山人作品选本：恨海

1988年设计，平装 第1版第1次印刷
［责任者］（清）我佛山人著，王俊年校点
［出版发行］花城出版社，1988
［索书号］I242.4/W825-2/［3］

10214　我佛山人作品选本：情变

1988年设计，平装 第1版第1次印刷
［责任者］（清）我佛山人著，卢叔度校点
［出版发行］花城出版社，1988
［索书号］I242.4/W825-2/［4］

10215　我佛山人作品选本：痛史

1988年设计，平装 第1版第1次印刷
［责任者］我佛山人著，王俊年校点
［出版发行］花城出版社，1988
［索书号］I242.4/W825-4/［2］

10216　我佛山人作品选本：最近社会龌龊史

1988年设计，平装 第1版第1次印刷
［责任者］我佛山人著，卢叔度、吴承学校点
［出版发行］花城出版社，1988
［索书号］I242.4/W825-8

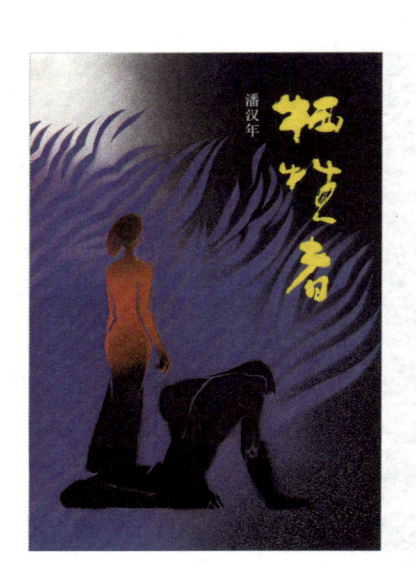

10217　西方现代诗论

1988年设计，平装 第1版第1次印刷
[责任者]杨匡汉、刘福春编
[出版发行]花城出版社，1988
[索书号]I052/Y27

10218　牺牲者

1988年设计，平装 第1版第1次印刷
[责任者]潘汉年著
[出版发行]花城出版社，1988
[索书号]I217.2/P184

10219　乡土长篇小说系列：野婚

1988年设计，平装 第1版第1次印刷
[责任者]刘绍棠著
[出版发行]花城出版社，1988
[索书号]I247.5/L74-14

10220　悬念的技巧

1988年设计，平装 第1版第1次印刷
[责任者]范培松著
[出版发行]花城出版社，1988
[索书号]I044/F24

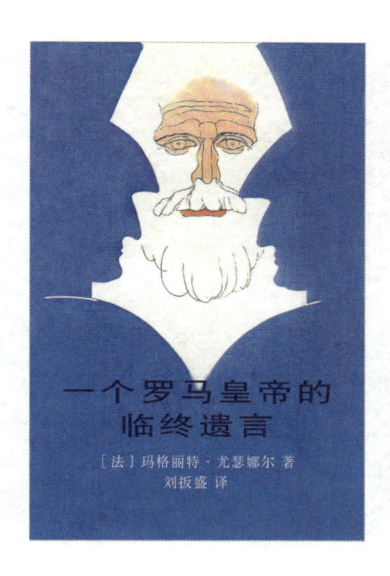

10221　一个罗马皇帝的临终遗言

1988年设计，平装 第1版第1次印刷
[责任者]（法）玛格丽特·尤瑟娜尔著，刘扳盛译
[出版发行]花城出版社，1988
[索书号]I565.45/Y68-5

10222　越秀丛书：分居之后

1988年设计，平装 第1版第1次印刷
[责任者]江川著
[出版发行]花城出版社，1988
[索书号]I247.5/J440.4

10223　中华民族大家庭

1988年设计，平装 第1版第1次印刷
[责任者]陈栋康写，苏小华画
[出版发行]新世纪出版社，1988

10224　珠冠泪

1988年设计，平装 第1版第1次印刷
[责任者]（泰）沈逸文译
[出版发行]花城出版社，1988
[索书号]I336.45/S44-3

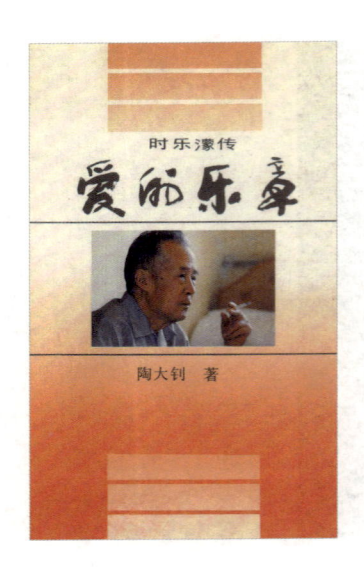

10225　爱的乐章：时乐濛传

1989年设计，平装 第1版第1次印刷
[责任者] 陶大钊著
[出版发行] 花城出版社，1989
[索书号] K825.7/S54

10226　爱的梦呓：法国当代爱情朦胧诗选

1989年设计，平装 第1版第1次印刷
[责任者]（法）路易·勒维约诺瓦等著，李玉民、罗国林译
[出版发行] 花城出版社，1989
[索书号] I565.25/L22

10227　苍水魂

1989年设计，平装 第1版第1次印刷
[责任者] 师飚著
[出版发行] 花城出版社，1989
[索书号] I247.5/S530-2

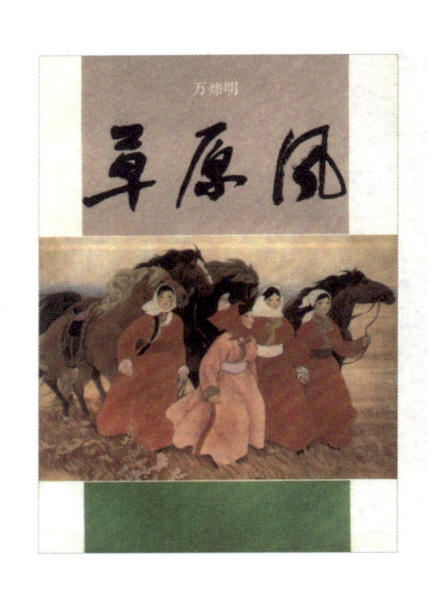

10228　草原风

1989年设计，平装 第1版第1次印刷
[责任者] 万炜明著
[出版发行] 内蒙古人民出版社，1989
[索书号] I267/8137

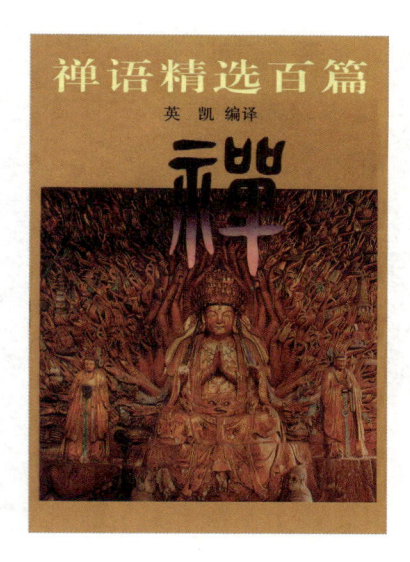

10229　禅语精选百篇

1989年设计，平装 第1版第1次印刷
［责任者］英凯编译
［出版发行］花城出版社，1989
［索书号］B94/Y58

10230　海上繁华梦

1989年设计，平装 第1版第1次印刷
［责任者］王安忆著
［出版发行］花城出版社，1989
［索书号］I247.7/W31-5

10231　浑河

1989年设计，精装 第1版第1次印刷
［责任者］郑九蝉著
［出版发行］花城出版社，1989
［索书号］I247.5/Z571-2

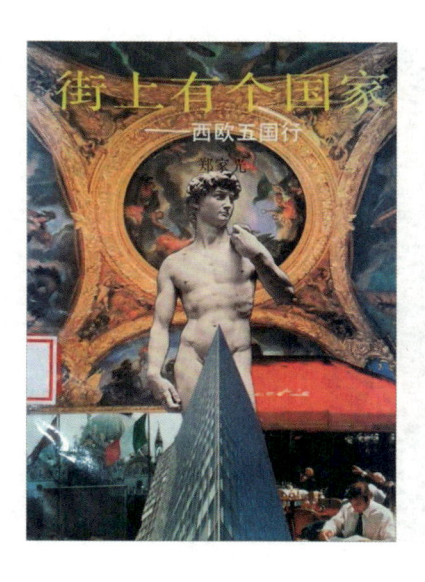

10232　街上有个国家

1989年设计，精装内封面 第1版第1次印刷
［责任者］郑家光著
［出版发行］花城出版社，1989

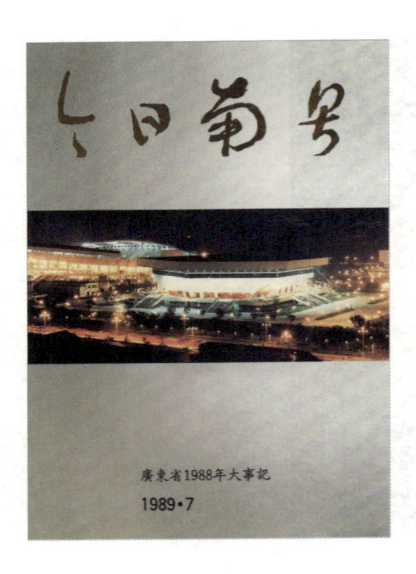

10233　今日南粤：广东省一九八八年大事记

1989年设计，平装 第1版第1次印刷
［责任者］广州地区老新闻记者协会，《老人报》编
［出版发行］《今日南粤》编辑部，1989
［索书号］D619/524/1988

10234　浪荡子

1989年设计，平装 第1版第1次印刷
［责任者］马昭著
［出版发行］花城出版社，1989
［索书号］I247.5/M190-2

10235　林墉奇谈

1989年设计，平装 第1版第1次印刷
［责任者］林墉著
［出版发行］花城出版社，1989
［索书号］I267/L630.1

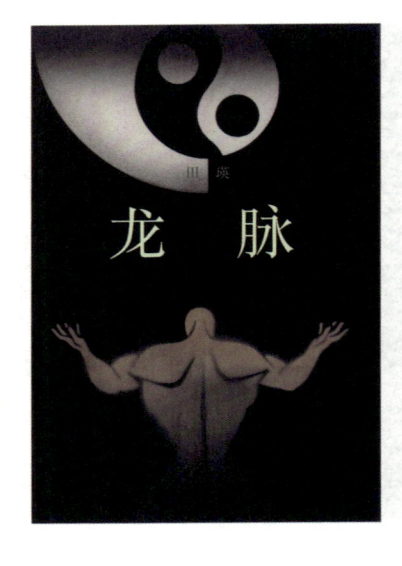

10236　龙脉

1989年设计，平装 第1版第1次印刷
［责任者］田瑛著
［出版发行］花城出版社，1989
［索书号］I247.7/2673

10237　南越王

1989年设计，平装 第1版第1次印刷
[责任者] 何维鼎著
[出版发行] 花城出版社，1989
[索书号] I247.5/H331

10238　时光九篇

1989年设计，平装 第1版第1次印刷
[责任者] 席慕蓉著
[出版发行] 花城出版社，1989

10239　唐诗译析

1989年设计，平装 第1版第1次印刷
[责任者] 曾兆惠编著
[出版发行] 花城出版社，1989
[索书号] I222/485

10240　天南地北

1989年设计，平装 第1版第1次印刷
[责任者] 苏晨著
[出版发行] 花城出版社，1989
[索书号] I267/8155

10241　童年的梦

1989年设计，精装 第1版第1次印刷
［责任者］梁培龙
［出版发行］海燕出版社，1989
［索书号］J229/58

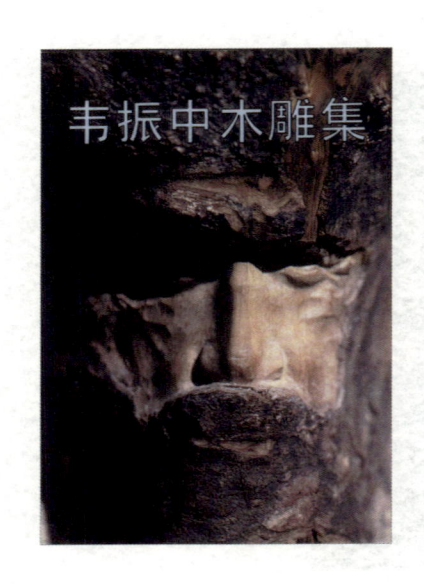

10242　韦振中木雕集

1989年设计，精装 第1版第1次印刷
［责任者］韦振中作，花城出版社美术编辑室编辑
［出版发行］花城出版社，1989
［索书号］J322/37

我佛山人文集

10243　我佛山人文集．第一卷：长篇社会小说

1989年设计，精装 第1版第1次印刷
[责任者]（清）吴趼人著，王俊年校点
[出版发行] 花城出版社，1988
[索书号] I246.4/W82/1

10244　我佛山人文集．第二卷：长篇社会小说

1989年设计，精装 第1版第1次印刷
[责任者]（清）吴趼人著，卢叔度等校点
[出版发行] 花城出版社，1988
[索书号] I246.4/W82/2

10245　我佛山人文集．第三卷：中长篇社会小说

1989年设计，精装 第1版第1次印刷
[责任者]（清）吴趼人著，王俊年等校点
[出版发行] 花城出版社，1988
[索书号] I246.4/W82/3

10246　我佛山人文集．第四卷：中长篇社会小说

1989年设计，精装 第1版第1次印刷
[责任者]（清）吴趼人著，卢叔度等校点
[出版发行] 花城出版社，1988
[索书号] I246.4/W82/4

10247　我佛山人文集．第五卷：中长篇历史小说

1989年设计，精装 第1版第1次印刷
[责任者]（清）吴趼人著，王俊年，张正吾校点
[出版发行] 花城出版社，1988
[索书号] I246.4/W82/5

10248　我佛山人文集．第六卷：中长篇写情小说

1989年设计，精装 第1版第1次印刷
[责任者]（清）吴趼人著，卢叔度校点
[出版发行] 花城出版社，1988
[索书号] I246.4/W82/6

10249　我佛山人文集．第七卷：短篇小说·笔记·寓言·笑话

1989年设计，精装 第1版第1次印刷
[责任者]（清）吴趼人著
[出版发行] 花城出版社，1989

10250　我佛山人文集．第八卷：戏曲·诗歌·散文·杂著

1989年设计，精装 第1版第1次印刷
[责任者]（清）吴趼人著，卢叔度校点
[出版发行] 花城出版社，1989

10251　胭脂泪

1989年设计，平装 第1版第1次印刷
[责任者] 黄茂初著
[出版发行] 四川文艺出版社，1989
[索书号] I247.5/H763-2

10252　盐卤里的人

1989年设计，平装 第1版第1次印刷
[责任者] 张海鸥著
[出版发行] 汕头归侨作家联谊会，1989
[索书号] I217/326

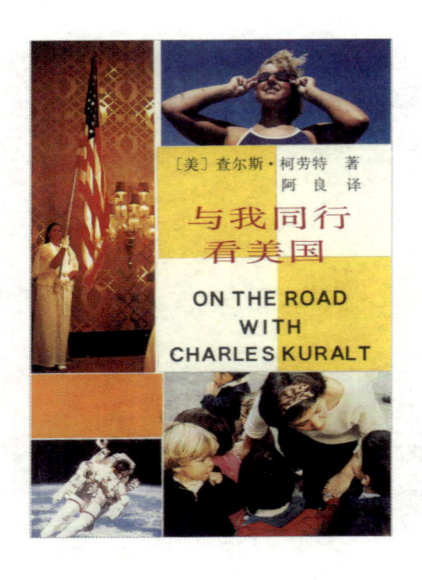

10253　与我同行看美国

1989年设计，平装 第1版第1次印刷
[责任者] (美) 查尔斯·柯劳特著, 阿良译
[出版发行] 花城出版社，1989
[索书号] I712.55/K36

10254　越秀丛书：地狱的回声

1989年设计，平装 第1版第1次印刷
[责任者] 杜峻著
[出版发行] 花城出版社，1989
[索书号] I25/D77

10255　越秀丛书：情有独钟

1989年设计，平装 第1版第1次印刷
［责任者］王海玲著
［出版发行］花城出版社，1989
［索书号］I247.7/W334.2

10256　越秀丛书：血玫瑰

1989年设计，平装 第1版第1次印刷
［责任者］廖红球著
［出版发行］花城出版社，1989
［索书号］I247.5/14502

10257　粤海艺潭

1989年设计，平装 第1版第1次印刷
［责任者］徐清雄著
［出版发行］花城出版社，1989
［索书号］I267/X757.1

10258　中国女皇——武则天传奇

1989年设计，平装 第1版第1次印刷
［责任者］（日）原百代著，谭继山译
［出版发行］新世纪出版社，1989
［索书号］I313.4/738

20世纪90年代图书封面设计作品

创作絮语：

  从印刷技术上来说，90年代是一个激动人心的时代。短短几年就跨越了千余年，从铅与火的时代一步迈进数码世界。

  出版社连接印刷厂的数码生产产业链已经配套并开始使用，设计者可以把用电脑软件设计创作的稿件装在小小的 U 盘里直接发稿。

  电脑让设计者拥有了一支非常好用的"笔"，可以从多个角度以构成的形式展现思考中的构想，可以在电脑屏幕上看到封面设计合成后的效果……以前要花大力气才能制作一行标题字或一点肌理效果，现在只要打开电脑的文字或图片库，顿时眼花缭乱，各种字体字型和各种素材琳琅满目，好像用之不尽。

  然而当所有设计者都在使用这支"笔"的时候，相同的设计软件就带来了成千上万的雷同，这种令人讨厌的雷同显示在封面上，被称之为"电脑味"。有专家指出，"电脑味"将毁掉中国传统的书卷气，我同意这种看法。这一时期，我一直在使用电脑消灭"电脑味"。

—— 苏家杰

10259　巴山怪客．上

1990年设计，平装 第1版第1次印刷
［责任者］郑证因著
［出版发行］花城出版社，1990
［索书号］I247.5/14570/1

10260　巴山怪客．下

1990年设计，平装 第1版第1次印刷
［责任者］郑证因著
［出版发行］花城出版社，1990

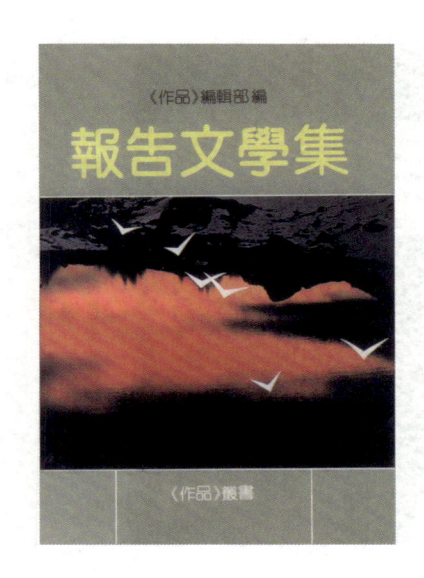

10261　报告文学集

1990年设计，平装 第1版第1次印刷
［责任者］《作品》编辑部编
［出版发行］花城出版社，1990
［索书号］I25/1844

10262　冲浪者之歌

1990年设计，平装 第1版第1次印刷
［责任者］张皓主编
［出版发行］花城出版社，1990
［索书号］I25/1845

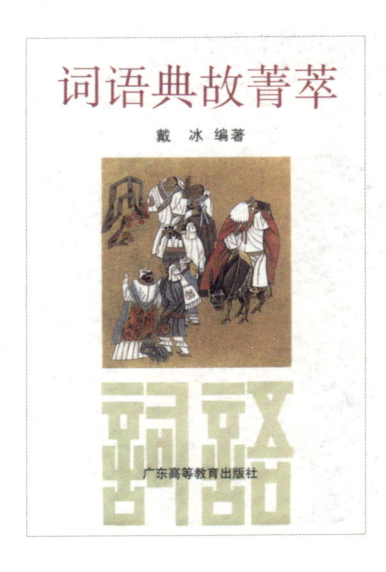

10263　词语典故菁萃

1990年设计，平装 第1版第1次印刷
［责任者］戴冰编著
［出版发行］广东高等教育出版社，1990

10264　地府演义

1990年设计，平装 第1版第1次印刷
［责任者］关庆坤著
［出版发行］花城出版社，1990
［索书号］I247.4/G78

10265　法国当代爱情朦胧诗选：爱的迷宫

1990年设计，平装 第1版第1次印刷
［责任者］（法）雅克·夏尔潘特罗等著，罗国林、李玉民译
［出版发行］花城出版社，1990
［索书号］I565.2/24

10266　负重的太阳

1990年设计，平装 第1版第1次印刷
［责任者］陈茂欣著
［出版发行］花城出版社，1990
［索书号］I227/1391

10267　干妈

1990年设计，平装 第1版第1次印刷
[责任者] 黄谷柳著
[出版发行] 花城出版社，1990
[索书号] I216.2/H744

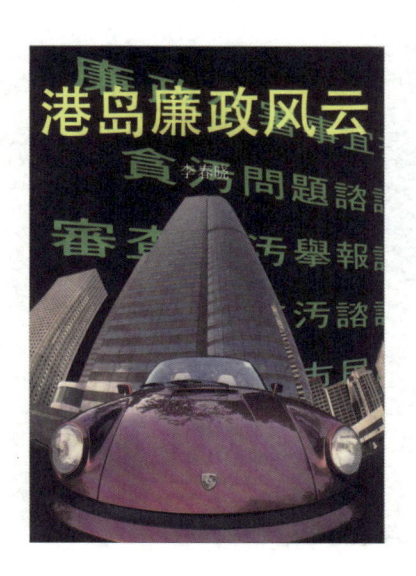

10268　港岛廉政风云

1990年设计，平装 第1版第1次印刷
[责任者] 李春晓著
[出版发行] 花城出版社，1990
[索书号] D675.58/L31

10269　广州朦胧夜

1990年设计，平装 第1版第1次印刷
[责任者] 黄泳瑜著
[出版发行] 花城出版社，1990

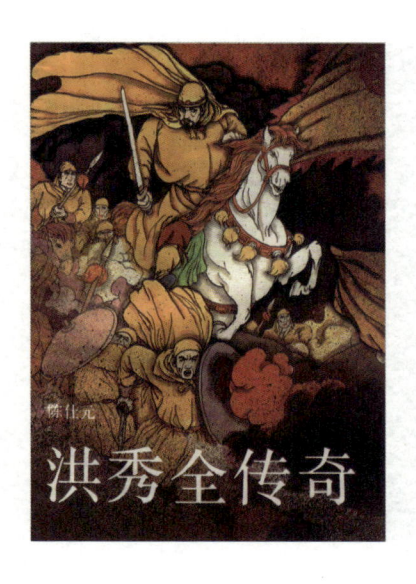

10270　洪秀全传奇

1990年设计，平装 第1版第1次印刷
[责任者] 陈仕元著
[出版发行] 花城出版社，1990
[索书号] I277.3/C478

10271　华侨华人大观

1990年设计，平装 第1版第1次印刷
［责任者］张兴汉等主编
［出版发行］暨南大学出版社，1990

10272　黄金幻想

1990年设计，平装 第1版第1次印刷
［责任者］(日)鲇川信夫等著，郑民钦译
［出版发行］花城出版社，1990
［索书号］I313.2/11

10273　火宅

1990年设计，平装 第1版第1次印刷
［责任者］郭雪波著
［出版发行］花城出版社，1990
［索书号］I247.5/G961-2

10274　经商妙联荟萃

1990年设计，平装 第1版第1次印刷
［责任者］潘耀华主编
［出版发行］花城出版社，1990
［索书号］I269/189

10275　康白情新诗全编

1990年设计，平装 第1版第1次印刷
［责任者］康白情著，诸孝正、陈卓团编
［出版发行］花城出版社，1990
［索书号］I227/1372

10276　雷锋在我们心中

1990年设计，平装 第1版第1次印刷
［责任者］华成思编
［出版发行］花城出版社，1990
［索书号］I227/433

10277　流光

1990年设计，平装 第1版第1次印刷
［责任者］关飞著
［出版发行］花城出版社，1990
［索书号］I227/1393

10278　落叶：徐志摩诗文精选

1990年设计，平装 第2版第2次印刷
［责任者］徐志摩著
［出版发行］花城出版社，1990
［索书号］I217.2/X76

10279　绿星之恋

1990年设计，平装 第1版第1次印刷
[责任者] 闻廉主编
[出版发行] 花城出版社，1990
[索书号] I247.7/2699

10280　绿韵

1990年设计，平装 第1版第1次印刷
[责任者] 刘更申著
[出版发行] 花城出版社，1990
[索书号] I227/1369

10281　明天的太阳

1990年设计，平装 第1版第1次印刷
[责任者] 郭智焕等编
[出版发行] 花城出版社，1990
[索书号] I247.7/2670

10282　情僧

1990年设计，平装 第1版第1次印刷
[责任者] 蔚江著
[出版发行] 花城出版社，1990
[索书号] I247.5/14564

10283   人约黄昏后

1990年设计，平装 第1版第1次印刷
［责任者］邓文初著
［出版发行］花城出版社，1990

10284   珊瑚梦魂

1990年设计，平装 第1版第1次印刷
［责任者］张健人著
［出版发行］花城出版社，1990
［索书号］I247.7/Z325

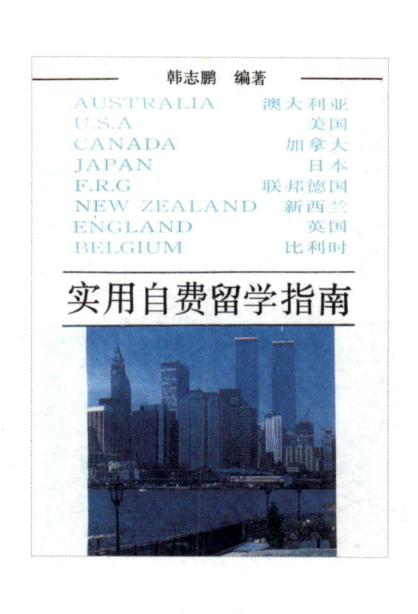

10285   实用自费留学指南

1990年设计，平装 第1版第1次印刷
［责任者］韩志鹏编著
［出版发行］花城出版社，1990
［索书号］G648/66

10286   世代寻梦记：我们街区的孩子们

1990年设计，精装 第1版第1次印刷
［责任者］(埃及)纳吉佈·马哈福兹著，李琛译
［出版发行］花城出版社，1990
［索书号］I411.45/M26-10

10287　水边人的哀乐故事

1990年设计，平装 第1版第1次印刷
［责任者］刘绍棠著
［出版发行］花城出版社，1990
［索书号］I247.5/L74-17

10288　苏华画集

1990年设计，精装 第1版第1次印刷
［责任者］苏华绘
［出版发行］花城出版社，1990
［索书号］J222.7/168

10289　唐人咏怀绝句精品赏析

1990年设计，平装 第1版第1次印刷
［责任者］袁忠岳、吕家乡著
［出版发行］花城出版社，1990
［索书号］I207.22/Y89

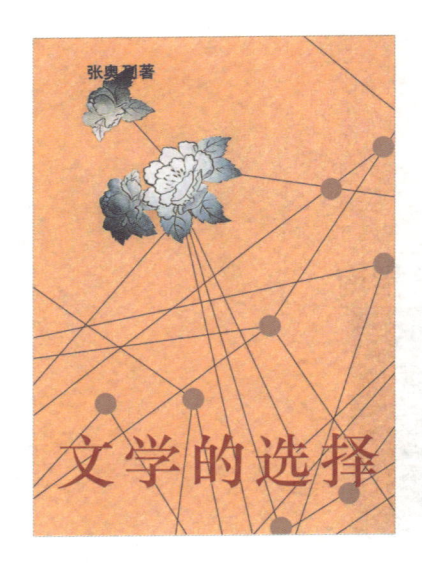

10290　文学的选择

1990年设计，平装 第1版第1次印刷
［责任者］张奥列著
［出版发行］花城出版社，1990
［索书号］I206.7/618

10291　梧桐，梧桐

1990年设计，平装 第1版第1次印刷
［责任者］张欣著
［出版发行］花城出版社，1990
［索书号］I247.5/Z350.4

10292　西方诗论精华

1990年设计，平装 第1版第1次印刷
［责任者］沈奇选编
［出版发行］花城出版社，1990

10293　西汉双星：汉武帝与司马迁

1990年设计，平装 第1版第1次印刷
［责任者］王伟轩著
［出版发行］花城出版社，1990
［索书号］I247.5/14562

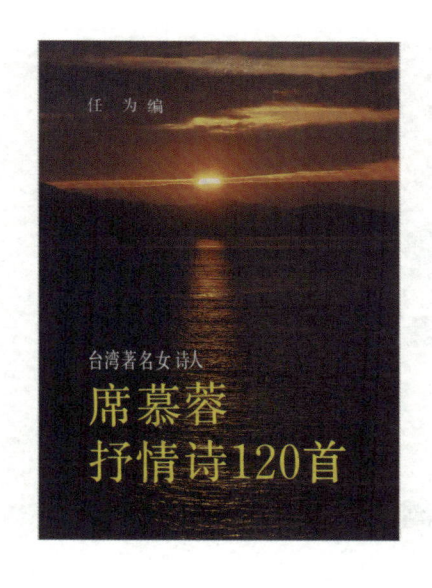

10294　席幕蓉抒情诗120首

1990年设计，平装 第1版第1次印刷
［责任者］席慕蓉著，任为编
［出版发行］花城出版社，1990
［索书号］I227/X27-7

10295　夜香港

1990年设计，平装 第1版第1次印刷
［责任者］傅天虹著
［出版发行］花城出版社，1990

10296　夜之卡斯帕尔

1990年设计，平装 第1版第1次印刷
［责任者］（法）贝尔特朗著，黄建华译
［出版发行］花城出版社，1990
［索书号］I565.24/B45

10297　一个女人给三个男人的信

1990年设计，平装 第1版第1次印刷
［责任者］曾应枫著
［出版发行］花城出版社，1990
［索书号］I247.5/Z228

10298　越秀丛书：迷乱的乐章

1990年设计，平装 第1版第1次印刷
［责任者］丘超祥著
［出版发行］花城出版社，1990

10299　真假驸马的故事

1990年设计，平装 第1版第1次印刷
[责任者]晓凡
[出版发行]花城出版社，1990

10300　真假故事集.第一辑：真假鲤鱼精的故事

1990年设计，（盒装封套）平装 第1版第1次印刷
[责任者]晓凡
[出版发行]花城出版社，[1990]

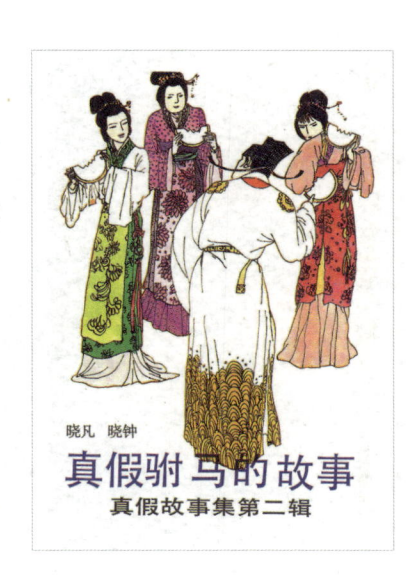

10301　真假故事集.第二辑：真假驸马的故事

1990年设计，（盒装封套）平装 第1版第1次印刷
[责任者]晓凡、晓钟
[出版发行]花城出版社，[1990]

10302　真假国王的故事

1990年设计，平装 第1版第1次印刷
[责任者]晓凡
[出版发行][花城出版社]，[1990]

10303　真假李逵的故事

1990年设计，平装 第1版第1次印刷
［责任者］晓钟
［出版发行］花城出版社，1990

10304　真假太子的故事

1990年设计，平装 第1版第1次印刷
［责任者］晓凡
［出版发行］花城出版社，［1990］

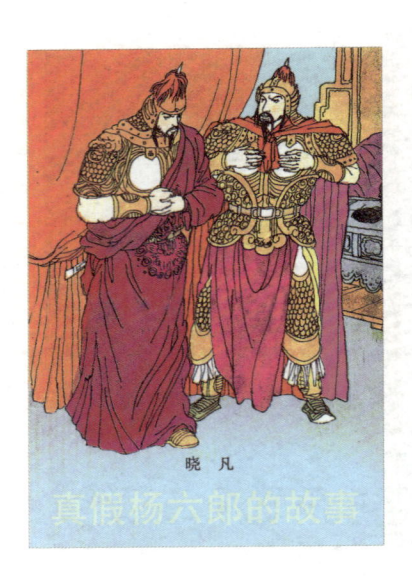

10305　真假杨六郎的故事

1990年设计，平装 第1版第1次印刷
［责任者］晓凡
［出版发行］花城出版社，［1990］

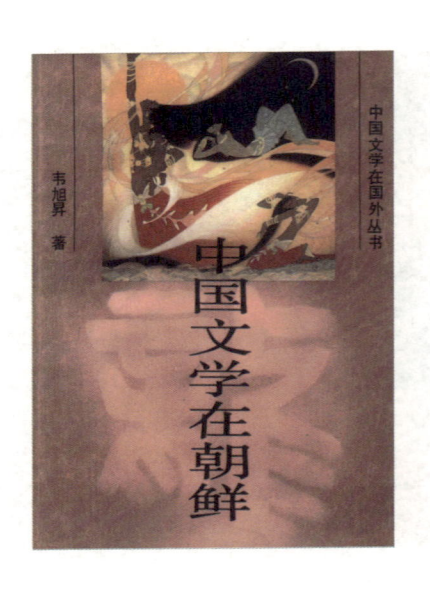

10306　中国文学在国外丛书：
　　　　中国文学在朝鲜

1990年设计，精装 第1版第1次印刷
［责任者］韦旭升著
［出版发行］花城出版社，1990
［索书号］I209/432

10307　中国文学在国外丛书：
　　　　中国文学在俄苏

1990年设计，精装 第1版第1次印刷
［责任者］李明滨著
［出版发行］花城出版社，1990
［索书号］I209/433

10308　中国文学在国外丛书：
　　　　中国文学在法国

1990年设计，精装 第1版第1次印刷
［责任者］钱林森著
［出版发行］花城出版社，1990
［索书号］I206/Q434

10309　中国知青部落

1990年设计，平装 第1版第1次印刷
［责任者］郭小东著
［出版发行］花城出版社，1990
［索书号］I247.5/G961.2

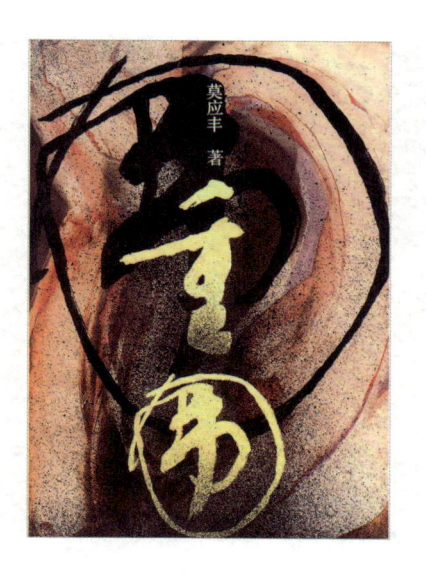

10310　重围

1990年设计，平装 第1版第1次印刷
［责任者］莫应丰著
［出版发行］花城出版社，1990
［索书号］I247.5/M86-6

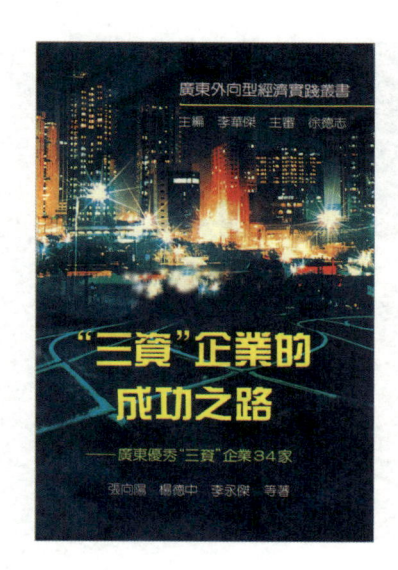

10311　"三资"企业的成功之路：广东优秀"三资"企业34家

1991年设计，平装 第1版第1次印刷
［责任者］张向阳等著
［出版发行］花城出版社，1991
［索书号］F279.2/2473

10312　八方丛书：城堡的寓言

1991年设计，平装 第1版第1次印刷
［责任者］钟鸣著
［出版发行］花城出版社，1991

10313　八方丛书：荒谬的人

1991年设计，平装 第1版第1次印刷
［责任者］（法）加缪著，张汉良译
［出版发行］花城出版社，1991

10314　八方丛书：没有鸟巢的树

1991年设计，平装 第1版第1次印刷
［责任者］赵鑫珊著
［出版发行］花城出版社，1991

10315　八方丛书：迷乱的星空

1991年设计，平装 第1版第1次印刷
［责任者］温远辉编
［出版发行］花城出版社，1991
［索书号］I227/1367

10316　八方丛书：现代的挑战

1991年设计，平装 第1版第1次印刷
［责任者］（英）福斯特（Forster，Edward Morgan）著，李向东译
［出版发行］花城出版社，1991

10317　八方丛书：作家的白日梦

1991年设计，平装 第1版第1次印刷
［责任者］张玞著
［出版发行］花城出版社，1991

10318　白门柳.第一部，夕阳芳草

1991年设计，软精装 第1版第1次印刷
［责任者］刘斯奋著
［出版发行］中国文联出版公司，1984
［索书号］I247.5/L742/1

10319　白门柳.第二部，秋露危城

1991年设计，软精装 第1版第1次印刷
［责任者］刘斯奋著
［出版发行］中国文联出版公司，1991
［索书号］I247.5/L742/2

10320　包法利夫人

1991年设计，精装 第1版第1次印刷
［责任者］（法）福楼拜著，罗国林译
［出版发行］花城出版社，1991

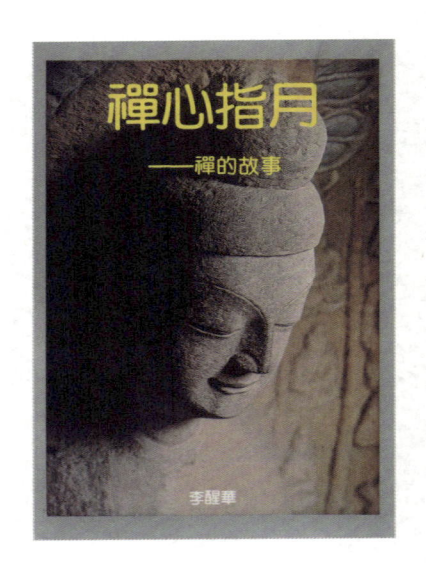

10321　禅心指月：禅的故事

1991年设计，平装 第1版第1次印刷
［责任者］李醒华著
［出版发行］花城出版社，1991
［索书号］B946/442

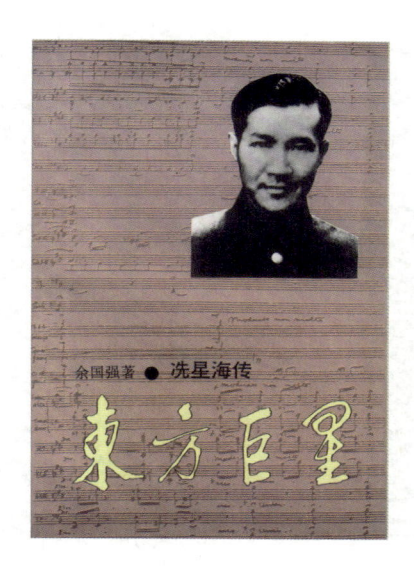

10322　东方巨星：冼星海传

1991年设计，平装 第1版第1次印刷
［责任者］余国强著
［出版发行］花城出版社，1991
［索书号］I247.5/14519

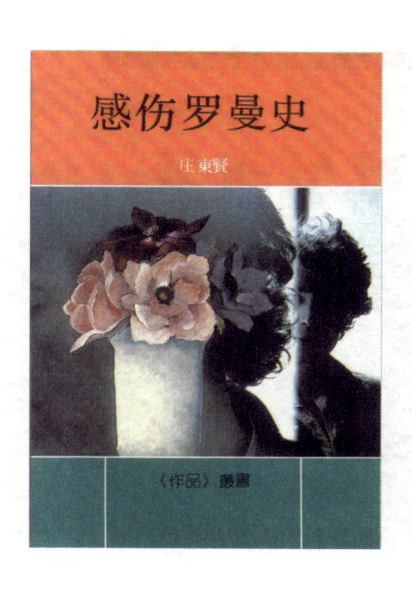

10323　感伤罗曼史

1991年设计，平装 第1版第1次印刷
［责任者］庄东贤著
［出版发行］花城出版社，1991
［索书号］I247.7/2676

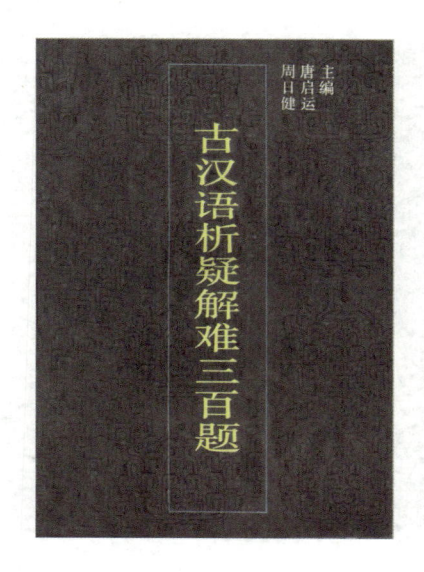

10324　古汉语析疑解难三百题

1991年设计，平装 第1版第1次印刷
［责任者］唐启运、周日健主编
［出版发行］花城出版社，1991

10325　广东当代作家传略

1991年设计，精装 第1版第1次印刷
［责任者］陈衡、袁广达主编
［出版发行］中山大学出版社，1991
［索书号］K825.6/C450

10326　华夏书列：瀛外诉评

1991年设计，平装 第1版第1次印刷
［责任者］马阳著
［出版发行］暨南大学出版社，1991
［索书号］I217/1252

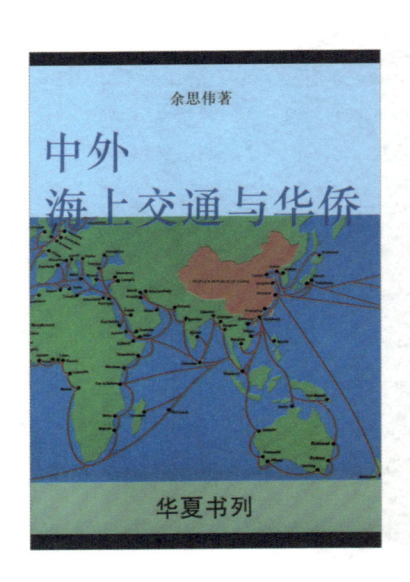

10327　华夏书列：中外海上交通与华侨

1991年设计，平装 第1版第1次印刷
［责任者］余思伟著
［出版发行］暨南大学出版社，1991
［索书号］D634.3/Y75

10328　江山有待

1991年设计，平装 第1版第1次印刷
［责任者］席慕蓉著
［出版发行］花城出版社，1991
［索书号］I267/X174-9

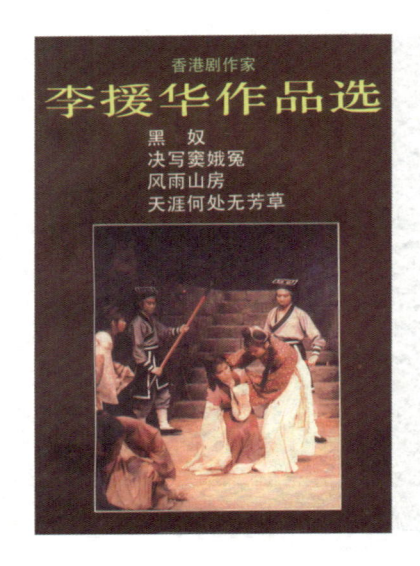

10329　李援华作品选

1991年设计，平装 第1版第1次印刷
［责任者］李援华著
［出版发行］花城出版社，1991
［索书号］I234/64

10330　柳絮似雪

1991年设计，平装 第1版第1次印刷
［责任者］楚明著
［出版发行］花城出版社，1991
［索书号］I247.7/2678

10331　龙宫秘史

1991年设计，平装 第1版第1次印刷
［责任者］关庆坤著
［出版发行］花城出版社，1991
［索书号］I247.4/432

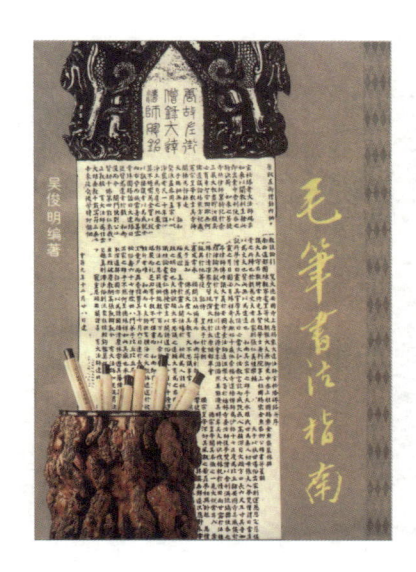

10332　毛笔书法指南

1991年设计，平装 第1版第1次印刷
［责任者］吴俊明编著
［出版发行］花城出版社，1991
［索书号］J292.1/892

10333　［美文］：实用人生：
　　　　胡适随想录
1991年设计，平装 第1版第1次印刷
［责任者］胡适著，何乃舒编
［出版发行］花城出版社，1991
［索书号］I266/H52-5

10334　［美文］：恬适人生：
　　　　周作人小品
1991年设计，平装 第1版第1次印刷
［责任者］周作人著，何乃平编
［出版发行］花城出版社，1991
［索书号］I266/H52-5

10335　［美文］：雅致人
　　　　生：梁实秋小品
1991年设计，平装 第1版第1次印刷
［责任者］梁实秋著，何乃清编
［出版发行］花城出版社，1991
［索书号］I267/L48-9

10336　［美文］：艺术人生：丰子恺小品

1991年设计，平装 第1版第1次印刷
［责任者］丰子恺著，何乃宽编
［出版发行］花城出版社，1991
［索书号］I267/F57-2

10337　［美文］：幽默人生：林语堂小品

1991年设计，平装 第1版第1次印刷
［责任者］林语堂，何乃安编
［出版发行］花城出版社，1991
［索书号］I267/L630-3

10338　女市长和她的丈夫

1991年设计，平装 第1版第1次印刷
［责任者］卢一基著
［出版发行］花城出版社，1991
［索书号］I247.7/2677

10339　群星灿烂：屈干臣作词歌曲选

1991年设计，平装 第1版第1次印刷
［责任者］屈干臣著
［出版发行］花城出版社，1991
［索书号］J642/282

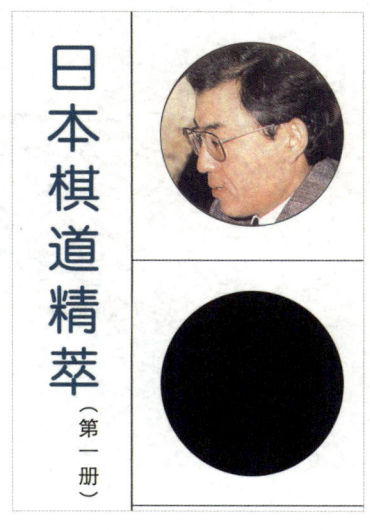

10340　日本棋道精萃.第一册

1991年设计，平装 第1版第1次印刷
［责任者］蔚明、黄超英译
［出版发行］花城出版社，1991
［索书号］G891/849/1

沈从文文集

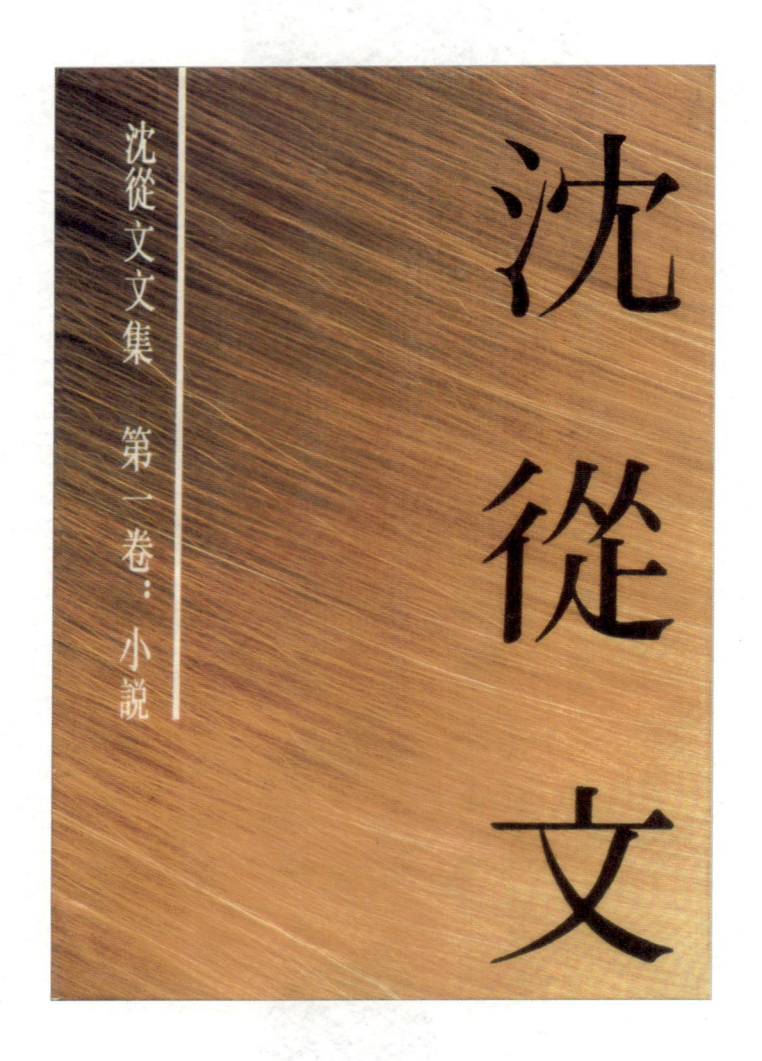

10341　沈从文文集．第一卷：小说

1991年设计，精装 第1版第2次印刷
［责任者］沈从文著
［出版发行］花城出版社，1982
［索书号］I216.2/S42/1

10342　沈从文文集．第二卷：小说

1991年设计，精装 第1版第2次印刷
［责任者］沈从文著
［出版发行］花城出版社，1982
［索书号］I216.2/S42/2

10343　沈从文文集．第三卷：小说

1991年设计，精装 第1版第2次印刷
［责任者］沈从文著
［出版发行］花城出版社，1982

10344　沈从文文集.第四卷：小说

1991年设计，精装 第1版第2次印刷
［责任者］沈从文著
［出版发行］花城出版社，1982
［索书号］I216.2/S42/4

10345　沈从文文集.第五卷：小说

1991年设计，精装 第1版第2次印刷
［责任者］沈从文著
［出版发行］花城出版社，1982

10346　沈从文文集.第六卷：小说

1991年设计，精装 第1版第2次印刷
［责任者］沈从文著
［出版发行］花城出版社，1983
［索书号］I216.2/S42/6

10347　沈从文文集.第七卷：小说

1991年设计，精装 第1版第2次印刷
［责任者］沈从文著
［出版发行］花城出版社，1983
［索书号］I216.2/S42/7

10348　沈从文文集.第八卷：小说

1991年设计，精装 第1版第2次印刷
［责任者］沈从文著
［出版发行］花城出版社，1983
［索书号］I216.2/S42/8

10349　沈从文文集.第九卷：散文

1991年设计，精装 第1版第2次印刷
［责任者］沈从文著
［出版发行］花城出版社，1984
［索书号］I216.2/S42/9

10350　沈从文文集.第十卷：散文、诗

1991年设计，精装 第1版第2次印刷
［责任者］沈从文著
［出版发行］花城出版社，1984
［索书号］I216.2/S42/10

10351　沈从文文集.第十一卷：文论

1991年设计，精装 第1版第2次印刷
［责任者］沈从文著
［出版发行］花城出版社，1984

10352　沈从文文集.第十二卷：文论

1991年设计，精装 第1版第2次印刷
［责任者］沈从文著
［出版发行］花城出版社，1984
［索书号］I216.2/S42/12

10353　圣经人物辞典

1991年设计，精装 第1版第1次印刷
［责任者］黄建华主编
［出版发行］花城出版社，1991

10354　实用出国暨赴港澳常识

1991年设计，平装 第1版第1次印刷
［责任者］陈作鸣编著
［出版发行］花城出版社，1991
［索书号］D523.8/C49

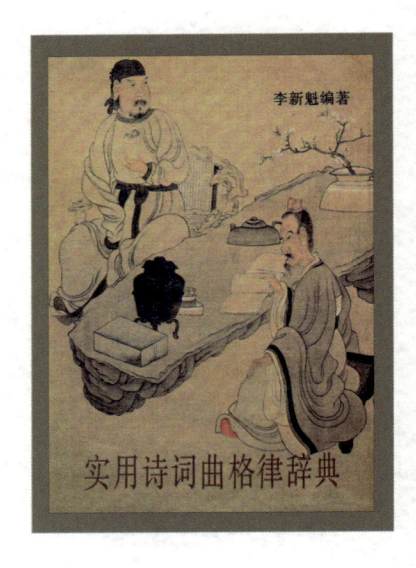

10355　实用诗词曲格律辞典

1991年设计，平装 第1版第1次印刷
［责任者］李新魁编著
［出版发行］花城出版社，1991
［索书号］I207.2-61/L35

10356　苏曼殊文集．上

1991年设计，精装 第1版第1次印刷
［责任者］苏曼殊著，马以君编注
［出版发行］花城出版社，1991

10357　苏曼殊文集．下

1991年设计，精装 第1版第1次印刷
［责任者］苏曼殊著，马以君编注
［出版发行］花城出版社，1991
［索书号］I216.2/S91-2/2

10358　微音

1991年设计，精装 第1版第1次印刷
［责任者］许实著
［出版发行］广东人民出版社，1991
［索书号］I267/3366/1

10359　西方诗论精华

1991年设计，平装 第1版第1次印刷
［责任者］沈奇选编
［出版发行］花城出版社，1991

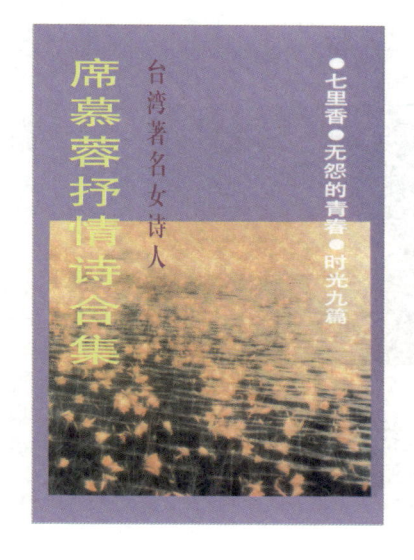

10360　席慕蓉抒情诗合集

1991年设计，平装 第1版第1次印刷
［责任者］席慕蓉著
［出版发行］广东人民出版社，1991
［索书号］I227/X17-12

10361　现代散文诗名著译丛：白色的睡莲

1991年设计，平装 第1版第1次印刷
[责任者]（法）马拉美著，葛雷译
[出版发行]花城出版社，1991
[索书号]I565.2/25

10362　现代散文诗名著译丛：地狱一季

1991年设计，平装 第1版第1次印刷
[责任者]（法）兰波著，王道乾译
[出版发行]花城出版社，1991
[索书号]I565.2/19/［2］

10363　现代散文诗名著译丛：
　　　　卡第绪——母亲挽歌
1991年设计，平装 第1版第1次印刷
[责任者]（美）金斯柏格著，张少雄译
[出版发行]花城出版社，1991

10364　现代散文诗名著译丛：隐形的城市

1991年设计，平装 第1版第1次印刷
[责任者]（意）卡尔维诺著，陈实译
[出版发行]花城出版社，1991
[索书号]I546/159

10365　乡土长篇小说系列
　　　　之二：京门脸子

1991年设计，平装 第1版第1次印刷
[责任者]刘绍棠著
[出版发行]花城出版社，1991

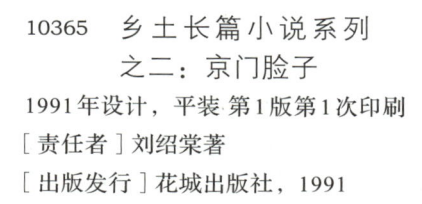

10366　新编小学生多用手
　　　　册．语文分册．上册

1991年设计，平装 第1版第1次印刷
[责任者]本书编写组编写
[出版发行]新世纪出版社，1991

10367　新编小学生多用手
　　　　册．语文分册．中册

1991年设计，平装 第1版第1次印刷
[责任者]本书编写组编写
[出版发行]新世纪出版社，1991

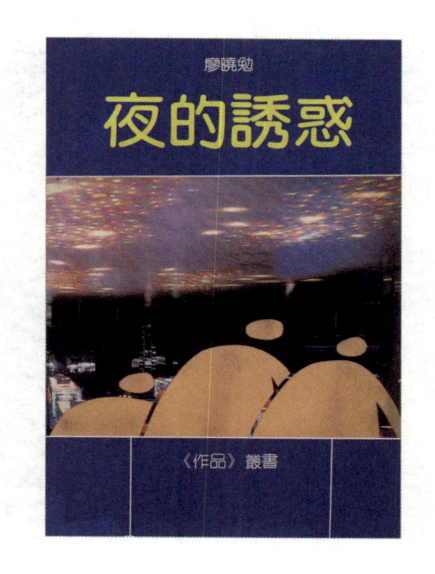

10368　夜的诱惑

1991年设计，平装 第1版第1次印刷
[责任者]廖晓勉著
[出版发行]花城出版社，1991
[索书号]I247.7/2672

10369　易经与现代生活

1991年设计，平装 第1版第1次印刷
[责任者]李英豪著
[出版发行]花城出版社，1991
[索书号]B221.5/L36/［2］

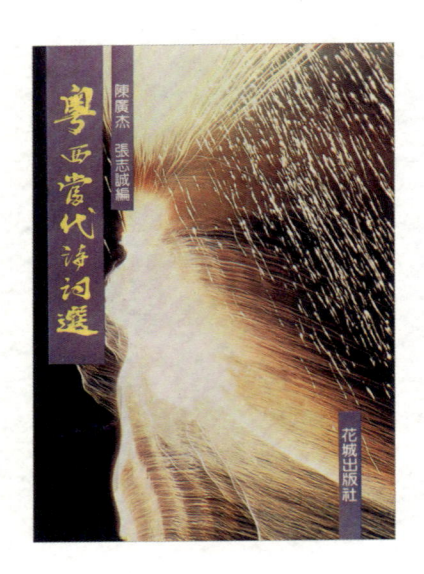

10370　粤西当代诗词选

1991年设计，平装 第1版第1次印刷
［责任者］陈广杰、张志诚编
［出版发行］花城出版社，1991
［索书号］I227/1375

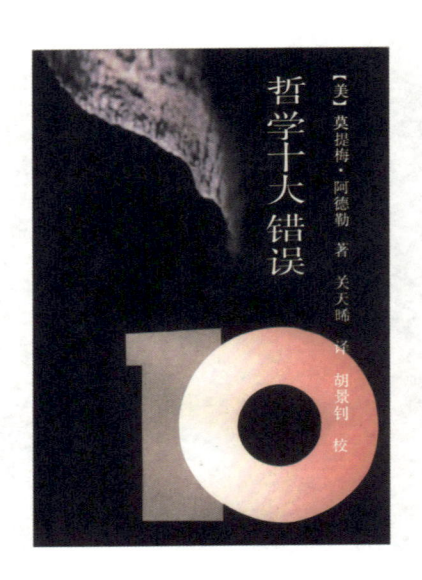

10371　哲学十大错误

1991年设计，平装 第1版第1次印刷
［责任者］（美）莫提梅·阿德勒著，关天晞译
［出版发行］花城出版社，1991
［索书号］B14/A11

10372　'92邓小平南巡纪实

1992年设计，平装 第1版第1次印刷
［责任者］牛正武著
［出版发行］花城出版社，1992
［索书号］D2/19

10373　Y形结构——人性的先天与后天

1992年设计，平装 第1版第1次印刷
［责任者］于洋著
［出版发行］花城出版社，1992

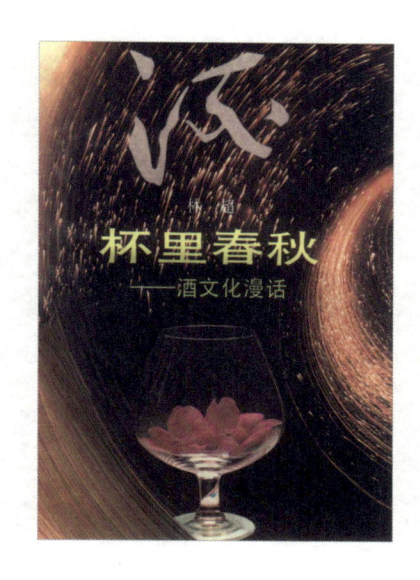

10374　杯里春秋：酒文化漫话

1992年设计，平装 第1版第1次印刷
［责任者］林超著
［出版发行］花城出版社，1992

10375　边城侠侣

1992年设计，平装 第1版第1次印刷
［责任者］郑证因著
［出版发行］花城出版社，1992

10376　东娥错那梦幻

1992年设计，平装 第1版第1次印刷
［责任者］晏明著
［出版发行］花城出版社，1992

10377　古典名著中的酒色财气

1992年设计，平装 第1版第1次印刷
［责任者］陈维昭著
［出版发行］花城出版社，1992

10378　古诗文今译及其他

1992年设计，平装 第1版第1次印刷
［责任者］黄百权编著
［出版发行］花城出版社，1992

10379　怪侠古二少爷.上

1992年设计，平装 第1版第1次印刷
［责任者］陈青云著
［出版发行］花城出版社，1992

10380　怪侠古二少爷.中

1992年设计，平装 第1版第1次印刷
［责任者］陈青云著
［出版发行］花城出版社，1992

10381　怪侠古二少爷.下

1992年设计，平装 第1版第1次印刷
［责任者］陈青云著
［出版发行］花城出版社，1992

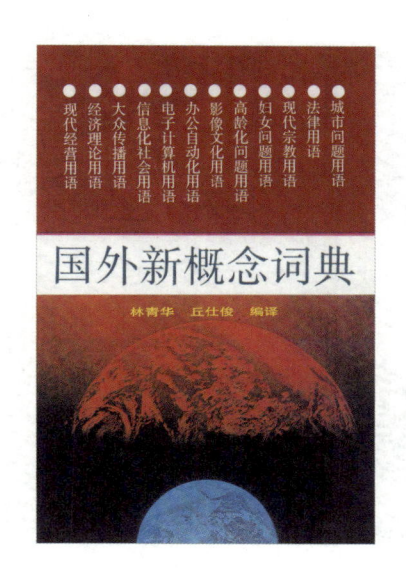

10382　国外新概念词典

1992年设计，平装 第1版第1次印刷
［责任者］林青华、丘仕俊编译
［出版发行］花城出版社，1992
［索书号］Z32/38

10383　金阁寺·潮骚

1992年设计，精装 第1版第1次印刷
［责任者］(日)三岛由纪夫著，林少华译
［出版发行］花城出版社，1992
［索书号］I313.4/2

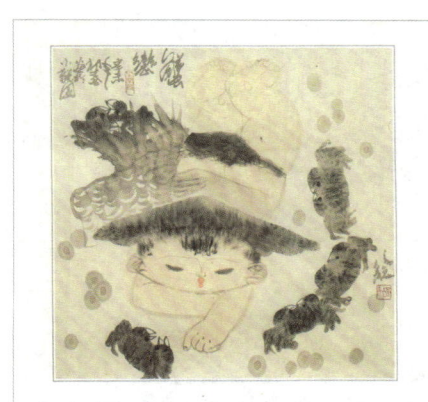

10384　梁培龙水墨儿童画选

1992年设计，精装 第1版第1次印刷
［责任者］梁培龙
［出版发行］湖北少年儿童出版社，1992

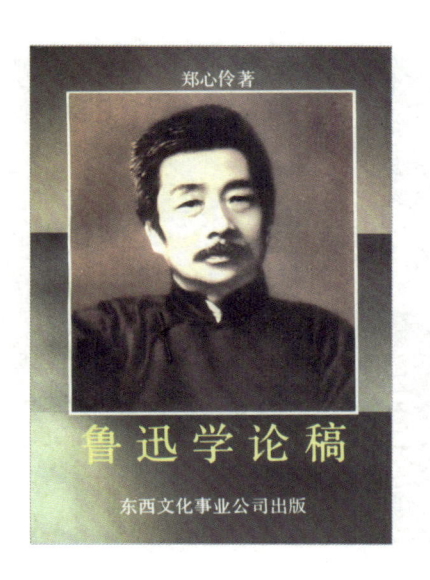

10385　鲁迅学论稿

1992年设计，平装 第1版第1次印刷
［责任者］郑心伶著
［出版发行］东西文化事业公司，1992
［索书号］I210.96/Z594

10386　美丽的杨之枫

1992年设计，平装 第1版第1次印刷
[责任者] 陆北威著
[出版发行] 花城出版社，1992

10387　[美文]：诚挚人生：巴金美文

1992年设计，平装 第1版第1次印刷
[责任者] 巴金著，何乃烈编
[出版发行] 花城出版社，1992

10388　[美文]：纯厚人生：叶圣陶美文

1992年设计，平装 第1版第1次印刷
[责任者] 叶圣陶著，何乃静编
[出版发行] 花城出版社，1992
[索书号] I266/Y42-3

10389　[美文]：淡泊人生：俞平伯美文

1992年设计，平装 第1版第1次印刷
[责任者] 俞平伯著，何乃啸著
[出版发行] 花城出版社，1992

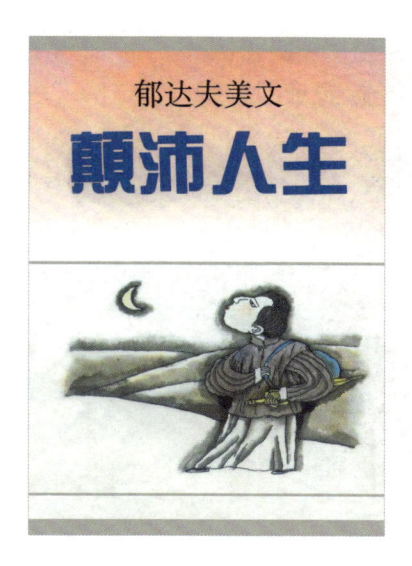

10390　［美文］：颠沛人生：郁达夫美文

1992年设计，平装 第1版第1次印刷
［责任者］郁达夫著，何乃欣编
［出版发行］花城出版社，1992
［索书号］I266/2753

10391　［美文］：画梦人生：何其芳美文

1992年设计，平装 第1版第1次印刷
［责任者］何其芳著，何乃光编
［出版发行］花城出版社，1992
［索书号］I267/H32-2

10392　［美文］：激进人生：闻一多随想录

1992年设计，平装 第1版第1次印刷
［责任者］闻一多著，何乃正编
［出版发行］花城出版社，1992
［索书号］I266/W63

10393　［美文］：浪漫人生：徐志摩美文

1992年设计，平装 第1版第1次印刷
［责任者］徐志摩著，何乃放编
［出版发行］花城出版社，1992
［索书号］I267/8169

10394　［美文］：理性人生：茅盾美文

1992年设计，平装 第1版第1次印刷
［责任者］茅盾著，何乃平编
［出版发行］花城出版社，1992

10395　［美文］：呐喊人生：鲁迅随想录

1992年设计，平装 第1版第1次印刷
［责任者］鲁迅著，何乃言编
［出版发行］花城出版社，1992
［索书号］I210.4/L85-15

10396　［美文］：清澈人生：冰心美文

1992年设计，平装 第1版第1次印刷
［责任者］冰心著，何乃直编
［出版发行］花城出版社，1992

10397　［美文］：热烈人生：郭沫若美文

1992年设计，平装 第1版第1次印刷
［责任者］郭沫若著，何乃声编
［出版发行］花城出版社，1992
［索书号］I266/729

10398　［美文］：坦荡人生：瞿秋白随想录

1992年设计，平装 第1版第1次印刷
［责任者］瞿秋白著，何乃生编
［出版发行］花城出版社，1992
［索书号］I266/Q88

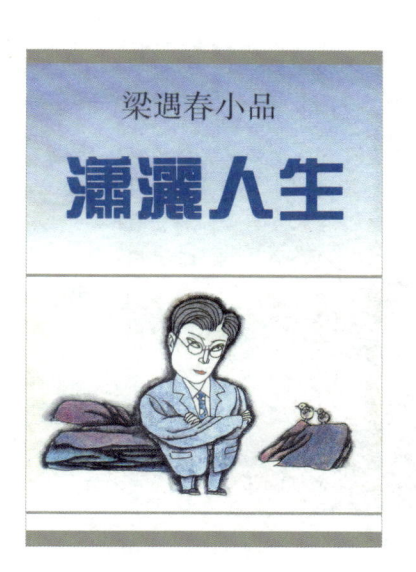

10399　［美文］：潇洒人生：梁遇春小品

1992年设计，平装 第1版第1次印刷
［责任者］梁遇春著，何乃人编
［出版发行］花城出版社，1992
［索书号］I266/730

10400　命运的云，没有雨

1992年设计，平装 第1版第1次印刷
［责任者］吴丽娥著
［出版发行］广东教育出版社，1992
［索书号］K828/5

10401　人情四书：骨肉情

1992年设计，平装 第1版第1次印刷
［责任者］何乃温编
［出版发行］花城出版社，1992

10402　人情四书：故园情

1992年设计，平装 第1版第1次印刷
［责任者］何乃光编
［出版发行］花城出版社，1992

10403　人情四书：男女情

1992年设计，平装 第1版第1次印刷
［责任者］何乃馨编
［出版发行］花城出版社，1992

10404　人情四书：师友情

1992年设计，平装 第1版第1次印刷
［责任者］何乃明编
［出版发行］花城出版社，1992

10405　三国演义：绣像新注．上

1992年设计，精装 第1版第1次印刷
［责任者］（明）罗贯中著，王俊年校点，
　　　　金宁芬注释
［出版发行］花城出版社，1992

10406　三国演义：绣像新注．下

1992年设计，精装 第1版第1次印刷
［责任者］（明）罗贯中著，王俊年校点，
　　　　金宁芬注释
［出版发行］花城出版社，1992

10407　三国演义：绣像新注．上

1992年设计，平装 第1版第1次印刷
［责任者］（明）罗贯中著，王俊年校点，
　　　　金宁芬注释
［出版发行］花城出版社，1992

10408　三国演义：绣像新注．下

1992年设计，平装 第1版第1次印刷
［责任者］（明）罗贯中著，王俊年校点，
　　　　金宁芬注释
［出版发行］花城出版社，1992

10409　我的记者生涯

1992年设计，平装 第1版第1次印刷
［责任者］王曼主编
［出版发行］广东人民出版社，1992
［索书号］I253/1619

10410　杂忆与杂写

1992年设计，平装 第1版第1次印刷
［责任者］杨绛著
［出版发行］花城出版社，1992
［索书号］I267/Y290.3

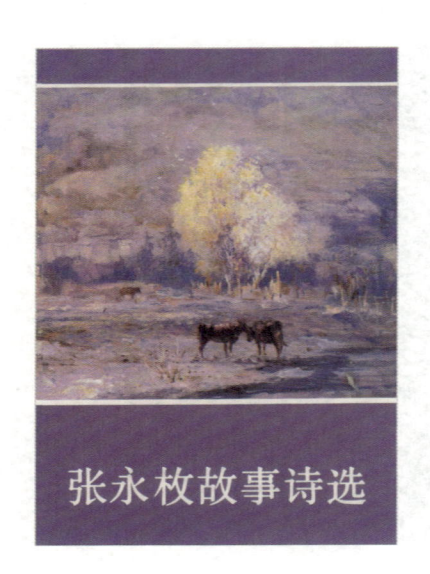

10411　张永枚故事诗选

1992年设计，平装 第1版第1次印刷
［责任者］张永枚著
［出版发行］花城出版社，1992

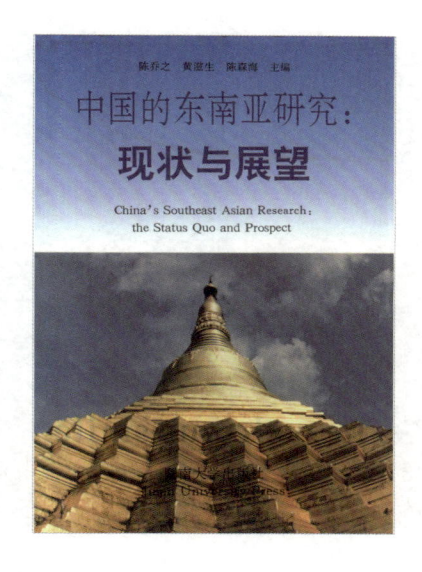

10412　中国的东南亚研究：现状与展望

1992年设计，平装 第1版第1次印刷
［责任者］陈乔之、黄滋生、陈森海主编
［出版发行］暨南大学出版社，1992
［索书号］D73/148

10413　中国花卉文化

1992年设计，平装 第1版第1次印刷
［责任者］周武忠著
［出版发行］花城出版社，1992
［索书号］G122/308

10414　中国文学在国外丛书：中国文学在英国

1992年设计，精装 第1版第1次印刷
［责任者］张弘著
［出版发行］花城出版社，1992
［索书号］I209/18

10415　中外小品林：山水小品

1992年设计，平装 第1版第1次印刷
［责任者］麦婵编
［出版发行］花城出版社，1992
［索书号］I16/M27

10416　中外小品林：诗意小品

1992年设计，平装 第1版第1次印刷
［责任者］小敏编
［出版发行］花城出版社，1992
［索书号］I16/X450

10417　中外小品林：温情小品

1992年设计，平装 第1版第1次印刷
［责任者］宋行编
［出版发行］花城出版社，1992
［索书号］I16/S88

10418　中外小品林：醒世小品

1992年设计，平装 第1版第1次印刷
［责任者］蕲云编
［出版发行］花城出版社，1992
［索书号］I16/J39

10419　中外小品林：幽默小品

1992年设计，平装 第1版第1次印刷
［责任者］雨池编
［出版发行］花城出版社，1992
［索书号］I16/Y81

10420　中外小品林：悠闲小品

1992年设计，平装 第1版第1次印刷
［责任者］林湄编
［出版发行］花城出版社，1992
［索书号］I16/L62

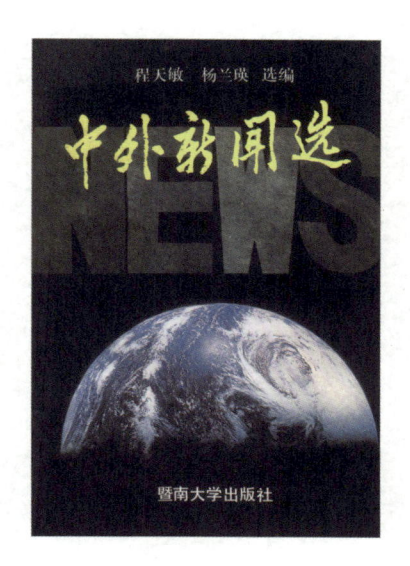

10421　中外新闻选

1992年设计，平装 第1版第1次印刷
［责任者］程天敏、杨兰瑛选编
［出版发行］暨南大学出版社，1992
［索书号］I15/32

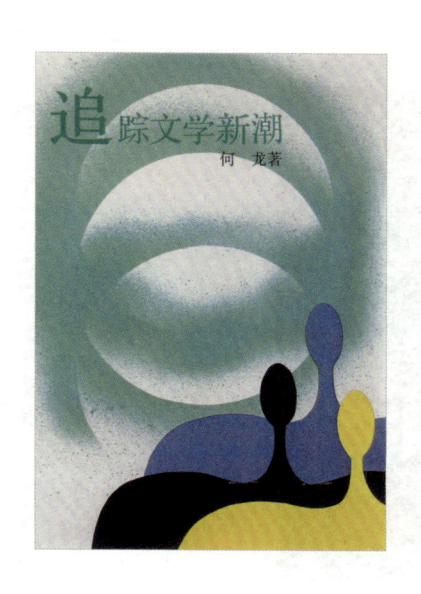

10422　追踪文学新潮

1992年设计，平装 第1版第1次印刷
［责任者］何龙著
［出版发行］花城出版社，1992
［索书号］I206.7/617

10423　陈安邦画选

1993年设计，平装 第1版第1次印刷
［责任者］陈安邦
［出版发行］花城出版社，1993

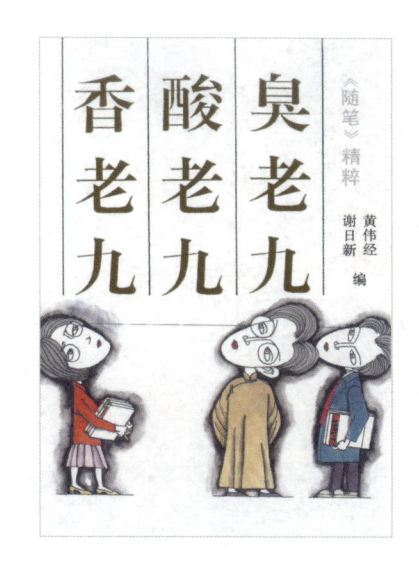

10424　臭老九·酸老九·香老九：《随笔》精粹

1993年设计，平装 第1版第1次印刷
［责任者］黄伟经、谢日新编
［出版发行］花城出版社，1993
［索书号］I267/326

10425　东江悲歌

1993年设计，平装 第1版第1次印刷
［责任者］王曼、杨永著
［出版发行］花城出版社，1993

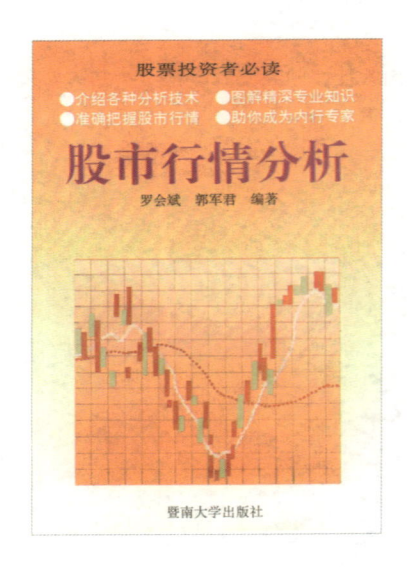

10426　股市行情分析

1993年设计，平装 第1版第1次印刷
［责任者］罗会斌、郭军君编著
［出版发行］暨南大学出版社，1993
［索书号］F830.9/281/［2］

10427　海外文丛：泰华小说选

1993年设计，平装 第1版第1次印刷（和钟蔚帆合作）
［责任者］周新心主编
［出版发行］花城出版社，1993

江门五邑海外名人传

10428　江门五邑海外名人传.第一卷

1993年设计，精装 第1版第1次印刷
［责任者］谭思哲主编、王曙星副主编
［出版发行］广东人民出版社，1993
［索书号］K820.8/215/1

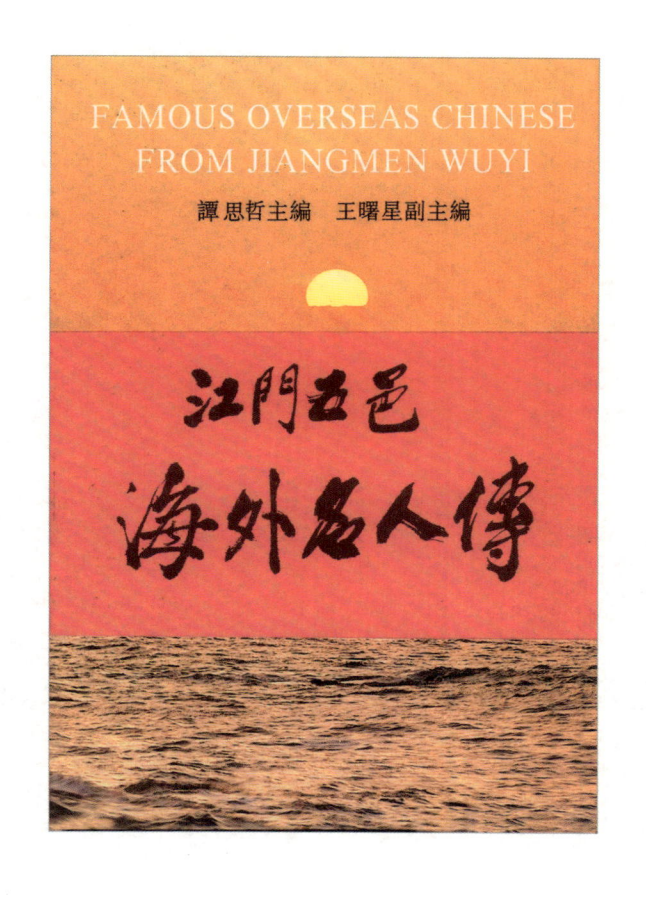

10429　江门五邑海外名人传.第二卷

1993年设计，精装 第1版第1次印刷
［责任者］谭思哲主编、王曙星副主编
［出版发行］广东人民出版社，1994

10430　江门五邑海外名人传.第三卷

1993年设计，精装 第1版第1次印刷
［责任者］谭思哲主编、王曙星副主编
［出版发行］广东人民出版社，1995

10431　江门五邑海外名人传.第四卷

1993年设计，精装 第1版第1次印刷
［责任者］谭思哲主编、王曙星副主编
［出版发行］广东人民出版社，1996

10432　江门五邑海外名人传.第五卷

1993年设计，精装 第1版第1次印刷
［责任者］谭思哲主编、王曙星副主编
［出版发行］广东人民出版社，1996

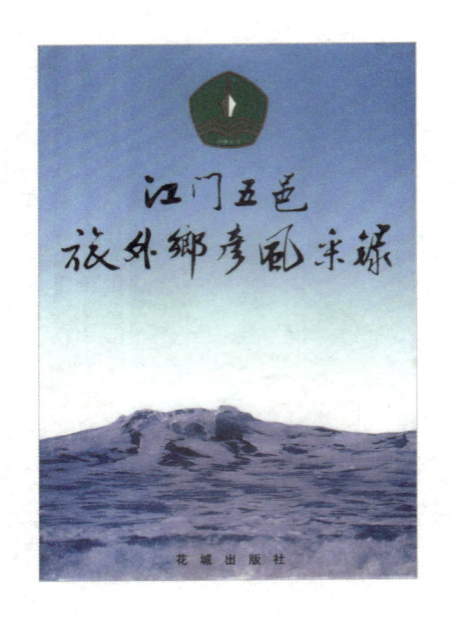

10433　江门五邑旅外乡彦风采录

1993年设计，平装 第1版第1次印刷
[责任者] 何适莹主编
[出版发行] 花城出版社，1993
[索书号] K820.8/202

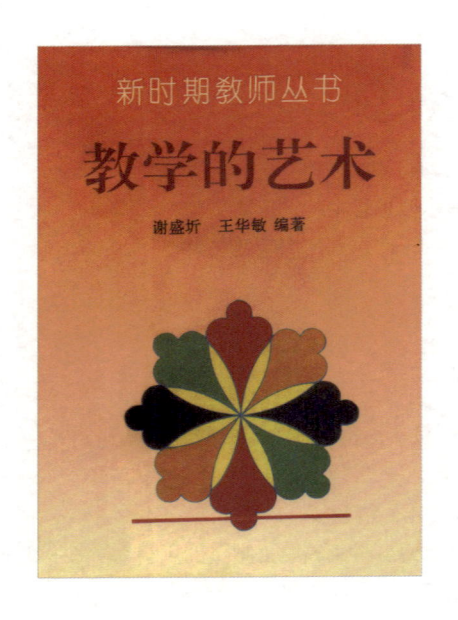

10434　教学的艺术

1993年设计，平装 第1版第1次印刷
[责任者] 谢盛圻、王华敏编著
[出版发行] 广东教育出版社，1993
[索书号] G451/24

10435　林志颖传：直撼台港的小旋风

1993年设计，平装 第1版第1次印刷
[责任者] 罗凤鸣著
[出版发行] 花城出版社，1993

10436　岭南文学百家丛书：
　　　　陈残云作品选萃
1993年设计，平装 第1版第1次印刷
［责任者］陈残云著，广东省作家协会、
　　　　　广东文学创作出版基金会编
［出版发行］花城出版社，1993

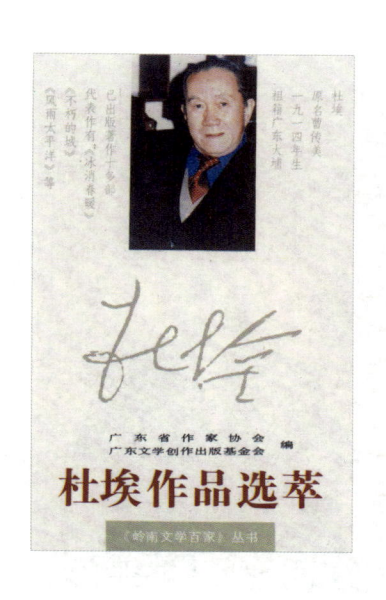

10437　岭南文学百家丛书：
　　　　杜埃作品选萃
1993年设计，平装 第1版第1次印刷
［责任者］杜埃著，广东省作家协会、
　　　　　广东文学创作出版基金会编
［出版发行］花城出版社，1993

10438　岭南文学百家丛书：
　　　　黄秋耘作品选萃
1993年设计，平装 第1版第1次印刷
［责任者］黄秋耘著，广东省作家协会、
　　　　　广东文学创作出版基金会编
［出版发行］花城出版社，1993
［索书号］I217/30

10439　岭南文学百家丛书：
　　　　秦牧作品选萃
1993年设计，平装 第1版第1次印刷
［责任者］秦牧著，广东省作家协会、
　　　　　广东文学创作出版基金会编
［出版发行］花城出版社，1993

10440　岭南文学百家丛书：
　　　　吴有恒作品选萃
1993年设计，平装 第1版第1次印刷
［责任者］吴有恒著，广东省作家协会、
　　　　　广东文学创作出版基金会编
［出版发行］花城出版社，1993

110 文学的长河：封面·构成 ›››

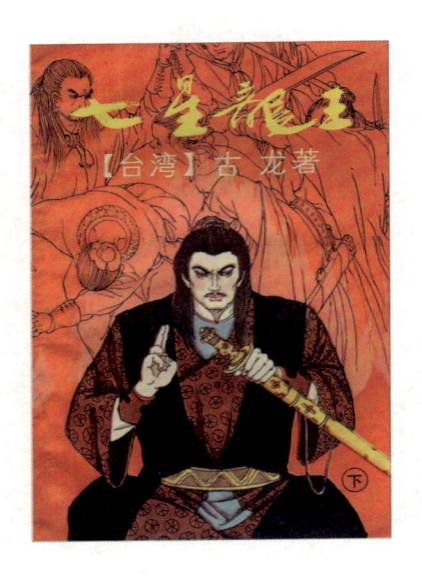

10441　七星龙王.下

1993年设计，平装 第1版第1次印刷
[责任者]古龙著
[出版发行]花城出版社，1993

10442　实用易学辞典

1993年设计，精装 第1版第1次印刷
[责任者]李树政、周锡䪖编著
[出版发行]三环出版社，1993

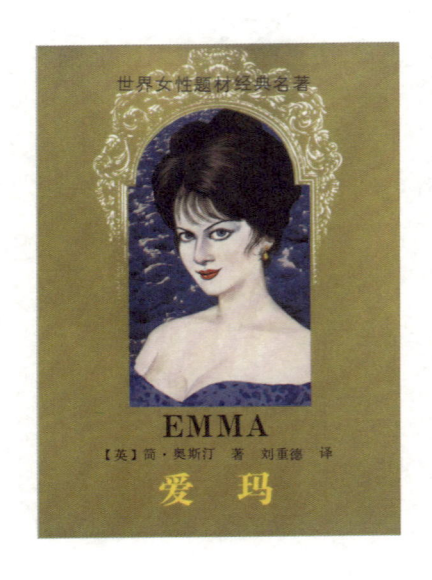

10443　世界女性题材经典名著：爱玛

1993年设计，精装 第1版第1次印刷
[责任者]（英）简·奥斯汀著，刘重德译
[出版发行]花城出版社，1993

10444　世界女性题材经典名著：爱玛

1993年设计，平装 第1版第1次印刷
[责任者]（英）简·奥斯汀著，刘重德译
[出版发行]花城出版社，1993

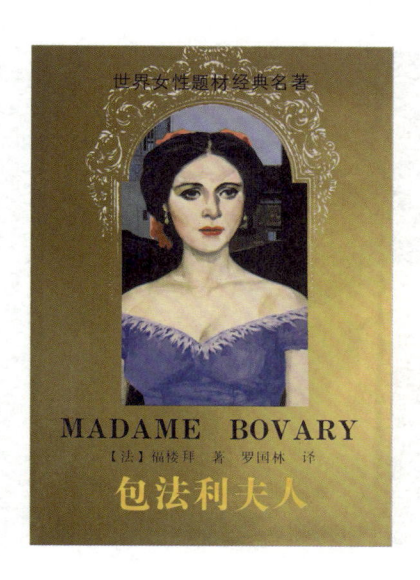

10445　世界女性题材经典名著：包法利夫人

1993年设计，精装 第1版第1次印刷
[责任者]（法）福楼拜著，罗国林译
[出版发行]花城出版社，1993

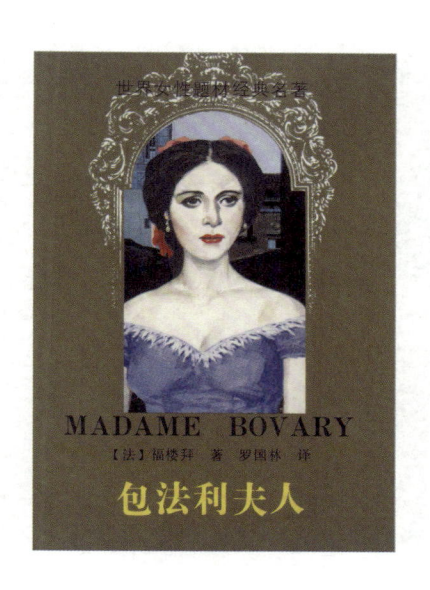

10446　世界女性题材经典名著：包法利夫人

1993年设计，平装 第1版第1次印刷
[责任者]（法）福楼拜著，罗国林译
[出版发行]花城出版社，1993

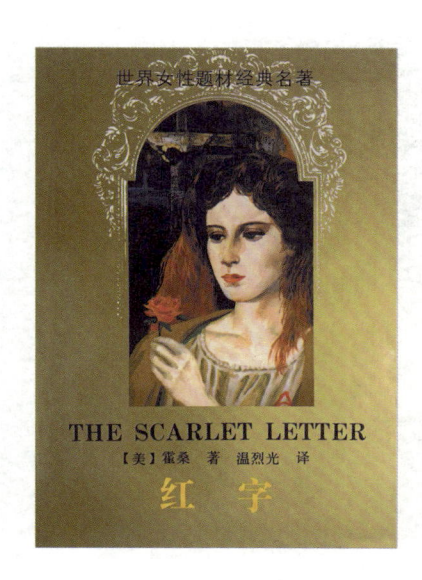

10447　世界女性题材经典名著：红字

1993年设计，精装 第1版第1次印刷
[责任者]（美）霍桑著，温烈光译
[出版发行]花城出版社，1993

10448　世界女性题材经典名著：红字

1993年设计，平装 第1版第1次印刷
[责任者]（美）霍桑著，温烈光译
[出版发行]花城出版社，1993

10449　世界女性题材经典名著：卡门

1993年设计，精装 第1版第1次印刷
［责任者］（法）梅里美著，张秋红译
［出版发行］花城出版社，1993

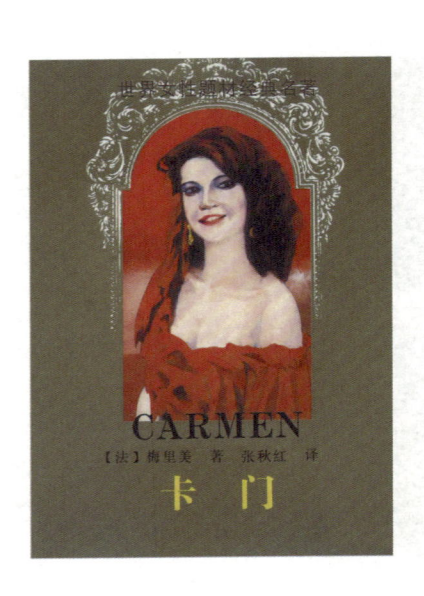

10450　世界女性题材经典名著：卡门

1993年设计，平装 第1版第1次印刷
［责任者］（法）梅里美著，张秋红译
［出版发行］花城出版社，1993
［索书号］I565.4/881

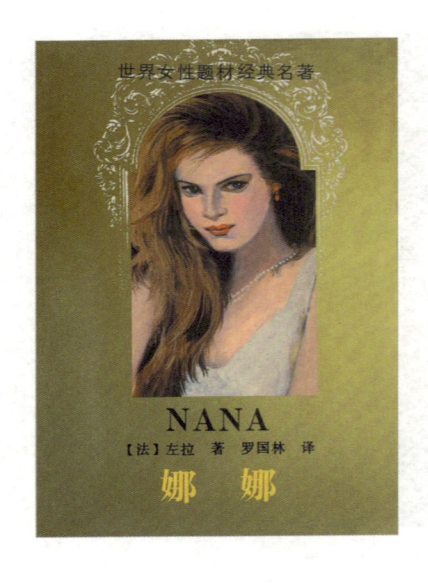

10451　世界女性题材经典名著：娜娜

1993年设计，精装 第1版第1次印刷
［责任者］（法）左拉著，罗国林译
［出版发行］花城出版社，1993

10452　世界女性题材经典名著：娜娜

1993年设计，平装 第1版第1次印刷
［责任者］（法）左拉著，罗国林译
［出版发行］花城出版社，1993

10453　世界女性题材经典名著：她的一生

1993年设计，精装 第1版第1次印刷
［责任者］(法) 莫泊桑著，李玉民、李玉满译
［出版发行］花城出版社，1993

10454　世界女性题材经典名著：她的一生

1993年设计，平装 第1版第1次印刷
［责任者］(法) 莫泊桑著，李玉民、李玉满译
［出版发行］花城出版社，1993

10455　世界女性题材经典名著：英迪亚娜

1993年设计，精装 第1版第1次印刷
［责任者］(法) 乔治·桑著，郎维忠译
［出版发行］花城出版社，1993

10456　世界女性题材经典名著：英迪亚娜

1993年设计，平装 第1版第1次印刷
［责任者］(法) 乔治·桑著，郎维忠译
［出版发行］花城出版社，1993

114　文学的长河：封面·构成　›››

10457　水浒传：绣像新注 . 上

1993年设计，精装 第1版第1次印刷
［责任者］施耐庵、罗贯中编著，黄天骥、冯卓然校注
［出版发行］花城出版社，1993

10458　水浒传：绣像新注 . 下

1993年设计，精装 第1版第1次印刷
［责任者］施耐庵、罗贯中编著，黄天骥、冯卓然校注
［出版发行］花城出版社，1993

10459　水浒传：绣像新注 上

1993年设计，平装 第1版第1次印刷
［责任者］施耐庵、罗贯中编著，黄天骥、冯卓然校注
［出版发行］花城出版社，1993
［索书号］I242.4/S52-2/［13］1

10460　水浒传：绣像新注 下

1993年设计，平装 第1版第1次印刷
［责任者］施耐庵、罗贯中编著，黄天骥、冯卓然校注
［出版发行］花城出版社，1993
［索书号］I242.4/S52-2/［13］2

10461　苏东坡在海南岛

1993年设计，平装 第1版第1次印刷
［责任者］朱玉书著
［出版发行］广东人民出版社，1993

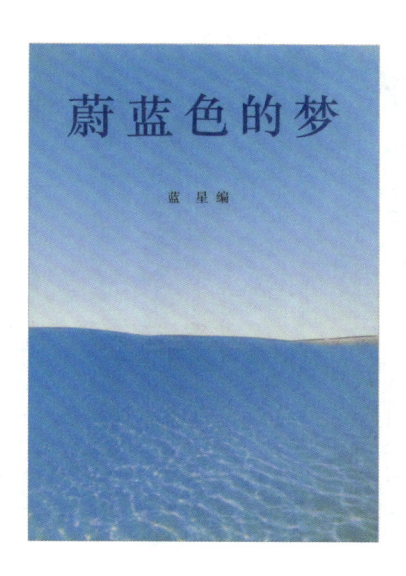

10462　蔚蓝色的梦

1993年设计，平装 第1版第1次印刷
［责任者］蓝星编
［出版发行］花城出版社，1993
［索书号］I25/2442

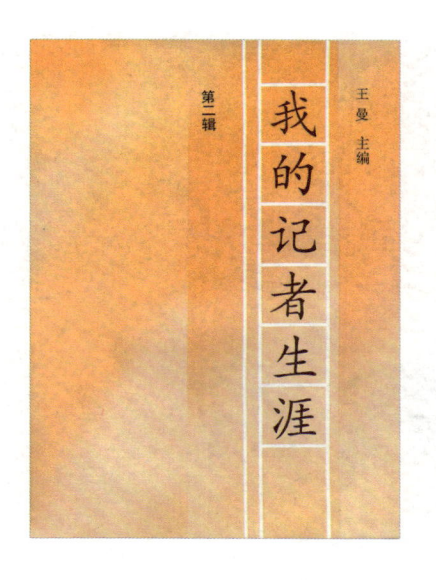

10463　我的记者生涯.第二辑

1993年设计，平装 第1版第1次印刷
［责任者］王曼主编
［出版发行］广东人民出版社，1993
［索书号］I253/1454/2

10464　向人生问路：哲味居随笔集

1993年设计，平装 第1版第1次印刷
［责任者］陈锡忠著
［出版发行］广东教育出版社，1993
［索书号］I267/8168

10465　小鱼吃大鱼.上

1993年设计，平装 第1版第1次印刷
［责任者］卧龙生著
［出版发行］花城出版社，1993

10466　小鱼吃大鱼.下

1993年设计，平装 第1版第1次印刷
［责任者］卧龙生著
［出版发行］花城出版社，1993

10467　新时期教师丛书：班主任工作新论

1993年设计，平装 第1版第1次印刷
［责任者］蒋超文、邓保华主编
［出版发行］广东教育出版社，1993
［索书号］G451/27

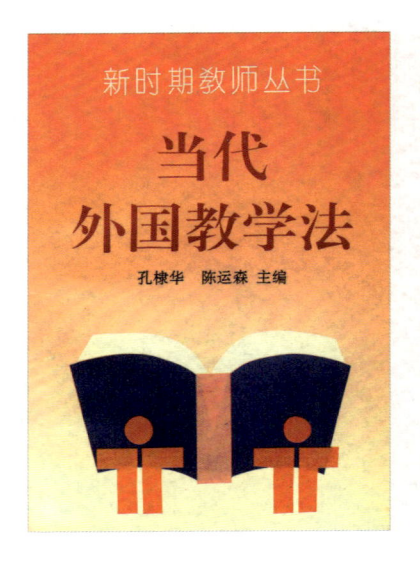

10468　新时期教师丛书：当代外国教学法

1993年设计，平装 第1版第1次印刷
［责任者］孔棣华、陈运森主编
［出版发行］广东教育出版社，1993

10469　新时期教师丛书：教师的能力结构

1993年设计，平装 第1版第1次印刷
［责任者］郑其恭、李冠乾主编
［出版发行］广东教育出版社，1993
［索书号］G451/26

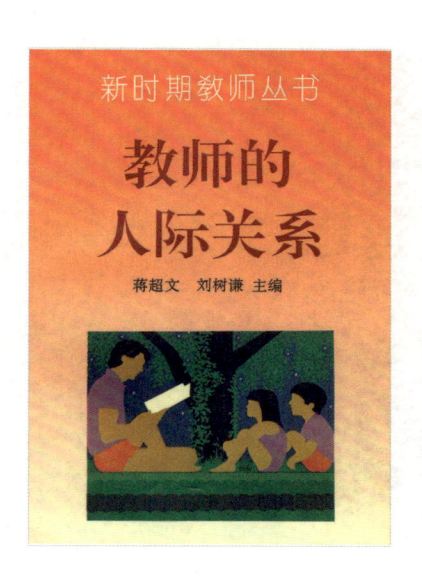

10470　新时期教师丛书：教师的人际关系

1993年设计，平装 第1版第1次印刷
［责任者］蒋超文、刘树谦主编
［出版发行］广东教育出版社，1993

10471　新时期教师丛书：教师的新形象

1993年设计，平装 第1版第1次印刷
［责任者］江家齐、吴紫彦编著
［出版发行］广东教育出版社，1993
［索书号］G451/29

10472　新时期教师丛书：教师的知识结构

1993年设计，平装 第1版第1次印刷
［责任者］顾兴义、陈运森主编
［出版发行］广东教育出版社，1993

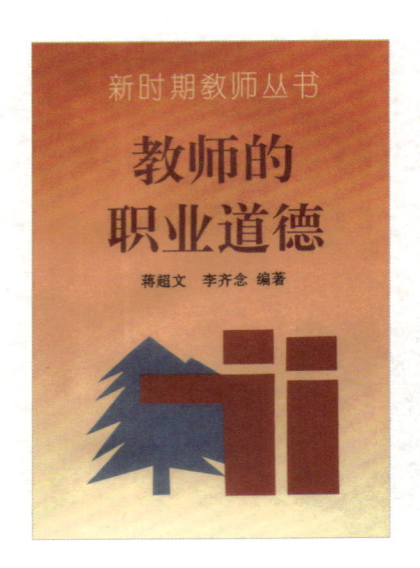

10473　新时期教师丛书：教师的职业道德

1993年设计，平装 第1版第1次印刷
[责任者] 蒋超文、李齐念编著
[出版发行] 广东教育出版社，1993
[索书号] G451/28

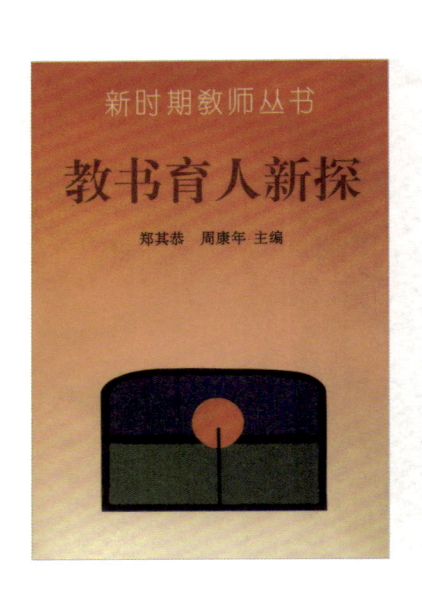

10474　新时期教师丛书：教书育人新探

1993年设计，平装 第1版第1次印刷
[责任者] 郑其恭、周康年主编
[出版发行] 广东教育出版社，1993
[索书号] G451/22

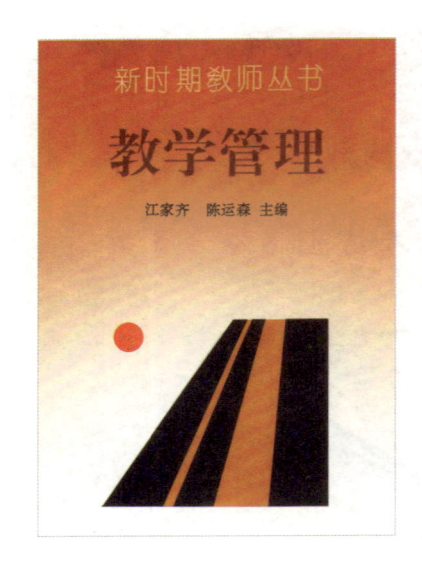

10475　新时期教师丛书：教学管理

1993年设计，平装 第1版第1次印刷
[责任者] 江家齐、陈运森主编
[出版发行] 广东教育出版社，1993
[索书号] G451/19

10476　新时期教师丛书：教学心理

1993年设计，平装 第1版第1次印刷
[责任者] 吴重光主编
[出版发行] 广东教育出版社，1993

10477　新时期教师丛书：教育与新学科

1993年设计，平装 第1版第1次印刷
［责任者］江家齐主编
［出版发行］广东教育出版社，1993
［索书号］G451/20

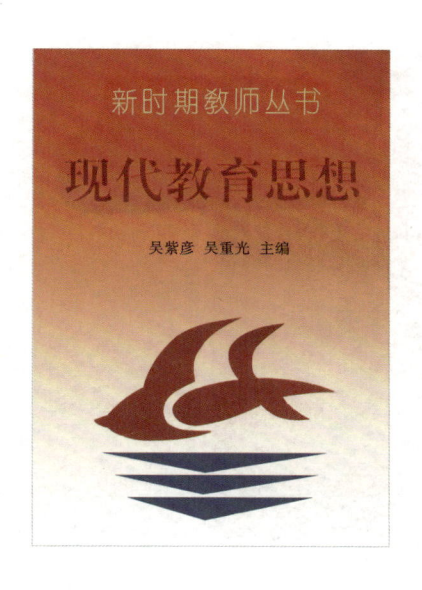

10478　新时期教师丛书：现代教育思想

1993年设计，平装 第1版第1次印刷
［责任者］吴紫彦、吴重光主编
［出版发行］广东教育出版社，1993
［索书号］G40/63

10479　新闻写作学

1993年设计，平装 第1版第1次印刷
［责任者］程天敏著
［出版发行］广东高等教育出版社，1993
［索书号］G212.2/C556/［4］

10480　椰树之歌：屈干臣作词歌曲选

1993年设计，平装 第1版第1次印刷
［责任者］屈干臣著
［出版发行］花城出版社，1993
［索书号］J642/283

10481　新作家丛书：野石榴

1993年设计，平装 第1版第1次印刷
［责任者］广东文学讲习所编
［出版发行］花城出版社，1993
［索书号］I217/1271

10482　异域情絮

1993年设计，平装 第1版第1次印刷
［责任者］池雄标著
［出版发行］海天出版社，1993

10483　粤北当代诗词选

1993年设计，平装 第1版第1次印刷
［责任者］邹捷中、姚亚士主编
［出版发行］花城出版社，1993
［索书号］I227/1390

第一部分：图书封面　<<<　20世纪90年代图书封面设计作品　　121

10484　张良王静珠电影剧本选

1993年设计，平装 第1版第1次印刷
[责任者] 张良、王静珠著
[出版发行] 花城出版社，1993

10485　中国肃毒战

1993年设计，平装 第1版第1次印刷
[责任者] 郭同旭著
[出版发行] 花城出版社，1993

10486　《工业化、城市化发展进程规律探索》丛书：社区现代工业化、城市化发展进程的实践与演绎：东莞市工业化、城市化发展进程研究报告
1994年设计，平装 第1版第1次印刷
[责任者] 王廉著
[出版发行] 花城出版社，1994

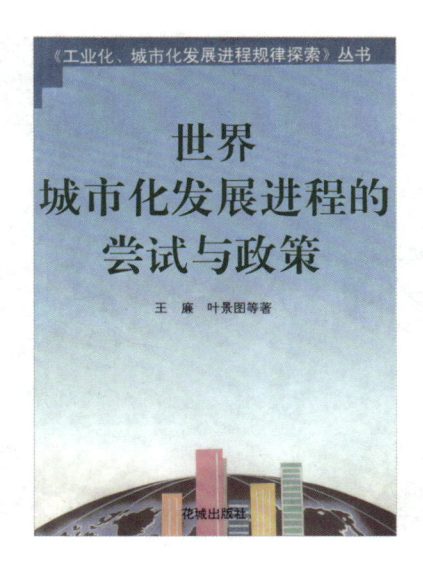

10487　《工业化、城市化发展进程规律探索》丛书：世界城市化发展进程的尝试与政策
1994年设计，平装 第1版第1次印刷
[责任者] 王廉、叶景图等著
[出版发行] 花城出版社，1994

10488　禅：处世的禅

1994年设计，平装 第1版第1次印刷
［责任者］汪正求编
［出版发行］花城出版社，1994
［索书号］B94/292

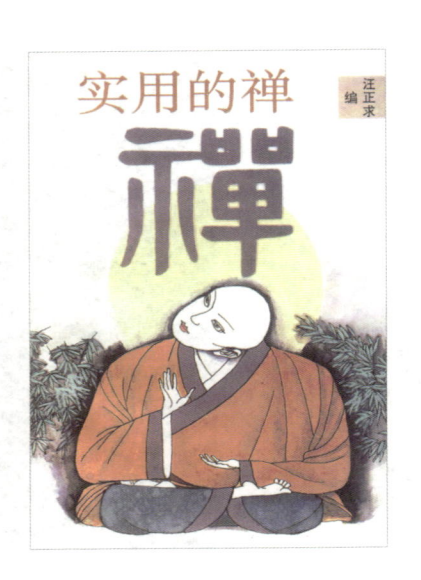

10489　禅：实用的禅

1994年设计，平装 第1版第1次印刷
［责任者］汪正求编
［出版发行］花城出版社，1994
［索书号］B94/293

10490　禅：智慧的禅

1994年设计，平装 第1版第1次印刷
［责任者］汪正求编
［出版发行］花城出版社，1994
［索书号］B942/126

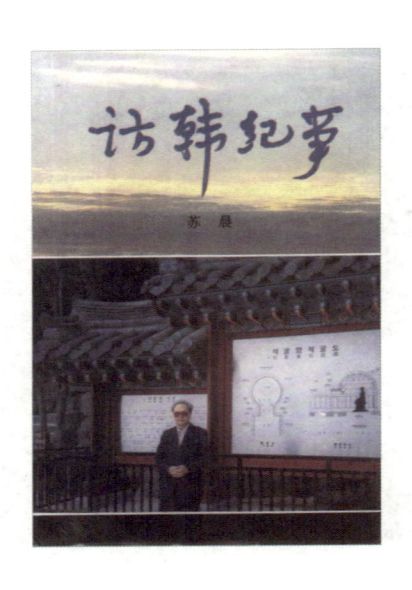

10491　访韩纪事

1994年设计，精装 第1版第1次印刷
［责任者］苏晨著
［出版发行］花城出版社，1994
［索书号］I267/1463

10492　怪才陈梦吉

1994年设计，平装 第1版第1次印刷
［责任者］冯沛祖著
［出版发行］海南摄影美术出版社，1994
［索书号］I247.4/127

10493　红楼梦：绣像新注 . 上

1994年设计，精装 第1版第1次印刷
［责任者］曹雪芹著，欧阳健、曲沐、陈年希、
　　　　　金钟泠校注
［出版发行］花城出版社，1994

10494　红楼梦：绣像新注 . 下

1994年设计，精装 第1版第1次印刷
［责任者］曹雪芹著，欧阳健、曲沐、陈年希、
　　　　　金钟泠校注
［出版发行］花城出版社，1994

10495　红楼梦：绣像新注 上

1994年设计，平装 第1版第1次印刷
［责任者］曹雪芹著，欧阳健、曲沐、
　　　　　陈年希、金钟泠校注
［出版发行］花城出版社，1994

10496　红楼梦：绣像新注 下

1994年设计，平装 第1版第1次印刷
［责任者］曹雪芹著，欧阳健、曲沐、
　　　　　陈年希、金钟泠校注
［出版发行］花城出版社，1994

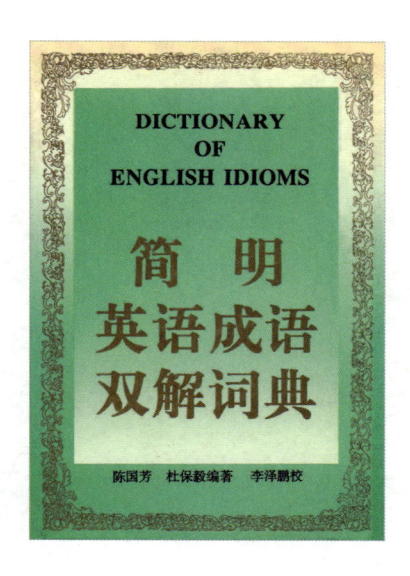

10497　简明英语成语双解词典

1994年设计，平装 第1版第1次印刷
［责任者］陈国芳、杜保毅编著，
　　　　　李泽鹏校
［出版发行］广东教育出版社，1994

10498　岭南文学百家丛书：华嘉作品选萃

1994年设计，平装 第1版第1次印刷
［责任者］华嘉著，广东省作家协会、广东文学创作
　　　　　出版基金会编
［出版发行］花城出版社，1994
［索书号］I217/291

10499　岭南文学百家丛书：黄庆云作品选萃

1994年设计，平装 第1版第1次印刷
［责任者］黄庆云著，广东省作家协会、广东文学创作
　　　　　出版基金会编
［出版发行］花城出版社，1994
［索书号］I287/70

10500　岭南文学百家丛书：梁信作品选萃

1994年设计，平装 第1版第1次印刷
［责任者］梁信著，广东省作家协会、广东文学创作
　　　　　出版基金会编
［出版发行］花城出版社，1994
［索书号］I217/284

10501　岭南文学百家丛书：楼栖作品选萃

1994年设计，平装 第1版第1次印刷
［责任者］楼栖著，广东省作家协会、广东文学创作
　　　　　出版基金会编
［出版发行］花城出版社，1994
［索书号］I217/287

10502　岭南文学百家丛书：陶萍作品选萃

1994年设计，平装 第1版第1次印刷
[责任者] 陶萍著，广东省作家协会、广东文学创作
　　　　　出版基金会编
[出版发行] 花城出版社，1994
[索书号] I217/288

10503　岭南文学百家丛书：萧玉作品选萃

1994年设计，平装 第1版第1次印刷
[责任者] 萧玉著，广东省作家协会、广东文学创作
　　　　　出版基金会编
[出版发行] 花城出版社，1994
[索书号] I217/285

10504　岭南文学百家丛书：杨应彬作品选萃

1994年设计，平装 第1版第1次印刷
[责任者] 杨应彬著，广东省作家协会、广东文学创作
　　　　　出版基金会编
[出版发行] 花城出版社，1994
[索书号] I217/286

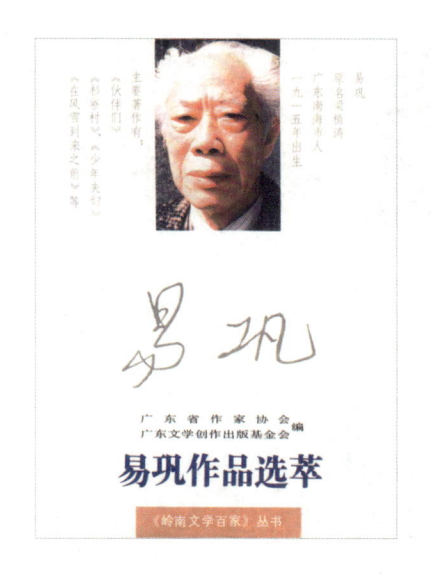

10505　岭南文学百家丛书：易巩作品选萃

1994年设计，平装 第1版第1次印刷
[责任者] 易巩著，广东省作家协会、广东文学创作
　　　　　出版基金会编
[出版发行] 花城出版社，1994
[索书号] I247.7/611

10506　岭南文学百家丛书：于逢作品选萃

1994年设计，平装 第1版第1次印刷

［责任者］于逢著，广东省作家协会、广东文学创作出版基金会编

［出版发行］花城出版社，1994

［索书号］I217/290

10507　岭南文学百家丛书：郁茹作品选萃

1994年设计，平装 第1版第1次印刷

［责任者］郁茹著，广东省作家协会、广东文学创作出版基金会编

［出版发行］花城出版社，1994

［索书号］I217/289

10508　岭南文学百家丛书：紫风作品选萃

1994年设计，平装 第1版第1次印刷

［责任者］紫风著，广东省作家协会、广东文学创作出版基金会编

［出版发行］花城出版社，1994

［索书号］I267/1569

10509　青春动感系列小说：正是高三时

1994年设计，平装 第1版第1次印刷

［责任者］许旭文著

［出版发行］花城出版社，1994

［索书号］I247.5/1044

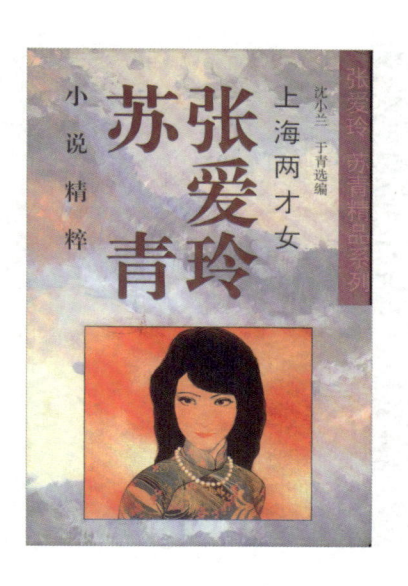

10510　上海两才女：张爱玲 苏青散文精粹

1994年设计，平装 第1版第1次印刷
[责任者] 沈小兰、于青选编
[出版发行] 花城出版社，1994
[索书号] I267/1068

10511　上海两才女：张爱玲 苏青小说精粹

1994年设计，平装 第1版第1次印刷
[责任者] 沈小兰、于青选编
[出版发行] 花城出版社，1994
[索书号] I247.5/1776

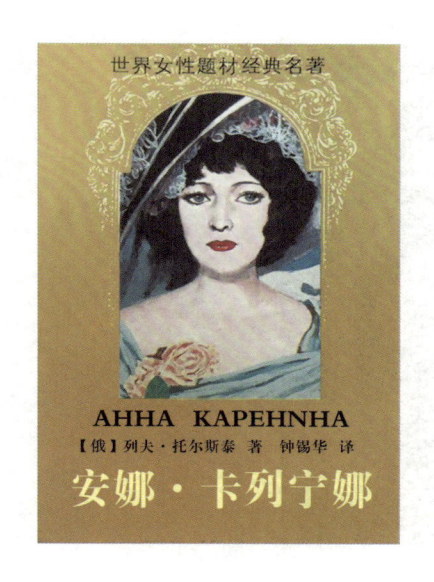

10512　世界女性题材经典名著：
　　　　安娜·卡列宁娜·上
1994年设计，精装 第1版第1次印刷
[责任者]（俄）列夫·托尔斯泰著，钟锡华译
[出版发行] 花城出版社，1994

10513　世界女性题材经典名著：
　　　　安娜·卡列宁娜·下
1994年设计，精装 第1版第1次印刷
[责任者]（俄）列夫·托尔斯泰著，钟锡华译
[出版发行] 花城出版社，1994

10514　世界女性题材经典名著：
　　　　安娜·卡列宁娜·上
1994年设计，平装 第1版第1次印刷
[责任者]（俄）列夫·托尔斯泰著，钟锡华译
[出版发行]花城出版社，1994

10515　世界女性题材经典名著：
　　　　安娜·卡列宁娜·下
1994年设计，平装 第1版第1次印刷
[责任者]（俄）列夫·托尔斯泰著，钟锡华译
[出版发行]花城出版社，1994

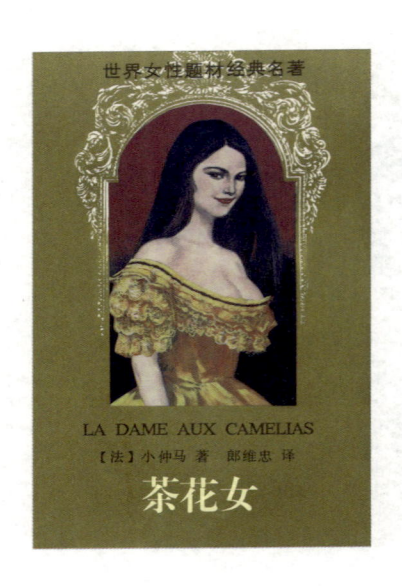

10516　世界女性题材经典名著：茶花女
1994年设计，精装 第1版第1次印刷
[责任者]（法）小仲马著，郎维忠译
[出版发行]花城出版社，1994

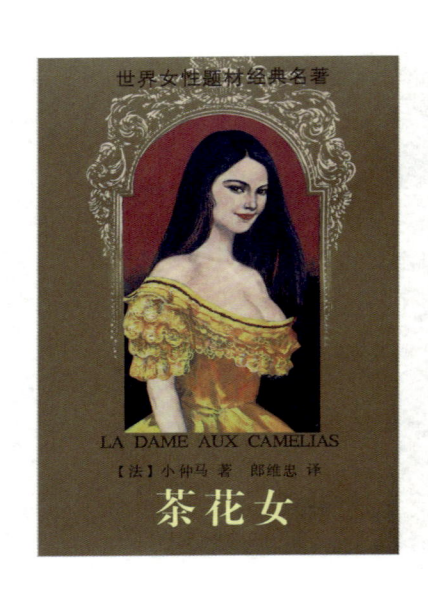

10517　世界女性题材经典名著：茶花女
1994年设计，平装 第1版第1次印刷
[责任者]（法）小仲马著，郎维忠译
[出版发行]花城出版社，1994

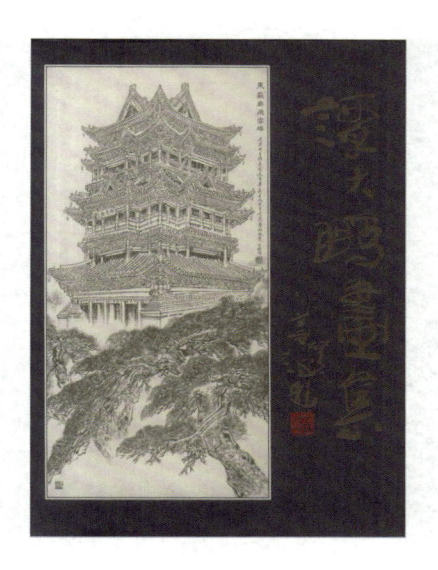

10518　谭大鹏画集

1994年设计，精装 第1版第1次印刷
［责任者］谭大鹏绘
［出版发行］花城出版社，1994
［索书号］J222.7/69

10519　文艺期刊论

1994年设计，平装 第1版第1次印刷
［责任者］刘宁著
［出版发行］花城出版社，1994

10520　我的记者生涯.第三辑

1994年设计，平装 第1版第1次印刷
［责任者］王曼主编
［出版发行］广东人民出版社，1994
［索书号］I253/1454/3

130 　文学的长河：封面·构成　>>>

10521　西游记：绣像新注 . 上

1994年设计，平装 第1版第1次印刷
[责任者]（明）吴承恩著，曾扬华、戚世隽校注
[出版发行]花城出版社，1994
[索书号] I242.4/W81/［16］1

10522　西游记：绣像新注 . 下

1994年设计，平装 第1版第1次印刷
[责任者]（明）吴承恩著，曾扬华、戚世隽校注
[出版发行]花城出版社，1994
[索书号] I242.4/W81/［16］2

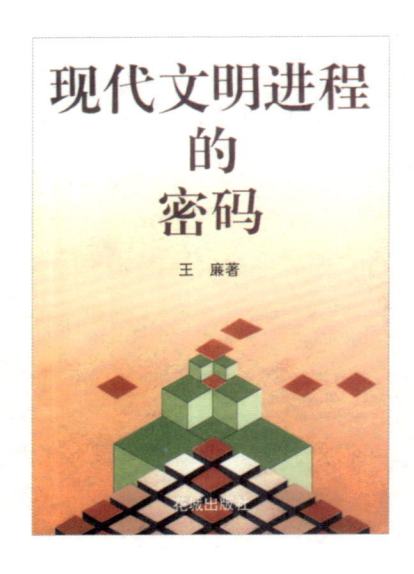

10523　现代文明进程的密码

1994年设计，平装 第1版第1次印刷
[责任者]王廉著
[出版发行]花城出版社，1994
[索书号] I217/1255

10524　张资平小说选

1994年设计，平装 第1版第1次印刷
[责任者]张资平著，李葆琰选编
[出版发行]花城出版社，1994

10525　正是高三时

1994年设计，平装 第1版第1次印刷
[责任者]许旭文著
[出版发行]花城出版社，1994
[索书号] I247.5/984

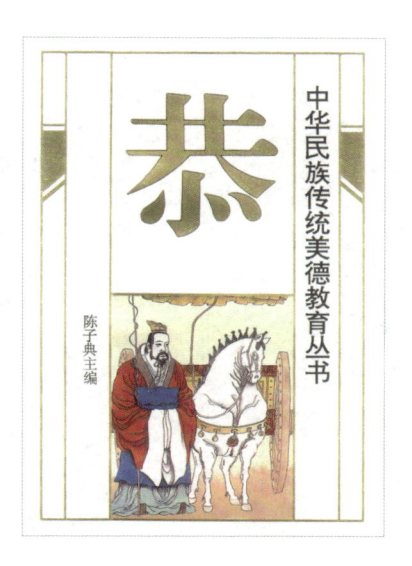

10526　中华民族传统美德教育丛书：恭

1994年设计，平装 第1版第1次印刷
[责任者] 陈子典主编
[出版发行] 花城出版社，1994
[索书号] I247.8/285/3

10527　中华民族传统美德教育丛书：俭

1994年设计，平装 第1版第1次印刷
[责任者] 陈子典主编
[出版发行] 花城出版社，1994
[索书号] I247.8/285/4

10528　中华民族传统美德教育丛书：廉

1994年设计，平装 第1版第1次印刷
[责任者] 陈子典主编
[出版发行] 花城出版社，1994
[索书号] I247.8/285/9

10529　中华民族传统美德教育丛书：勤

1994年设计，平装 第1版第1次印刷
[责任者] 陈子典主编
[出版发行] 花城出版社，1994
[索书号] I247.8/285/6

10530　中华民族传统美德教育丛书：让

1994年设计，平装 第1版第1次印刷
［责任者］陈子典主编
［出版发行］花城出版社，1994
［索书号］I247.8/285/5

10531　中华民族传统美德教育丛书：义

1994年设计，平装 第1版第1次印刷
［责任者］陈子典主编
［出版发行］花城出版社，1994
［索书号］I247.8/285/8

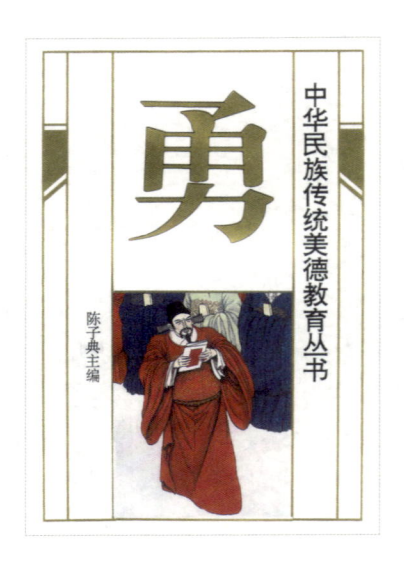

10532　中华民族传统美德教育丛书：勇

1994年设计，平装 第1版第1次印刷
［责任者］陈子典主编
［出版发行］花城出版社，1994
［索书号］I247.8/285/7

10533　中外名人跟你说：伦理道德

1994年设计，平装 第1版第1次印刷
［责任者］智邦编
［出版发行］花城出版社，1994
［索书号］B82/66

10534　中外名人跟你说：人与人性

1994年设计，平装 第1版第1次印刷
［责任者］智邦编
［出版发行］花城出版社，1994
［索书号］B82/67

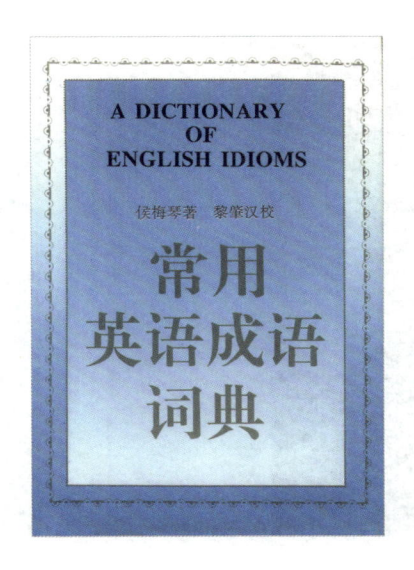

10535　常用英语成语词典

1995年设计，平装 第1版第1次印刷
［责任者］侯梅琴著，黎肇汉校
［出版发行］广东教育出版社，1995

10536　大一女生

1995年设计，平装 第1版第1次印刷
［责任者］小思著
［出版发行］花城出版社，1995
［索书号］I247.5/2599

10537　佛教与人生丛书：大智度论的故事

1995年设计，软精装 第1版第1次印刷
［责任者］龙树菩萨著，鸠摩罗什，刘欣如译
［出版发行］花城出版社，1995
［索书号］B942/9

10538　佛教与人生丛书：信愿念佛

1995年设计，软精装 第1版第1次印刷
［责任者］印光大师著，王静蓉选编
［出版发行］花城出版社，1995
［索书号］B94/47

10539　佛教与人生丛书：做个
　　　　喜悦的人：念处今论

1995年设计，软精装 第1版第1次印刷
［责任者］苟嘉陵著
［出版发行］花城出版社，1995
［索书号］B948/10

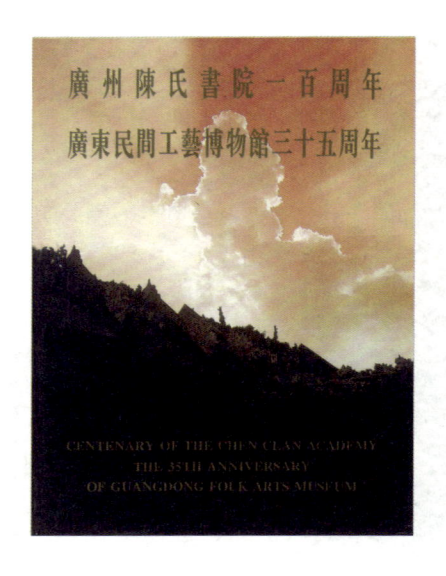

10540　广州陈氏书院一百周年；广东
　　　　民间工艺博物馆三十五周年

1995年设计，精装 第1版第1次印刷
［责任者］广东民间工艺博物馆
［出版发行］广东民间工艺博物馆，1995
［索书号］G269/29

10541　劳伦斯性爱丛书：虹

1995年设计，软精装 第1版第2次印刷
［责任者］（英）D.H.劳伦斯著，苟锡泉、温烈光译
［出版发行］花城出版社，1992
［索书号］I561.45/L21-5：4

10542　劳伦斯性爱丛书：激情的自白：劳伦斯书信选

1995年设计，软精装 第1版第2次印刷
［责任者］（英）D.H.劳伦斯著，金筑云、
　　　　　应天庆、杨永丽译
［出版发行］花城出版社，1986
［索书号］I561.6/L21-2［2］

10543　劳伦斯性爱丛书：性与可爱

1995年设计，软精装 第1版第2次印刷
［责任者］（英）D.H.劳伦斯著，姚暨荣译
［出版发行］花城出版社，1988
［索书号］I561.6/13

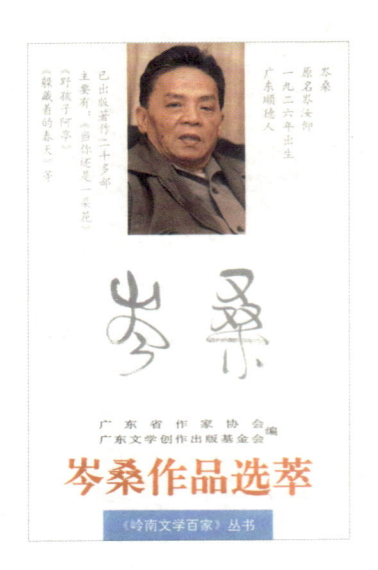

10544　岭南文学百家丛书：
　　　　岑桑作品选萃

1995年设计，平装 第1版第1次印刷

［责任者］岑桑著，广东省作家协会、
　　　　　广东文学创作出版基金会编

［出版发行］花城出版社，1995

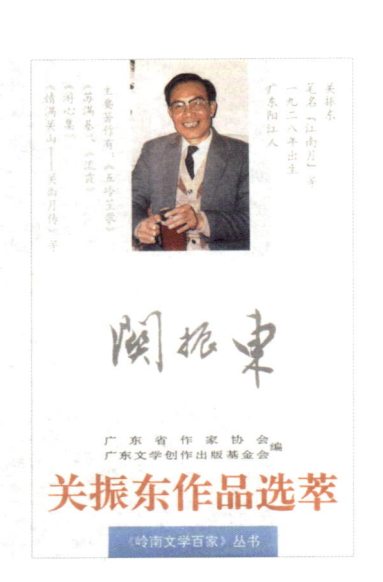

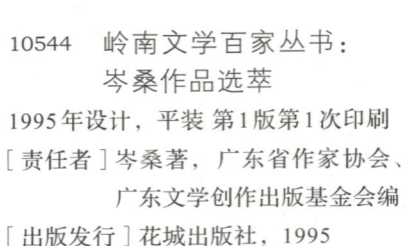

10545　岭南文学百家丛书：
　　　　关振东作品选萃

1995年设计，平装 第1版第1次印刷

［责任者］关振东著，广东省作家协会、
　　　　　广东文学创作出版基金会编

［出版发行］花城出版社，1995

［索书号］I217/194

10546　岭南文学百家丛书：
　　　　韩笑作品选萃

1995年设计，平装 第1版第1次印刷

［责任者］韩笑著，广东省作家协会、
　　　　　广东文学创作出版基金会编

［出版发行］花城出版社，1995

10547　岭南文学百家丛书：老烈作品选萃

1995年设计，平装 第1版第1次印刷

［责任者］老烈著，广东省作家协会、广东
　　　　　文学创作出版基金会编

［出版发行］花城出版社，1995

10548　岭南文学百家丛书：李汝伦作品选萃

1995年设计，平装 第1版第1次印刷

［责任者］李汝伦著，广东省作家协会、广东
　　　　　文学创作出版基金会编

［出版发行］花城出版社，1995

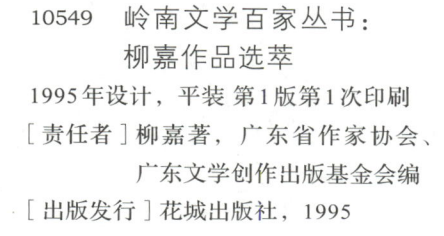

10549　岭南文学百家丛书：
　　　　柳嘉作品选萃
1995年设计，平装 第1版第1次印刷
［责任者］柳嘉著，广东省作家协会、
　　　　　广东文学创作出版基金会编
［出版发行］花城出版社，1995

10550　岭南文学百家丛书：
　　　　芦荻作品选萃
1995年设计，平装 第1版第1次印刷
［责任者］芦荻著，广东省作家协会、
　　　　　广东文学创作出版基金会编
［出版发行］花城出版社，1995

10551　岭南文学百家丛书：
　　　　柯原作品选萃
1995年设计，平装 第1版第1次印刷
［责任者］柯原著，广东省作家协会、
　　　　　广东文学创作出版基金会编
［出版发行］花城出版社，1995

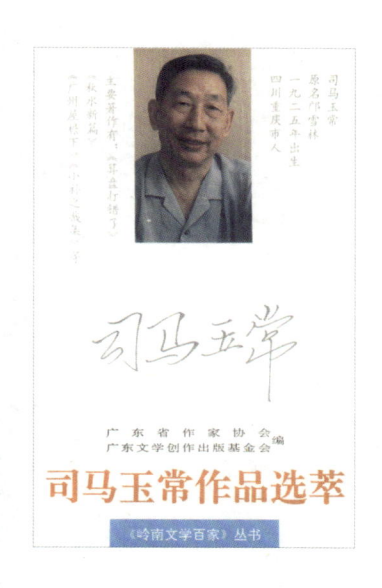

10552　岭南文学百家丛书：司马玉常作品选萃

1995年设计，平装 第1版第1次印刷
［责任者］司马玉常著，广东省作家协会、广东
　　　　　文学创作出版基金会编
［出版发行］花城出版社，1995

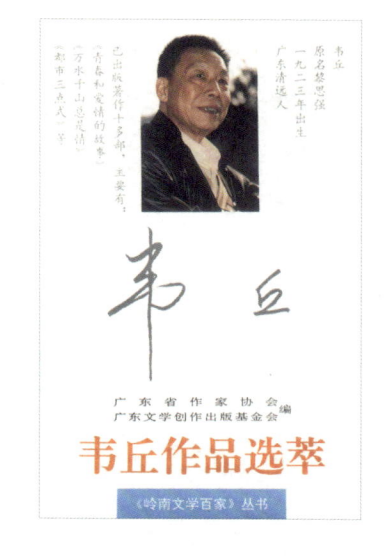

10553　岭南文学百家丛书：韦丘作品选萃

1995年设计，平装 第1版第1次印刷
［责任者］韦丘著，广东省作家协会、广东
　　　　　文学创作出版基金会编
［出版发行］花城出版社，1995

10554　岭南文学百家丛书：野曼作品选萃

1995年设计，平装 第1版第1次印刷
［责任者］野曼著，广东省作家协会、
　　　　　广东文学创作出版基金会编
［出版发行］花城出版社，1995

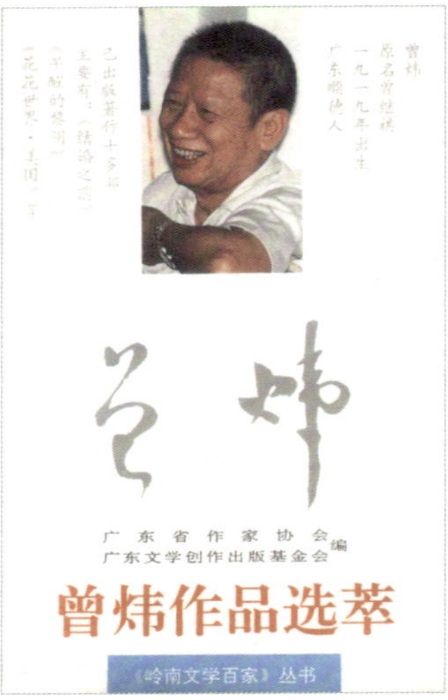

10555　岭南文学百家丛书：曾炜作品选萃

1995年设计，平装 第1版第1次印刷
［责任者］曾炜著，广东省作家协会、广东文学
　　　　　创作出版基金会编
［出版发行］花城出版社，1995
［索书号］I267/1561

10556　岭南文学百家丛书：张绰作品选萃

1995年设计，平装 第1版第1次印刷
［责任者］张绰著，广东省作家协会、广东
　　　　　文学创作出版基金会编
［出版发行］花城出版社，1995

10557　岭南文学百家丛书：张永枚作品选萃

1995年设计，平装 第1版第1次印刷
［责任者］张永枚著，广东省作家协会、广东
　　　　　文学创作出版基金会编
［出版发行］花城出版社，1995

10558　岭南文学百家丛书：章明作品选萃

1995年设计，平装 第1版第1次印刷
［责任者］章明著，广东省作家协会、广东
　　　　　文学创作出版基金会编
［出版发行］花城出版社，1995
［索书号］I217/293

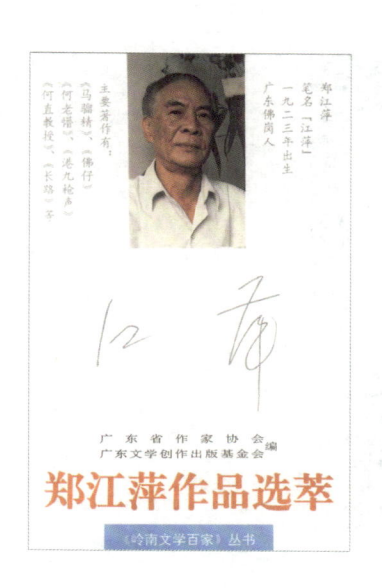

10559　岭南文学百家丛书：郑江萍作品选萃

1995年设计，平装 第1版第1次印刷
［责任者］郑江萍著，广东省作家协会、广东
　　　　　文学创作出版基金会编
［出版发行］花城出版社，1995

10560　情牵百粤

1995年设计，平装 第1版第1次印刷
［责任者］何继宁著
［出版发行］花城出版社，1995
［索书号］I253/3141

10561　世界爱情经典名著：简爱

1995年设计，软精装 第1版第1次印刷
[责任者]（英）夏·勃朗特著，宋兆霖译
[出版发行]花城出版社，1995
[索书号] I561.44/B97/［3］

10562　世界爱情经典名著：克莱芙公主

1995年设计，软精装 第1版第1次印刷
[责任者]（法）拉法耶特夫人著，韩沪麟译
[出版发行]花城出版社，1995
[索书号] I565.44/L112.1/［2］

10563　世界爱情经典名著：泰蕾
　　　　丝·拉甘；玛德兰·费拉

1995年设计，软精装 第1版第1次印刷
[责任者]（法）左拉著，罗国林、韩沪麟译
[出版发行]花城出版社，1995
[索书号] I565.4/53

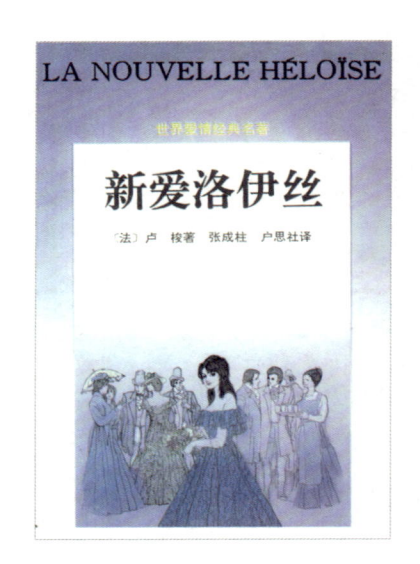

10564　世界爱情经典名著：新爱洛伊丝

1995年设计，软精装 第1版第1次印刷
[责任者]（法）卢梭著，张成柱、户思社译
[出版发行]花城出版社，1995

10565　世界女性题材畅销名著：
　　　　波丽娜1880

1995年设计，平装 第1版第1次印刷
〔责任者〕(法)皮埃尔让·儒佛(Jouve,
　　　　　P.)著，卢盛辉译
〔出版发行〕花城出版社，1995

10566　世界女性题材畅销名著：
　　　　茶花女正传

1995年设计，平装 第1版第1次印刷
〔责任者〕(法)布代著，程依荣译
〔出版发行〕花城出版社，1995
〔索书号〕I565.4/120

10567　世界女性题材畅销名著：
　　　　征服巴黎的女人

1995年设计，平装 第1版第1次印刷
〔责任者〕(法)亚历山德拉·拉皮埃尔著，
　　　　　郎维忠、谢詠、陈穗湘译
〔出版发行〕花城出版社，1995

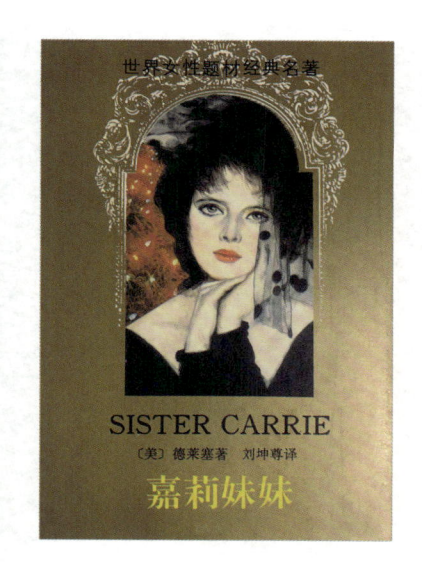

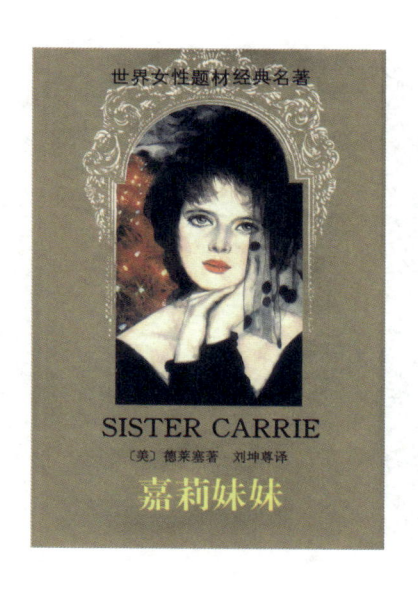

10568　世界女性题材经典名著：嘉莉妹妹

1995年设计，精装 第1版第1次印刷
〔责任者〕(美)德莱塞(T.Dreiser)著，刘坤尊译
〔出版发行〕花城出版社，1995

10569　世界女性题材经典名著：嘉莉妹妹

1995年设计，平装 第1版第1次印刷
〔责任者〕(美)德莱塞(T.Dreiser)著，刘坤尊译
〔出版发行〕花城出版社，1995
〔索书号〕I712.44/D35-3/〔4〕

10570　随笔佳作：1979～1995
　　　《随笔》百期精粹

1995年设计，软精装 第1版第1次印刷
［责任者］杜渐坤主编
［出版发行］花城出版社，1995
［索书号］I267/500/2

10571　无名氏：北极风情画　塔里
　　　的女人：修正订本

1995年设计，软精装 第1版第1次印刷
［责任者］无名氏著
［出版发行］花城出版社，1995
［索书号］I246.5/31

10572　无名氏：淡水鱼冥思

1995年设计，软精装 第1版第1次印刷
［责任者］无名氏著
［出版发行］花城出版社，1995
［索书号］B821/161

10573　无名氏：海艳

1995年设计，软精装 第1版第1次印刷
［责任者］无名氏著
［出版发行］花城出版社，1995
［索书号］I247.5/1450

10574　无名氏：绿色的回声

1995年设计，软精装 第1版第1次印刷
[责任者] 无名氏著
[出版发行] 花城出版社，1995
[索书号] I246.5/33

10575　无名氏：塔里·塔外·女人

1995年设计，软精装 第1版第1次印刷
[责任者] 无名氏著
[出版发行] 花城出版社，1995
[索书号] I267/835

10576　无名氏：野兽、野兽、野兽

1995年设计，软精装 第1版第1次印刷
[责任者] 无名氏著
[出版发行] 花城出版社，1995
[索书号] I246.5/W87/［2］

10577　乡贤风采

1995年设计，平装 第1版第1次印刷
[责任者] 劳尔峰、陈显达著
[出版发行] 花城出版社，1995
[索书号] K820.8/204

10578　新三字经

1995年设计，精装 第1版第1次印刷
［责任者］《新三字经》编写委员会编
［出版发行］广东教育出版社，1995
［索书号］B825/94/［2］

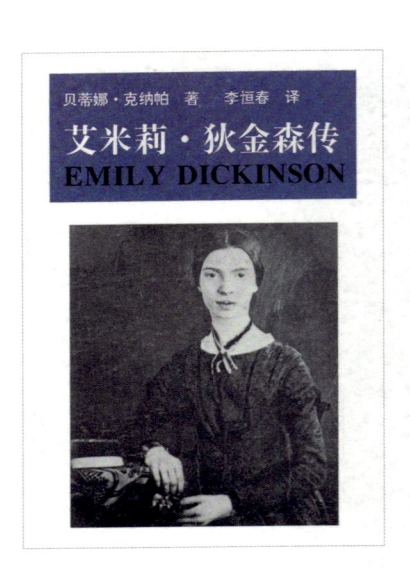

10579　艾米莉·狄金森传

1996年设计，平装 第1版第1次印刷
［责任者］（美）贝蒂娜·克纳帕著，李恒春译
［出版发行］花城出版社，1996

10580　白门柳.第一部：夕阳芳草

1996年设计，软精装 第3版第1次印刷
［责任者］刘斯奋著
［出版发行］中国文联出版公司，1996
［索书号］I247.5/L742/［2］1

10581　白门柳.第二部：秋露危城

1996年设计，软精装 第3版第1次印刷
［责任者］刘斯奋著
［出版发行］中国文联出版公司，1996

10582　草莽中国

1996年设计，平装 第1版第1次印刷
［责任者］叶曙明著
［出版发行］花城出版社，1996
［索书号］I247.5/14536

10583　戴厚英创作精品丛书：空中的足音

1996年设计，软精装 第1版第1次印刷
［责任者］戴厚英著
［出版发行］花城出版社，1996

10584　戴厚英创作精品丛书：人啊，人

1996年设计，软精装 第1版第1次印刷
［责任者］戴厚英著
［出版发行］花城出版社，1980

10585　戴厚英创作精品丛书：锁链，是柔软的

1996年设计，软精装 第1版第2次印刷
［责任者］戴厚英著
［出版发行］花城出版社，1982

10586　东周列国志：绣像全图新注 . 上卷

1996年设计，精装 第1版第1次印刷
［责任者］（明）冯梦龙著，黄天骥、冯卓然校注
［出版发行］花城出版社，1996

10587　东周列国志：绣像全图新注 . 下卷

1996年设计，精装 第1版第1次印刷
［责任者］（明）冯梦龙著，黄天骥、冯卓然校注
［出版发行］花城出版社，1996

10588　封神演义：绣像全图新注 . 上卷

1996年设计，精装 第1版第1次印刷
［责任者］［明］许仲琳编，卢叔度、吴承学校注
［出版发行］花城出版社，1996

10589　封神演义：绣像全图新注 . 下卷

1996年设计，精装 第1版第1次印刷
［责任者］［明］许仲琳编，卢叔度、吴承学校注
［出版发行］花城出版社，1996

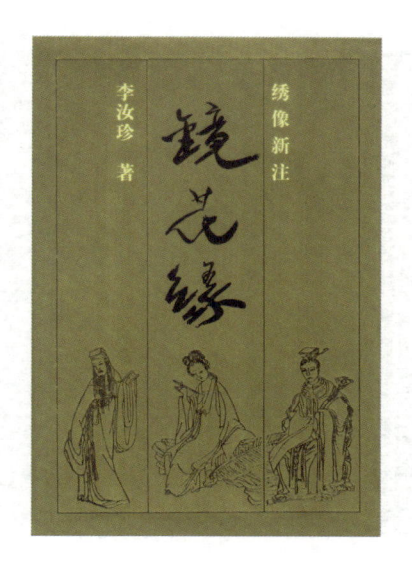

10590　镜花缘：绣像新注

1996年设计，精装 第1版第1次印刷
［责任者］（清）李汝珍著，欧阳光校注，黄天骥审订
［出版发行］花城出版社，1996
［索书号］I242.4/L339/［18］

10591　儒林外史：全图新注

1996年设计，精装 第1版第1次印刷
［责任者］（清）吴敬梓著，郑尚宪校注
［出版发行］花城出版社，1996

10592　干部贤文

1996年设计，平装 第1版第1次印刷
［责任者］《干部贤文》编委会编
［出版发行］花城出版社，1996
［索书号］D64/147

10593　劳伦斯性爱丛书：儿子和情人

1996年设计，软精装 第1版第3次印刷
［责任者］（英）D·H·劳伦斯（D·H·Lawrence）著，
　　　　　何焕群、阿良译
［出版发行］花城出版社，1986
［索书号］I561.45/L21-2：2

10594　劳伦斯性爱丛书：审判《查泰莱夫人的情人》

1996年设计，软精装 第1版第1次印刷
［责任者］（英）D.H.劳伦斯著，《译海》编辑部编
［出版发行］花城出版社，1996
［索书号］I561.074/Y51/［2］

10595　没有马的骑手

1996年设计，平装 第1版第1次印刷
［责任者］罗云著
［出版发行］花城出版社，1996
［索书号］I227/1415

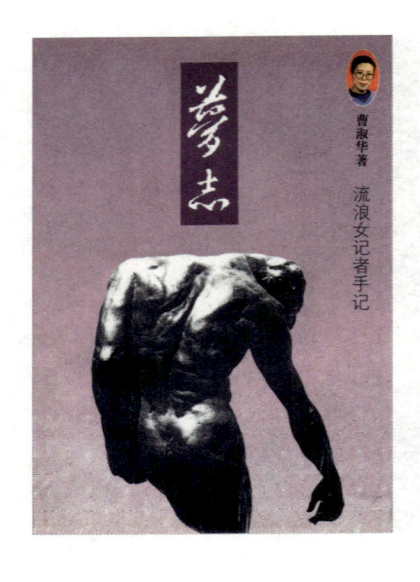

10596　梦志

1996年设计，平装 第1版第1次印刷
［责任者］曹淑华著
［出版发行］花城出版社，1996
［索书号］I227/426

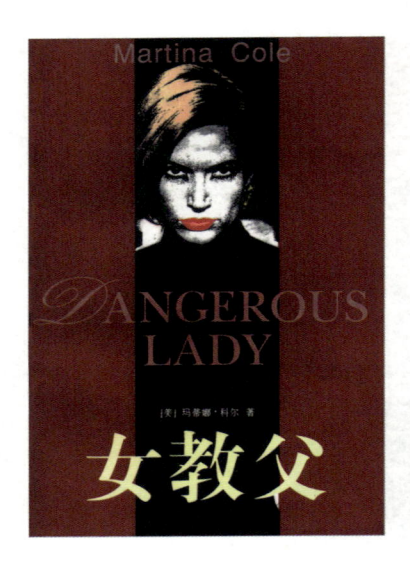

10597　女教父

1996年设计，平装 第1版第1次印刷
［责任者］（英）玛蒂娜·科尔（Martina Cole）著，梁兰、杨春丽、蓝凌、杨炜等译
［出版发行］花城出版社，1996
［索书号］I561.4/248

10598　清人绝句的诗情画意

1996年设计，平装 第1版第1次印刷
[责任者] 迟乃义著
[出版发行] 花城出版社，1996
[索书号] I222/1009

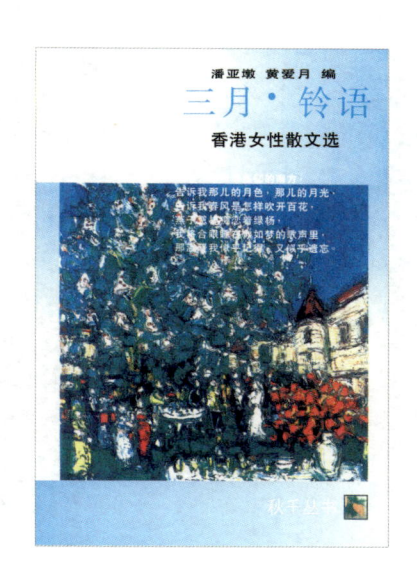

10599　三月·铃语：香港女性散文选

1996年设计，平装 第1版第1次印刷
[责任者] 潘亚暾、黄爱月编
[出版发行] 花城出版社，1996
[索书号] I267/718

10600　世界爱情经典名著：阿霞 初恋

1996年设计，软精装 第1版第1次印刷
[责任者] （俄）屠格涅夫著，黄甲年译
[出版发行] 花城出版社，1996
[索书号] I511/7/[2]

10601　世界爱情经典名著：傲慢与偏见

1996年设计，软精装 第1版第1次印刷
[责任者] （英）简·奥斯汀著，刘锋译
[出版发行] 花城出版社，1996

10602　世界爱情经典名著：大尉的女儿

1996年设计，软精装 第1版第1次印刷
[责任者]（俄）亚历山大·谢尔盖耶维奇·普希金著，钟锡华译
[出版发行] 花城出版社，1996
[索书号] I512.4/57

10603　世界爱情经典名著：贵族之家

1996年设计，软精装 第1版第1次印刷
[责任者]（俄）屠格涅夫著，王燎译
[出版发行] 花城出版社，1996

10604　世界爱情经典名著：曼侬

1996年设计，软精装 第1版第1次印刷
[责任者]（法）普莱沃著，张秋红译
[出版发行] 花城出版社，1996

10605　世界爱情经典名著：少年维特的烦恼·茵梦湖

1996年设计，软精装 第1版第1次印刷
[责任者]（德）歌德著，梁定祥译
　　　　（德）施托姆著，黄敬甫译
[出版发行] 花城出版社，1996

10606　世界爱情经典名著：长青藤

1996年设计，软精装 第1版第1次印刷
[责任者]（意）格·黛莱达著，沈萼梅，刘锡荣译
[出版发行] 花城出版社，1996

10607　世界女性题材经典名著：交际花盛衰记

1996年设计，精装 第1版第1次印刷
[责任者]（法）巴尔扎克著，徐和瑾译
[出版发行]花城出版社，1996

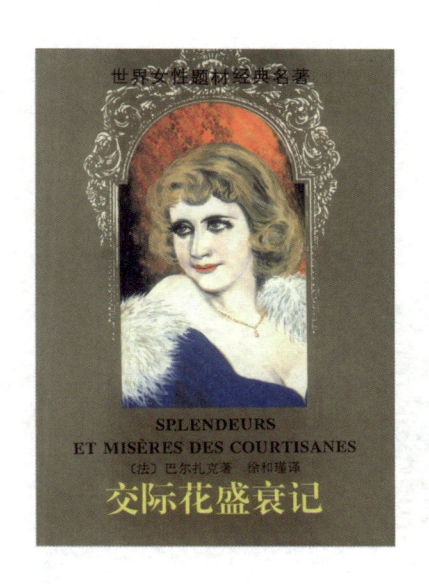

10608　世界女性题材经典名著：交际花盛衰记

1996年设计，平装 第1版第1次印刷
[责任者]（法）巴尔扎克著，徐和瑾译
[出版发行]花城出版社，1996

10609　预测致胜：期货运筹韬略

1996年设计，平装 第1版第1次印刷
[责任者]齐济著
[出版发行]花城出版社，1996
[索书号]F830.9/408

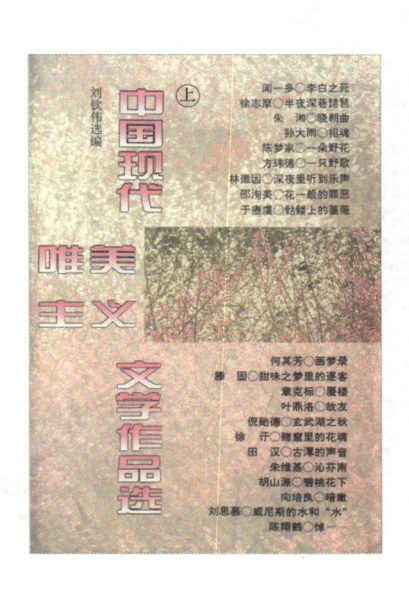

10610　中国现代唯美主义文学作品选.上

1996年设计，软精装 第1版第1次印刷
[责任者]刘钦伟选编
[出版发行]花城出版社，1996

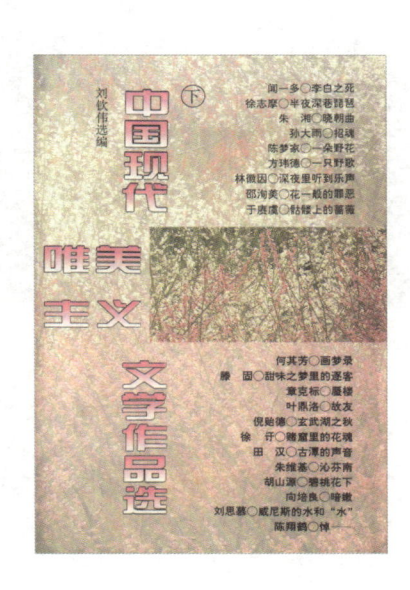

10611　中国现代唯美主义文学作品选.下

1996年设计，软精装 第1版第1次印刷
[责任者]刘钦伟选编
[出版发行]花城出版社，1996
[索书号]I217/115/2

中华通史

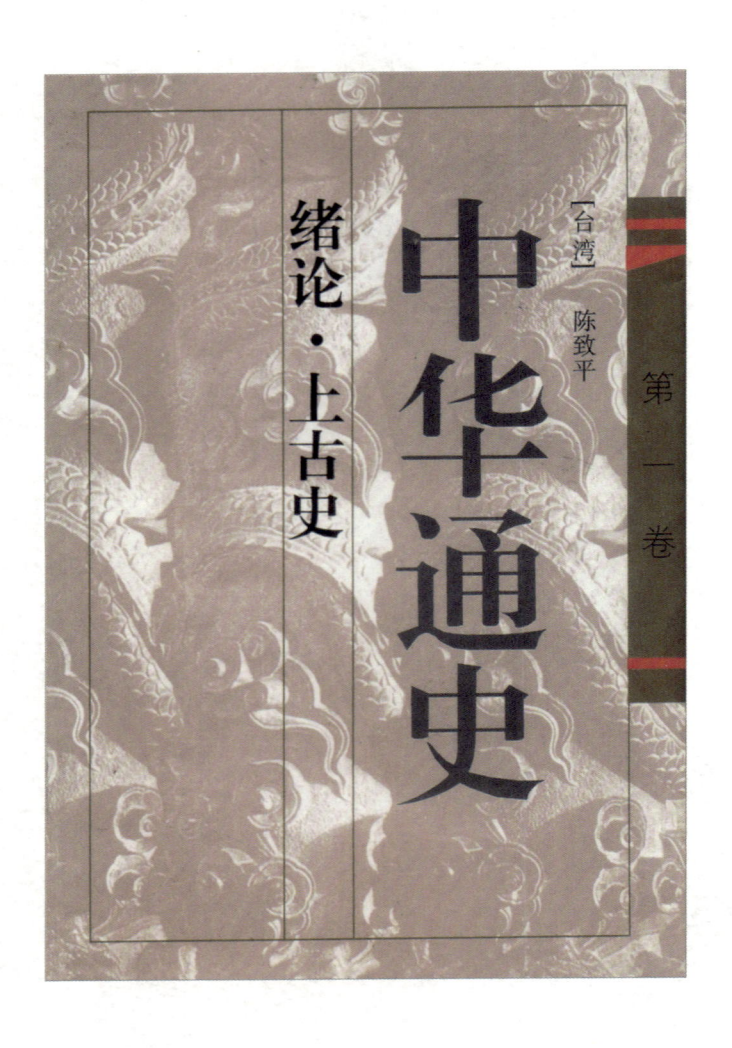

10612　中华通史. 第一卷：绪论·上古史

1996年设计，软精装 第1版第1次印刷
[责任者] 陈致平著
[出版发行] 花城出版社，1996

10613　中华通史. 第二卷：秦汉三国史

1996年设计，软精装 第1版第1次印刷
[责任者] 陈致平著
[出版发行] 花城出版社，1996

10614　中华通史.第三卷：两晋南北朝史

1996年设计，软精装 第1版第1次印刷
［责任者］陈致平著
［出版发行］花城出版社，1996

10615　中华通史.第四卷：隋唐五代史

1996年设计，软精装 第1版第1次印刷
［责任者］陈致平著
［出版发行］花城出版社，1996

10616　中华通史.第五卷：宋辽金史前编

1996年设计，软精装 第1版第1次印刷
［责任者］陈致平著
［出版发行］花城出版社，1996

10617　中华通史.第六卷：宋辽金史后编

1996年设计，软精装 第1版第1次印刷
［责任者］陈致平著
［出版发行］花城出版社，1996

10618　中华通史.第七卷：元史

1996年设计，软精装 第1版第1次印刷
［责任者］陈致平著
［出版发行］花城出版社，1996

10619　中华通史.第八卷：明史

1996年设计，软精装 第1版第1次印刷
［责任者］陈致平著
［出版发行］花城出版社，1996

10620　中华通史.第九卷：清史前编

1996年设计，软精装 第1版第1次印刷
［责任者］陈致平著
［出版发行］花城出版社，1996

10621　中华通史.第十卷：清史后编

1996年设计，软精装 第1版第1次印刷
［责任者］陈致平著
［出版发行］花城出版社，1996

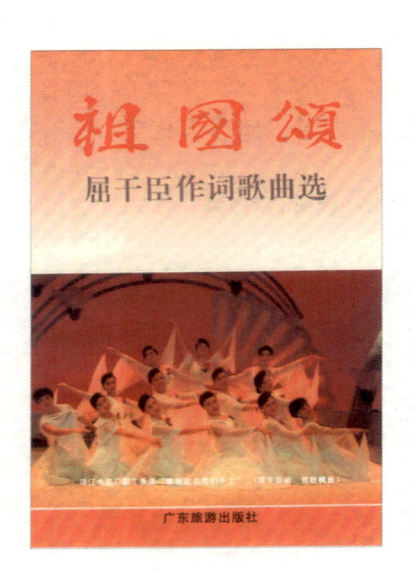

10622　祖国颂：屈干臣作词歌曲选

1996年设计，平装 第1版第1次印刷
［责任者］屈干臣词，郑秋枫曲
［出版发行］广东旅游出版社，1996

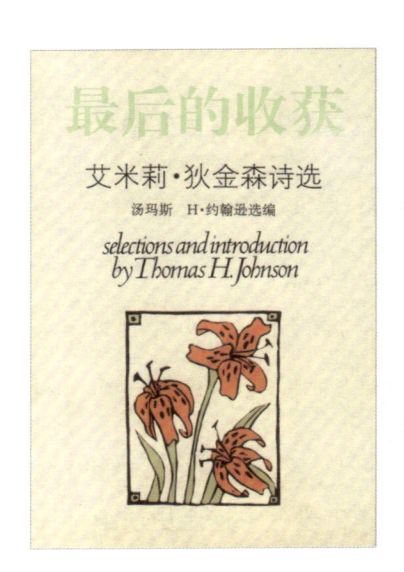

10623　最后的收获：艾米莉·狄金森诗选

1996年设计，平装 第1版第1次印刷
［责任者］汤玛斯 H·约翰逊选编
［出版发行］花城出版社，1996
［索书号］I712.2/2

10624　"华语电视国际展望"
　　　　学术研讨会论文集

1997年设计，平装 第1版第1次印刷
［责任者］谢望新主编，"华语电视国际展望"
　　　　学术研讨会［编］
［出版发行］花城出版社，1997
［索书号］G229/236

10625　百家书艺鉴赏

1997年设计，平装 第1版第1次印刷
［责任者］刘佑局著
［出版发行］花城出版社，1997
［索书号］J292/31

10626　杯缘之上

1997年设计，平装 第1版第1次印刷
［责任者］薛景山著
［出版发行］花城出版社，1997

10627　番禺籍历代书画家作品集

1997年设计，精装 第1版第1次印刷
［责任者］番禺博物馆、广州美术馆编
［出版发行］花城出版社，1997
［索书号］J121/28

10628　佛教与人生丛书：觉的宗教：全人类的佛法

1997年设计，软精装 第1版第1次印刷
［责任者］苟嘉陵著
［出版发行］花城出版社，1997

10629　佛教与人生丛书：六祖法宝坛经浅析

1997年设计，软精装 第1版第1次印刷
［责任者］自在居士著
［出版发行］花城出版社，1997
［索书号］B94/77

10630　佛教与人生丛书：心地法门

1997年设计，软精装 第1版第1次印刷
［责任者］如本法师著
［出版发行］花城出版社，1997
［索书号］B94/75

10631　佛教与人生丛书：杂譬喻经的故事

1997年设计，软精装 第1版第1次印刷
［责任者］琬姿居士著
［出版发行］花城出版社，1997
［索书号］B92/22

10632　佛经民间故事

1997年设计，软精装 第1版第1次印刷
［责任者］陈鸿滢著
［出版发行］花城出版社，1997
［索书号］B94/74

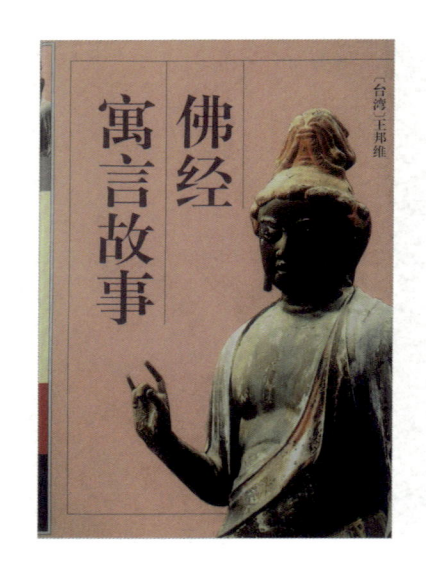

10633　佛经寓言故事

1997年设计，软精装 第1版第1次印刷
［责任者］王邦维著
［出版发行］花城出版社，1997
［索书号］I277/169

10634　福尔摩斯侦探小说全集．上

1997年设计，平装 第1版第1次印刷
［责任者］（英）阿·柯南道尔著，周知觉等译
［出版发行］花城出版社，1997

10635　福尔摩斯侦探小说全集．中

1997年设计，平装 第1版第1次印刷
［责任者］（英）阿·柯南道尔著，周知觉等译
［出版发行］花城出版社，1997
［索书号］I561.4/406/2

10636　福尔摩斯侦探小说全集．下

1997年设计，平装 第1版第1次印刷
［责任者］（英）阿·柯南道尔著，周知觉等译
［出版发行］花城出版社，1997

10637　挂窗帘的走廊

1997年设计，平装 第1版第1次印刷
［责任者］省三著
［出版发行］花城出版社，1997
［索书号］I267/8335

10638　韩北屏文集.上

1997年设计，软精装 第1版第1次印刷
[责任者] 韩北屏著
[出版发行] 花城出版社，1997
[索书号] I217/260/1

10639　韩北屏文集.下

1997年设计，软精装 第1版第1次印刷
[责任者] 韩北屏著
[出版发行] 花城出版社，1997

10640　寂寞17岁

1997年设计，平装 第1版第1次印刷
[责任者] 小思著
[出版发行] 花城出版社，1997
[索书号] I247.5/3530

10641　金鹏岁月：利焕南和他的伙伴们

1997年设计，平装 第1版第1次印刷
[责任者] 洪三泰著
[出版发行] 花城出版社，1997
[索书号] I25/1840

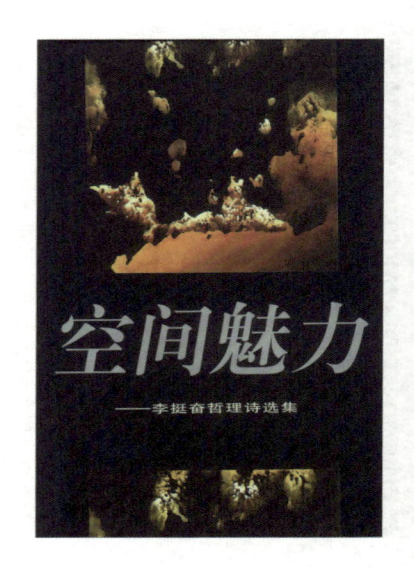

10642　空间魅力：李挺奋哲理诗选集

1997年设计，精装 第1版第1次印刷
[责任者] 李挺奋著
[出版发行] 花城出版社，1997
[索书号] I227/1379

廖沫沙全集

10643　廖沫沙全集．第一卷

1997年设计，平装 第1版第1次印刷
[责任者]廖沫沙著
[出版发行]花城出版社，1997

10644　廖沫沙全集．第二卷

1997年设计，平装 第1版第1次印刷
[责任者]廖沫沙著
[出版发行]花城出版社，1997

10645　廖沫沙全集．第三卷

1997年设计，平装 第1版第1次印刷
[责任者]廖沫沙著
[出版发行]花城出版社，1997

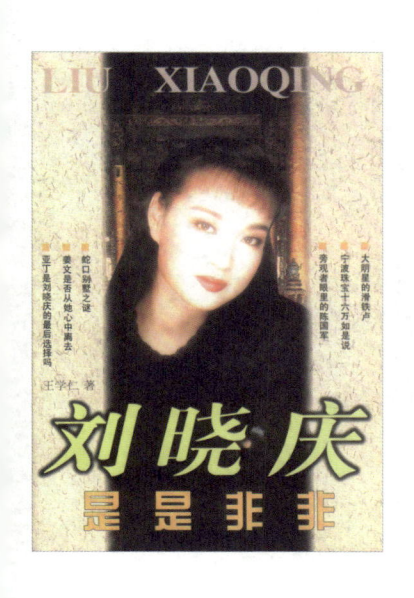

10646　刘晓庆是是非非

1997年设计，平装 第1版第1次印刷
[责任者]王学仁著
[出版发行]花城出版社，1997

10647　柳梢月

1997年设计，平装 第1版第1次印刷
[责任者]邓文初著
[出版发行]花城出版社，1997
[索书号]I247.5/14569

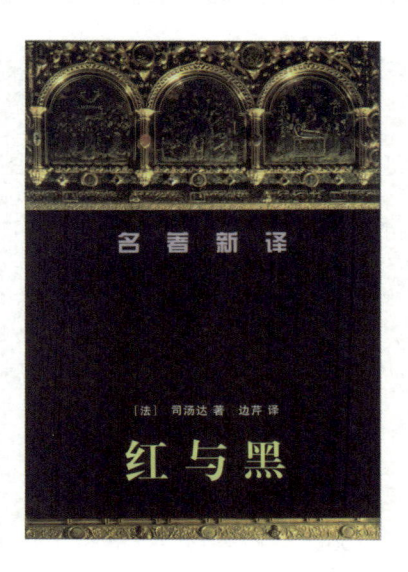

10648　名著新译：红与黑

1997年设计，软精装 第1版第1次印刷
[责任者](法)司汤达著，边芹译
[出版发行]花城出版社，1997
[索书号]I565.4/S78-2/[6]

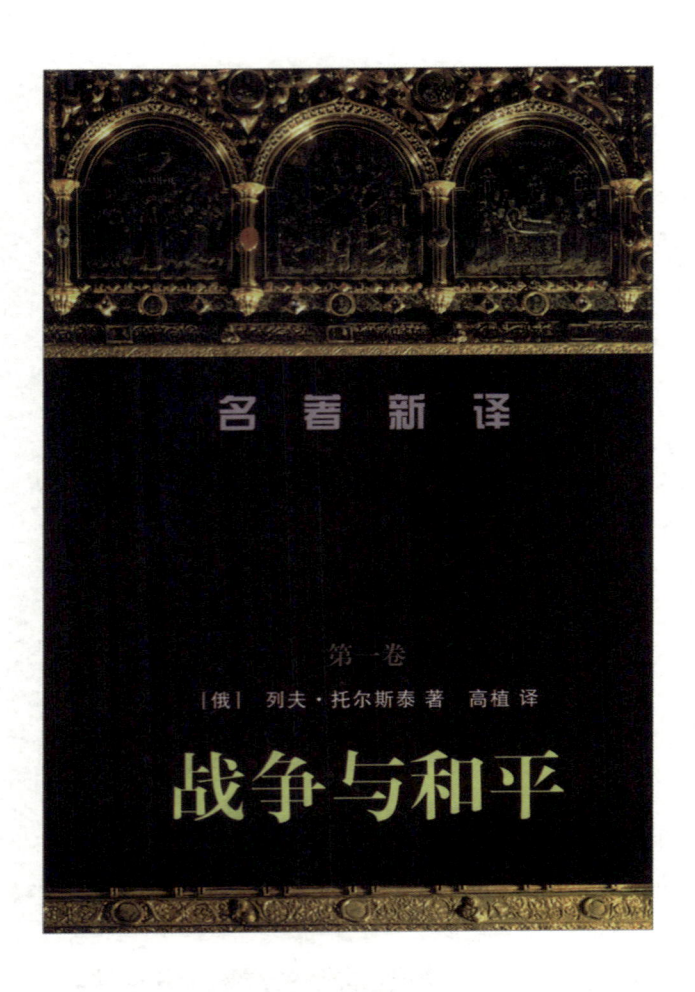

名著新译：战争与和平

10649　名著新译：战争与和平．第一卷

1997年设计，软精装 第1版第1次印刷
［责任者］（俄）列夫·托尔斯泰著，高植译
［出版发行］花城出版社，1997
［索书号］I512.44/T96-5/［13］1

10650　名著新译：战争与和平．第二卷

1997年设计，软精装 第1版第1次印刷
［责任者］（俄）列夫·托尔斯泰著，高植译
［出版发行］花城出版社，1997
［索书号］I512.44/T96-5/［13］2

10651　名著新译：战争与和平．第三卷

1997年设计，软精装 第1版第1次印刷
［责任者］（俄）列夫·托尔斯泰著，高植译
［出版发行］花城出版社，1997
［索书号］I512.44/T96-5/［13］3

10652　名著新译：战争与和平．第四卷

1997年设计，软精装 第1版第1次印刷
［责任者］（俄）列夫·托尔斯泰著，高植译
［出版发行］花城出版社，1997
［索书号］I512.44/T96-5/［13］4

10653　青春动感系列小说：寂寞17岁

1997年设计，平装 第1版第1次印刷
[责任者] 小思著
[出版发行] 花城出版社，1997
[索书号] I247.5/3530

10654　青春美丽豆

1997年设计，平装 第1版第1次印刷
[责任者] 张力慧著
[出版发行] 新世纪出版社，1997
[索书号] I247.5/4232

10655　铁血雄关

1997年设计，平装 第1版第1次印刷
[责任者] 陈斌先、许辉著
[出版发行] 花城出版社，1997
[索书号] I247.5/3762

10656　温柔

1997年设计，平装 第1版第1次印刷
[责任者] 肖建国著
[出版发行] 广东旅游出版社，1997
[索书号] I247.7/184

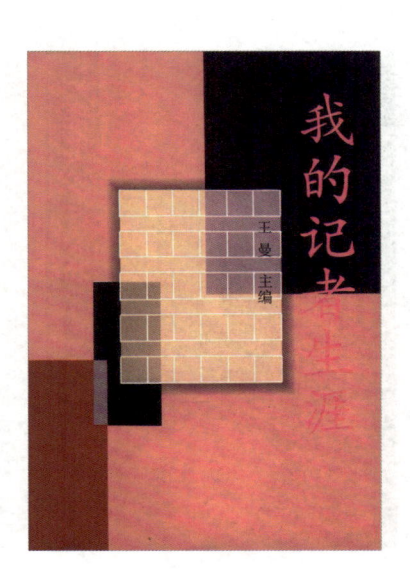

10657　我的记者生涯.第四辑

1997年设计，精装 第1版第1次印刷
[责任者] 王曼主编
[出版发行] 广东人民出版社，1997
[索书号] I253/1454/4

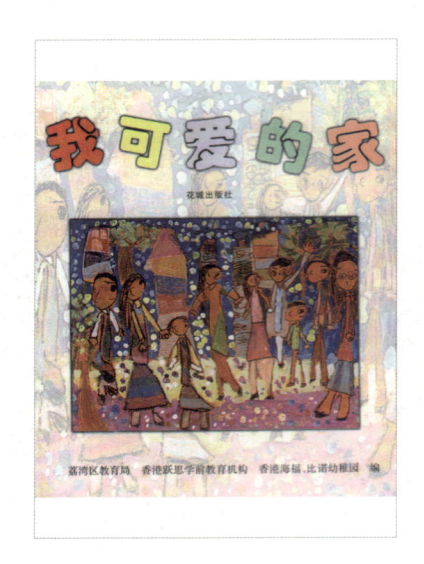

10658　我可爱的家

1997年设计，平装 第1版第1次印刷
［责任者］荔湾区教育局 香港跃思学前教育
　　　　　机构 香港海福、比诺幼稚园编
［出版发行］花城出版社，1997

10659　星光集

1997年设计，平装 第1版第1次印刷
［责任者］姚柏林著
［出版发行］花城出版社，1997
［索书号］D602/71

10660　徐訏奇情小说集.上

1997年设计，软精装 第1版第1次印刷
［责任者］徐訏著
［出版发行］花城出版社，1997

10661　徐訏奇情小说集.下

1997年设计，软精装 第1版第1次印刷
［责任者］徐訏著
［出版发行］花城出版社，1997

10662　游子吟：旅美诗文抄

1997年设计，平装 第1版第1次印刷
［责任者］吴枫著
［出版发行］花城出版社，1997
［索书号］I217/1251

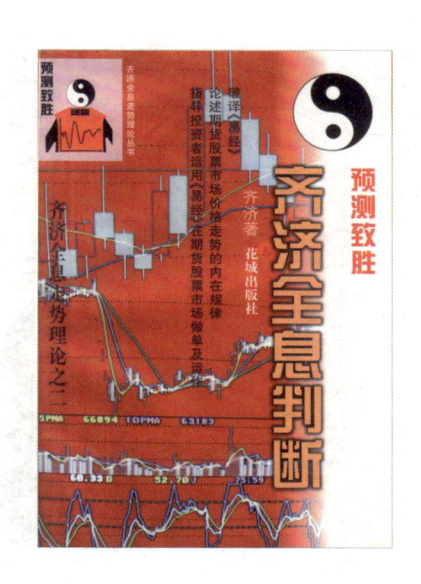

10663　预测致胜：齐济全息判断

1997年设计，平装 第1版第1次印刷
［责任者］齐济著
［出版发行］花城出版社，1997
［索书号］F830.9/401

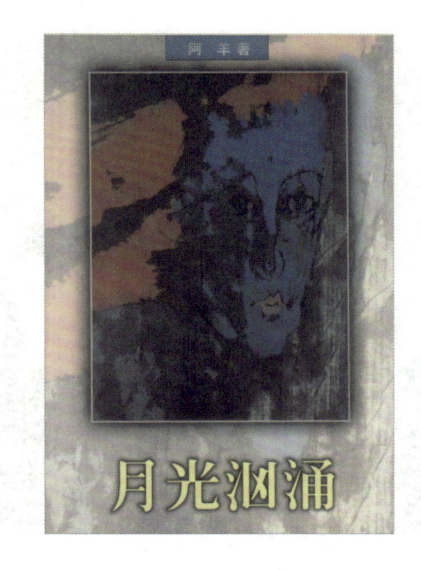

10664　月光汹涌

1997年设计，平装 第1版第1次印刷
［责任者］阿羊著
［出版发行］花城出版社，1997
［索书号］I227/1387

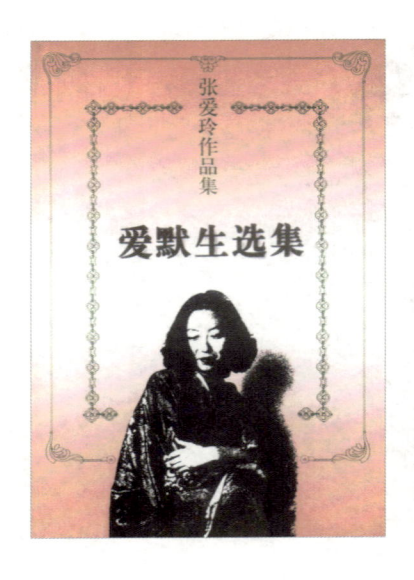

10665　张爱玲作品集：
　　　　爱默生选集
1997年设计，平装 第1版第1次印刷
［责任者］张爱玲著
［出版发行］花城出版社，1997
［索书号］I217/261/11

10666　张爱玲作品集：
　　　　半生缘
1997年设计，平装 第1版第1次印刷
［责任者］张爱玲著
［出版发行］花城出版社，1997
［索书号］I246.5/345［3］

10667　张爱玲作品集：
　　　　第一炉香
1997年设计，平装 第1版第1次印刷
［责任者］张爱玲著
［出版发行］花城出版社，1997
［索书号］I217/261/4

10668　张爱玲作品集：对照记
1997年设计，平装 第1版第1次印刷
［责任者］张爱玲著
［出版发行］花城出版社，1997
［索书号］I217/261/10

10669　张爱玲作品集：流言
1997年设计，平装 第1版第1次印刷
［责任者］张爱玲著
［出版发行］花城出版社，1997
［索书号］I217/261/1

10670　张爱玲作品集：
　　　　倾城之恋
1997年设计，平装 第1版第1次印刷
［责任者］张爱玲著
［出版发行］花城出版社，1997
［索书号］I217/261/3

10671　张爱玲作品集：悯然记
1997年设计，平装 第1版第1次印刷
［责任者］张爱玲著
［出版发行］花城出版社，1997
［索书号］I217/261/7

10672　张爱玲作品集：续集
1997年设计，平装 第1版第1次印刷
［责任者］张爱玲著
［出版发行］花城出版社，1997
［索书号］I217/261/8

10673　张爱玲作品集：余韵
1997年设计，平装 第1版第1次印刷
［责任者］张爱玲著
［出版发行］花城出版社，1997
［索书号］I217/261/9

10674　张爱玲作品集：怨女
1997年设计，平装 第1版第1次印刷
［责任者］张爱玲著
［出版发行］花城出版社，1997
［索书号］I217/261/2

10675　张爱玲作品集：张看
1997年设计，平装 第1版第1次印刷
［责任者］张爱玲著
［出版发行］花城出版社，1997
［索书号］I217/261/6

10676　张俊彪研究文选

1997年设计，平装 第1版第1次印刷
［责任者］秦兆阳、刘俐俐等著
［出版发行］花城出版社，1997
［索书号］I206.7/616

10677　真情

1997年设计，平装 第1版第1次印刷
［责任者］叶芸著
［出版发行］花城出版社，1997
［索书号］I227/339

10678　中华传统美德：小学低年级版

1997年设计，平装 第1版第1次印刷
［责任者］符鸿合主编
［出版发行］海南国际新闻出版中心，1997
［索书号］G631/109

10679　18岁宣言

1998年设计，平装 第1版第1次印刷
［责任者］黄建潮著
［出版发行］花城出版社，1998
［索书号］I247.5/5509

10680　世纪之龙丛书：变奏

1998年设计，平装 第1版第1次印刷
［责任者］文冰、危英著
［出版发行］花城出版社，1998
［索书号］I217/1250

10681　世纪之龙丛书：闯入梦里的訇音

1998年设计，平装 第1版第1次印刷
［责任者］瞿慧萍著
［出版发行］花城出版社，1998
［索书号］I217/1248

10682　世纪之龙丛书：都市文学的疏离情结

1998年设计，平装 第1版第1次印刷
［责任者］温波著
［出版发行］花城出版社，1998
［索书号］I206.7/624

10683　世纪之龙丛书：还是那颗星星

1998年设计，平装 第1版第1次印刷
［责任者］李欣新著
［出版发行］花城出版社，1998
［索书号］I217/1246

168　文学的长河：封面·构成　›››

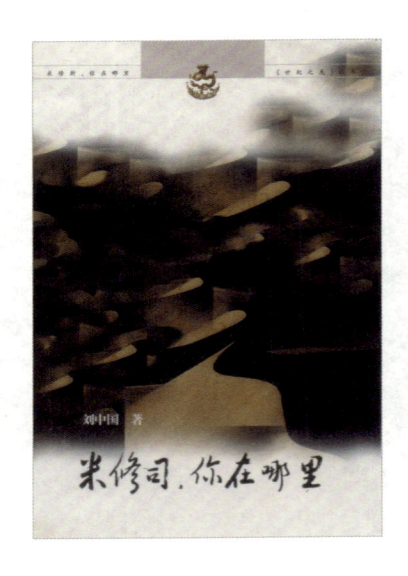

10684　世纪之龙丛书：米修司，你在哪里

1998年设计，平装 第1版第1次印刷
［责任者］刘中国著
［出版发行］花城出版社，1998
［索书号］I267/8161

10685　世纪之龙丛书：生命的冲动

1998年设计，平装 第1版第1次印刷
［责任者］赖房千著
［出版发行］花城出版社，1998
［索书号］I227/1378

10686　世纪之龙丛书：西装问题

1998年设计，平装 第1版第1次印刷
［责任者］陈少鹏著
［出版发行］花城出版社，1998
［索书号］I217/1240

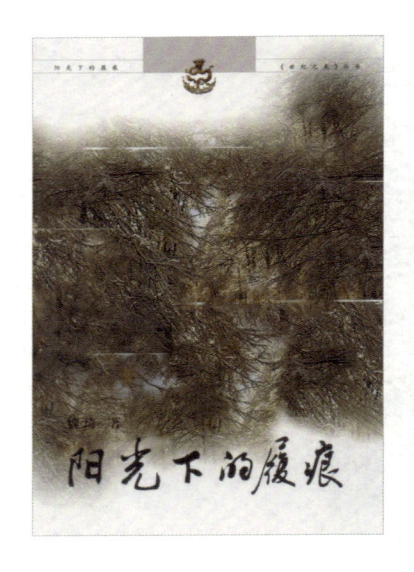

10687　世纪之龙丛书：阳光下的履痕

1998年设计，平装 第1版第1次印刷
［责任者］魏琦著
［出版发行］花城出版社，1998
［索书号］I217/1249

10688　世纪之龙丛书：中英文化差异漫谈

1998年设计，平装 第1版第1次印刷
［责任者］李彬编著
［出版发行］花城出版社，1998

10689　不吐不快

1998年设计，平装 第1版第1次印刷
［责任者］杨光治著
［出版发行］花城出版社，1998
［索书号］I267/1769

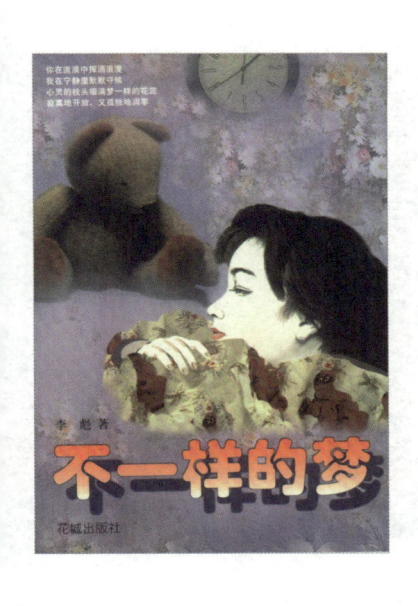

10690　不一样的梦

1998年设计，平装 第1版第1次印刷
［责任者］李彪著
［出版发行］花城出版社，1998
［索书号］I247.5/5500

10691　灿烂季节

1998年设计，平装 第1版第1次印刷
［责任者］小思著
［出版发行］花城出版社，1998
［索书号］I247.5/4364

10692　初夜

1998年设计，精装 第1版第1次印刷
［责任者］陈俊年著
［出版发行］广东人民出版社，1998

10693　乔治·桑情爱小说：达妮拉小姐

1998年设计，软精装 第1版第1次印刷
［责任者］（法）乔治·桑（George Sand）著，曹德明译
［出版发行］花城出版社，1998
［索书号］I565.4/203

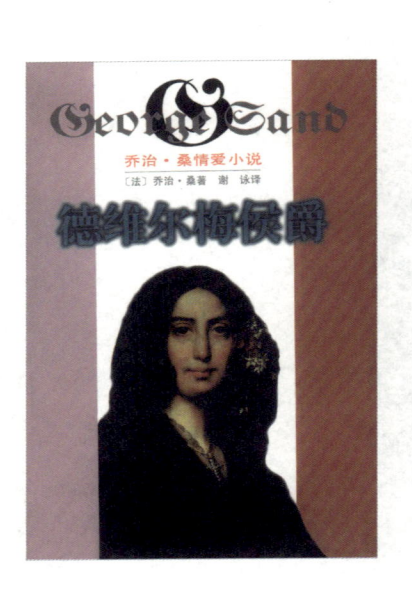

10694　乔治·桑情爱小说：德维尔梅侯爵

1998年设计，软精装 第1版第1次印刷
［责任者］（法）乔治·桑（George Sand）著，谢咏译
［出版发行］花城出版社，1998
［索书号］I565.4/199

10695　乔治·桑情爱小说：贺拉斯

1998年设计，软精装 第1版第1次印刷
［责任者］（法）乔治·桑（George Sand）著，吉庆莲译
［出版发行］花城出版社，1998

10696　乔治·桑情爱小说：莱昂纳·莱昂尼

1998年设计，软精装 第1版第1次印刷
［责任者］（法）乔治·桑（George Sand）著，吉庆莲译
［出版发行］花城出版社，1998

10697　乔治·桑情爱小说：莫普拉

1998年设计，软精装 第1版第1次印刷
[责任者]（法）乔治·桑（George Sand）著，王学文译
[出版发行]花城出版社，1998
[索书号] I565.44/S14-13/ [2]

10698　乔治·桑情爱小说：最后的爱情

1998年设计，软精装 第1版第1次印刷
[责任者]（法）乔治·桑（George Sand）著，李焰明译
[出版发行]花城出版社，1998

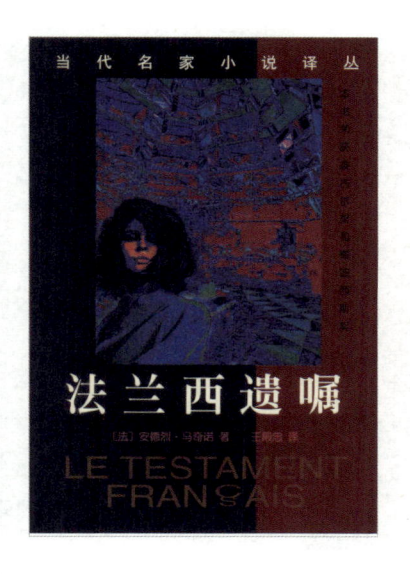

10699　当代名家小说译丛：法兰西遗嘱

1998年设计，平装 第1版第1次印刷
[责任者]（法）安德烈·马奇诺著，王殿忠译
[出版发行]花城出版社，1998

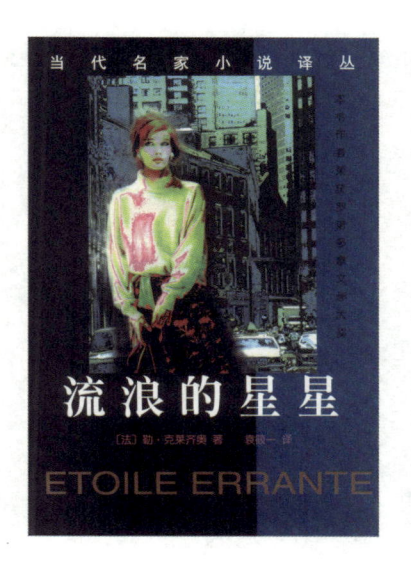

10700　当代名家小说译丛：流浪的星星

1998年设计，平装 第1版第1次印刷
[责任者]（法）勒·克莱齐奥著，袁筱一译
[出版发行]花城出版社，1998

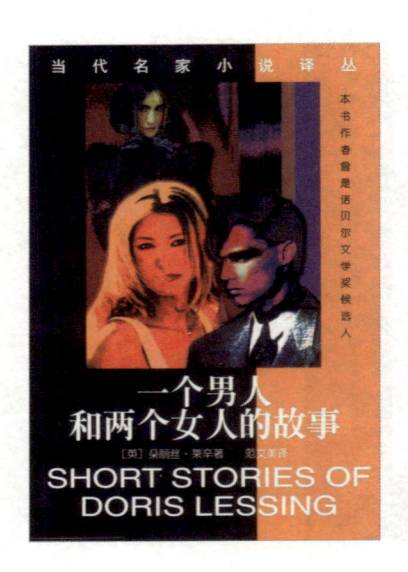

10701　当代名家小说译丛：一个
　　　　男人和两个女人的故事

1998年设计，平装 第1版第1次印刷
［责任者］（英）朵丽丝·莱辛著，范文美译
［出版发行］花城出版社，1998

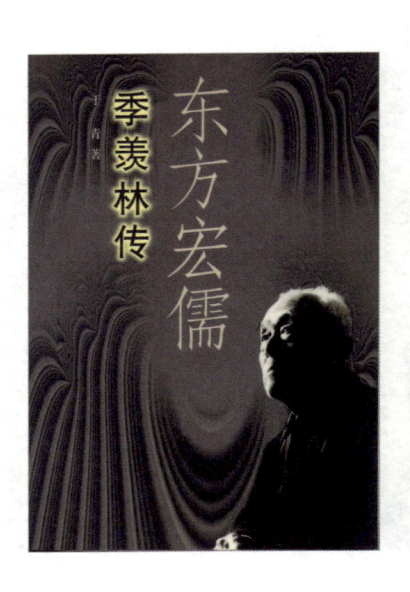

10702　东方宏儒：季羡林传

1998年设计，软精装 第1版第1次印刷
［责任者］于青著
［出版发行］花城出版社，1998
［索书号］K825.4/203

10703　丰子恺的青少年时代

1998年设计，平装 第1版第1次印刷
［责任者］钟桂松著
［出版发行］花城出版社，1998
［索书号］K825.6/377

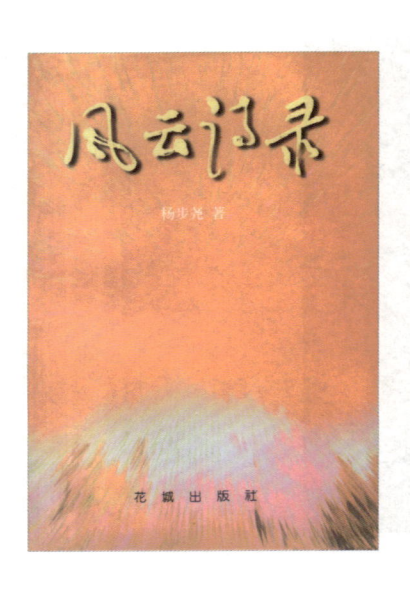

10704　风云诗录

1998年设计，平装 第1版第1次印刷
［责任者］杨步尧著
［出版发行］花城出版社，1998
［索书号］I227/1414

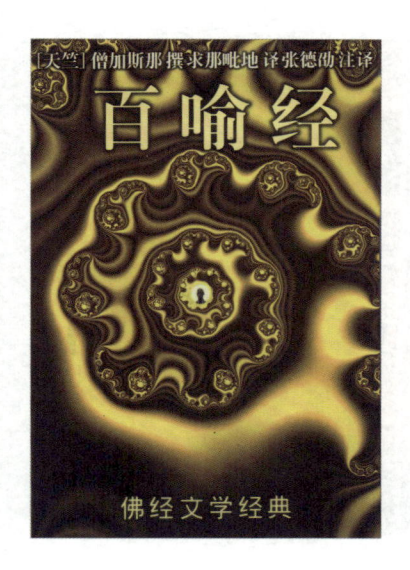

10705　佛经文学经典：百喻经

1998年设计，软精装 第1版第1次印刷
[责任者]（天竺）僧伽斯那撰，求那毗地译，张德邵注译
[出版发行]花城出版社，1998

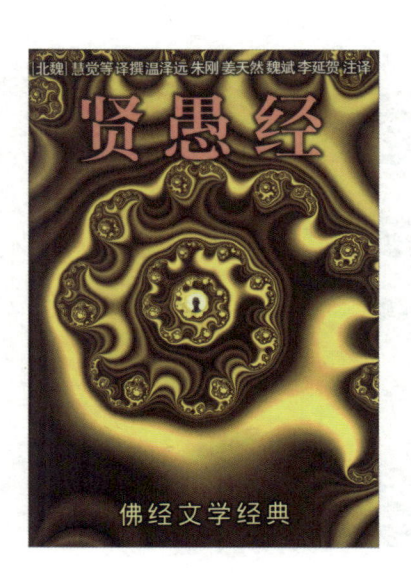

10706　佛经文学经典：贤愚经

1998年设计，软精装 第1版第1次印刷
[责任者]（北魏）慧觉等译撰，温泽远、朱刚、
　　　　　姜天然、魏斌、李延贺注译
[出版发行]花城出版社，1998

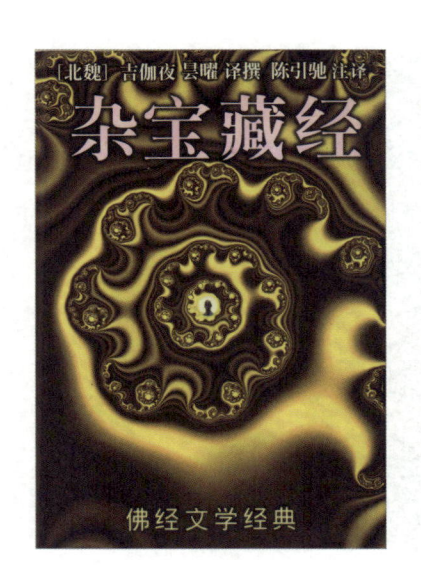

10707　佛经文学经典：杂宝藏经

1998年设计，软精装 第1版第1次印刷
[责任者]（北魏）吉伽夜、昙曜译撰，陈引驰注译
[出版发行]花城出版社，1998

10708　古城魂

1998年设计，平装 第1版第1次印刷
［责任者］林湘雄著
［出版发行］花城出版社，1998
［索书号］I267/8160

10709　广东纪行

1998年设计，平装 第1版第1次印刷
［责任者］林凤著
［出版发行］花城出版社，1998
［索书号］I253/465

10710　海上心情

1998年设计，平装 第1版第1次印刷
［责任者］崔建明著
［出版发行］花城出版社，1998
［索书号］I267/8153

10711　河源十年：关于建市以来的报道

1998年设计，平装 第1版第1次印刷
［责任者］黄玉逵主编
［出版发行］花城出版社，1998
［索书号］I253/3098

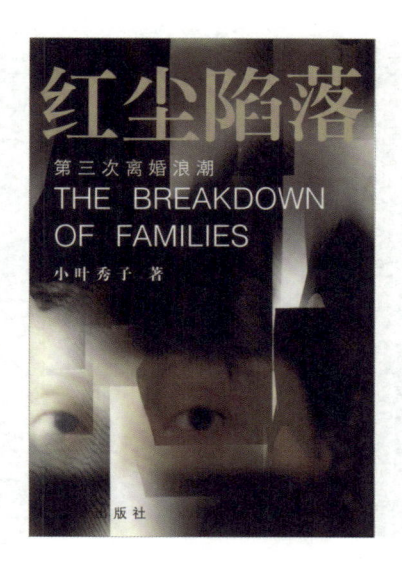

10712　红尘陷落：第三次离婚浪潮

1998年设计，平装 第1版第1次印刷
[责任者] 小叶秀子著
[出版发行] 花城出版社，1998
[索书号] D669/139

10713　黄克诚

1998年设计，精装 第1版第1次印刷
[责任者] 中共湖南省永兴县委员会、湖南省永兴县人民政府编
[出版发行] 花城出版社，1998

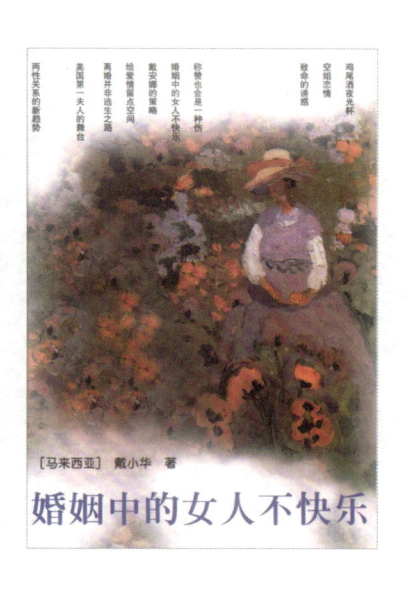

10714　婚姻中的女人不快乐

1998年设计，平装 第1版第1次印刷
[责任者] (马来西亚) 戴小华著
[出版发行] 花城出版社，1998
[索书号] I338/13

10715　[基本教程]：二胡基本教程（修订本）

1998年设计，平装 第2版第4次印刷
[责任者] 吴跃跃编著
[出版发行] 花城出版社，2006
[索书号] J632/79/ [2]

10716　缉毒别动队

1998年设计，平装 第1版第1次印刷
［责任者］刘仁泉著
［出版发行］花城出版社，1998
［索书号］I247.5/14854

10717　记者的人生 别人的故事

1998年设计，平装 第1版第1次印刷
［责任者］鲁大铮、温眉眉著
［出版发行］花城出版社，1998
［索书号］I253/496

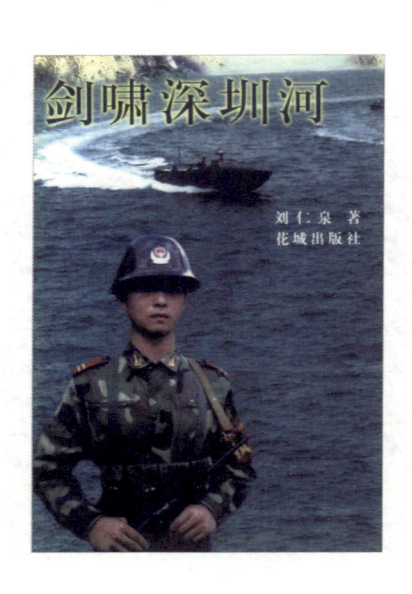

10718　剑啸深圳河

1998年设计，平装 第1版第1次印刷
［责任者］刘仁泉著
［出版发行］花城出版社，1998
［索书号］I25/1841

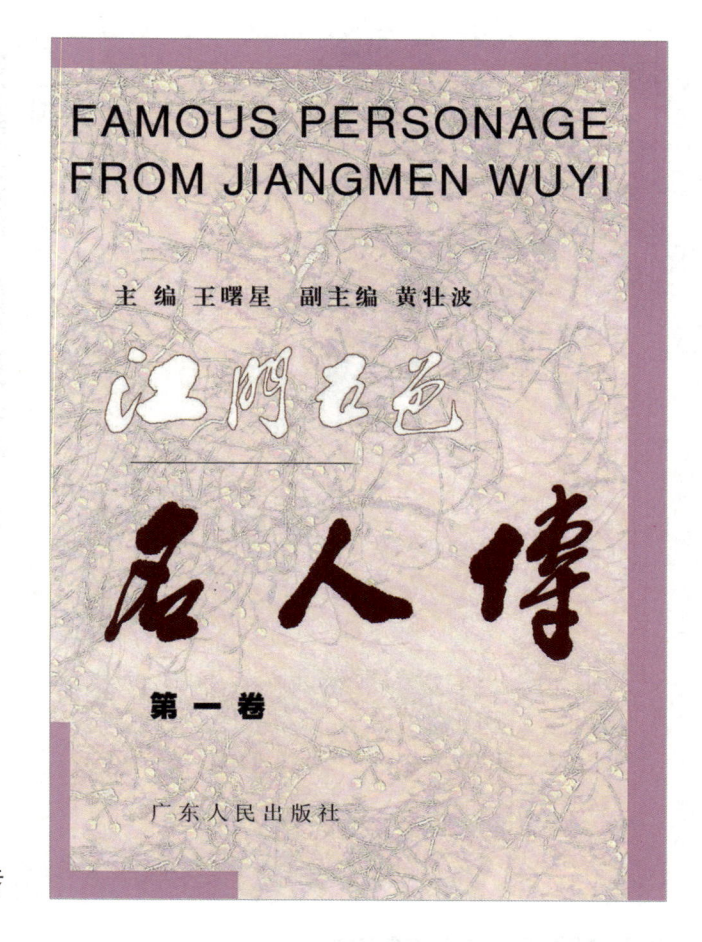

江门五邑名人传

10719　江门五邑名人传 . 第一卷

1998年设计，精装 第1版第1次印刷
［责任者］王曙星主编，黄壮波副主编
［出版发行］广东人民出版社，1998

10721　江门五邑名人传 . 第三卷

1998年设计，精装 第1版第1次印刷
［责任者］王曙星主编，谭乐生副主编
［出版发行］广东人民出版社，2002

10720　江门五邑名人传 . 第二卷

1998年设计，精装 第1版第1次印刷
［责任者］王曙星主编，黄壮波副主编
［出版发行］广东人民出版社，2000
［索书号］K820.8/69/2

10722　江门五邑名人传 . 第四卷

1998年设计，精装 第1版第1次印刷
［责任者］陈照平主编，谭乐生副主编
［出版发行］广东人民出版社，2005

10723　金海岸之歌

1998年设计，平装 第1版第1次印刷
［责任者］李士非著
［出版发行］花城出版社，1998
［索书号］I227/1389

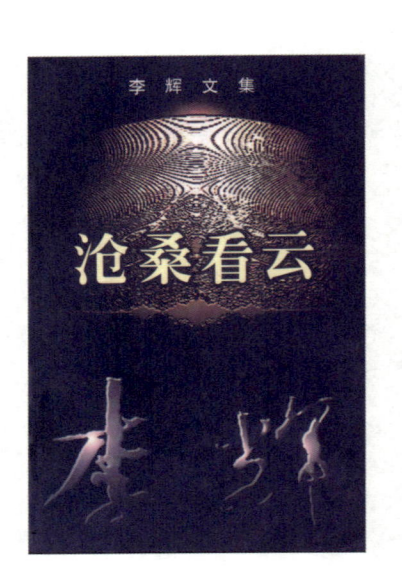

10724　李辉文集．第一卷，沧桑看云

1998年设计，平装 第1版第1次印刷
［责任者］李辉著
［出版发行］广东人民出版社，1998

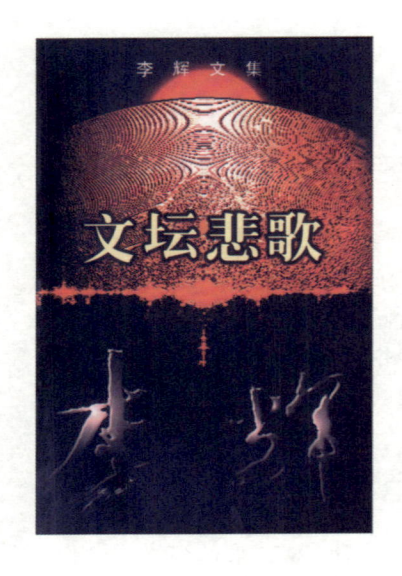

10725　李辉文集．第二卷，文坛悲歌

1998年设计，平装 第1版第1次印刷
［责任者］李辉著
［出版发行］花城出版社，1998

10726　李辉文集．第三卷，风雨人生

1998年设计，平装 第1版第1次印刷
［责任者］李辉著
［出版发行］花城出版社，1998

10727　李辉文集．第四卷，往事苍老

1998年设计，平装 第1版第1次印刷
［责任者］李辉著
［出版发行］花城出版社，1998

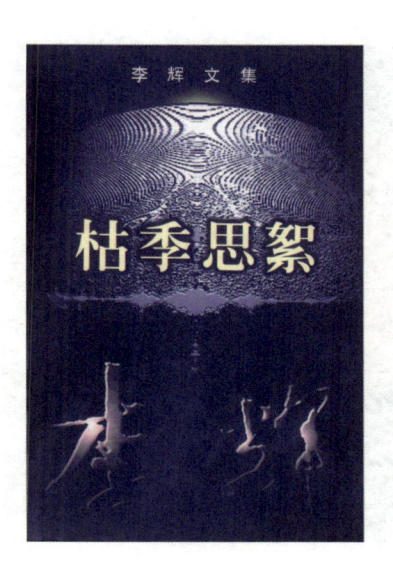

10728　李辉文集．第五卷，枯季思絮

1998年设计，平装 第1版第1次印刷
［责任者］李辉著
［出版发行］花城出版社，1998

10729　绿色的请柬：河源·万绿湖旅游备览

1998年设计，平装 第1版第1次印刷
［责任者］高仁泽、王爱平、杨海燕编著
［出版发行］花城出版社，1998
［索书号］K928.9/1396

10730　梦之门

1998年设计，平装 第1版第1次印刷
［责任者］肖复兴著
［出版发行］新世纪出版社，1998
［索书号］I267/5235

180　文学的长河：封面·构成　›››

10731　名人自述：爱国名人自述

1998年设计，平装 第1版第1次印刷
[责任者] 杨里昂主编
[出版发行] 花城出版社，1998
[索书号] K820.7/56

10732　名人自述：革命名人自述

1998年设计，平装 第1版第1次印刷
[责任者] 杨里昂主编
[出版发行] 花城出版社，1998

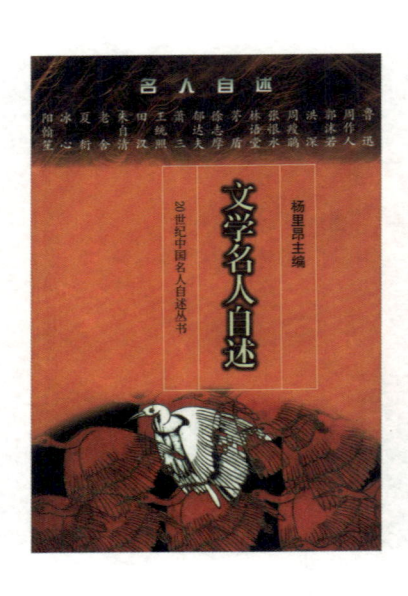

10733　名人自述：文学名人自述

1998年设计，平装 第1版第1次印刷
[责任者] 杨里昂主编
[出版发行] 花城出版社，1998

10734　名人自述：学术名人自述

1998年设计，平装 第1版第1次印刷
[责任者] 杨里昂主编
[出版发行] 花城出版社，1998

10735　名人自述：艺术名人自述

1998年设计，平装 第1版第1次印刷
[责任者] 杨里昂主编
[出版发行] 花城出版社，1998
[索书号] K825.7/184

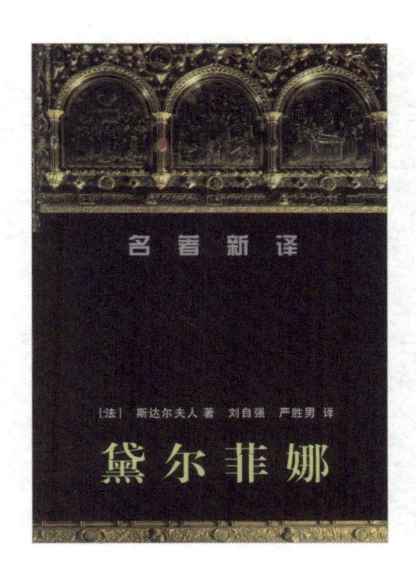

10736　名著新译：黛尔菲娜

1998年设计，软精装 第1版第1次印刷
［责任者］（法）斯达尔夫人，刘自强、严胜男译
［出版发行］花城出版社，1998
［索书号］I565.4/149

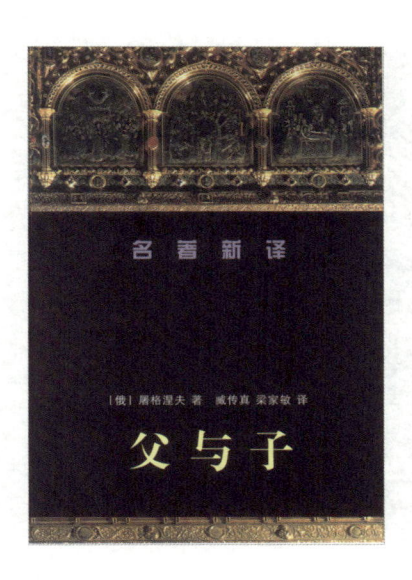

10737　名著新译：父与子

1998年设计，软精装 第1版第1次印刷
［责任者］（俄）屠格涅夫著，臧传真、梁家敏译
［出版发行］花城出版社，1998
［索书号］I512.44/T82-7/［3］

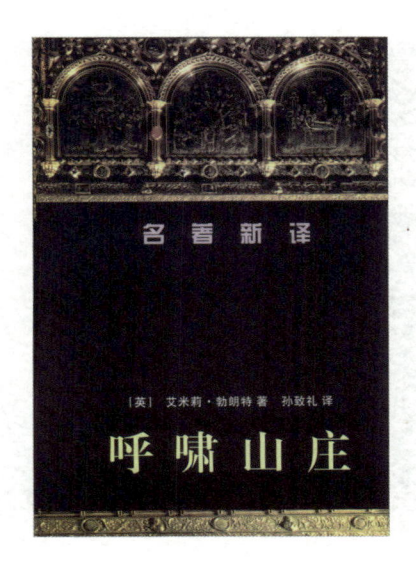

10738　名著新译：呼啸山庄

1998年设计，软精装 第1版第1次印刷
［责任者］（英）艾米莉·勃朗特著，孙致礼译
［出版发行］花城出版社，1998
［索书号］I561.4/133/［2］

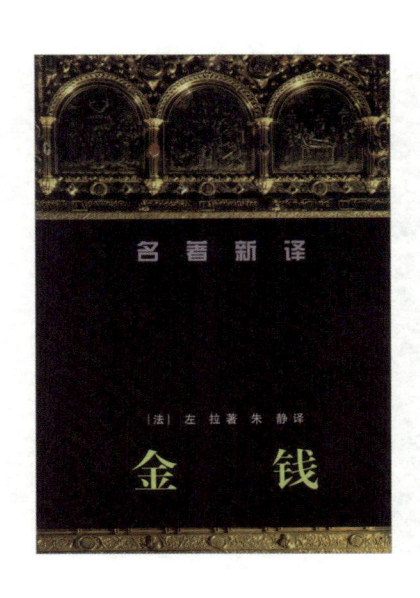

10739　名著新译：金钱

1998年设计，软精装 第1版第1次印刷
［责任者］（法）左拉（Emile Zola）著，朱静译
［出版发行］花城出版社，1998
［索书号］I565.4/159

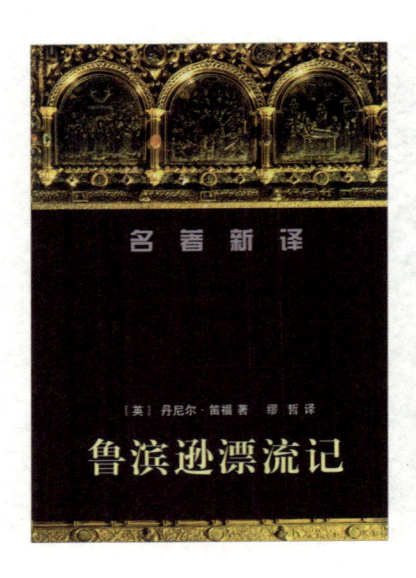

10740　名著新译：鲁滨逊漂流记

1998年设计，软精装 第1版第1次印刷
［责任者］（英）丹尼尔·笛福著，缪哲译
［出版发行］花城出版社，1998
［索书号］I561.44/D43-2/［3］

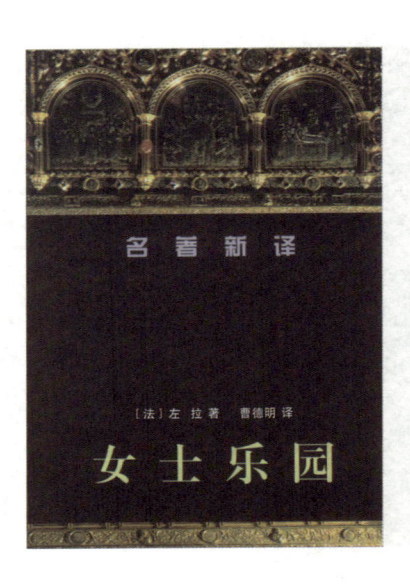

10741　名著新译：女士乐园

1998年设计，软精装 第1版第1次印刷
［责任者］（法）左拉（Emile Zola）著，曹德明译
［出版发行］花城出版社，1998
［索书号］I565.4/217

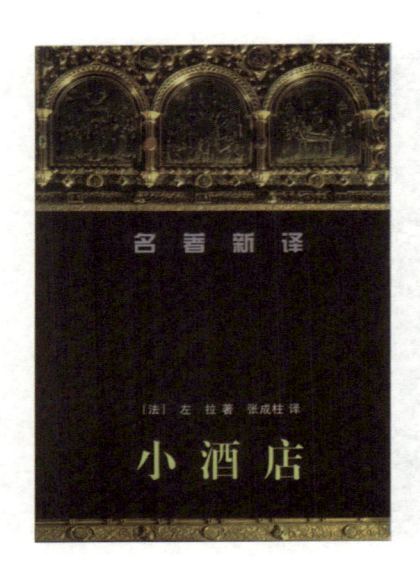

10742　名著新译：小酒店

1998年设计，软精装 第1版第1次印刷
［责任者］（法）左拉（Emile Zola）著，张成柱译
［出版发行］花城出版社，1998
［索书号］I565.44/Z99-3/［3］

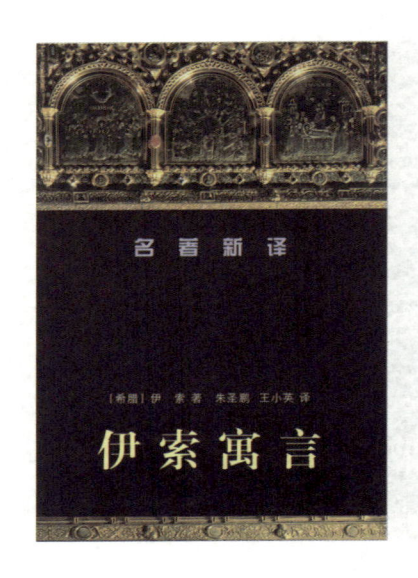

10743　名著新译：伊索寓言

1998年设计，软精装 第1版第1次印刷
［责任者］（希腊）伊索著，朱圣鹏、王小英译
［出版发行］花城出版社，1998
［索书号］I545/9

10744　拿破仑传

1998年设计，平装 第1版第1次印刷
［责任者］(德)艾米尔·路德维希著，梅
　　　　　沱、张萍、徐凯希、王建华译
［出版发行］花城出版社，1998

10745　你将要去的那些地方

1998年设计，平装 第1版第1次印刷
［责任者］陈丹燕著
［出版发行］新世纪出版社，1998
［索书号］I267/5208

10746　你将要去的那些地方

1998年设计，平装 第1版第2次印刷
［责任者］陈丹燕著
［出版发行］新世纪出版社，1998

10747　女儿劫

1998年设计，平装 第1版第1次印刷
［责任者］黄军著
［出版发行］花城出版社，1998
［索书号］I253/947

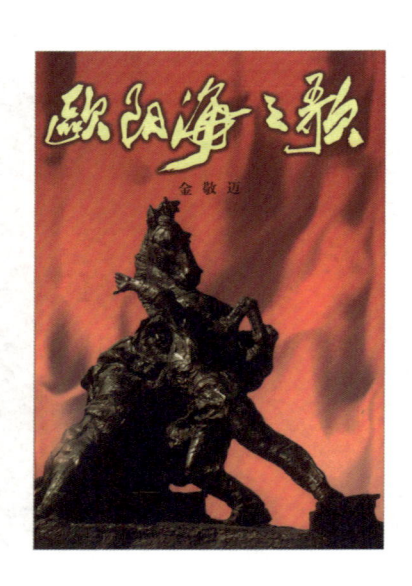

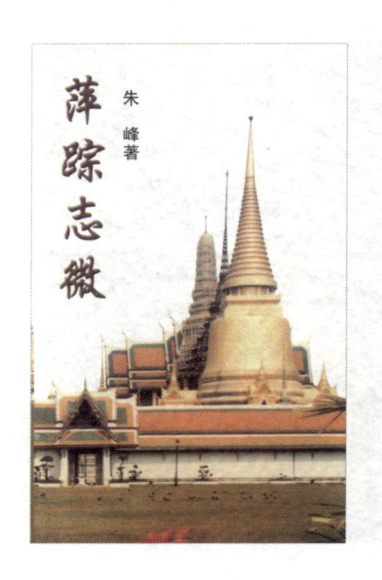

10748　女孩子的地图

1998年设计，平装 第1版第1次印刷
［责任者］唐敏著
［出版发行］新世纪出版社，1998
［索书号］I267/8336

10749　欧阳海之歌

1998年设计，软精装 第1版第1次印刷
［责任者］金敬迈著
［出版发行］花城出版社，1998
［索书号］I247.5/J67/［3］

10750　萍踪志微

1998年设计，平装 第1版第1次印刷
［责任者］朱峰著
［出版发行］花城出版社，1998
［索书号］I267/8176

10751　青春动感系列小说：18岁宣言

1998年设计，平装 第1版（1999年）第2次印刷
［责任者］黄建潮著
［出版发行］花城出版社，1998

10752　青春动感系列小说：灿烂季节

1998年设计，平装 第1版（1999年）第2次印刷
［责任者］小思著
［出版发行］花城出版社，1998

10753　儒士衣冠

1998年设计，平装 第1版第1次印刷
［责任者］陈国凯著
［出版发行］花城出版社，1998
［索书号］I247.7/919

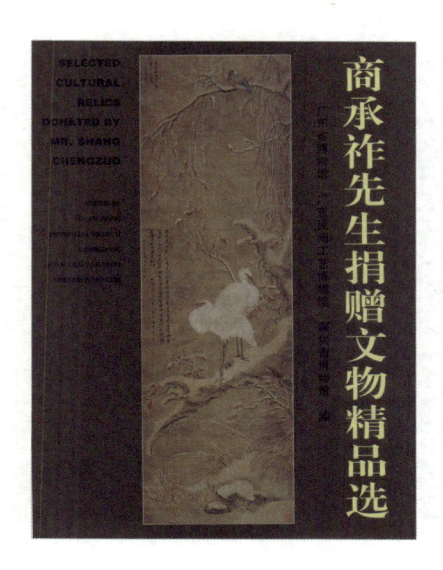

10754　商承祚先生捐赠文物精品选

1998年设计，精装 第1版第1次印刷
［责任者］广东省博物馆等编
［出版发行］岭南美术出版社，1998
［索书号］K87/38

10755　商海浪迹

1998年设计，平装 第1版第1次印刷
［责任者］廖成业著
［出版发行］花城出版社，1998
［索书号］I253/3142

10756　申华事变

1998年设计，平装 第1版第1次印刷
［责任者］王学仁著
［出版发行］花城出版社，1998
［索书号］I25/1175

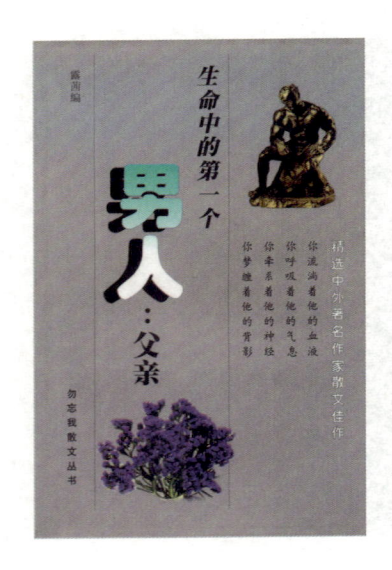

10757　生命中的第一个男人：父亲

1998年设计，平装 第1版第1次印刷
［责任者］露茜编
［出版发行］花城出版社，1998
［索书号］I16/201

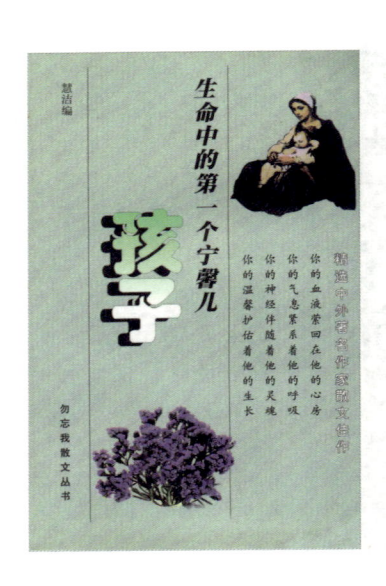

10758　生命中的第一个宁馨儿：孩子

1998年设计，平装 第1版第1次印刷
［责任者］慧洁编
［出版发行］花城出版社，1998
［索书号］I16/202

10759　生命中的第一个女人：母亲

1998年设计，平装 第1版第1次印刷
［责任者］吉乔编
［出版发行］花城出版社，1998
［索书号］I16/199

10760　生命中的第一枚橄榄：恋人

1998年设计，平装 第1版第1次印刷
［责任者］吉乔编
［出版发行］花城出版社，1998
［索书号］I16/200

10761　苏家美术馆藏画选

1998年设计，平装 第1版第1次印刷
［责任者］苏家美术馆编
［出版发行］苏家美术馆，1998
［索书号］J222.7/184

10762　速写技法教程

1998年设计，平装 第1版第1次印刷
［责任者］熊启雄著
［出版发行］花城出版社，1998
［索书号］J214/280

10763　台港澳暨海外华文文学大辞典

1998年设计，精装 第1版第1次印刷
［责任者］秦牧、饶芃子、潘亚暾主编
［出版发行］花城出版社，1998

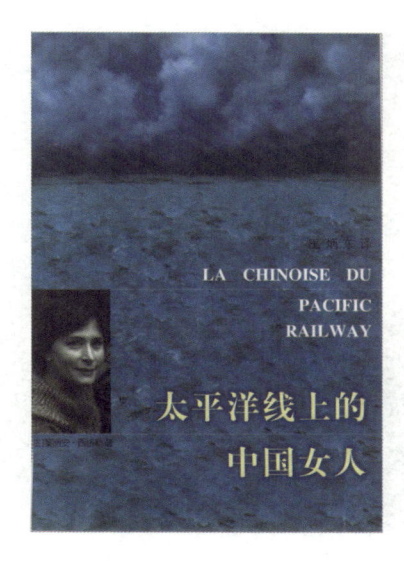

10764　太平洋线上的中国女人

1998年设计，平装 第1版第1次印刷
［责任者］（法）黎丽安·西格勒（Liliane Sichler）著，王炳东译
［出版发行］花城出版社，1998
［索书号］I565.4/683

10765　田夫吟：增订本

1998年设计，软精装 第1版第1次印刷
［责任者］刘田夫著
［出版发行］花城出版社，1998
［索书号］I227/L742/［2］

10766　庭门柳

1998年设计，平装 第1版第1次印刷
［责任者］邓文初著
［出版发行］花城出版社，1998
［索书号］I247.5/14556

10767　同学一场系列丛书：恋恋风尘

1998年设计，平装 第1版第1次印刷
［责任者］杜强著
［出版发行］花城出版社，1998
［索书号］I247.5/4836

10768　晚晴诗文

1998年设计，平装 第1版第1次印刷
［责任者］王之明著
［出版发行］广东省出版工作者协会，1998
［索书号］C52/285/［2］

10769　围龙

1998年设计，平装 第1版第1次印刷
［责任者］程贤章著
［出版发行］花城出版社，1998

10770　我的律师生涯：一个蒙冤入狱律师的故事

1998年设计，平装 第1版第1次印刷
［责任者］程翔云、李忠效著
［出版发行］花城出版社，1998
［索书号］I253/435

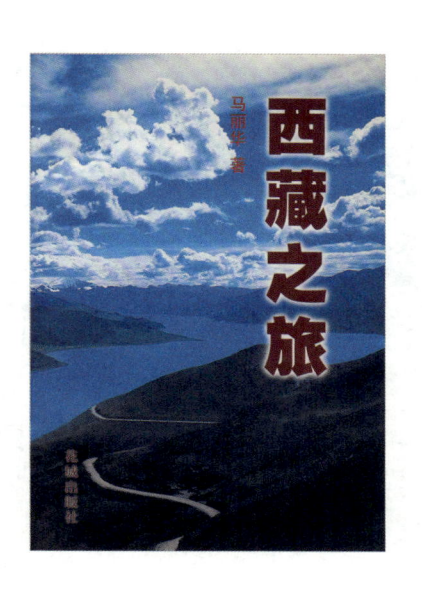

10771　西藏之旅

1998年设计，平装 第1版第1次印刷
［责任者］马丽华编著
［出版发行］花城出版社，1998
［索书号］I267/1723

10772　西窗法雨：西方法律文化漫笔

1998年设计，平装 第1版第1次印刷
［责任者］一正著
［出版发行］花城出版社，1998
［索书号］D95/11

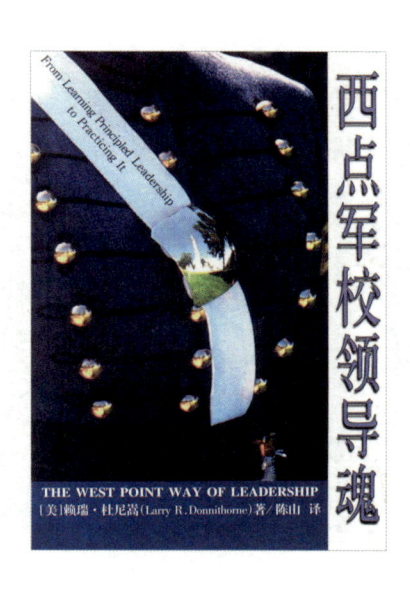

10773　西点军校领导魂

1998年设计，软精装 第1版第1次印刷
［责任者］（美）赖瑞·杜尼嵩（Larry R.Donnithorne）著，陈山译
［出版发行］花城出版社，1998
［索书号］E712/20

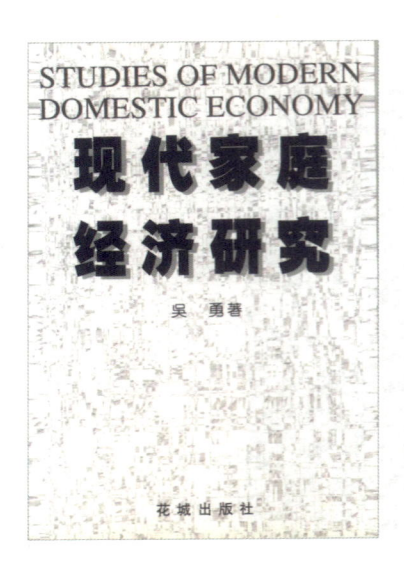

10774　现代家庭经济研究

1998年设计，平装 第1版第1次印刷
［责任者］吴勇著
［出版发行］花城出版社，1998
［索书号］F06/757

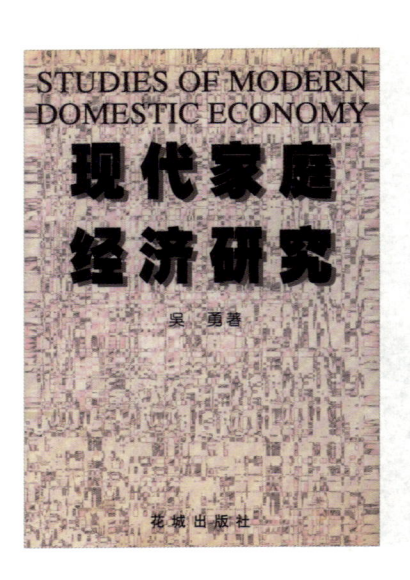

10775　现代家庭经济研究

1998年设计，平装 第1版第2次印刷
［责任者］吴勇著
［出版发行］花城出版社，2004

10776　相约每周——小小对你说

1998年设计，平装 第1版第1次印刷
［责任者］宋晓琪，刘胄人
［出版发行］花城出版社，1998
［索书号］B821/1839

10777　［小札］：三国小札

1998年设计，平装 第1版第1次印刷
［责任者］刘逸生著
［出版发行］广州出版社，1998
［索书号］I207.4/267

10778　［小札］：史林小札

1998年设计，平装 第1版第1次印刷
［责任者］刘逸生著
［出版发行］广州出版社，1998
［索书号］K206/30

10779　［小札］：事林小札

1998年设计，平装 第1版第1次印刷
［责任者］刘逸生著
［出版发行］广州出版社，1998
［索书号］I267/2150

10780　［小札］：宋词小札

1998年设计，平装 第1版第1次印刷
［责任者］刘逸生著
［出版发行］广州出版社，1998
［索书号］I207.2/300/［3］

10781　［小札］：唐诗小札

1998年设计，平装 第1版第1次印刷
［责任者］刘逸生著
［出版发行］广州出版社，1998
［索书号］I207.2/245/［3］

10782　［小札］：艺林小札

1998年设计，平装 第1版第1次印刷
［责任者］刘逸生著
［出版发行］广州出版社，1998
［索书号］I206.7/148

10783　新警世通言．上

1998年设计，平装 第1版第1次印刷
［责任者］刘真伦点校
［出版发行］花城出版社，1998

10784　新警世通言．下

1998年设计，平装 第1版第1次印刷
［责任者］刘真伦点校
［出版发行］花城出版社，1998
［索书号］I242.4/178/2

10785　新醒世恒言．上

1998年设计，平装 第1版第1次印刷
［责任者］晨光点校
［出版发行］花城出版社，1998

10786　新醒世恒言．下

1998年设计，平装 第1版第1次印刷
［责任者］晨光点校
［出版发行］花城出版社，1998

10787　新注今译中国古典名著丛书：老子

1998年设计，平装 第1版第1次印刷
［责任者］孙雍长注译
［出版发行］花城出版社，1998
［索书号］B223/120

10788　新注今译中国古典名著丛书：四书

1998年设计，平装 第1版第1次印刷
［责任者］陈蒲清注译
［出版发行］花城出版社，1998
［索书号］B222/212

10789　新注今译中国古典名著丛书：
　　　　孙子兵法 孙膑兵法 吴子 司马法

1998年设计，平装 第1版第1次印刷
［责任者］程郁注译
［出版发行］花城出版社，1998

10790　新注今译中国古典名著丛书：庄子

1998年设计，平装 第1版第1次印刷
［责任者］孙雍长注译
［出版发行］花城出版社，1998
［索书号］B223/119

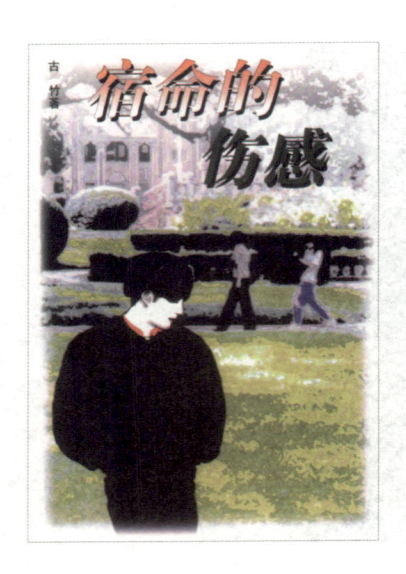

10791　宿命的伤感

1998年设计，平装 第1版第1次印刷
［责任者］古竹著
［出版发行］花城出版社，1998
［索书号］I247.5/4835

10792　杨铨先生捐献文物撷珍

1998年设计，精装 第1版第1次印刷
［责任者］广东民间工艺博物馆编
［出版发行］广东民间工艺博物馆，1998
［索书号］K87/84

10793　艺术家散文：黄苗子散文

1998年设计，平装 第1版第1次印刷
［责任者］黄苗子著
［出版发行］花城出版社，1998
［索书号］I267/1763

10794　艺术家散文：黄永玉散文

1998年设计，平装 第1版第1次印刷
［责任者］黄永玉著
［出版发行］广东民间工艺博物馆，1998
［索书号］I267/1766

10795　艺术家散文：叶浅予散文

1998年设计，平装 第1版第1次印刷
［责任者］叶浅予著
［出版发行］花城出版社，1998
［索书号］I267/1765

10796　艺术家散文：赵丹散文

1998年设计，平装 第1版第1次印刷
［责任者］赵丹著
［出版发行］花城出版社，1998
［索书号］I267/1764

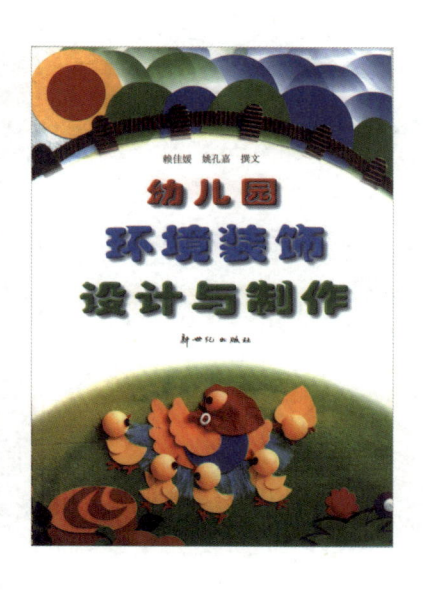

10797　幼儿园环境装饰设计与制作

1998年设计，平装 第1版第1次印刷
［责任者］赖佳媛、姚孔嘉撰文
［出版发行］新世纪出版社，1998

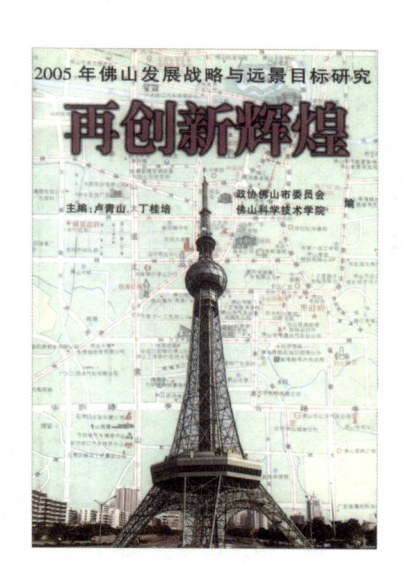

10798　再创新辉煌：2005年佛山
　　　　发展战略与远景目标研究

1998年设计，平装 第1版第1次印刷
［责任者］卢青山、丁桂培主编，政协佛山
　　　　市委会、佛山科学技术学院编
［出版发行］花城出版社，1998
［索书号］F127.65/357

10799　**张大千系列丛书：张大千·人生传奇**

1998年设计，平装 第1版第1次印刷
［责任者］李永翘著
［出版发行］花城出版社，1998

10800　**张大千系列丛书：张大千论画精萃**

1998年设计，平装 第1版第1次印刷
［责任者］李永翘编
［出版发行］花城出版社，1998

10801　张大千系列丛书：张大千全传．上

1998年设计，平装 第1版第1次印刷
［责任者］李永翘著
［出版发行］花城出版社，1998

10802　张大千系列丛书：张大千全传．下

1998年设计，平装 第1版第1次印刷
［责任者］李永翘著
［出版发行］花城出版社，1998

10803　张大千系列丛书：张大千诗词集．上

1998年设计，平装 第1版第1次印刷
［责任者］李永翘编
［出版发行］花城出版社，1998

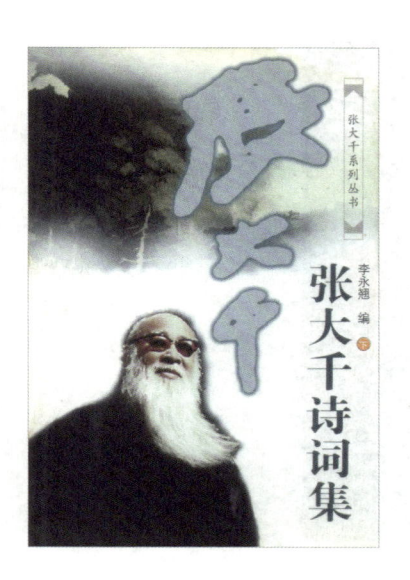

10804　张大千系列丛书：张大千诗词集．下

1998年设计，平装 第1版第1次印刷
［责任者］李永翘编
［出版发行］花城出版社，1998

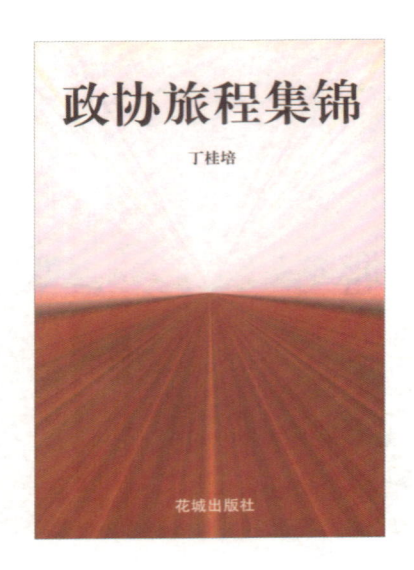

10805　政协旅程集锦

1998年设计，平装 第1版第1次印刷
[责任者] 丁桂培
[出版发行] 花城出版社，1998
[索书号] D628/79

10806　知青故事

1998年设计，平装 第1版第1次印刷
[责任者] 曹淳亮主编
[出版发行] 花城出版社，1998
[索书号] I247.8/300

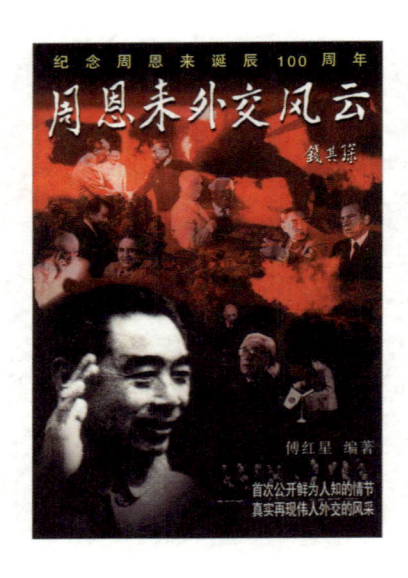

10807　周恩来外交风云

1998年设计，平装 第1版第1次印刷
[责任者] 傅红星编著
[出版发行] 花城出版社，1998
[索书号] K827.7/338

10808　走进音乐世界系列：车尔尼
　　　　钢琴初步教程 作品599

1998年设计，平装 第1版第1次印刷
[责任者]（奥）车尔尼著
[出版发行] 花城出版社，1998

10809　走进音乐世界系列：车尔尼钢
　　　　琴每日练习三十二首 作品848

1998年设计，平装 第1版第1次印刷
［责任者］（奥）车尔尼著
［出版发行］花城出版社，1998

10810　走进音乐世界系列：电子
　　　　琴分级教程（1、2、3级）

1998年设计，平装 第1版第1次印刷
［责任者］广东省电子琴教育考试定级委员会编
［出版发行］花城出版社，1998

10811　走进音乐世界系列：哈农钢琴练指法

1998年设计，平装 第1版第2次印刷
［责任者］哈农著
［出版发行］花城出版社，1998
［索书号］J624/40/［2］

10812　走进音乐世界系列：视唱练耳基础教程

1998年设计，平装 第1版第1次印刷
［责任者］刘小明编著
［出版发行］花城出版社，1998
［索书号］J613/58

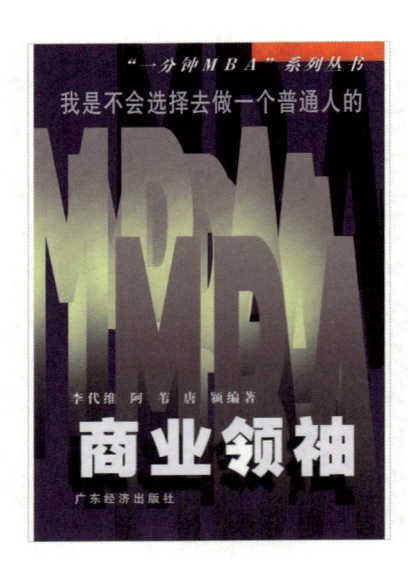

10813　"一分钟MBA"系列丛书：商业领袖

1999年设计，平装 第1版第1次印刷
［责任者］李代维、阿苇、唐颖编著
［出版发行］广东经济出版社，1999

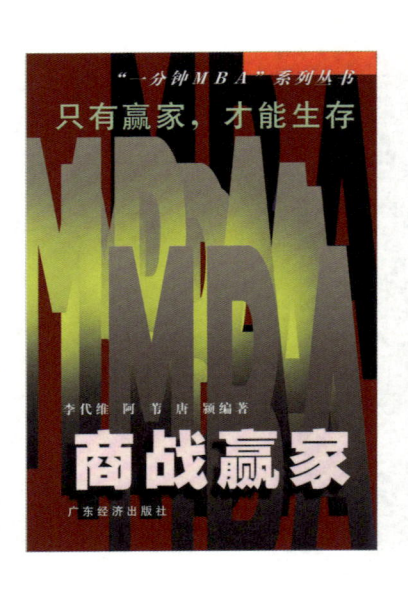

10814　"一分钟MBA"系列丛书：商战赢家

1999年设计，平装 第1版第1次印刷
［责任者］李代维、阿苇、唐颖编著
［出版发行］广东经济出版社，1999

10815　1999深沪股票大典．上海卷

1999年设计，精装 第1版第1次印刷
［责任者］羊城晚报产经新闻部编著
［出版发行］羊城晚报出版社，1999

10816　NBA世纪风云

1999年设计，平装 第1版第1次印刷
［责任者］胡丁著
［出版发行］花城出版社，2001

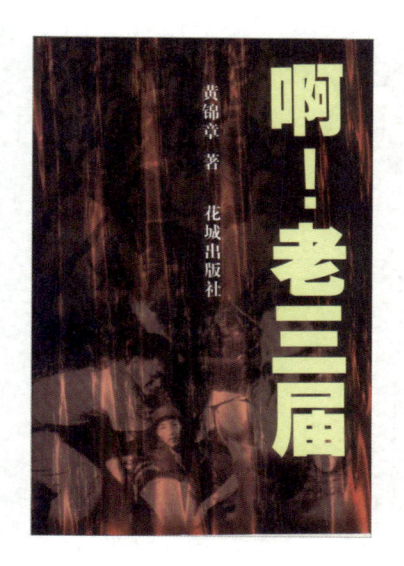

10817　啊！老三届

1999年设计，平装 第1版第1次印刷
［责任者］黄锦章著
［出版发行］花城出版社，1999
［索书号］C52/624

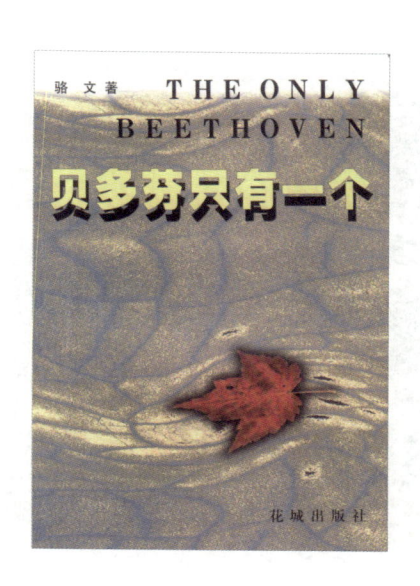

10818　贝多芬只有一个

1999年设计，平装 第1版第1次印刷
［责任者］骆文著
［出版发行］花城出版社，1999
［索书号］I267/8177

10819　遍山洋紫荆

1999年设计，平装 第1版第1次印刷
［责任者］施叔青著
［出版发行］花城出版社，1999
［索书号］I247.7/452/［2］

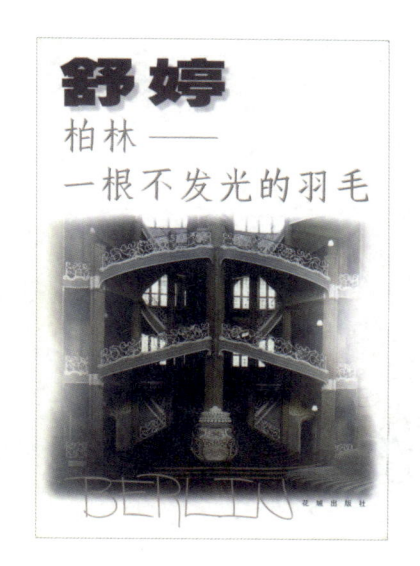

10820　柏林——一根不发光的羽毛

1999年设计，平装 第1版第1次印刷
［责任者］舒婷著
［出版发行］花城出版社，1999
［索书号］I217/458

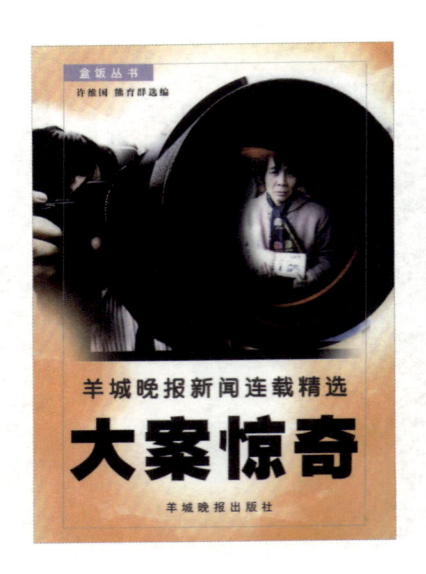

10821　大案惊奇

1999年设计，平装 第1版第1次印刷
［责任者］许维国、熊育群选编
［出版发行］羊城晚报出版社，1999

10822　第三十三个乘客

1999年设计，精装 第1版第1次印刷
［责任者］邹月照著
［出版发行］羊城晚报出版社，1999
［索书号］I247.7/924

10823　滴水集

1999年设计，平装 第1版第1次印刷
［责任者］姚柏林著
［出版发行］花城出版社，1999
［索书号］I267/8136

10824　电视散论

1999年设计，平装 第1版第1次印刷
［责任者］苏子龙著
［出版发行］花城出版社，1999
［索书号］G22/18

10825　电子琴定级考试指定曲目

1999年设计，平装 第1版第1次印刷
[责任者] 广东省电子琴教育考试定级委员会编
[出版发行] 花城出版社，1999

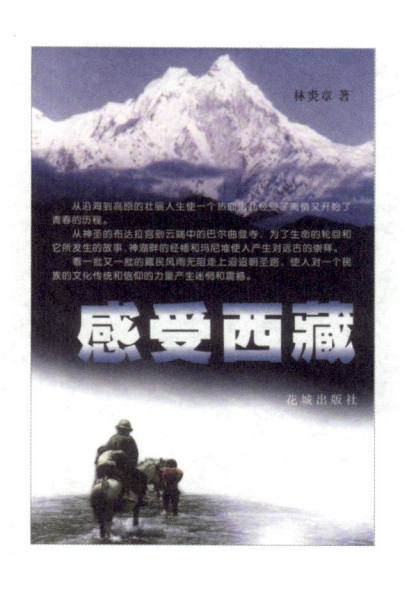

10826　感受西藏

1999年设计，平装 第1版第1次印刷
[责任者] 林炎章著
[出版发行] 花城出版社，1999
[索书号] I217/399

10827　钢琴综合教程．二

1999年设计，平装 第1版第1次印刷
[责任者] 王铠、李蘋菁编选
[出版发行] 花城出版社，1999
[索书号] J624/34/2

10828　钢琴综合教程．三

1999年设计，平装 第1版第1次印刷
[责任者] 王铠、李蘋菁编选
[出版发行] 花城出版社，1999
[索书号] J624/34/3

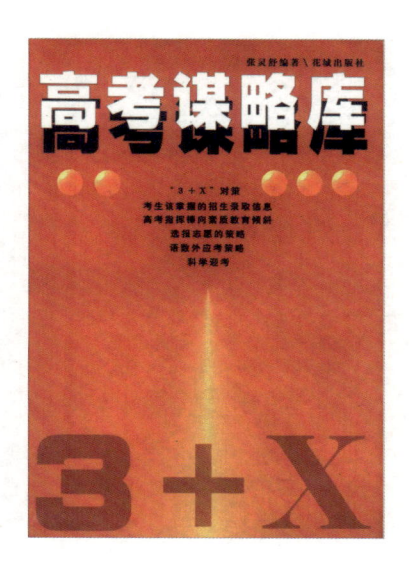

10829　高考谋略库

1999年设计，平装 第1版第1次印刷
[责任者] 张灵舒编著
[出版发行] 花城出版社，1999
[索书号] G647/37

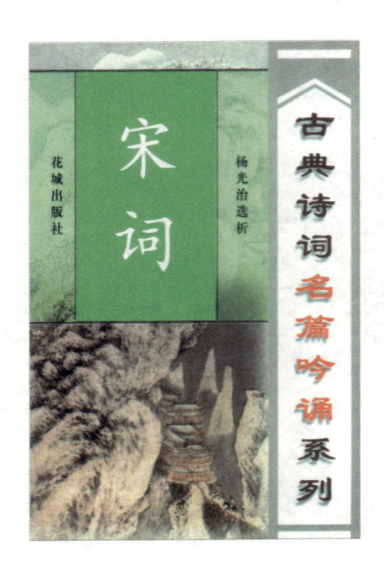

10830　古典诗词名篇吟诵系列：宋词

1999年设计，平装 第1版第1次印刷
［责任者］杨光治选析
［出版发行］花城出版社，1999
［索书号］I207.2/433

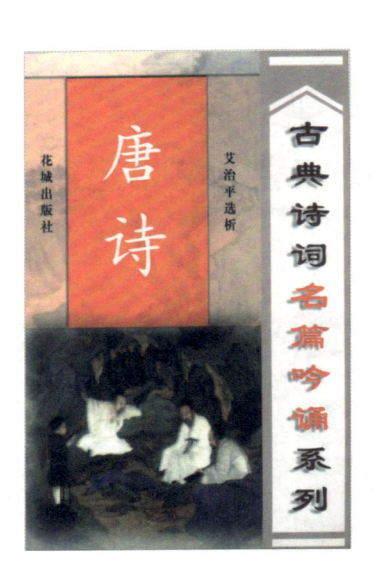

10831　古典诗词名篇吟诵系列：唐诗

1999年设计，平装 第1版第1次印刷
［责任者］艾治平选析
［出版发行］花城出版社，1999
［索书号］I207.2/435

10832　古典诗词名篇吟诵系列：元曲

1999年设计，平装 第1版第1次印刷
［责任者］湛伟恩选析
［出版发行］花城出版社，1999
［索书号］I207.2/434

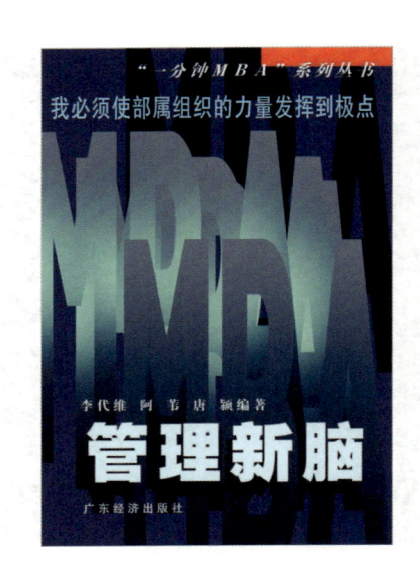

10833　管理新脑

1999年设计，平装 第1版第1次印刷
［责任者］李代维等编著
［出版发行］广东经济出版社，1999
［索书号］F270/636

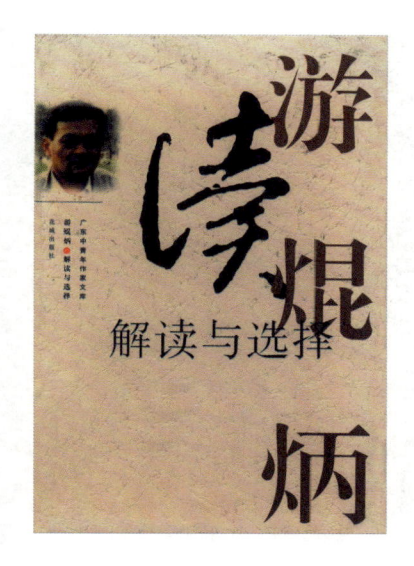

10834　广东中青年作家文库：解读与选择

1999年设计，精装 第1版第1次印刷
[责任者] 游焜炳著
[出版发行] 花城出版社，1999
[索书号] I206.7/208

10835　广东中青年作家文库：迷雾

1999年设计，精装 第1版第1次印刷
[责任者] 乔雪竹著
[出版发行] 花城出版社，1999
[索书号] I247.7/923

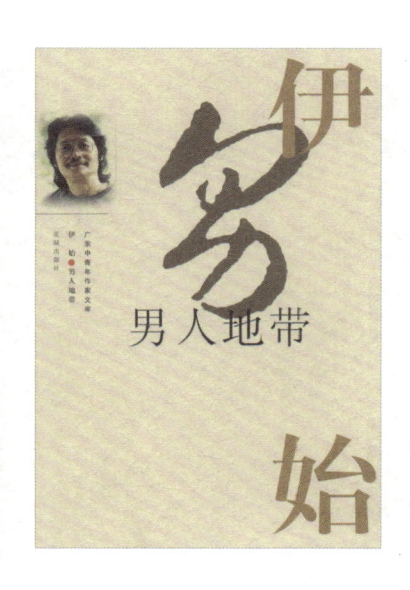

10836　广东中青年作家文库：男人地带

1999年设计，精装 第1版第1次印刷
[责任者] 伊始著
[出版发行] 花城出版社，1999
[索书号] I247.7/921

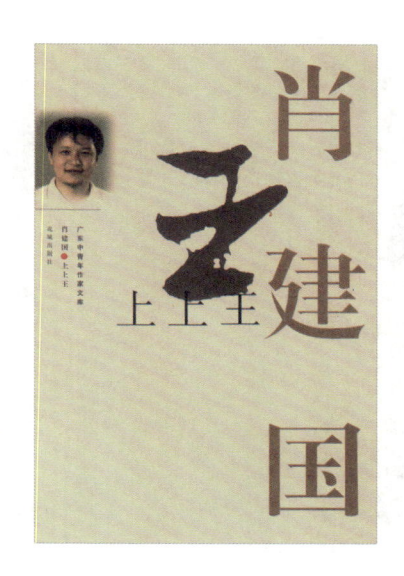

10837　广东中青年作家文库：上上王

1999年设计，精装 第1版第1次印刷
[责任者] 肖建国著
[出版发行] 花城出版社，1999
[索书号] I217/443

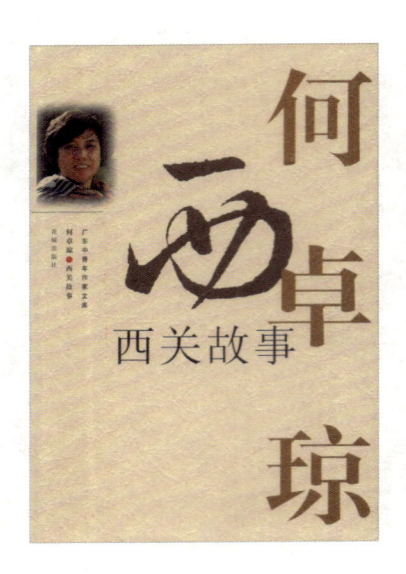

10838　广东中青年作家文库：西关故事

1999年设计，精装 第1版第1次印刷
［责任者］何卓琼著
［出版发行］花城出版社，1999
［索书号］I247.7/922

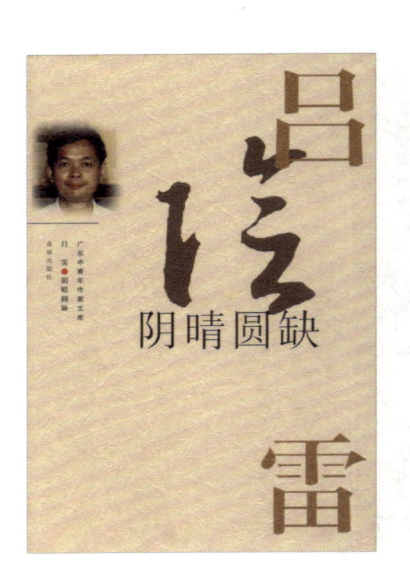

10839　广东中青年作家文库：阴晴圆缺

1999年设计，精装 第1版第1次印刷
［责任者］吕雷著
［出版发行］花城出版社，1999
［索书号］I247.7/920

10840　广东中青年作家文库：雨季

1999年设计，精装 第1版第1次印刷
［责任者］张欣著
［出版发行］花城出版社，1999
［索书号］I247.7/925

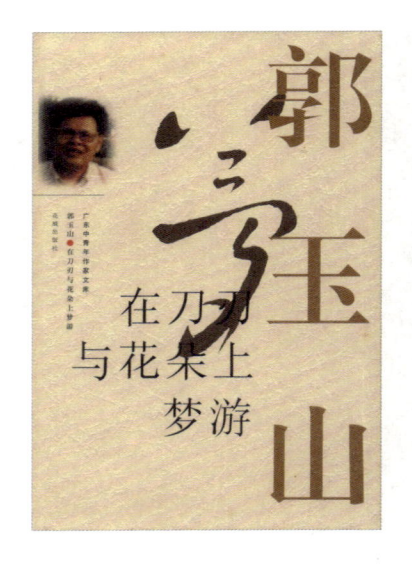

10841　广东中青年作家文库：在刀刃与花朵上梦游

1999年设计，精装 第1版第1次印刷
［责任者］郭玉山著
［出版发行］花城出版社，1999
［索书号］I227/564

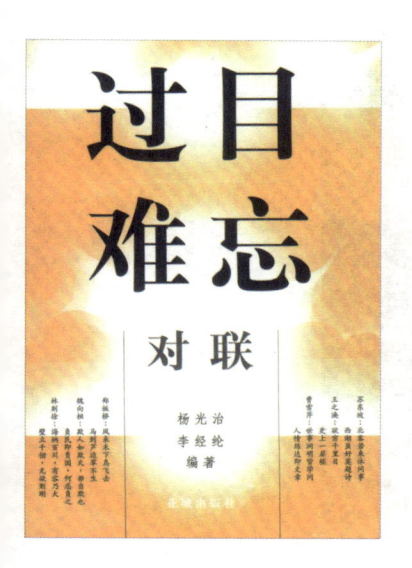

10842　过目难忘：对联

1999年设计，平装 第1版第1次印刷
［责任者］杨光治、李经纶编著
［出版发行］花城出版社，1999
［索书号］I269/190

10843　过目难忘：漫画

1999年设计，平装 第1版第1次印刷
［责任者］方仲、杨荣颖、秦志令、何华编
［出版发行］花城出版社，1999
［索书号］C53/140/3

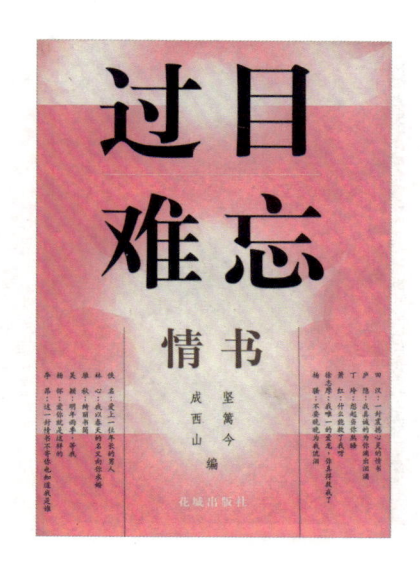

10844　过目难忘：情书

1999年设计，平装 第1版第1次印刷
［责任者］坚篱今、成西山编
［出版发行］花城出版社，1999

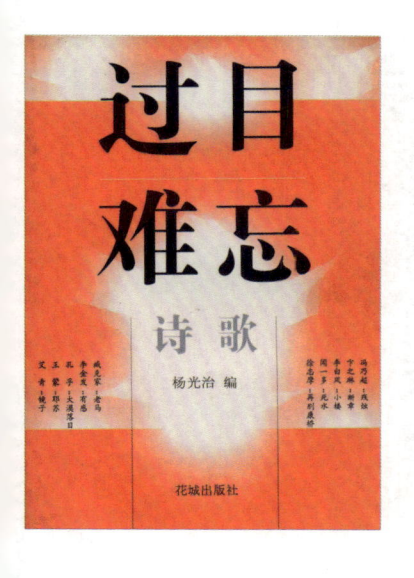

10845　过目难忘：诗歌

1999年设计，平装 第1版第1次印刷
［责任者］杨光治编
［出版发行］花城出版社，1999
［索书号］C53/140/1

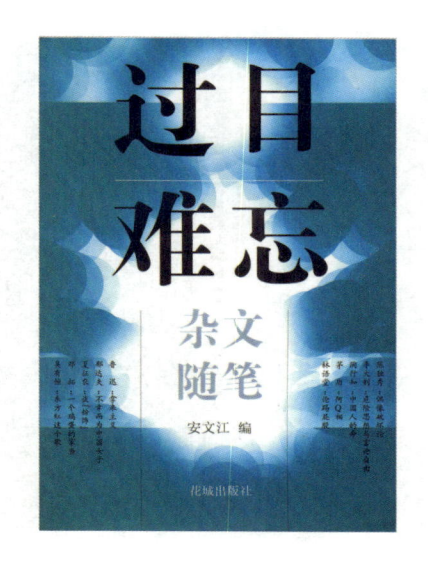

10846　过目难忘：杂文随笔

1999年设计，平装 第1版第1次印刷
［责任者］安文江编
［出版发行］花城出版社，1999
［索书号］C53/140/2

10847　过目难忘：中外格言

1999年设计，平装 第1版第1次印刷
［责任者］章颖等编
［出版发行］花城出版社，1999
［索书号］I11/129

10848　海山仙馆名园拾萃

1999年设计，精装 第1版第1次印刷
［责任者］广州市荔湾区文化局、广州美术馆合编
［出版发行］花城出版社，1999
［索书号］J292.4/86

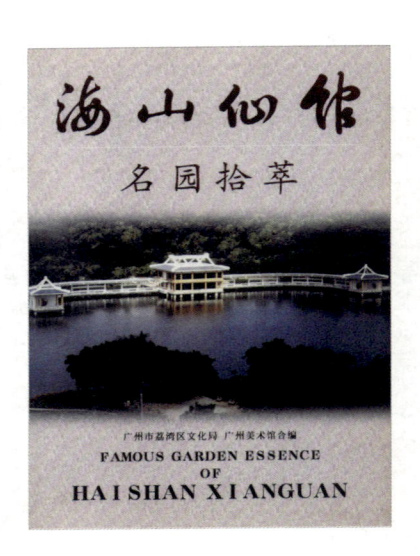

10849　海山仙馆名园拾萃

1999年设计，平装 第1版第1次印刷
［责任者］广州市荔湾区文化局、广州美术馆合编
［出版发行］花城出版社，1999
［索书号］J292.4/86

10850　虎门春秋

1999年设计，平装 第1版第1次印刷
［责任者］胡海洋著
［出版发行］花城出版社，1999
［索书号］I267/8159

10851　呼鹰楼遐思录

1999年设计，平装 第1版第1次印刷
［责任者］戴胜德著
［出版发行］花城出版社，1999

10852　华雷斯侦深小说选：蒙面人

1999年设计，平装 第1版第1次印刷
［责任者］（英）埃特加·华雷斯著，秦瘦鸥译
［出版发行］花城出版社，1999
［索书号］I561.4/313

10853　华雷斯侦探小说选：天网恢恢

1999年设计，平装 第1版第1次印刷
［责任者］（英）埃特加·华雷斯（Edgar Wallace）著，秦瘦鸥译
［出版发行］花城出版社，1999
［索书号］I561.4/312

10854　华雷斯侦探小说选：万事通

1999年设计，平装 第1版第1次印刷
［责任者］（英）埃特加·华雷斯（Edgar Wallace）著，秦瘦鸥译
［出版发行］花城出版社，1999
［索书号］I561.4/314

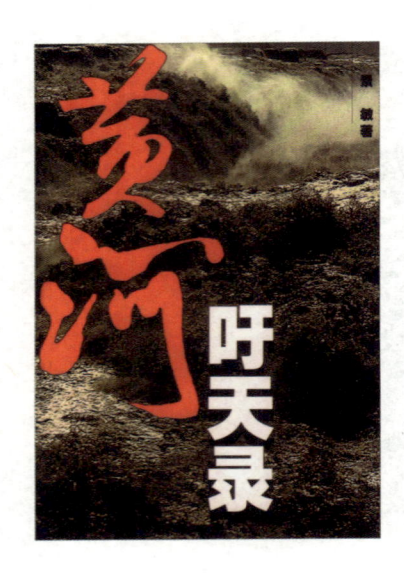

10855　黄河吁天录

1999年设计，平装 第1版第1次印刷
[责任者] 景敏著
[出版发行] 花城出版社，1999
[索书号] I253/814

10856　芥川龙之介の文学と中国

1999年设计，平装 第1版第1次印刷
[责任者] 邱雅芬著
[出版发行] 花城出版社，1999
[索书号] I313/33

10857　金山之路（第一集）

1999年设计，平装 第1版第1次印刷
[责任者]（美）招思虹著
[出版发行] 花城出版社，1999

10858　金山之路（第二集）

1999年设计，平装 第1版第1次印刷
[责任者]（美）招思虹著
[出版发行] 花城出版社，1999
[索书号] I712.6/335

10859　今夜我和你

1999年设计，平装 第1版第1次印刷
［责任者］楚明著
［出版发行］广州出版社，1999

10860　劳伦斯性爱丛书：恋爱中的女人

1999年设计，软精装 第1版第1次印刷
［责任者］（英）D.H.劳伦斯（D.H.Lawrence）著，但汉源译
［出版发行］花城出版社，1999
［索书号］I561.4/L21-3/［4］

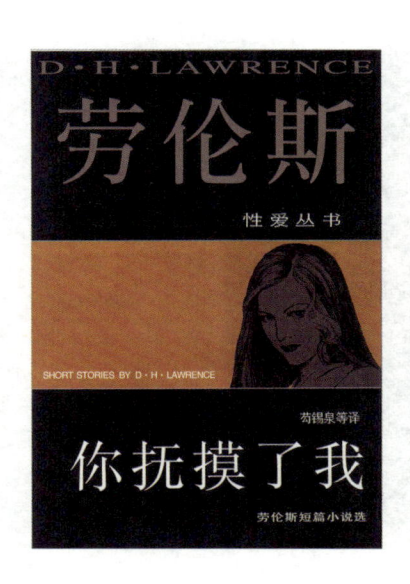

10861　劳伦斯性爱丛书：你抚摸了我：劳伦斯短篇小说选

1999年设计，软精装 第1版第1次印刷
［责任者］（英）D.H.劳伦斯著，苟锡泉等译
［出版发行］花城出版社，1999

10862　梨花雨

1999年设计，平装 第1版第1次印刷
[责任者] 钟雪莲著
[出版发行] 花城出版社，1999
[索书号] I217/1254

10863　龙跃坑

1999年设计，平装 第1版第1次印刷
[责任者] 杨方笙著
[出版发行] 花城出版社，1999
[索书号] I247.5/14571

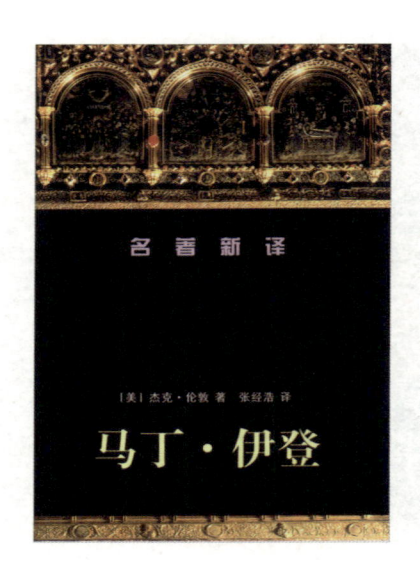

10864　名著新译：马丁·伊登

1999年设计，软精装 第1版第1次印刷
[责任者] （美）杰克·伦敦著，张经浩译
[出版发行] 花城出版社，1999
[索书号] I712.45/L97-2/［6］

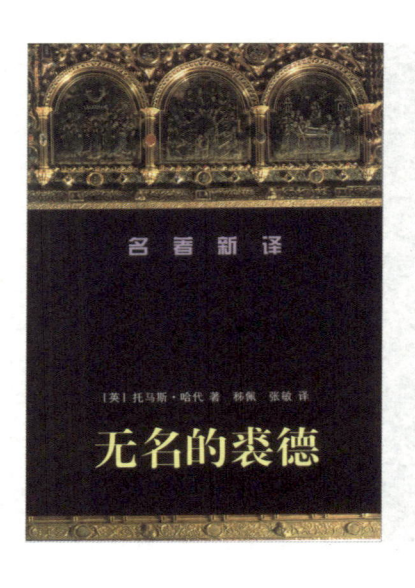

10865　名著新译：无名的裘德

1999年设计，软精装 第1版第1次印刷
[责任者] （英）托马斯·哈代（Thomas Hardy）著，秭佩、张敏译
[出版发行] 花城出版社，1999
[索书号] I561.44/H11-4/［6］

10866　你就是我所有的青春岁月

1999年设计，平装 第1版第1次印刷
［责任者］雨痕著
［出版发行］新世纪出版社，1999
［索书号］I227/605

10867　女性潜意识：一个心理医生的导引手记

1999年设计，平装 第1版第1次印刷
［责任者］阎勤民著
［出版发行］花城出版社，1999
［索书号］B844/305

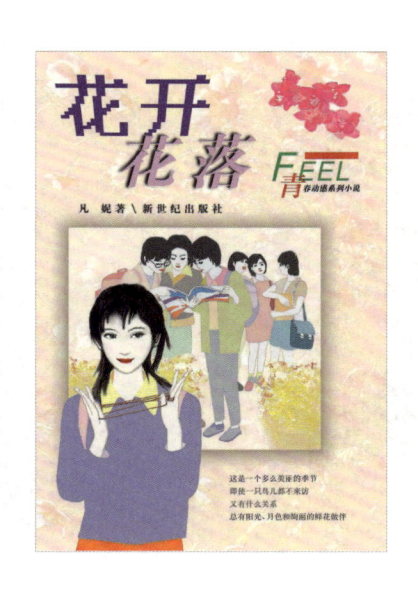

10868　青春动感系列小说：花开花落

1999年设计，平装 第1版第1次印刷
［责任者］凡妮著
［出版发行］新世纪出版社，1999

10869　青春动感系列小说：我们正年轻

1999年设计，平装 第1版第1次印刷
［责任者］陈庆祥著
［出版发行］花城出版社，1999
［索书号］I247.5/5342

10870　倾出真情

1999年设计，平装 第1版第1次印刷
［责任者］陈慧清著
［出版发行］花城出版社，1999
［索书号］I227/1411

10871　日本人的商务礼仪

1999年设计，平装 第1版第1次印刷
［责任者］梁小棋译
［出版发行］花城出版社，1999

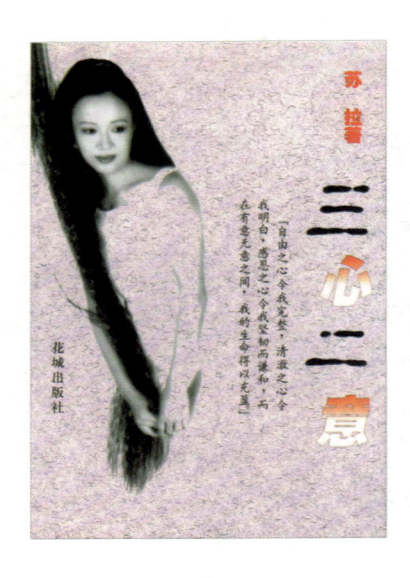

10872　三心二意

1999年设计，平装 第1版第1次印刷
［责任者］苏拉著
［出版发行］花城出版社，1999
［索书号］I267/2690

10873　胜数：成功商战九九归一法

1999年设计，平装 第1版第1次印刷
［责任者］张友生著
［出版发行］花城出版社，1999
［索书号］F279.2/714

10874　诗词写作指导

1999年设计，平装 第1版第1次印刷
[责任者] 尹贤著
[出版发行] 花城出版社，1999
[索书号] I052/20

10875　诗联写作指南

1999年设计，平装 第1版第1次印刷
[责任者] 吴茂祺编著
[出版发行] 花城出版社，1999
[索书号] I052/49

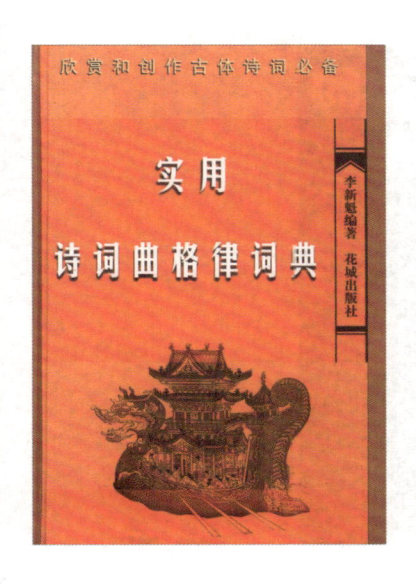

10876　实用诗词曲格律词典

1999年设计，精装 第1版第1次印刷
[责任者] 李新魁编著
[出版发行] 花城出版社，1999

10877　世纪名流．一卷

1999年设计，精装 第1版第1次印刷
[责任者] 李叔德主编
[出版发行] 花城出版社，1999
[索书号] K820.8/207

10878　市井百态：方唐新闻漫画精选

1999年设计，平装 第1版第1次印刷
［责任者］许维国编
［出版发行］羊城晚报出版社，1999

10879　市井百态：方唐新闻漫画精选.加大版

1999年设计，平装 第1版第1次印刷
［责任者］200位羊城晚报读者撰文，许维国编
［出版发行］羊城晚报出版社，1999

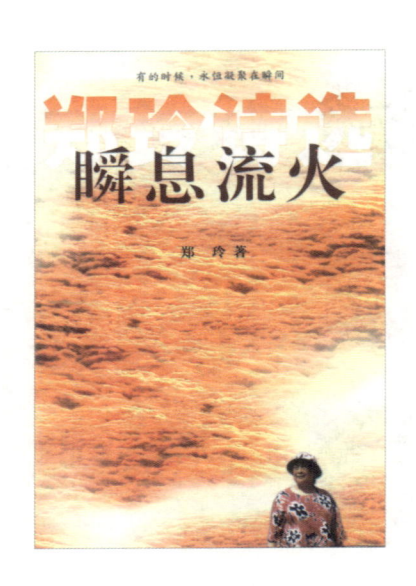

10880　瞬息流火

1999年设计，平装 第1版第1次印刷
［责任者］郑玲著
［出版发行］花城出版社，1999
［索书号］I227/569

10881　思想者文库：被现实撞碎的生命之舟

1999年设计，平装 第1版第1次印刷（和苏芸合作）
［责任者］蓝英年著
［出版发行］花城出版社，1999
［索书号］C53/211

10882　思想者文库：辫子、小脚及其它

1999年设计，平装 第1版第1次印刷（和苏芸合作）
［责任者］朱正著
［出版发行］花城出版社，1999
［索书号］C53/166

10883　思想者文库：非神化

1999年设计，平装 第1版第1次印刷（和苏芸合作）
［责任者］邵燕祥著
［出版发行］花城出版社，1999
［索书号］I267/3073

10884　思想者文库：
　　　　另一种启蒙
1999年设计，平装 第1版第1次
　　印刷（和苏芸合作）
［责任者］许纪霖著
［出版发行］花城出版社，1999
［索书号］C53/165

10885　思想者文库：思想
　　　　史上的失踪者
1999年设计，平装 第1版第1次
　　印刷（和苏芸合作）
［责任者］朱学勤著
［出版发行］花城出版社，1999
［索书号］C53/167

10886　思想者文库：我思，谁在

1999年设计，平装 第1版第1次印刷
　　（和苏芸合作）
［责任者］舒芜著
［出版发行］花城出版社，1999
［索书号］C53/168

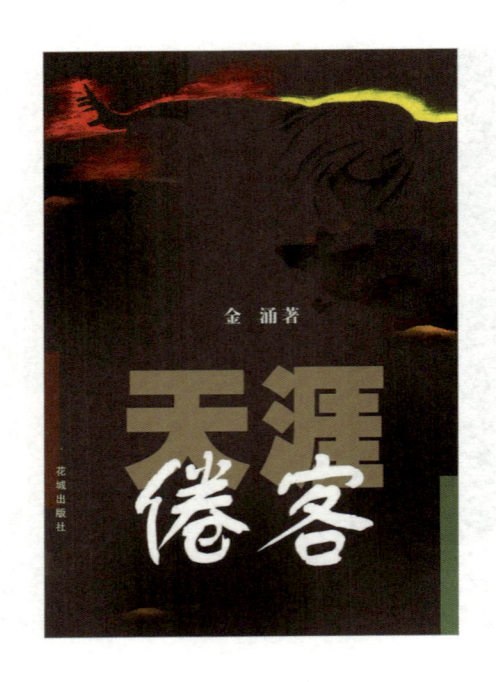

10887　天涯倦客

1999年设计，平装 第1版第1次印刷
［责任者］金涌著
［出版发行］花城出版社，1999
［索书号］I247.5/14567

10888　同学一场系列丛书：
　　　　恋恋风尘
1999年设计，平装 第1版第1次印刷
［责任者］杜强著
［出版发行］花城出版社，1999

10889　同学一场系列丛书：
　　　　清华园的故事
1999年设计，平装 第1版第1次印刷
［责任者］张宏杰著
［出版发行］花城出版社，1999

10890　同学一场系列丛书：
　　　　三个半年的大学
1999年设计，平装 第1版第1次印刷
［责任者］东方舟著
［出版发行］花城出版社，1999

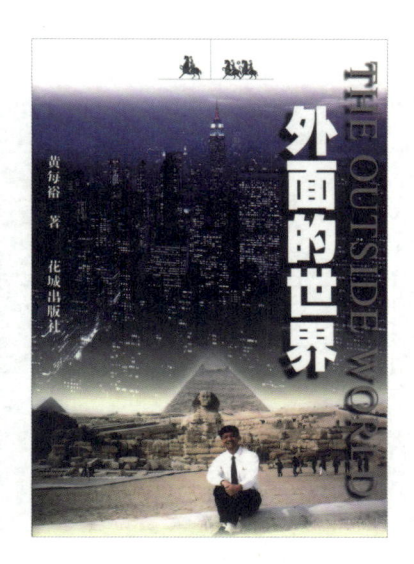

10891　外面的世界

1999年设计，平装 第1版第1次印刷
［责任者］黄每裕著
［出版发行］花城出版社，1999
［索书号］I267/8175

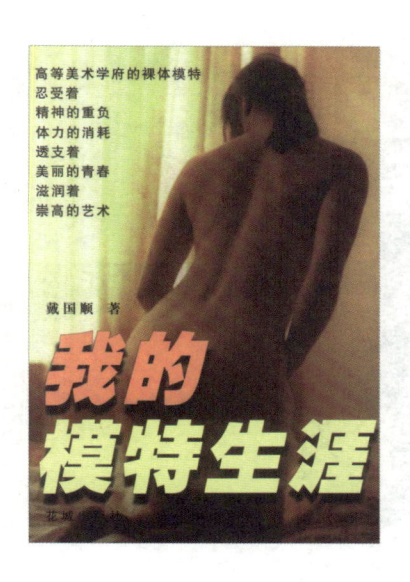

10892　我的模特生涯

1999年设计，平装 第1版第1次印刷
［责任者］戴国顺著
［出版发行］花城出版社，1999
［索书号］I25/1447

10893　我说红楼

1999年设计，精装 第1版第1次印刷
［责任者］程贤章著
［出版发行］花城出版社，1999
［索书号］I207.4/1228

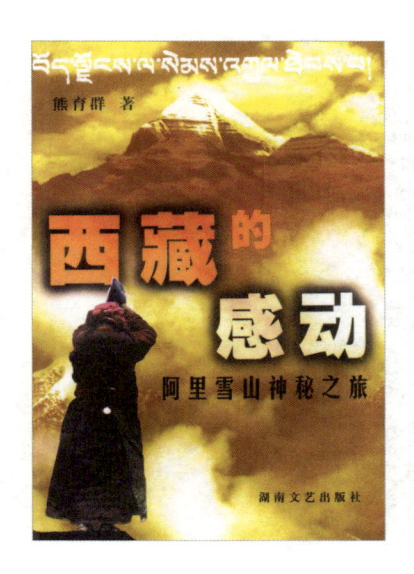

10894　西藏的感动：阿里雪山神秘之旅

1999年设计，平装 第1版第2次印刷
［责任者］熊育群著
［出版发行］湖南文艺出版社，1999

10895　夏天的故事

1999年设计，平装 第1版第1次印刷
［责任者］陈朝旋、许维国主编
［出版发行］羊城晚报出版社，1999

10896　香港三部曲之一：她名叫蝴蝶

1999年设计，平装 第1版第1次印刷
［责任者］施叔青著
［出版发行］花城出版社，1999
［索书号］I247.5/1312/［2］

10897　香港三部曲之三：寂寞云园

1999年设计，平装 第1版第1次印刷
［责任者］施叔青著
［出版发行］花城出版社，1999
［索书号］I247.5/4414

10898　校花校草

1999年设计，平装 第1版第1次印刷
［责任者］张立士著
［出版发行］花城出版社，1999
［索书号］I247.5/5501

10899　笑对人生：中国第一个女子
　　　　世界冠军邱钟惠自述

1999年设计，平装 第1版第1次印刷
［责任者］邱钟惠著
［出版发行］广东经济出版社，1999
［索书号］K825.4/216

10900　宿命的伤感

1999年设计，平装 第1版第1次印刷
［责任者］古竹著
［出版发行］花城出版社，1999
［索书号］I247.5/4835/［2］

10901　遥远的绝响

1999年设计，平装 第1版第1次印刷
［责任者］刘鸿伏著
［出版发行］羊城晚报出版社，1999
［索书号］I267/2997

10902　叶灵凤文集．第一卷，永久的女性：小说
1999年设计，平装 第1版第1次印刷
［责任者］叶灵凤著
［出版发行］花城出版社，1999
［索书号］I217/472/1

10903　叶灵凤文集．第二卷．散文小品：灵魂的归来
1999年设计，平装 第1版第1次印刷
［责任者］叶灵凤著
［出版发行］花城出版社，1999
［索书号］I217/472/2

10904　叶灵凤文集．第三卷，香港掌故：文史
1999年设计，平装 第1版第1次印刷
［责任者］叶灵凤著
［出版发行］花城出版社，1999
［索书号］I217/472/3

10905　叶灵凤文集．第四卷，天才与悲剧：随笔
1999年设计，平装 第1版第1次印刷
［责任者］叶灵凤著
［出版发行］花城出版社，1999
［索书号］I217/472/4

10906　艺术家散文：陈从周散文

1999年设计，平装 第1版第1次印刷
［责任者］陈从周著，陈子善编
［出版发行］花城出版社，1999
［索书号］I267/3344

10907　艺术家散文：林风眠散文

1999年设计，平装 第1版第1次印刷
［责任者］林风眠著，裴岑编
［出版发行］花城出版社，1999
［索书号］I267/3739

10908　艺术家散文：刘海粟散文

1999年设计，平装 第1版第1次印刷
［责任者］刘海粟著，沈虎编
［出版发行］花城出版社，1999
［索书号］I267/8152

10909　艺术家散文：钱君匋散文

1999年设计，平装 第1版第1次印刷
［责任者］钱君匋著，陈子善编
［出版发行］花城出版社，1999
［索书号］I267/3327

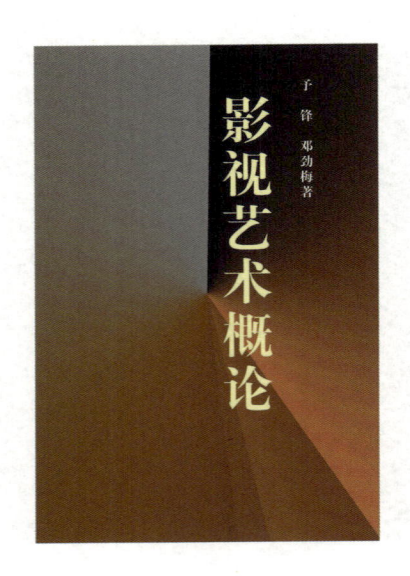

10910　影视艺术概论

1999年设计，平装 第1版第1次印刷
[责任者] 予锋、邓劲梅著
[出版发行] 花城出版社，1999

10911　余丽莎作品系列：堕入红尘

1999年设计，平装 第1版第1次印刷
[责任者]（新加坡）余丽莎著
[出版发行] 花城出版社，1999
[索书号] I339/52

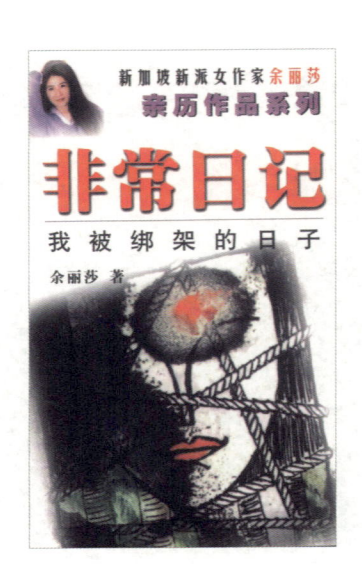

10912　余丽莎作品系列：非常日记：
　　　　我被绑架的日子
1999年设计，平装 第1版第1次印刷
[责任者]（新加坡）余丽莎著
[出版发行] 花城出版社，1999
[索书号] I339/54

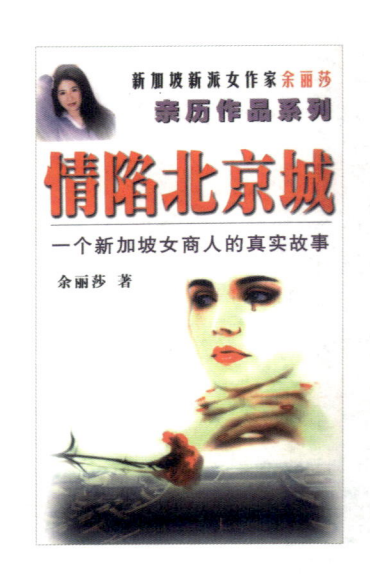

10913　余丽莎作品系列：情陷北京城：
　　　　一个新加坡女商人的真实故事
1999年设计，平装 第1版第1次印刷
[责任者]（新加坡）余丽莎著
[出版发行] 花城出版社，1999
[索书号] I339/53

10914　余丽莎作品系列：心影心
　　　　影：一段爱生爱死忘年恋

1999年设计，平装 第1版第1次印刷
［责任者］（新加坡）余丽莎著
［出版发行］花城出版社，1999
［索书号］I339/55

10915　预测致胜：敢对技术分析说不

1999年设计，平装 第1版第1次印刷
［责任者］齐济著
［出版发行］花城出版社，1999
［索书号］F830.9/526

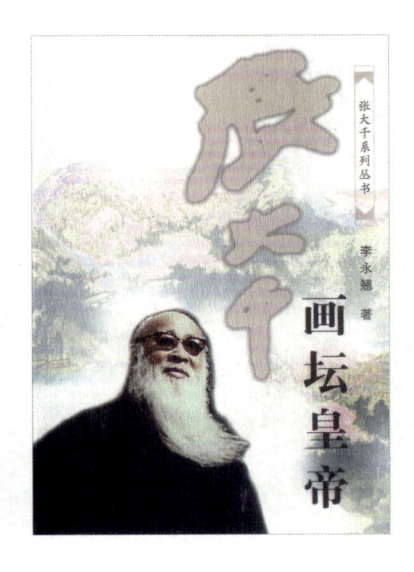

10916　张大千系列丛书：张大千·画坛皇帝

1999年设计，平装 第1版第1次印刷
［责任者］李永翘著
［出版发行］花城出版社，1999

10917　长短集：文艺作品选

1999年设计，平装 第1版第1次印刷
［责任者］杨越著
［出版发行］花城出版社，1999

10918　争当新世纪高素质政工干部

1999年设计，平装 第1版第1次印刷
［责任者］姚柏林主编，广州军区联勤部政治部编
［出版发行］广州军区战士报社，1999
［索书号］E22/28

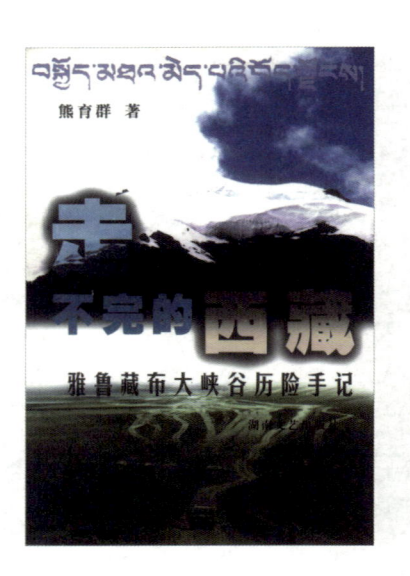

10919　走不完的西藏：雅鲁藏布江大峡谷历险手记

1999年设计，平装 第1版第1次印刷
［责任者］熊育群著
［出版发行］湖南文艺出版社，1999

10920　走进音乐世界系列：拜厄钢琴基本教程

1999年设计，平装 第1版第1次印刷
［责任者］（德）拜厄著
［出版发行］花城出版社，1999

10921　走进音乐世界系列：车尔尼钢琴练习曲选集（初级本）

1999年设计，平装 第1版第1次印刷
［责任者］熊道儿编
［出版发行］花城出版社，1999
［索书号］J657/72/1

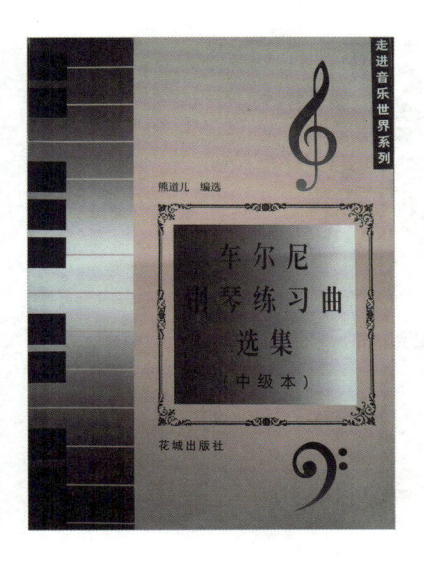

10922　走进音乐世界系列：车尔
　　　　尼钢琴练习曲选集（中级本）

1999年设计，平装 第1版第1次印刷

［责任者］熊道儿编
［出版发行］花城出版社，1999

10923　走进音乐世界系列：电子琴分
　　　　级教程：音阶、和弦、琶音

1999年设计，平装 第1版第1次印刷

［责任者］广东省电子琴教育考试定级委员会编
［出版发行］花城出版社，1999

10924　走进音乐世界系列：实用乐理

1999年设计，平装 第1版第1次印刷

［责任者］杨晓、刘小明编著
［出版发行］花城出版社，1999
［索书号］J613/14

10925　昨天的故事

1999年设计，平装 第1版第1次印刷

［责任者］张一颖著
［出版发行］花城出版社，1999

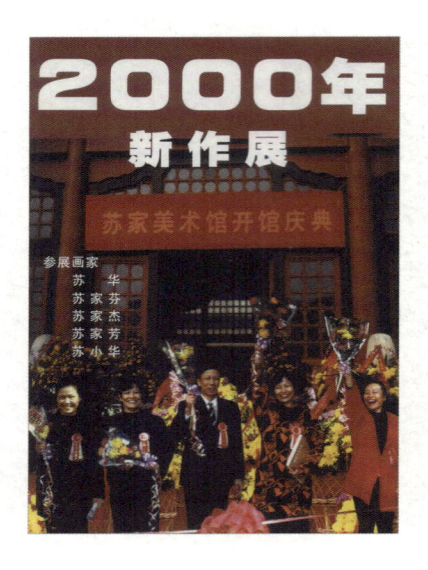

10926　2000年新作展

2000年设计，平装 第1版第1次印刷
[责任者]苏华、苏家芬、苏家杰、苏家芳、苏小华
[出版发行]苏家美术馆，2000
[索书号]J222.7/348

10927　唉！高三

2000年设计，平装 第1版第1次印刷
[责任者]雨禾著
[出版发行]花城出版社，2000
[索书号]I247.5/5920

10928　白先勇文集：第一卷.短篇小说.寂寞的十七岁

2000年设计，软精装 第1版第1次印刷
[责任者]白先勇著
[出版发行]花城出版社，2000
[索书号]I217/486/1

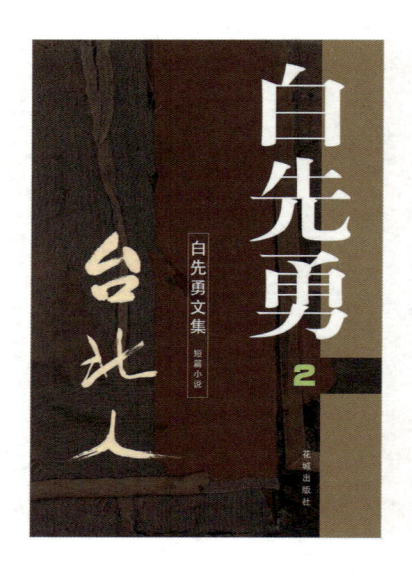

10929　白先勇文集：第二卷.短篇小说.台北人

2000年设计，软精装 第1版第1次印刷
[责任者]白先勇著
[出版发行]花城出版社，2000
[索书号]I217/486/2

10930　白先勇文集：第三
　　　　卷．长篇小说．孽子
2000年设计，软精装 第1版第1次印刷
［责任者］白先勇著
［出版发行］花城出版社，2000
［索书号］I217/486/3

10931　白先勇文集：第四卷．散
　　　　文评论．第六只手指
2000年设计，软精装 第1版第1次印刷
［责任者］白先勇著
［出版发行］花城出版社，2000
［索书号］I217/486/4

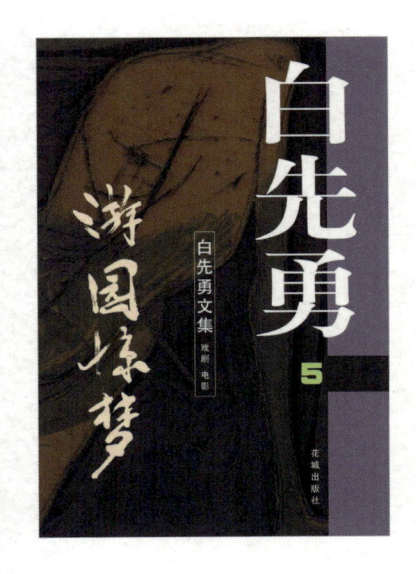

10932　白先勇文集：第五卷．戏
　　　　剧 电影．游园惊梦
2000年设计，软精装 第1版第1次印刷
［责任者］白先勇著
［出版发行］花城出版社，2000
［索书号］I217/486/5

10933　白先勇评传：悲悯情怀
2000年设计，软精装 第1版第1次印刷
［责任者］刘俊著
［出版发行］花城出版社，2000
［索书号］I206.7/232

21世纪以来图书封面设计作品

创作絮语：

在20世纪最后几年，人们都在憧憬着新的世纪——21世纪。一些人预言，在新世纪里，威力更加强大的互联网电子书、各种数码阅读器会横扫传统纸媒图书，传统纸媒书籍将终结于"90后"！这个预言没有实现。

尽管纸媒图书最辉煌的年代永远不复返了，但文学书籍仍然源源不断在出版。

文学书籍承载着人类的七情六欲，书香仍然是几代人挥之不去、精致而富有情趣的阅读享受。

由于阅读方式和阅读载体已发生了颠覆性的改变，大量读者习惯了在互联网上碎片化的阅读，大部头的文学书籍已回归到书生读书时代，因此，我的设计也倾向于朴实无华，强调手感和书卷气。

我曾经为白先勇先生设计了多部作品，他对其中一本《圆梦》的设计作如此评论："一部大手笔的精心制作，其印制之精美，编排之多姿多彩，本身就是一件艺术品，其高雅风格，与昆曲《牡丹亭》的高雅风格互相辉映。"

图书设计能成为艺术品，是设计师一直努力追求的目标。

—— 苏家杰

10934　宝石上的皇冠：一个建筑
　　　　师和地产商的回忆录

2000年设计，平装 第1版第1次印刷
[责任者] 陈尚义著
[出版发行] 花城出版社，2000
[索书号] K826.1/117

10935　别碰！那是别人的丈夫：
　　　　秋芙爱情生活信箱

2000年设计，平装 第1版第1次印刷
[责任者]（新加坡）蓉子著
[出版发行] 花城出版社，2000
[索书号] C913.1/588

10936　车尔尼钢琴初步教程：作品599

2000年设计，平装 第1版第1次印刷
[责任者]（奥）车尔尼作，林青译释
[出版发行] 花城出版社，2000

10937　陈香梅小说系列：
　　　　爱之谜

2000年设计，平装 第1版第1次印刷
［责任者］（美）陈香梅著
［出版发行］花城出版社，2000

10938　陈香梅小说系列：
　　　　灰色的吻

2000年设计，平装 第1版第1次印刷
［责任者］（美）陈香梅著
［出版发行］花城出版社，2000

10939　陈香梅小说系列：
　　　　丈夫太太与情人

2000年设计，平装 第1版第1次印刷
［责任者］（美）陈香梅著
［出版发行］花城出版社，2000

10940　春来春去：谢望新电视文论辑编

2000年设计，平装 第1版第1次印刷
［责任者］谢望新著
［出版发行］花城出版社，2000
［索书号］G22/11

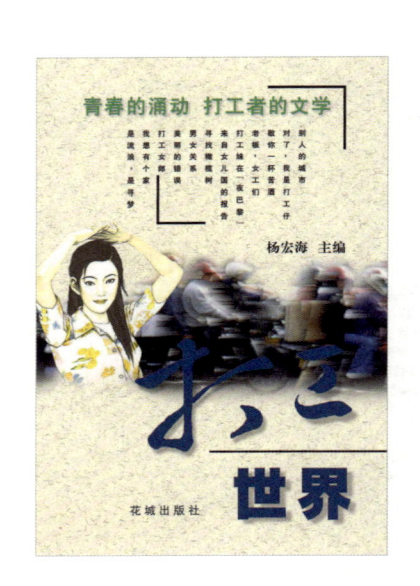

10941　打工世界

2000年设计，平装 第1版第1次印刷
［责任者］杨宏海主编
［出版发行］花城出版社，2000
［索书号］I217/530

10942　刀光剑影：共和国50年除暴纪实

2000年设计，平装 第1版第1次印刷
［责任者］庆裕、少平编著
［出版发行］广东经济出版社，2000
［索书号］I25/1474

10943　第三届潮学国际研讨会论文集

2000年设计，平装 第1版第1次印刷
［责任者］陈三鹏主编
［出版发行］花城出版社，2000
［索书号］K296.5/402

10944　动地一槌

2000年设计，平装 第1版第1次印刷
［责任者］海潇改写
［出版发行］花城出版社，2000
［索书号］I247.5/5984

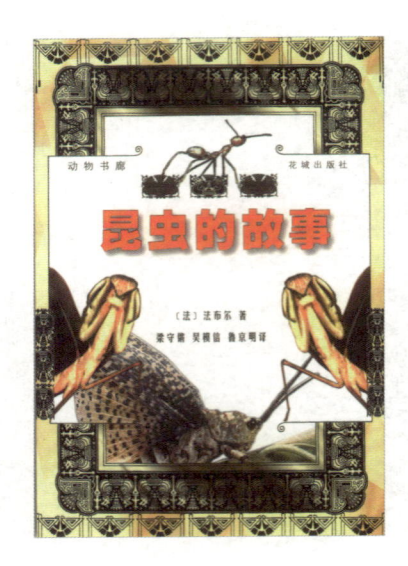

10945　动物书廊：昆虫的故事

2000年设计，平装 第1版第1次印刷
［责任者］（法）法布尔著，梁守锵、吴模信、鲁京明译
［出版发行］花城出版社，2000
［索书号］Q96/11

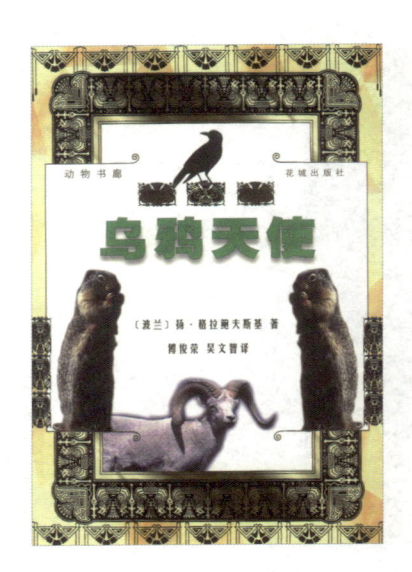

10946　动物书廊：乌鸦天使

2000年设计，平装 第1版第1次印刷
［责任者］（波兰）扬·格拉鲍夫斯基著，傅俊荣、吴文智译
［出版发行］花城出版社，2000
［索书号］Q95/46

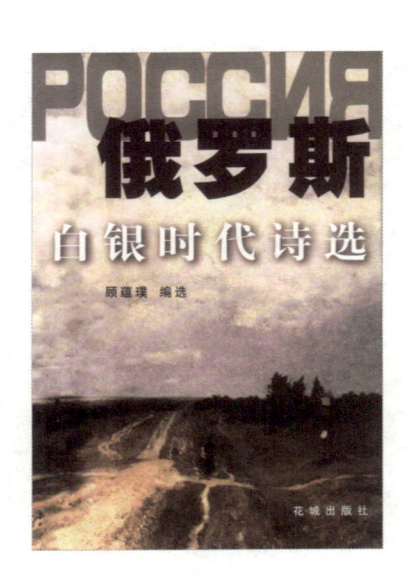

10947　俄罗斯白银时代诗选

2000年设计，平装 第1版第1次印刷
［责任者］顾蕴璞编选
［出版发行］花城出版社，2000
［索书号］I512.2/20

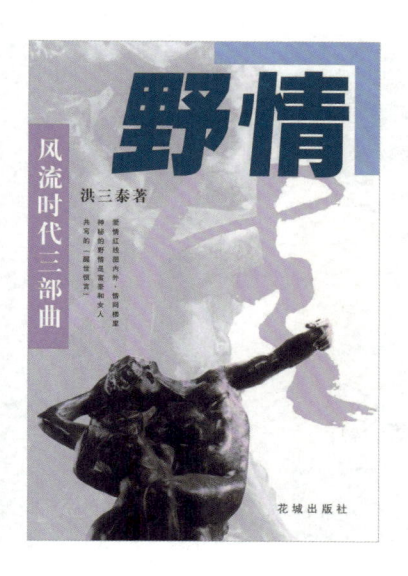

10948　风流时代三部曲：第一部，野情

2000年设计，平装 第1版第1次印刷
［责任者］洪三泰著
［出版发行］花城出版社，2000
［索书号］I247.5/5499/1

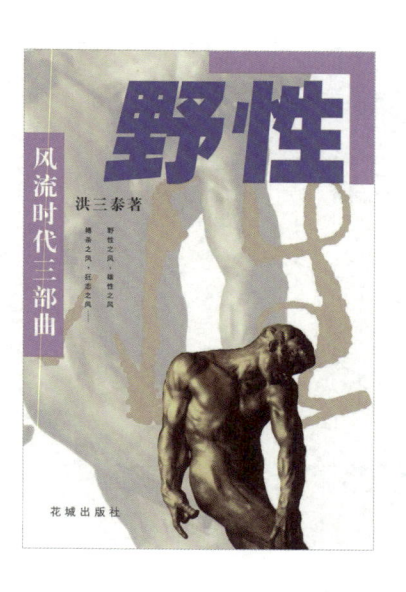

10949　风流时代三部曲：第二部，野性

2000年设计，平装 第1版第1次印刷
［责任者］洪三泰著
［出版发行］花城出版社，2000
［索书号］I247.5/5499/2

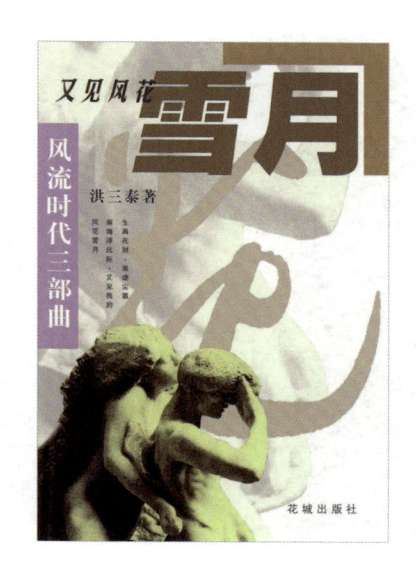

10950　风流时代三部曲：第三部，又见风花雪月

2000年设计，平装 第1版第1次印刷
［责任者］洪三泰著
［出版发行］花城出版社，2000
［索书号］I247.5/5499/3

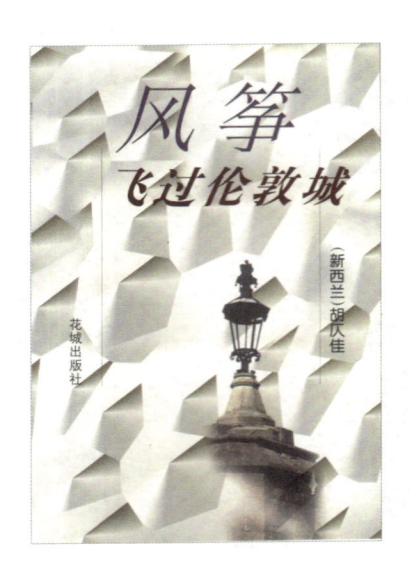

10951　风筝飞过伦敦城

2000年设计，平装 第1版第1次印刷

[责任者]（新西兰）胡仄佳著
[出版发行]花城出版社，2000
[索书号] I612/5

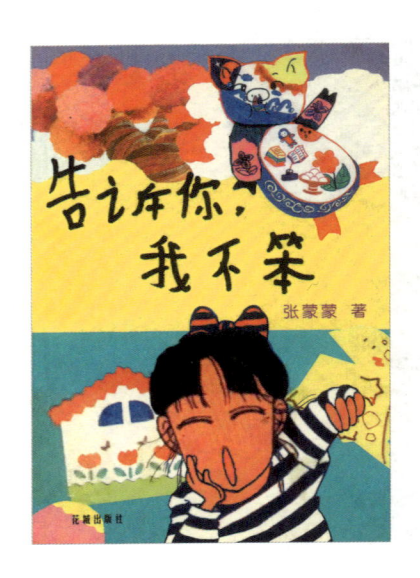

10952　告诉你，我不笨

2000年设计，平装 第1版第1次印刷

[责任者]张蒙蒙著
[出版发行]花城出版社，2000
[索书号] H194/121

10953　广东省业余钢琴教育考试定
　　　　级指定乐曲.1～8级：1999

2000年设计，平装 第1版第1次印刷

[责任者]谢耿、何英敏、李素心主编，广东省钢琴学
　　　　会、广东省业余钢琴教育考试定级委员会编
[出版发行]花城出版社，2000
[索书号] J647.4/14

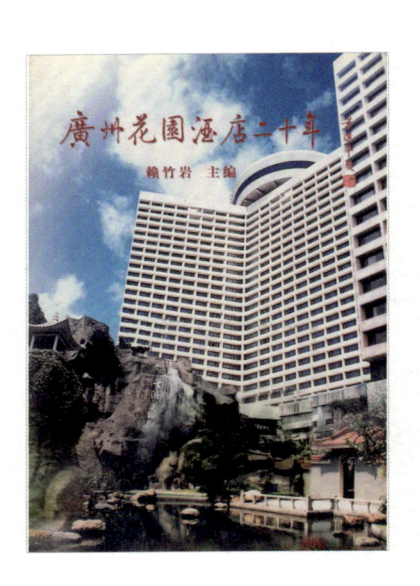

10954　广州花园酒店二十年

2000年设计，平装 第1版第1次印刷

[责任者]赖竹岩主编
[出版发行]花城出版社，2000
[索书号] F719/333

10955　过目难忘：寓言

2000年设计，平装 第1版第1次印刷
［责任者］凡夫选编
［出版发行］花城出版社，2000
［索书号］C53/140/8

10956　哈农钢琴练指法

2000年设计，平装 第1版第1次印刷
［责任者］（法）哈农著
［出版发行］花城出版社，2000
［索书号］J624/40/［2］

10957　黑山堡纲鉴

2000年设计，平装 第1版第1次印刷
［责任者］柯云路著
［出版发行］花城出版社，2000
［索书号］I247.5/6169

10958　黄皮花开

2000年设计，平装 第1版第1次印刷
［责任者］关榆林著
［出版发行］花城出版社，2000
［索书号］I217/566

10959　篱外丝雨

2000年设计，平装 第1版第1次印刷
［责任者］何超华著
［出版发行］花城出版社，2000
［索书号］I227/637

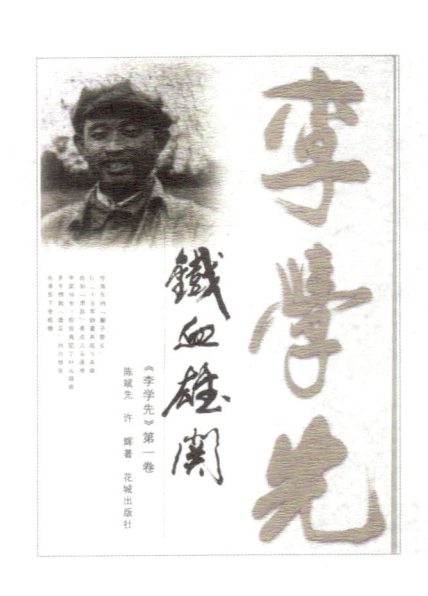

10960　李学先. 第一卷：铁血雄关

2000年设计，精装 第1版第1次印刷
［责任者］陈斌先、许辉著
［出版发行］花城出版社，2000
［索书号］I253/1105/1

10961　李学先. 第二卷：遥听风铃

2000年设计，精装 第1版第1次印刷
［责任者］陈斌先著
［出版发行］花城出版社，2000
［索书号］I253/1105/2

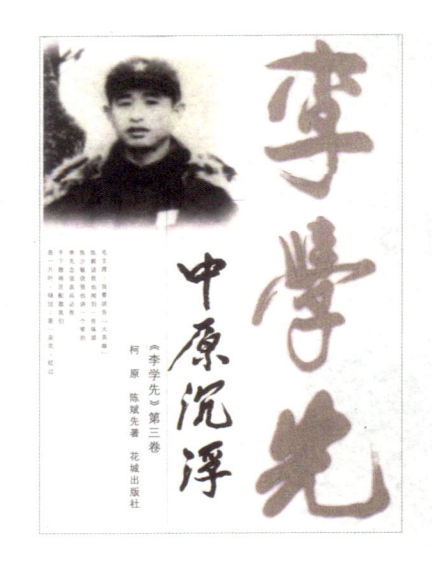

10962　李学先. 第三卷：中原沉浮

2000年设计，精装 第1版第1次印刷
［责任者］柯原、陈斌先著
［出版发行］花城出版社，2000
［索书号］I253/1105/3

10963　历史的回声：姚成友朗诵诗选

2000年设计，平装 第1版第1次印刷
［责任者］姚成友著
［出版发行］花城出版社，2000
［索书号］I227/1380

10964　龙岗地方神话传说

2000年设计，平装 第1版第1次印刷
［责任者］黄晓东主编，深圳市龙岗区旅游局、
　　　　　深圳市龙岗区文联编
［出版发行］花城出版社，2000
［索书号］I277/320

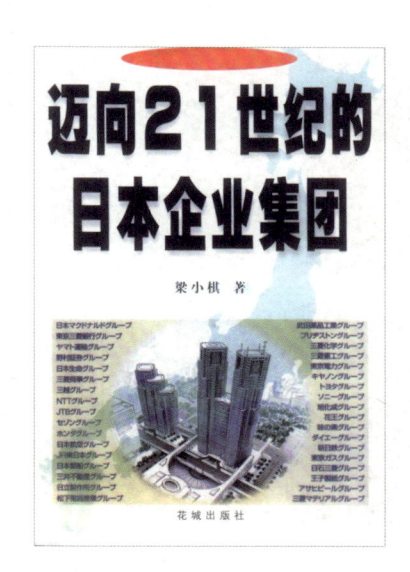

10965　迈向21世纪的日本企业集团

2000年设计，平装 第1版第1次印刷
［责任者］梁小棋著
［出版发行］花城出版社，2000
［索书号］F279.3/174

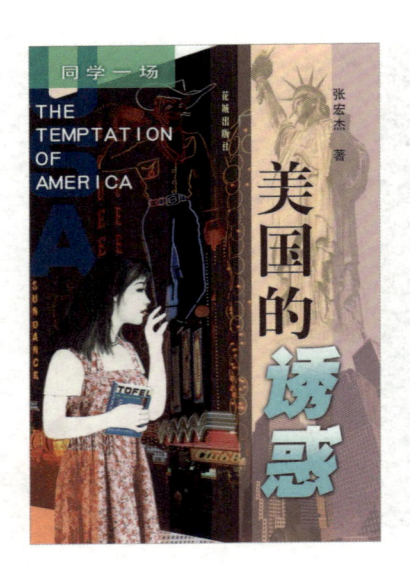

10966　美国的诱惑

2000年设计，平装 第1版第1次印刷
［责任者］张宏杰著
［出版发行］花城出版社，2000
［索书号］I247.5/6168

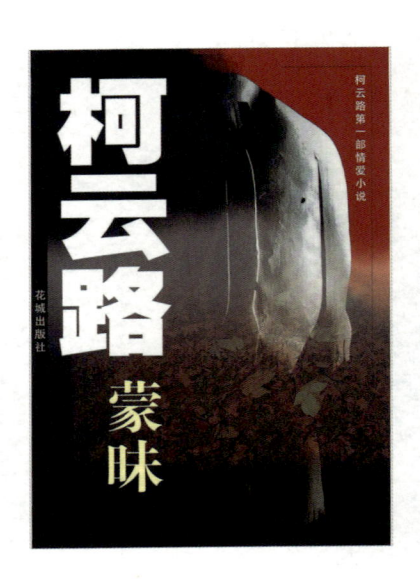

10967　蒙昧

2000年设计，平装 第1版第1次印刷
［责任者］柯云路著
［出版发行］花城出版社，2000

10968　迷狂季节

2000年设计，平装 第1版第1次印刷
［责任者］赵凝著
［出版发行］花城出版社，2000
［索书号］I247.5/6184

明清两朝深圳档案文献演绎

10969　明清两朝深圳档案文献演绎 . 第一卷

2000年设计，平装 第1版第1次印刷
［责任者］舒国雄主编，深圳市档案馆编
［出版发行］花城出版社，2000

10970　明清两朝深圳档案文献演绎 . 第二卷

2000年设计，平装 第1版第1次印刷
［责任者］舒国雄主编，深圳市档案馆编
［出版发行］花城出版社，2000

10971　明清两朝深圳档案文献演绎 . 第三卷

2000年设计，平装 第1版第1次印刷
［责任者］舒国雄主编，深圳市档案馆编
［出版发行］花城出版社，2000
［索书号］K296.5/400/3

10972　明清两朝深圳档案文献演绎 . 第四卷

2000年设计，平装 第1版第1次印刷
［责任者］舒国雄主编，深圳市档案馆编
［出版发行］花城出版社，2000
［索书号］K296.5/400/4

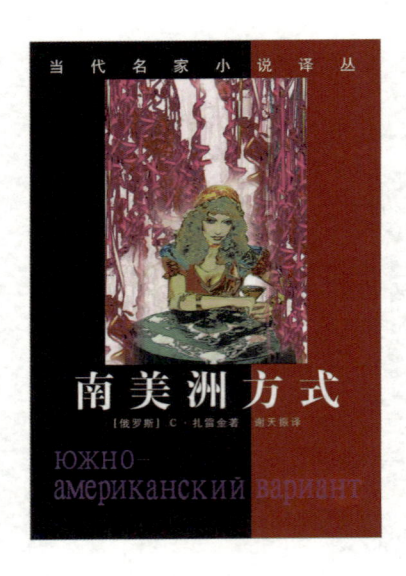

10973　南美洲方式

2000年设计，平装 第1版第1次印刷
［责任者］（俄）C.扎雷金著，谢天振译
［出版发行］花城出版社，2000
［索书号］I512.4/108

10974　女儿不是天才

2000年设计，平装 第1版第1次印刷
［责任者］张世君著
［出版发行］花城出版社，2000
［索书号］I267/3744

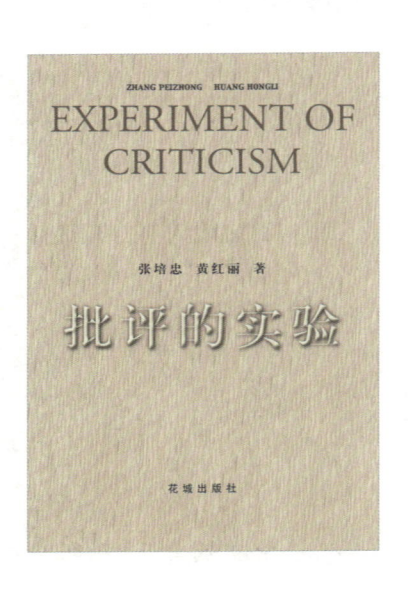

10975　批评的实验

2000年设计，平装 第1版第1次印刷
［责任者］张培忠、黄红丽著
［出版发行］花城出版社，2000

10976　青春动感系列小说：毕业生

2000年设计，平装 第1版第1次印刷
[责任者] 浪儿著
[出版发行] 花城出版社，2000

10977　青春动感系列小说：高校男儿

2000年设计，平装 第1版第1次印刷
[责任者] 谭定立著
[出版发行] 花城出版社，2000
[索书号] I247.5/5506

10978　青春动感系列小说：阳光女孩

2000年设计，平装 第1版第1次印刷
[责任者] 王梅著
[出版发行] 花城出版社，2000

10979　青春动感系列小说：走读生

2000年设计，平装 第1版第1次印刷
[责任者] 谭定立著
[出版发行] 花城出版社，2000

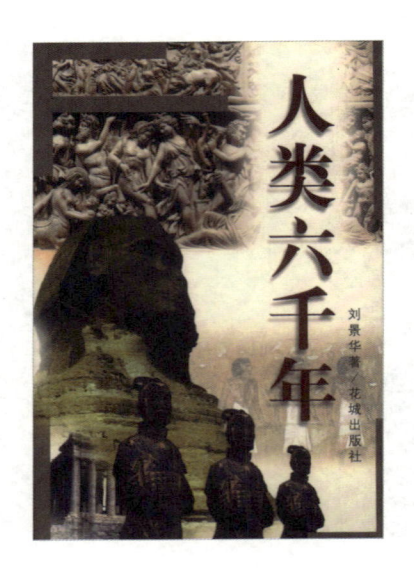

10980　人类六千年

2000年设计，平装 第1版第1次印刷
［责任者］刘景华著
［出版发行］花城出版社，2000
［索书号］K109/14/1

10981　人生如棋

2000年设计，平装 第1版第1次印刷
［责任者］黎凤著
［出版发行］花城出版社，2000
［索书号］I267/3794

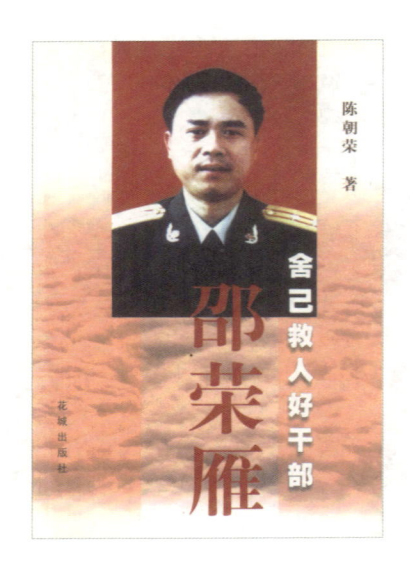

10982　舍己救人好干部邵荣雁

2000年设计，平装 第1版第1次印刷
［责任者］陈朝荣著
［出版发行］花城出版社，2000
［索书号］K825.2/341

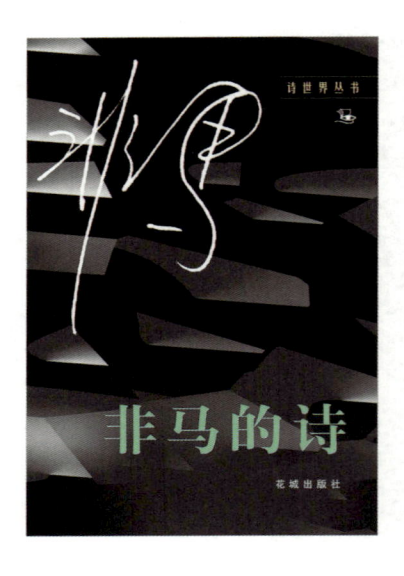

10983　诗世界丛书：非马的诗

2000年设计，平装 第1版第1次印刷
［责任者］（美）非马著
［出版发行］花城出版社，2000
［索书号］I712.2/11

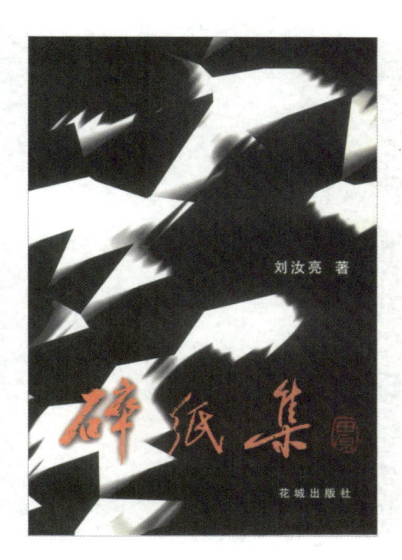

10984　碎纸集

2000年设计，平装 第1版第1次印刷
［责任者］刘汝亮著
［出版发行］花城出版社，2000
［索书号］I227/802

10985　逃出束缚

2000年设计，平装 第1版第1次印刷
［责任者］王竹立著
［出版发行］花城出版社，2000
［索书号］I227/1388

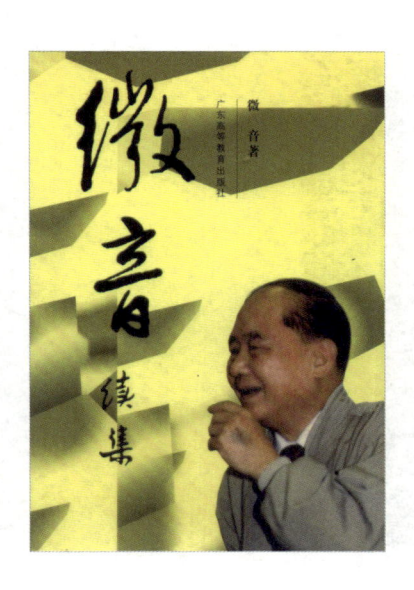

10986　微音.续集

2000年设计，平装 第1版第1次印刷
［责任者］微音著
［出版发行］广东高等教育出版社，2000
［索书号］I267/3366/2

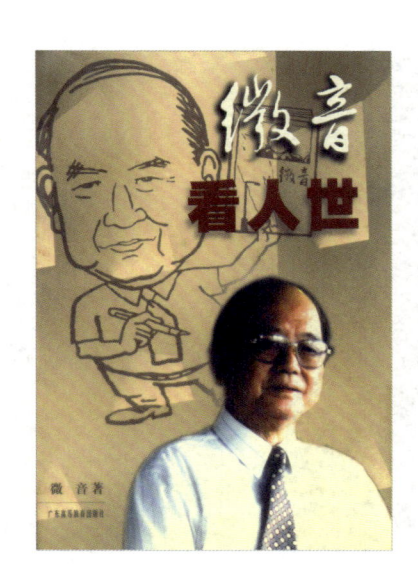

10987　微音看人世

2000年设计，平装 第1版第1次印刷
［责任者］微音著
［出版发行］广东高等教育出版社，2000
［索书号］I253/1043

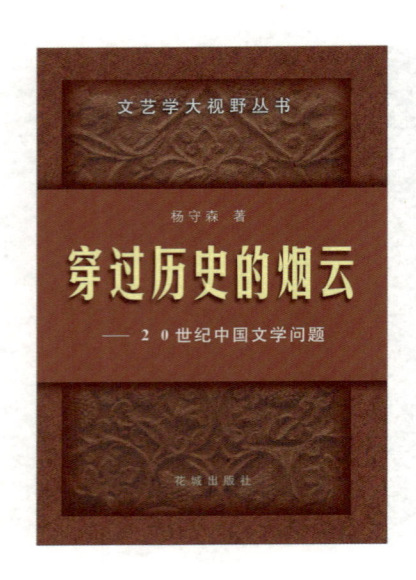

10988　文艺学大视野丛书：穿过历史的烟云——20世纪中国文学问题
2000年设计，软精装 第1版第1次印刷
［责任者］杨守森著
［出版发行］花城出版社，2000

10989　文艺学大视野丛书：时代的回声——走向新世纪的中国文艺学
2000年设计，软精装 第1版第1次印刷
［责任者］李衍柱著
［出版发行］花城出版社，2000

10990　文艺学大视野丛书：始于玄冥 反于大通——玄学与中国美学
2000年设计，软精装 第1版第1次印刷
［责任者］李戎著
［出版发行］花城出版社，2000

10991　文艺学大视野丛书：异化的扬弃——《1844年经济学哲学手稿》的当代阐释
2000年设计，软精装 第1版第1次印刷
［责任者］夏之放著
［出版发行］花城出版社，2000

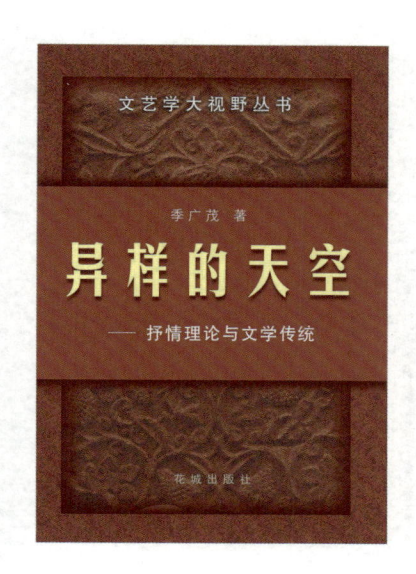

10992　文艺学大视野丛书：异样的
　　　　天空——抒情理论与文学传统

2000年设计，软精装 第1版第1次印刷
［责任者］季广茂著
［出版发行］花城出版社，2000

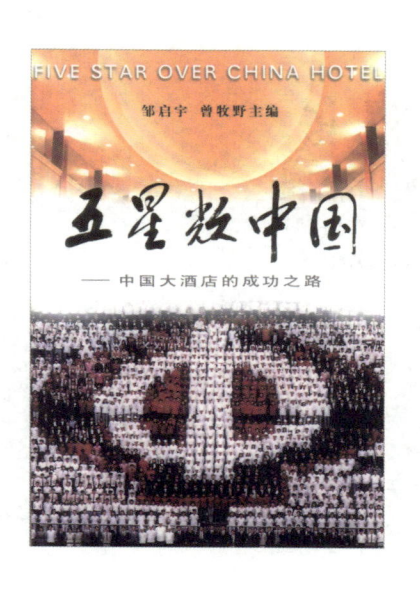

10993　五星耀中国：中国大酒店的成功之路

2000年设计，平装 第1版第1次印刷
［责任者］邹启宇、曾牧野主编
［出版发行］《五星耀中国》编委会，2000
［索书号］F719/350

10994　西部的柔情：西部女作家写西部散文精编

2000年设计，平装 第1版第1次印刷
［责任者］陈长吟选编
［出版发行］花城出版社，2000
［索书号］I267/3369

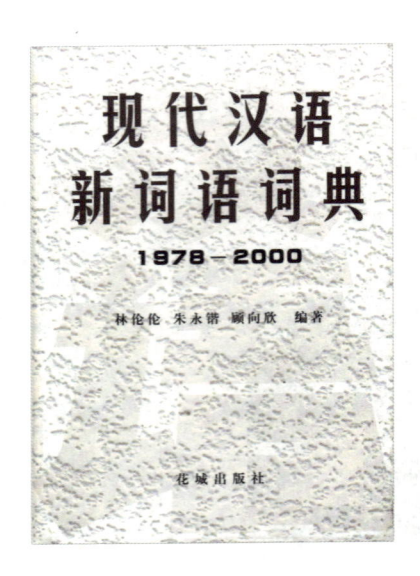

10995　现代汉语新词语词典：1978—2000

2000年设计，平装 第1版第1次印刷
［责任者］林伦伦、朱永锴、顾向欣编著
［出版发行］花城出版社，2000
［索书号］H136/191

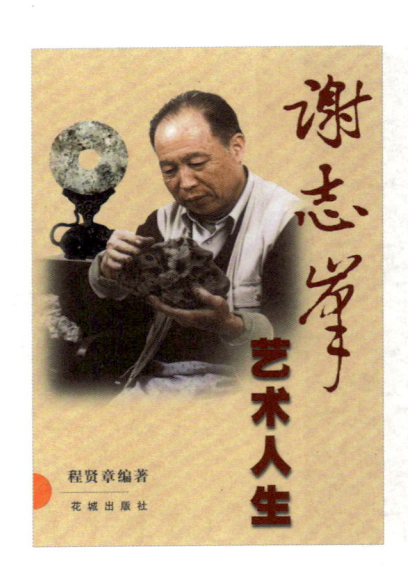

10996　谢志峰艺术人生

2000年设计，精装 第1版第1次印刷
［责任者］程贤章编著
［出版发行］花城出版社，2000
［索书号］K825.8/37

10997　心

2000年设计，平装 第1版第1次印刷
［责任者］（日）夏目漱石著，林少华译
［出版发行］花城出版社，2000
［索书号］I313.45/X26：4

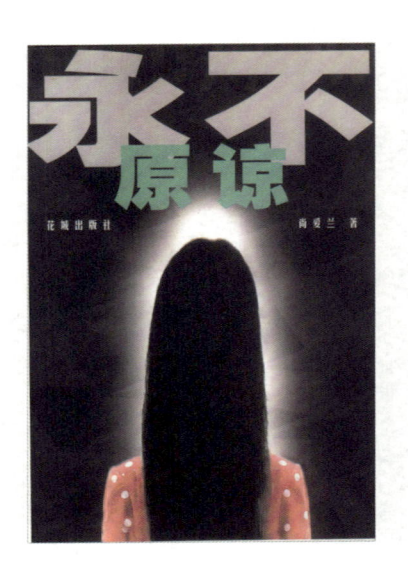

10998　永不原谅

2000年设计，平装 第1版第1次印刷
［责任者］尚爱兰著
［出版发行］花城出版社，2000
［索书号］I247.5/5795

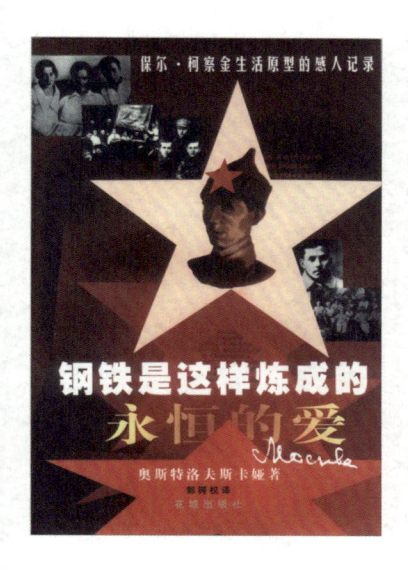

10999　永恒的爱：保尔·柯察金生活原型的感人记录

2000年设计，平装 第1版第1次印刷
［责任者］（苏）奥斯特洛夫斯卡娅著，郭锷权译
［出版发行］花城出版社，2000
［索书号］I512.4/115

11000　有龙则灵

2000年设计，精装 第1版第1次印刷
［责任者］陈俊年著
［出版发行］广东高等教育出版社，2000
［索书号］I25/1618

11001　余秋雨的背影

2000年设计，平装 第1版第1次印刷
［责任者］杨长勋著
［出版发行］花城出版社，2000
［索书号］I206.7/251

250　文学的长河：封面·构成　›››

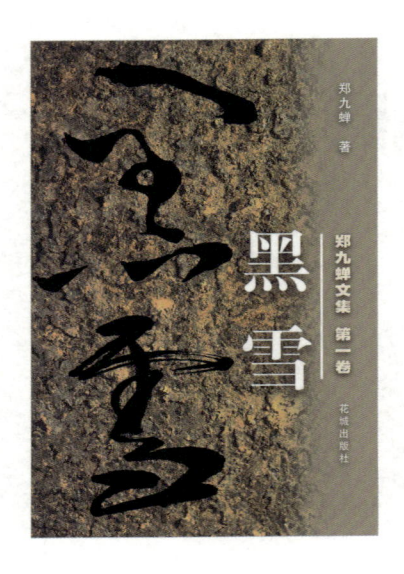

11002　郑九蝉文集.第一卷：黑雪

2000年设计，精装 第1版第1次印刷 （和苏芸合作）
［责任者］郑九蝉著
［出版发行］花城出版社，2000

11003　郑九蝉文集.第二卷：浑河

2000年设计，精装 第1版第1次印刷（和苏芸合作）
［责任者］郑九蝉著
［出版发行］花城出版社，2000

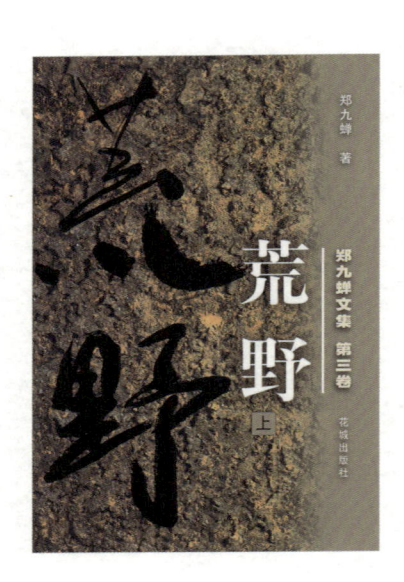

11004　郑九蝉文集.第三卷：荒野.上

2000年设计，精装 第1版第1次印刷（和苏芸合作）
［责任者］郑九蝉著
［出版发行］花城出版社，2000

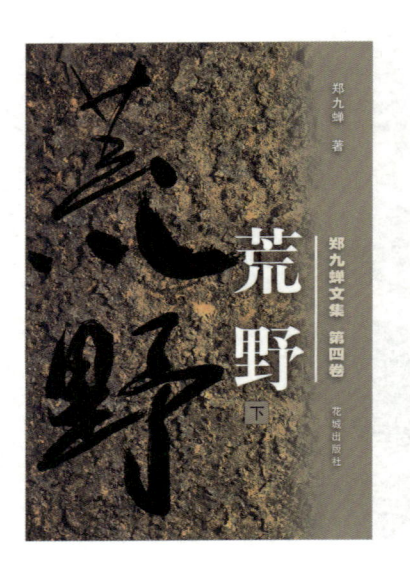

11005　郑九蝉文集.第四卷：荒野.下

2000年设计，精装 第1版第1次印刷（和苏芸合作）
［责任者］郑九蝉著
［出版发行］花城出版社，2000

11006　郑九蝉文集.第五卷：红梦.上

2000年设计，精装 第1版第1次印刷（和苏芸合作）
［责任者］郑九蝉著
［出版发行］花城出版社，2000

11007　郑九蝉文集.第六卷：红梦.下

2000年设计，精装 第1版第1次印刷（和苏芸合作）
［责任者］郑九蝉著
［出版发行］花城出版社，2000

11008　郑九蝉文集.第七卷：擦痕.上

2000年设计，精装 第1版第1次印刷（和苏芸合作）
［责任者］郑九蝉著
［出版发行］花城出版社，2000

11009　郑九蝉文集.第八卷：擦痕.下

2000年设计，精装 第1版第1次印刷（和苏芸合作）
［责任者］郑九蝉著
［出版发行］花城出版社，2000
［索书号］I217/593/8

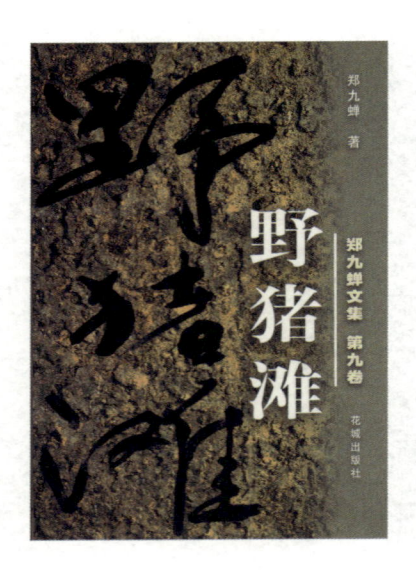

11010　郑九蝉文集. 第九卷：野猪滩

2000年设计，精装 第1版第1次印刷（和苏芸合作）
［责任者］郑九蝉著
［出版发行］花城出版社，2000

11011　郑九蝉文集. 第十卷：参王

2000年设计，精装 第1版第1次印刷（和苏芸合作）
［责任者］郑九蝉著
［出版发行］花城出版社，2000

11012　郑九蝉文集. 第十一卷：能媳妇

2000年设计，精装 第1版第1次印刷（和苏芸合作）
［责任者］郑九蝉著
［出版发行］花城出版社，2000

11013　郑九蝉文集. 第十二卷：武装的硬壳

2000年设计，精装 第1版第1次印刷（和苏芸合作）
［责任者］郑九蝉著
［出版发行］花城出版社，2000

11014　纵横古今说人事

2000年设计，平装 第1版第1次印刷
［责任者］孙丽生著
［出版发行］花城出版社，2000
［索书号］I267/8170

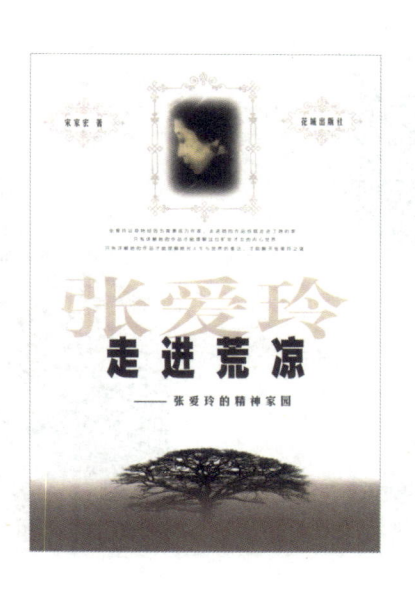

11015　走进荒凉——张爱玲的精神家园

2000年设计，平装 第1版第1次印刷
［责任者］宋家宏著
［出版发行］花城出版社，2000
［索书号］I206.7/244

11016　走进音乐世界系列：车尔尼钢琴流畅练习曲作品849

2000年设计，平装 第1版第1次印刷
［责任者］车尔尼著
［出版发行］花城出版社，2000

11017　走近大海

2000年设计，平装 第1版第1次印刷
［责任者］曹淳亮著
［出版发行］花城出版社，2000

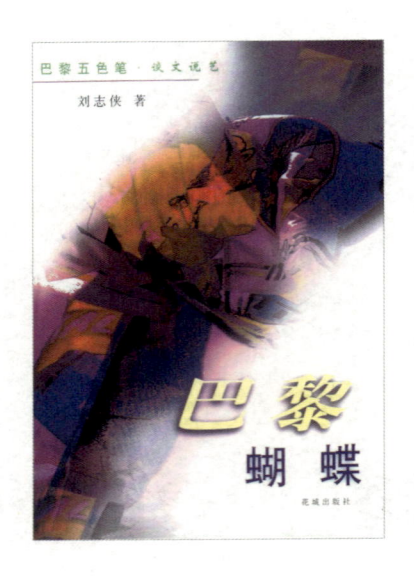

11018　巴黎蝴蝶

2001年设计，平装 第1版第1次印刷
［责任者］刘志侠著
［出版发行］花城出版社，2001
［索书号］I565.6/47

11019　巴黎咖啡座

2001年设计，平装 第1版第1次印刷
［责任者］刘志侠著
［出版发行］花城出版社，2001
［索书号］I565.6/45

11020　巴黎石板街

2001年设计，平装 第1版第1次印刷
［责任者］刘志侠著
［出版发行］花城出版社，2001
［索书号］I267/3732

11021　巴黎探戈

2001年设计，平装 第1版第1次印刷
［责任者］刘志侠著
［出版发行］花城出版社，2001
［索书号］I565.6/46

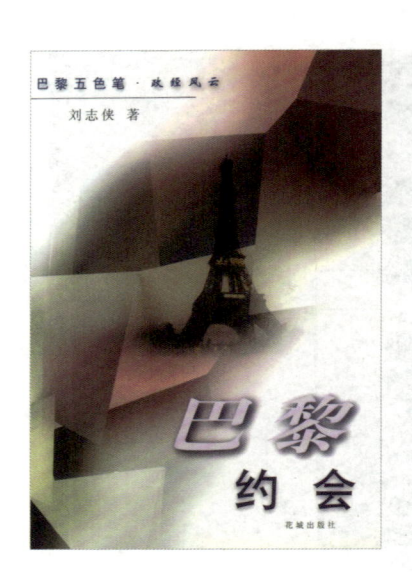

11022　巴黎约会

2001年设计，平装 第1版第1次印刷
［责任者］刘志侠著
［出版发行］花城出版社，2001

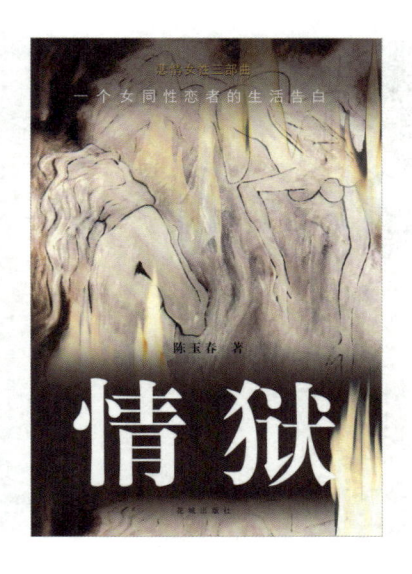

11023　悲情女性三部曲：情狱

2001年设计，平装 第1版第1次印刷
［责任者］陈玉春著
［出版发行］花城出版社，2001

11024　笔耕十年

2001年设计，平装 第1版第1次印刷
［责任者］蒋才虎著
［出版发行］花城出版社，2001
［索书号］I217/845

11025　不可思议的中国人：二十
　　　　世纪来华外国人对华印象

2001年设计，精装 第1版第1次印刷
［责任者］王正和编著
［出版发行］花城出版社，2001

11026　不了情

2001年设计，平装 第1版第1次印刷
［责任者］陈利华著
［出版发行］花城出版社，2001

11027　陈寅恪家世

2001年设计，平装 第1版第1次印刷
［责任者］叶绍荣著
［出版发行］花城出版社，2001

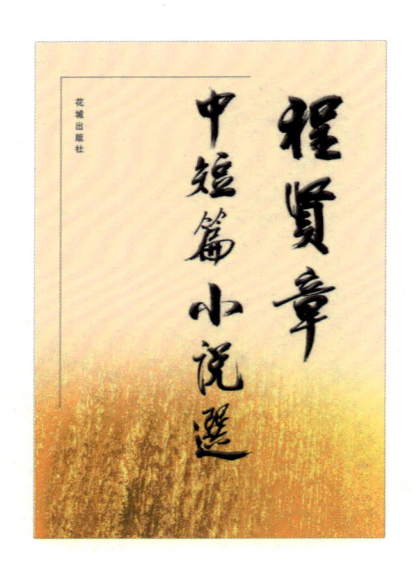

11028　程贤章中短篇小说选

2001年设计，平装 第1版第1次印刷
［责任者］程贤章著
［出版发行］花城出版社，2001
［索书号］I247.7/1305

11029　错位

2001年设计，平装 第1版第1次印刷
［责任者］许可著
［出版发行］花城出版社，2001
［索书号］I247.5/7398

11030　大地芬芳

2001年设计，精装 第1版第1次印刷
［责任者］胡国华著
［出版发行］花城出版社，2001

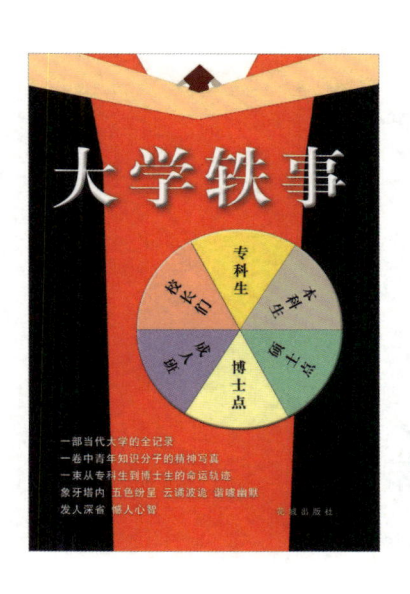

11031　大学轶事

2001年设计，平装 第1版第1次印刷
［责任者］南翔著
［出版发行］花城出版社，2001
［索书号］I247.7/1455

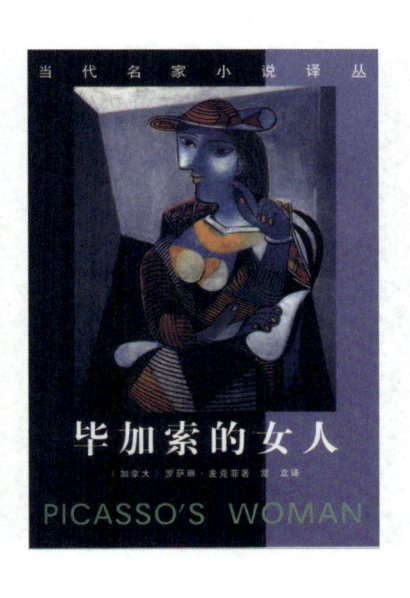

11032　当代名家小说译丛：毕加索的女人

2001年设计，平装 第1版第1次印刷
［责任者］（加拿大）罗萨琳·麦克菲著，常立译
［出版发行］花城出版社，2001

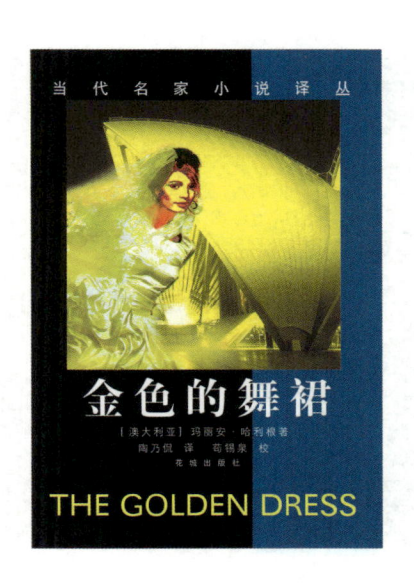

11033　当代名家小说译丛：金色的舞裙

2001年设计，平装 第1版第1次印刷
［责任者］（澳大利亚）玛丽安·哈利根著，
　　　　　陶乃侃译，苟锡泉校
［出版发行］花城出版社，2001

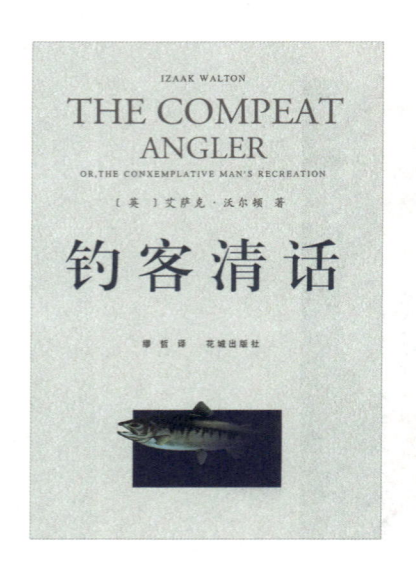

11034　钓客清话

2001年设计，平装 第1版第1次印刷
[责任者]（英）艾萨克·沃尔顿著，缪哲译
[出版发行]花城出版社，2001
[索书号] I561.6/68

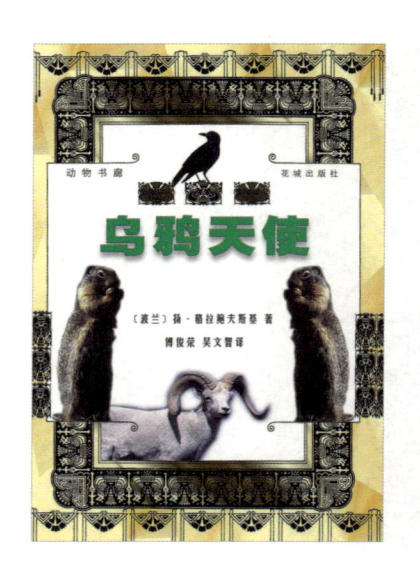

11035　动物书廊：乌鸦天使

2001年设计，平装 第1版第1次印刷
[责任者]（波兰）扬·格拉鲍夫斯基著，
　　　　　傅俊荣、吴文智译
[出版发行]花城出版社，2000

11036　动物书廊：野生动物趣话

2001年设计，平装 第1版第1次印刷
[责任者]（加）塞顿著，王立非、韩秀荣译
[出版发行]花城出版社，2001

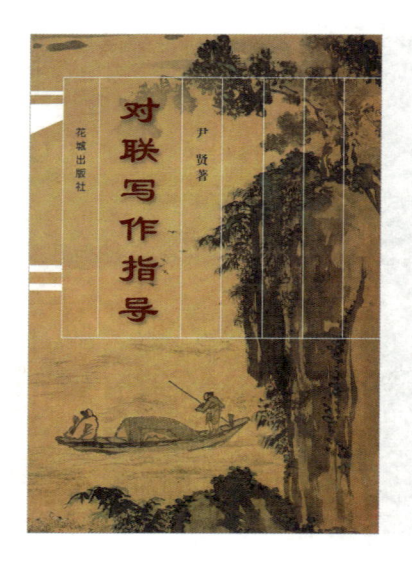

11037　对联写作指导

2001年设计，平装 第1版第1次印刷
[责任者]尹贤著
[出版发行]花城出版社，2001
[索书号] I207.6/134

11038　方书乐书画选：精品集

2001年设计，平装 第1版第1次印刷
［责任者］方书乐著
［出版发行］花城出版社，2001

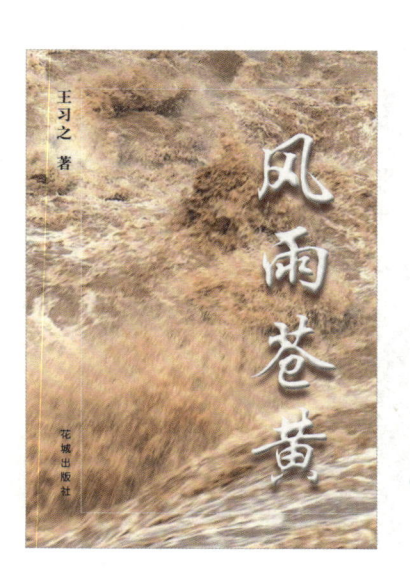

11039　风雨苍黄

2001年设计，平装 第1版第1次印刷
［责任者］王习之著
［出版发行］花城出版社，2001
［索书号］I247.5/7400

11040　风雨人生

2001年设计，平装 第1版第1次印刷
［责任者］闭鼎新著
［出版发行］花城出版社，2001

11041　烽火征程十二年：抗日战争解放战
　　　　争时期五华党组织革命斗争实录

2001年设计，平装 第1版第1次印刷
［责任者］《烽火征程十二年》编委会编
［出版发行］花城出版社，2001

11042　高考手记

2001年设计，平装 第1版第1次印刷
[责任者]黄锦章著
[出版发行]花城出版社，2001

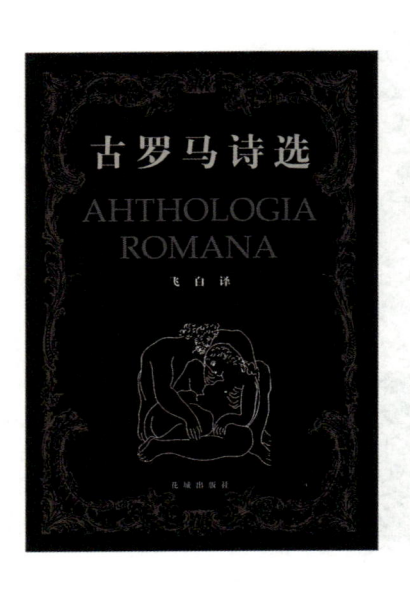

11043　古罗马诗选

2001年设计，平装 第1版第1次印刷
[责任者]飞白译
[出版发行]花城出版社，2001

11044　谷饶乡志

2001年设计，平装 第1版第1次印刷
[责任者]张海鸥编著
[出版发行]泰国潮阳谷饶乡张氏亲族会，2001

11045　广东"农家书屋"系列：对联写作指导

2001年设计，平装 第1版第1次印刷
[责任者]尹贤著
[出版发行]花城出版社，2001

11046　过目难忘：古代平民诗选粹

2001年设计，平装 第1版第1次印刷
［责任者］汪超宏编
［出版发行］花城出版社，2001
［索书号］I222/398

11047　过目难忘：调侃小品

2001年设计，平装 第1版第1次印刷
［责任者］启君、李素灵编
［出版发行］花城出版社，2001
［索书号］I267/4013

11048　海外情缘

2001年设计，平装 第1版第1次印刷
［责任者］温一知著
［出版发行］花城出版社，2001

11049　华严小说：神仙眷属

2001年设计，平装 第1版第1次印刷
［责任者］华严著
［出版发行］花城出版社，2001
［索书号］I247.5/H620.1-4/［2］

11050　华严小说：兄和弟

2001年设计，平装 第1版第1次印刷
［责任者］华 严著
［出版发行］花城出版社，2001
［索书号］I247.5/6235

11051　华严小说：燕双飞

2001年设计，平装 第1版第1次印刷
［责任者］华 严著
［出版发行］花城出版社，2001
［索书号］I247.5/H620.1-8/［2］

11052　华严小说：智慧的灯

2001年设计，平装 第1版第1次印刷
［责任者］华 严著
［出版发行］花城出版社，2001
［索书号］I247.5/H620.1-2/［2］

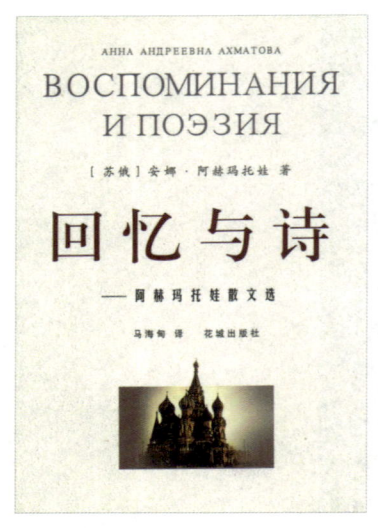

11053　回忆与诗——阿赫玛托娃散文选

2001年设计，平装 第1版第1次印刷
［责任者］（俄）安娜·阿赫玛托娃，马海甸译
［出版发行］花城出版社，2001

11054　纪德文集.文论卷

2001年设计，平装 第1版第1次印刷
［责任者］（法）安德烈·纪德著，桂裕芳、
　　　　　王文融、李玉民译
［出版发行］花城出版社，2001
［索书号］I565.1/24/1

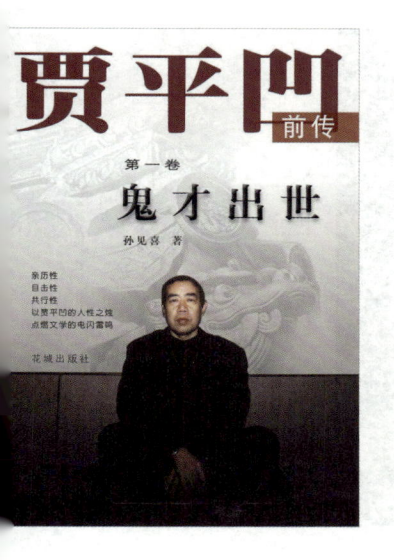

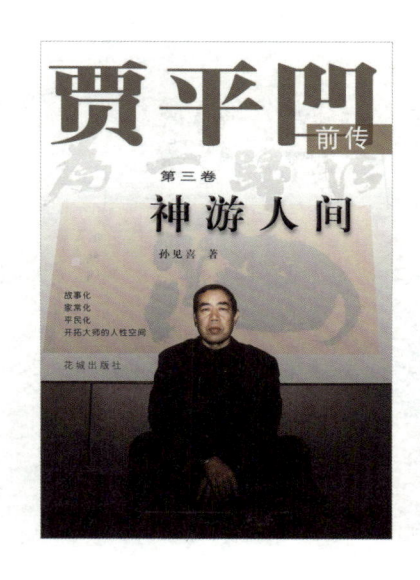

11055　贾平凹前传.第一卷：
　　　　鬼才出世
2001年设计，平装 第1版第1次印刷
［责任者］孙见喜著
［出版发行］花城出版社，2001

11056　贾平凹前传.第二卷：
　　　　制造地震
2001年设计，平装 第1版第1次印刷
［责任者］孙见喜著
［出版发行］花城出版社，2001

11057　贾平凹前传.第三卷：
　　　　神游人间
2001年设计，平装 第1版第1次印刷
［责任者］孙见喜著
［出版发行］花城出版社，2001

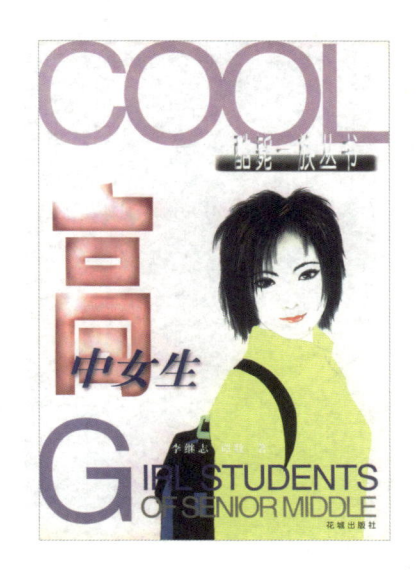

11058　酷毙一族丛书：高中女生
2001年设计，平装 第1版第1次印刷
［责任者］李继志、谭牧著
［出版发行］花城出版社，2001
［索书号］I247.5/6517

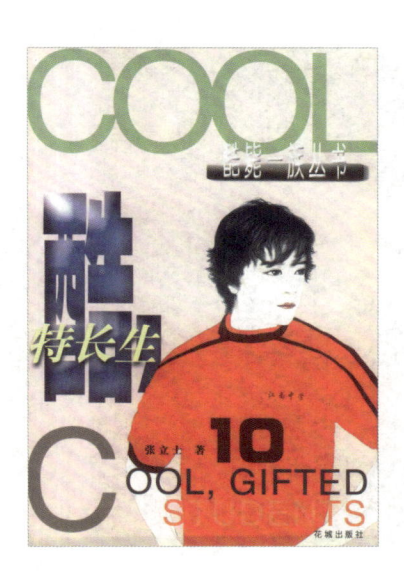

11059　酷毙一族丛书：酷，特长生
2001年设计，平装 第1版第1次印刷
［责任者］张立士著
［出版发行］花城出版社，2001
［索书号］I247.5/6516

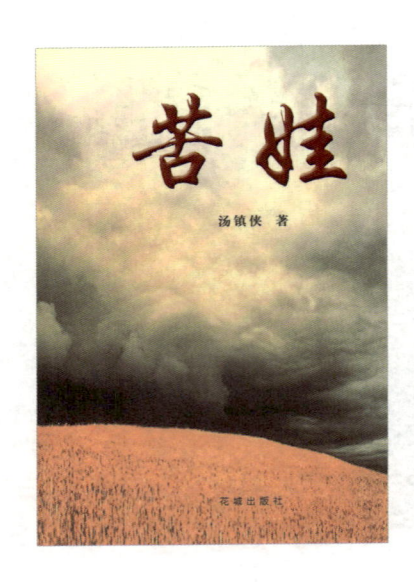

11060　苦娃

2001年设计，平装 第1版第1次印刷
［责任者］汤镇侠著
［出版发行］花城出版社，2001

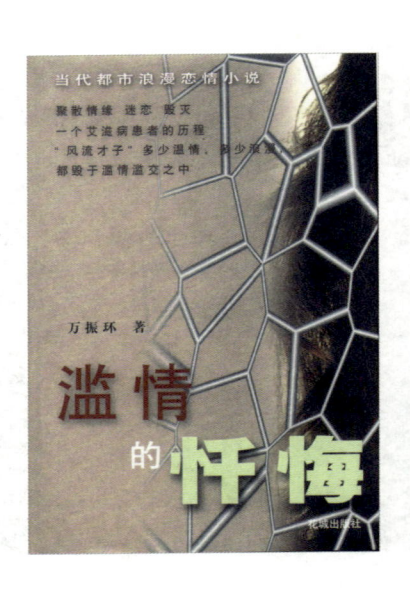

11061　滥情的忏悔：一个艾滋病患者的历程

2001年设计，平装 第1版第1次印刷
［责任者］万振环著
［出版发行］花城出版社，2001

11062　李碧华作品集．一：霸王别姬 青蛇

2001年设计，平装 第1版第2次印刷
［责任者］李碧华著
［出版发行］花城出版社，2001

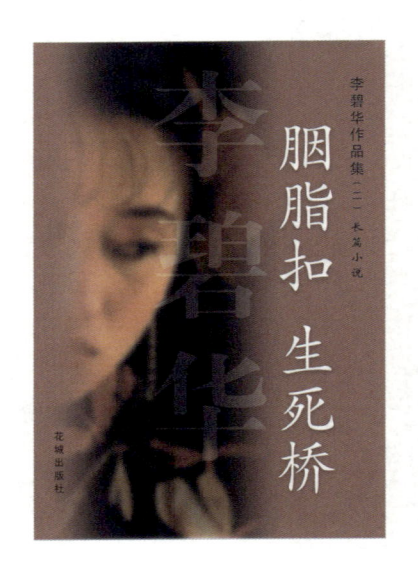

11063　李碧华作品集．二：胭脂扣 生死桥

2001年设计，平装 第1版第2次印刷
［责任者］李碧华著
［出版发行］花城出版社，2001

11064　李碧华作品集.三：潘金莲之前世今生 诱僧

2001年设计，平装 第1版第2次印刷
［责任者］李碧华著
［出版发行］花城出版社，2001

11065　李碧华作品集.四：秦俑 满洲国妖艳——川岛芳子

2001年设计，平装 第1版第2次印刷
［责任者］李碧华著
［出版发行］花城出版社，2001
［索书号］I247.5/6385

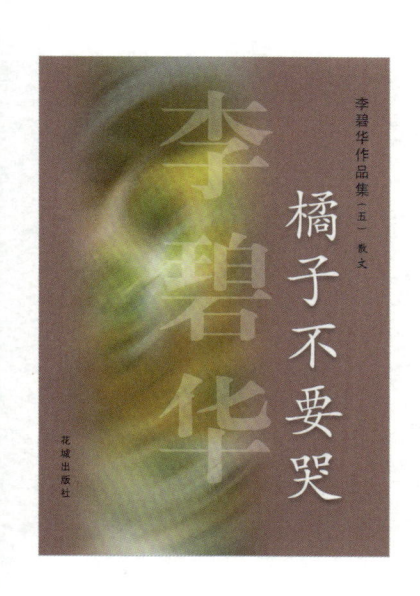

11066　李碧华作品集.五：橘子不要哭

2001年设计，平装 第1版第2次印刷
［责任者］李碧华著
［出版发行］花城出版社，2001
［索书号］I267/3854

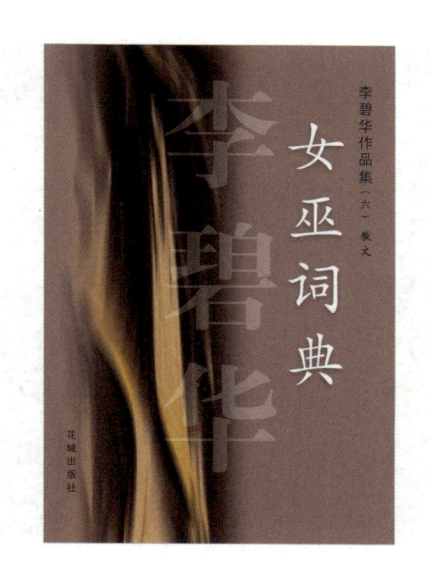

11067　李碧华作品集.六：女巫词典

2001年设计，平装 第1版第2次印刷
［责任者］李碧华著
［出版发行］花城出版社，2001

266　文学的长河：封面·构成　>>>

11068　炼狱：一个女人
　　　　体模特的自述

2001年设计，平装 第1版第1次印刷
［责任者］陈玉春著
［出版发行］花城出版社，2001

11069　鲁迅集．小说散文卷：
　　　　插图本

2001年设计，软精装 第1版第1次印刷
［责任者］鲁迅著，周楠本编注
［出版发行］花城出版社，2001
［索书号］I210/52/1

11070　鲁迅集．杂文卷：
　　　　插图本

2001年设计，软精装 第1版第1次印刷
［责任者］鲁迅著，周楠本编注
［出版发行］花城出版社，2001

11071　鹭岛博士

2001年设计，平装 第1版第1次印刷
［责任者］陈友敏著
［出版发行］花城出版社，2001
［索书号］I247.5/6234

11072　妹妹梦去，姐姐梦来

2001年设计，平装 第1版第1次印刷
［责任者］赵凝著
［出版发行］花城出版社，2001

11073　民国时期深圳档案文献演绎 . 第一卷

2001年设计，平装 第1版第1次印刷
［责任者］舒国雄主编，深圳市档案馆编
［出版发行］花城出版社，2001
［索书号］K296.5/700/1

11074　民国时期深圳档案文献演绎 . 第二卷

2001年设计，平装 第1版第1次印刷
［责任者］舒国雄主编，深圳市档案馆编
［出版发行］花城出版社，2001
［索书号］K296.5/700/2

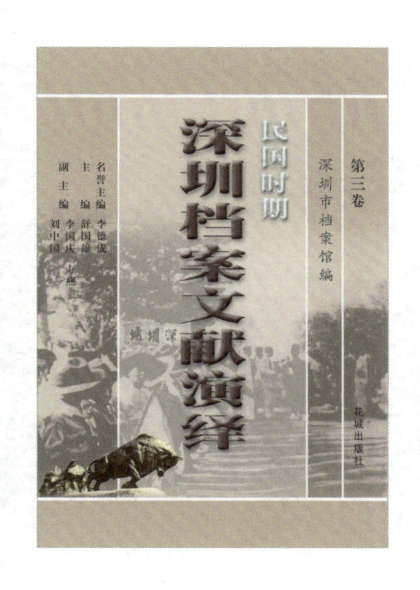

11075　民国时期深圳档案文献演绎 . 第三卷

2001年设计，平装 第1版第1次印刷
［责任者］舒国雄主编，深圳市档案馆编
［出版发行］花城出版社，2001
［索书号］K296.5/700/3

11076　民国时期深圳档案文献演绎 . 第四卷

2001年设计，平装 第1版第1次印刷
［责任者］舒国雄主编，深圳市档案馆编
［出版发行］花城出版社，2001
［索书号］K296.5/700/4

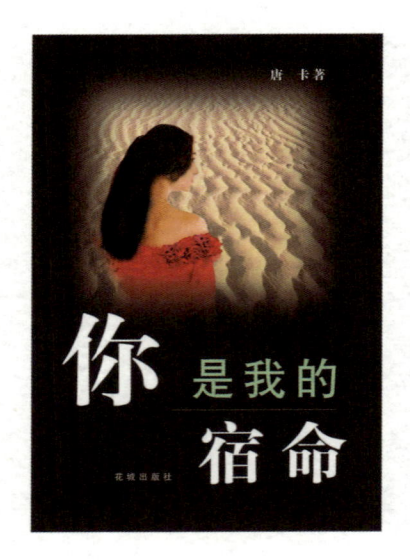

11077　你是我的宿命

2001年设计，平装 第1版第1次印刷
［责任者］唐卡著
［出版发行］花城出版社，2001
［索书号］I247.5/6383

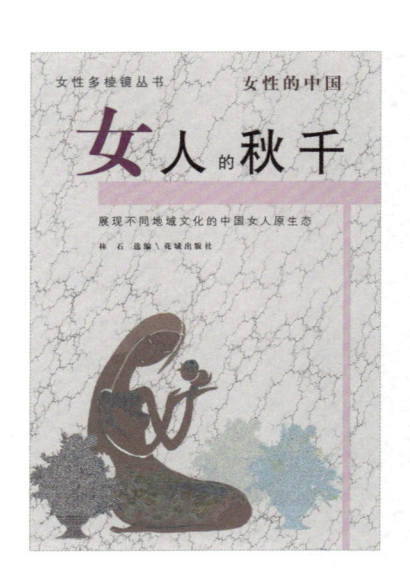

11078　女性多棱镜丛书：
　　　　女人的秋千：女性的中国
2001年设计，平装 第1版第1次印刷
［责任者］林石选编
［出版发行］花城出版社，2001

11079　女性多棱镜丛书：
　　　　生为女人：女性的话语
2001年设计，平装 第1版第1次印刷
［责任者］林石选编
［出版发行］花城出版社，2001

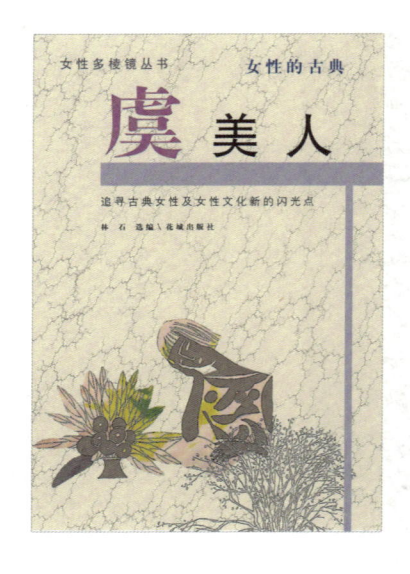

11080　女性多棱镜丛书：
　　　　虞美人：女性的古典
2001年设计，平装 第1版第1次印刷
［责任者］林石选编
［出版发行］花城出版社，2001

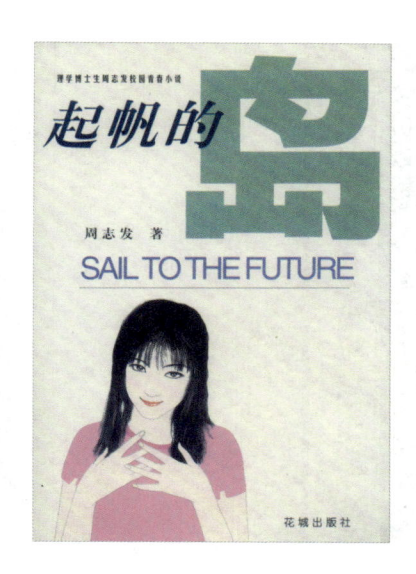

11081　起帆的岛：理学博士生
　　　　周志发校园青春小说

2001年设计，平装 第1版第1次印刷
［责任者］周志发著
［出版发行］花城出版社，2001
［索书号］I247.5/6513

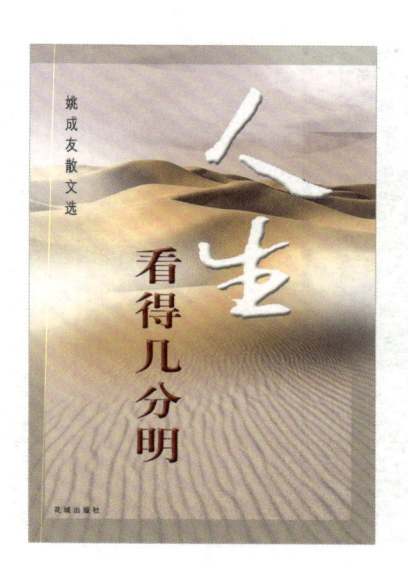

11082　人生看得几分明：姚成友散文选

2001年设计，平装 第1版第1次印刷
［责任者］姚成友著
［出版发行］花城出版社，2001

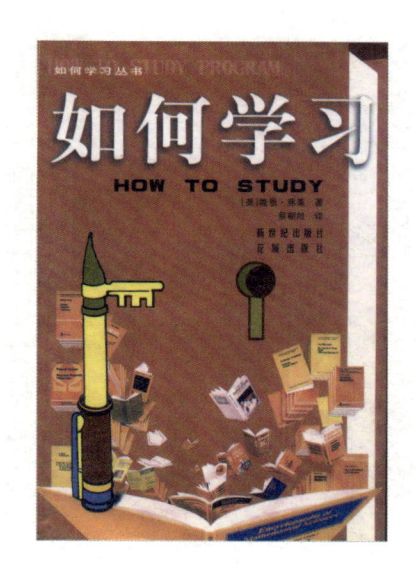

11083　如何学习丛书：如何学习

2001年设计，平装 第1版第1次印刷
［责任者］（美）隆恩·弗莱（Ron Fry）著，蔡朝旭译
［出版发行］新世纪出版社、花城出版社，2001
［索书号］G79/96

11084　如何学习丛书：有效阅读

2001年设计，平装 第1版第1次印刷
［责任者］（美）隆恩·弗莱（Ron Fry）著，尤淑雅译
［出版发行］新世纪出版社、花城出版社，2001

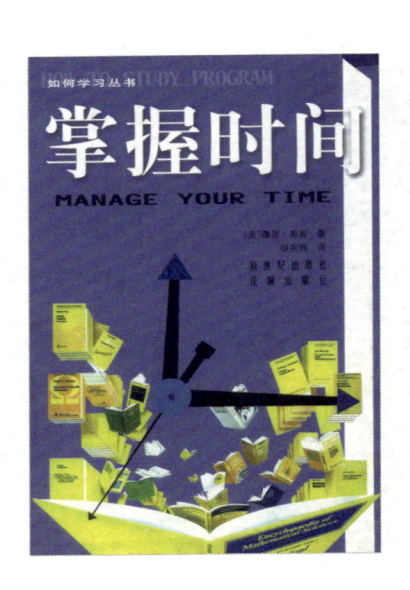

11085　如何学习丛书：掌握时间

2001年设计，平装 第1版第1次印刷
［责任者］（美）隆恩·弗莱（Ron Fry）著，胡宗驹译
［出版发行］新世纪出版社、花城出版社，2001

11086　三下西江

2001年设计，平装 第1版第1次印刷
［责任者］陈庆昌著
［出版发行］花城出版社，2001
［索书号］I267/3798

11087　山花海月：姚成友诗歌选

2001年设计，平装 第1版第1次印刷
［责任者］姚成友著
［出版发行］花城出版社，2001

11088　上海两才女：张爱玲 苏青散文精粹

2001年设计，平装 第1版第1次印刷
［责任者］沈小兰、于青选编
［出版发行］花城出版社，2001
［索书号］I267/1068

11089　上海两才女：张爱玲 苏青小说精粹

2001年设计，平装 第1版第1次印刷
［责任者］沈小兰、于青选编
［出版发行］花城出版社，2001

11090　少年英雄江格尔

2001年设计，平装 第1版第1次印刷
［责任者］高有鹏著
［出版发行］花城出版社，2001
［索书号］I287/168

11091　深圳文化研究

2001年设计，平装 第1版第1次印刷
［责任者］杨宏海主编
［出版发行］花城出版社，2001
［索书号］G127/61

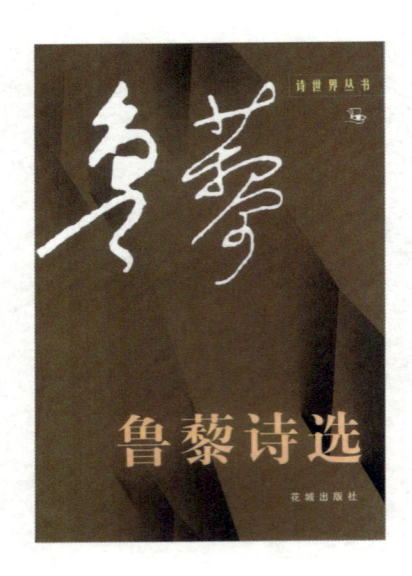

11092　诗世界丛书：鲁藜诗选

2001年设计，平装 第1版第1次印刷
［责任者］鲁藜著
［出版发行］花城出版社，2001
［索书号］I227/795

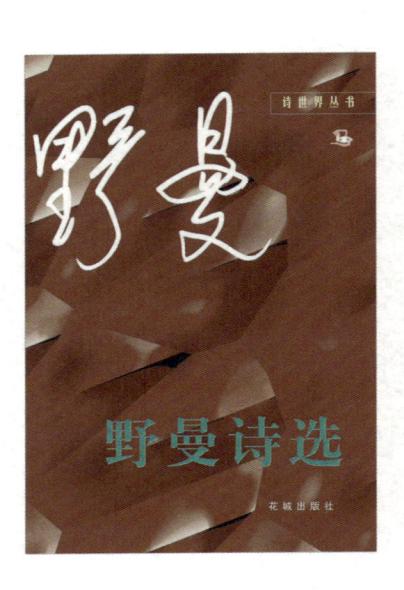

11093　诗世界丛书：野曼诗选

2001年设计，平装 第1版第1次印刷
［责任者］野曼著
［出版发行］花城出版社，2001
［索书号］I227/658

11094　市委书记在上任时失踪

2001年设计，平装 第1版第1次印刷
［责任者］大木著
［出版发行］花城出版社，2001
［索书号］I247.5/5976

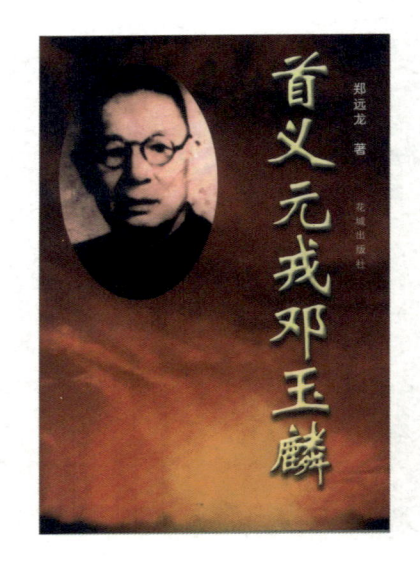

11095　首义元戎邓玉麟

2001年设计，平装 第1版第1次印刷
［责任者］郑远龙著
［出版发行］花城出版社，2001
［索书号］I247.5/7020

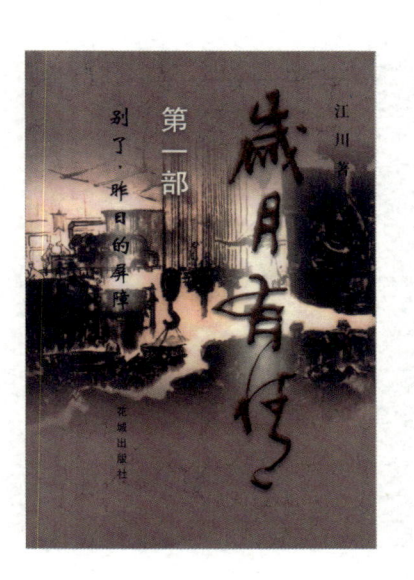

11096　岁月潮声

2001年设计，平装 第1版第1次印刷
［责任者］柯原著
［出版发行］花城出版社，2001
［索书号］I253/1328

11097　岁月有情.第一部：别了，昨日的屏障

2001年设计，平装 第1版第1次印刷
［责任者］江川著
［出版发行］花城出版社，2001
［索书号］I247.5/14496/1

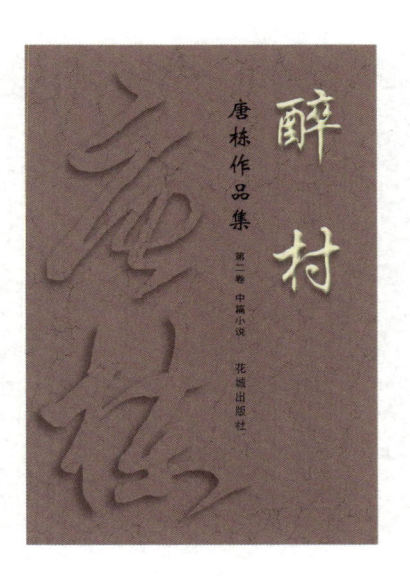

11098　唐栋作品集.第一卷：沉默的冰山

2001年设计，精装 第1版第1次印刷
［责任者］唐栋著
［出版发行］花城出版社，2001
［索书号］I217/1244/1

11099　唐栋作品集.第二卷：醉村

2001年设计，精装 第1版第1次印刷
［责任者］唐栋著
［出版发行］花城出版社，2001
［索书号］I217/1244/2

11100　唐栋作品集.第三卷：无人之境

2001年设计，精装 第1版第1次印刷
［责任者］唐栋著
［出版发行］花城出版社，2001
［索书号］I217/1244/3

11101　唐栋作品集.第四卷：兵车行

2001年设计，精装 第1版第1次印刷
［责任者］唐栋著
［出版发行］花城出版社，2001
［索书号］I217/1244/4

11102　唐栋作品集.第五卷：岁月风景

2001年设计，精装 第1版第1次印刷
［责任者］唐栋著
［出版发行］花城出版社，2001
［索书号］I217/1244/5

11103　唐栋作品集.第六卷：什普利河梦幻

2001年设计，精装 第1版第1次印刷
［责任者］唐栋著
［出版发行］花城出版社，2001
［索书号］I217/1244/6

11104   同学一场系列：爱情从今晚开始

2001年设计，平装 第1版第1次印刷
［责任者］熊斌著
［出版发行］花城出版社，2001
［索书号］I247.5/6304

11105   同学一场系列：大二的冬天

2001年设计，平装 第1版第1次印刷
［责任者］刘非著
［出版发行］花城出版社，2001
［索书号］I247.5/6297

11106   同学一场系列：青春的沉淀

2001年设计，平装 第1版第1次印刷
［责任者］陶萍著
［出版发行］花城出版社，2001
［索书号］I247.5/6298

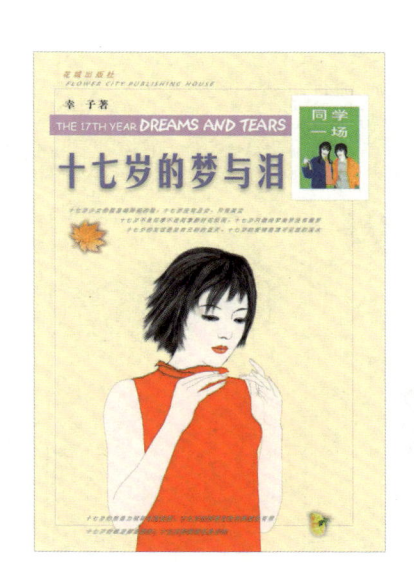

11107   同学一场系列：十七岁的梦与泪

2001年设计，平装 第1版第1次印刷
［责任者］幸子著
［出版发行］花城出版社，2001
［索书号］I247.5/6305

11108　童年，只有一次

2001年设计，平装 第1版第1次印刷
［责任者］张蒙蒙著
［出版发行］花城出版社，2001
［索书号］I287/169

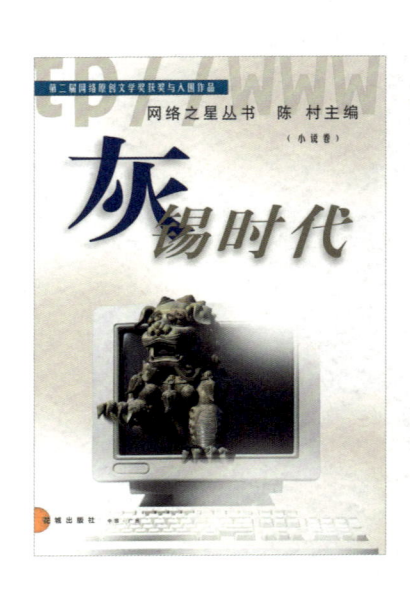

11109　网络之星丛书：灰锡时代

2001年设计，平装 第1版第1次印刷
［责任者］陈村主编
［出版发行］花城出版社，2001
［索书号］I247.7/1209

11110　网络之星丛书：猫城故事

2001年设计，平装 第1版第1次印刷
［责任者］陈村主编
［出版发行］花城出版社，2001
［索书号］I247.7/1210

11111　网络之星丛书：人类凶猛

2001年设计，平装 第1版第1次印刷
［责任者］陈村主编
［出版发行］花城出版社，2001
［索书号］I267/3926

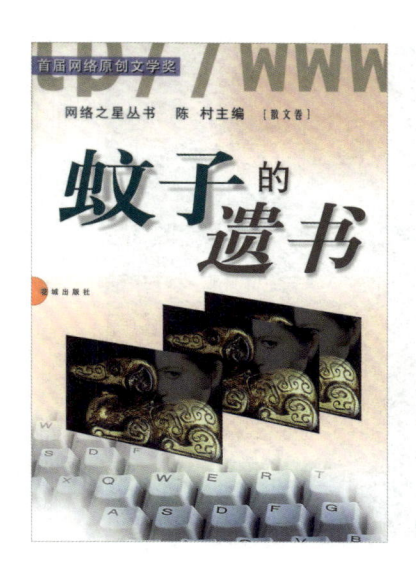

11112　网络之星丛书：蚊子的遗书

2001年设计，平装 第1版第1次印刷
［责任者］陈村主编
［出版发行］花城出版社，2000
［索书号］I267/2875

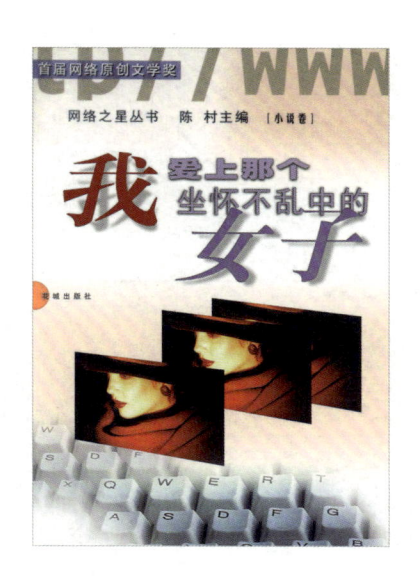

11113　网络之星丛书：我爱上那个坐怀不乱的女子

2001年设计，平装 第1版第1次印刷
［责任者］陈村主编
［出版发行］花城出版社，2000

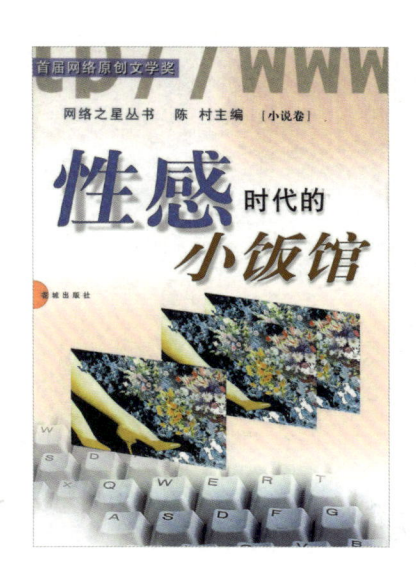

11114　网络之星丛书：性感时代的小饭馆

2001年设计，平装 第1版第1次印刷
［责任者］陈村主编
［出版发行］花城出版社，2000
［索书号］I247.7/981

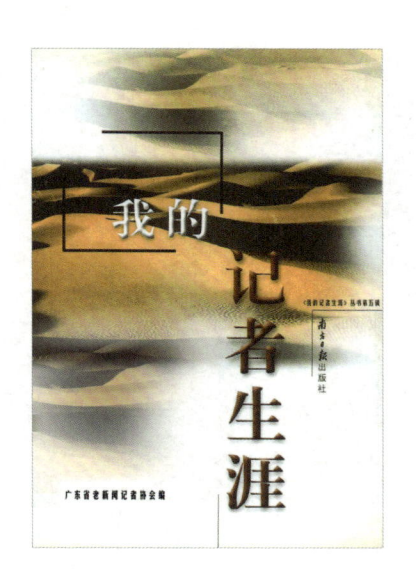

11115　我的记者生涯.第五辑

2001年设计，平装 第1版第1次印刷
［责任者］广东省老新闻记者协会编
［出版发行］南方日报出版社，2001
［索书号］I253/1454/5

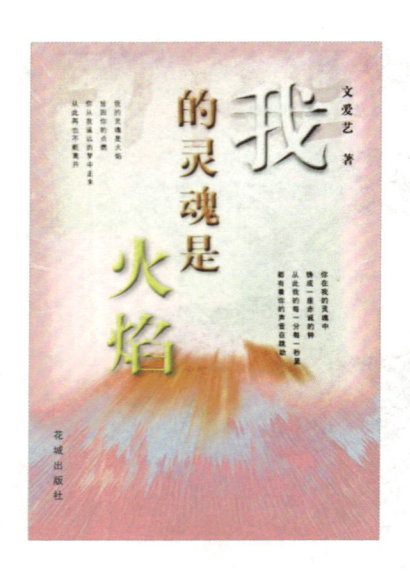

11116　我的灵魂是火焰

2001年设计，平装 第1版第1次印刷
[责任者] 文爱艺著
[出版发行] 花城出版社，2001

11117　无后为大

2001年设计，平装 第1版第1次印刷
[责任者] 吴启泰著
[出版发行] 花城出版社，2001
[索书号] I247.5/6391

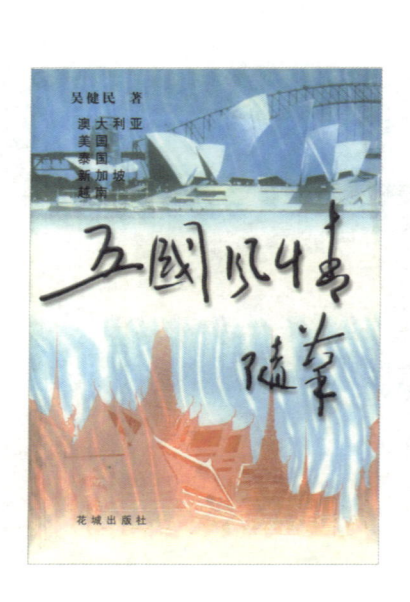

11118　五国风情随笔

2001年设计，平装 第1版第1次印刷
[责任者] 吴健民著
[出版发行] 花城出版社，2001
[索书号] I267/4100

11119　遐想集

2001年设计，平装 第1版第1次印刷
[责任者] 吴健民著
[出版发行] 花城出版社，2001
[索书号] I217/596

第一部分：图书封面　‹‹‹　21世纪以来图书封面设计作品　　279

11120　像心一样敞开的花朵

2001年设计，平装 第1版第1次印刷
［责任者］文爱艺著
［出版发行］花城出版社，2001

11121　心歌

2001年设计，精装 第1版第1次印刷
［责任者］陆圣存著
［出版发行］花城出版社，2001
［索书号］I227/1376

11122　新注今译中国古典名著丛书：周易

2001年设计，平装 第1版第1次印刷
［责任者］张善文注译
［出版发行］花城出版社，2001

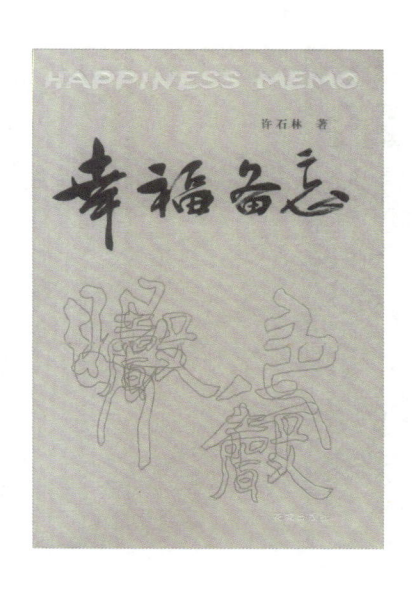

11123　幸福备忘

2001年设计，平装 第1版第1次印刷
［责任者］许石林著
［出版发行］花城出版社，2001
［索书号］I267/3939

11124　学琴的孩子最快乐——让
　　　　孩子学好音乐的家长手册

2001年设计，平装 第1版第1次印刷
［责任者］林小晴著
［出版发行］新世纪出版社、花城出版社，2001
［索书号］G613/53

11125　雪中跳舞的红裙子

2001年设计，平装 第1版第1次印刷
［责任者］龙宿莽著
［出版发行］花城出版社，2001
［索书号］I247.5/6238

11126　［杨慧卿作品］：活该都是你的错

2001年设计，平装 第1版第1次印刷
［责任者］（加拿大）杨慧卿著
［出版发行］花城出版社，2001
［索书号］I711/71

11127　［杨慧卿作品］：男人是狗狗

2001年设计，平装 第1版第1次印刷
［责任者］（加拿大）杨慧卿著
［出版发行］花城出版社，2001
［索书号］I711/73

11128 ［杨慧卿作品］：千万不要告诉别人

2001年设计，平装 第1版第1次印刷
［责任者］(加拿大) 杨慧卿著
［出版发行］花城出版社，2001
［索书号］I711/82

11129 ［杨慧卿作品］：全因为想得太多

2001年设计，平装 第1版第1次印刷
［责任者］(加拿大) 杨慧卿著
［出版发行］花城出版社，2001
［索书号］I711/72

11130 ［杨慧卿作品］：我不担心你骗我

2001年设计，平装 第1版第1次印刷
［责任者］(加拿大) 杨慧卿著
［出版发行］花城出版社，2001
［索书号］I711/106

11131　一笔 OUT 消 VS 百万富翁 .1

2001年设计，平装 第1版第1次印刷

［责任者］明窗出版社编辑部

［出版发行］花城出版社，2001

11132　一笔 OUT 消 VS 百万富翁 .2

2001年设计，平装 第1版第1次印刷

［责任者］明窗出版社编辑部

［出版发行］花城出版社，2001

11133　一笔 OUT 消 VS 百万富翁 .3

2001年设计，平装 第1版第1次印刷

［责任者］明窗出版社编辑部

［出版发行］花城出版社，2001

11134　一个意大利人的自述 . 上

2001年设计，平装 第1版第1次印刷

［责任者］（意大利）伊波利托·涅埃沃著，李玉成、夏方林、吴淑英译

［出版发行］花城出版社，2001

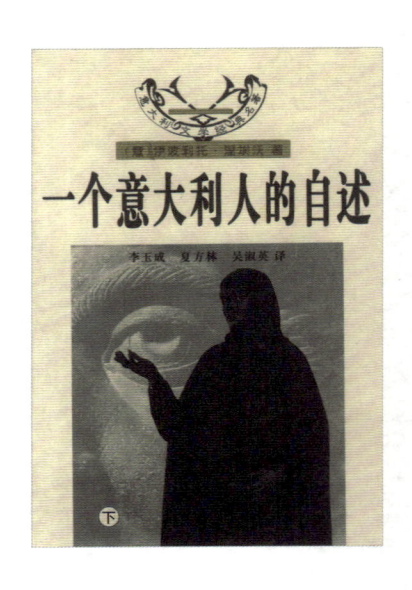

11135　一个意大利人的自述 . 下

2001年设计，平装 第1版第1次印刷

［责任者］（意大利）伊波利托·涅埃沃著，李玉成、夏方林、吴淑英译

［出版发行］花城出版社，2001

［索书号］I546/52/2

11136　英语语法高分大谋略

2001年设计，平装 第1版第1次印刷
［责任者］车英、王河洛编著
［出版发行］世界图书出版公司，2001

11137　营地

2001年设计，平装 第1版第1次印刷
［责任者］朱家斌著
［出版发行］花城出版社，2001

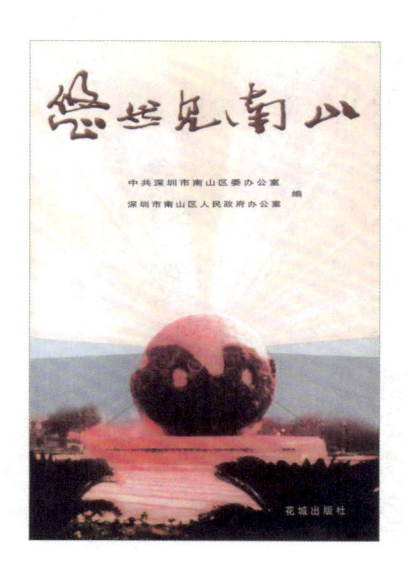

11138　悠然见南山

2001年设计，平装 第1版第1次印刷
［责任者］朱军主编
［出版发行］花城出版社，2001
［索书号］D619/129

11139　粤警雄风

2001年设计，平装 第1版第1次印刷
［责任者］广东省公安厅编
［出版发行］广东公安报社，2001
［索书号］D631/625

11140　张爱玲：张迷世界

2001年设计，平装 第1版第1次印刷
［责任者］今冶编著
［出版发行］花城出版社，2001

11141　张大千系列丛书：张大千·飞扬世界

2001年设计，平装 第1版第1次印刷
［责任者］李永翘著
［出版发行］广东公安报社，2001

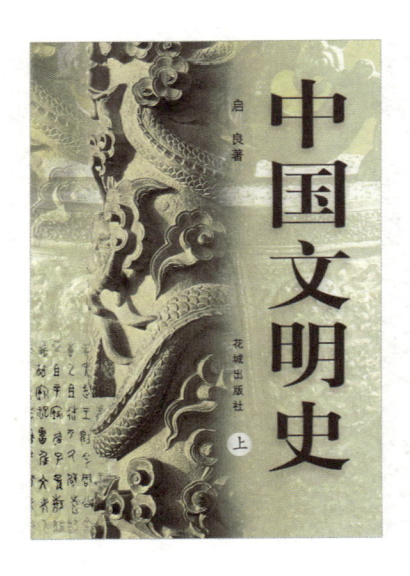

11142　中国文明史．上

2001年设计，平装 第1版第1次印刷
［责任者］启良著
［出版发行］花城出版社，2001
［索书号］K203/185/1

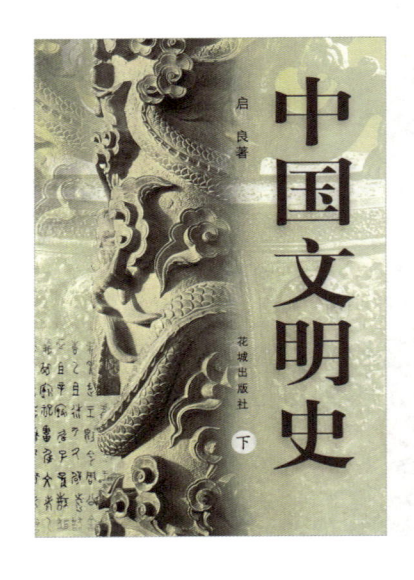

11143　中国文明史．下

2001年设计，平装 第1版第1次印刷
［责任者］启良著
［出版发行］花城出版社，2001
［索书号］K203/185/2

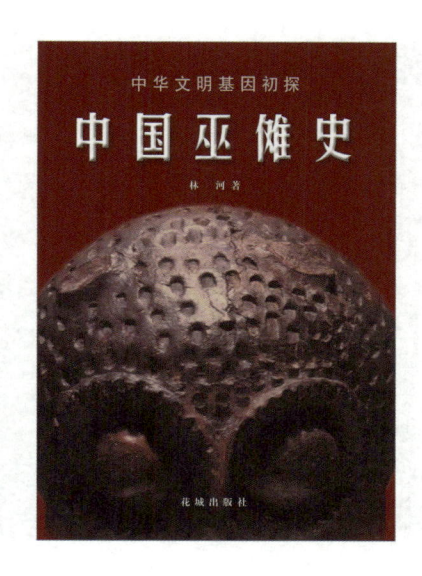

第一部分：图书封面　　‹‹‹　21世纪以来图书封面设计作品　　285

11144　中国巫傩史：中华文明基因初探

2001年设计，平装 第1版第1次印刷
[责任者] 林河著
[出版发行] 花城出版社，2001
[索书号] K203/2

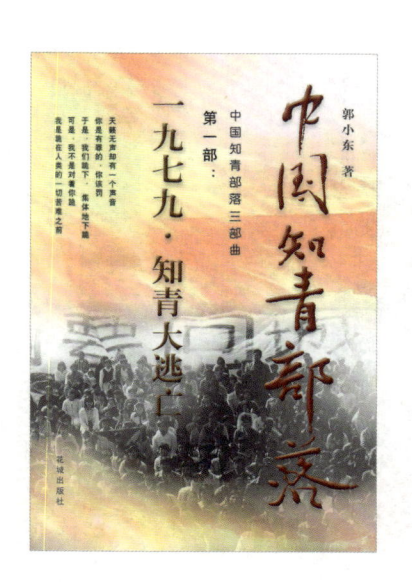

11145　中国知青部落.第一部：
　　　　一九七九·知青大逃亡

2001年设计，2001年第2版 2001年第3次印刷
[责任者] 郭小东著
[出版发行] 花城出版社，2001
[索书号] I247.5/G961.2/［2］1

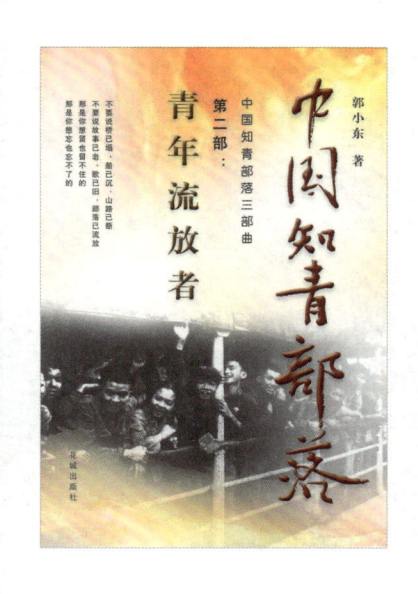

11146　中国知青部落.第二部：青年流放者

2001年设计，平装 第1版第1次印刷
[责任者] 郭小东著
[出版发行] 花城出版社，2001
[索书号] I247.5/G961.2/［2］2

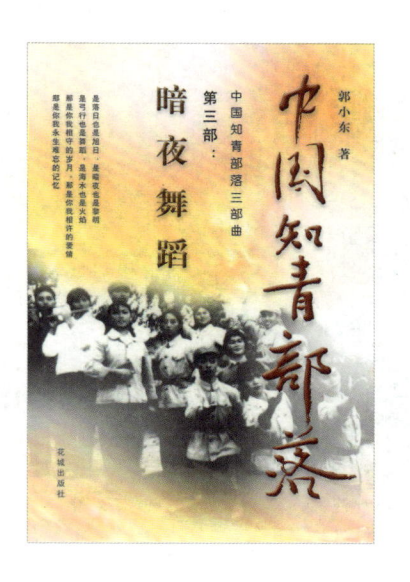

11147　中国知青部落.第三部：暗夜舞蹈

2001年设计，平装 第1版第1次印刷
[责任者] 郭小东著
[出版发行] 花城出版社，2001
[索书号] I247.5/G961.2/［2］3

11148　周志发校园青春小说三部曲.第二部：青春的骚动

2001年设计，平装 第1版第1次印刷

[责任者] 周志发著

[出版发行] 花城出版社，2001

[索书号] I247.5/7395/2

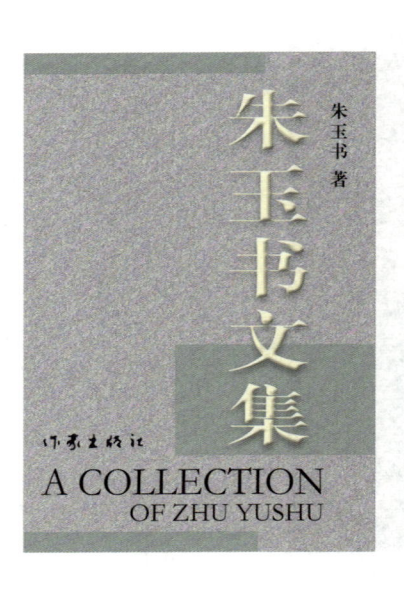

11149　朱玉书文集

2001年设计，平装 第1版第1次印刷

[责任者] 朱玉书著

[出版发行] 作家出版社，2001

[索书号] I217/1264

11150　"仿真洋鬼子"的胡思乱想

2002年设计，平装 第1版第1次印刷

[责任者]（美）刘荒田著

[出版发行] 花城出版社，2002

[索书号] I712.6/118

11151　21世纪的两性关系——预测、反思、对策

2002年设计，平装 第1版第1次印刷

[责任者] 方刚著

[出版发行] 花城出版社，2002

[索书号] C913.1/696

11152　7种终生受用的学习方法

2002年设计，平装 第1版第1次印刷
［责任者］（美）詹姆斯·戴维斯（James R.Davis），（美）艾德蕾德·戴维斯（Adelaide B.Davis）著，苏慧容译
［出版发行］花城出版社，2002

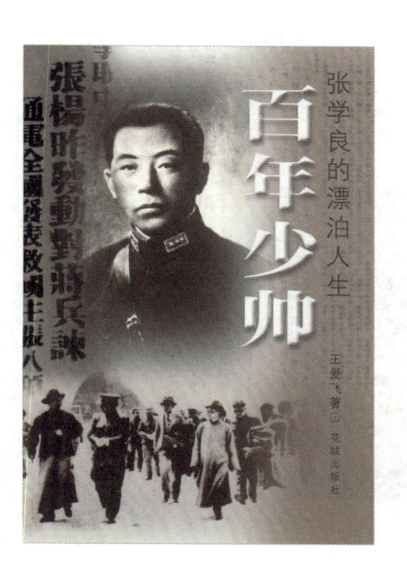

11153　百年少帅：张学良的漂泊人生

2002年设计，平装 第1版第1次印刷
［责任者］王爱飞著
［出版发行］花城出版社，2002

11154　柏杨传

2002年设计，平装 第1版第1次印刷
［责任者］韩斌著
［出版发行］花城出版社，2002
［索书号］K825.6/910

11155　悲情女性三部曲：心狱

2002年设计，平装 第1版第1次印刷
［责任者］陈玉春著
［出版发行］花城出版社，2002

11156　乘邮轮周游世界

2002年设计，平装 第1版第1次印刷
［责任者］古镇煌著
［出版发行］花城出版社，2002
［索书号］K919/43

11157　春之韵

2002年设计，平装 第1版第1次印刷
［责任者］李孟昱著
［出版发行］花城出版社，2002
［索书号］I217/1245

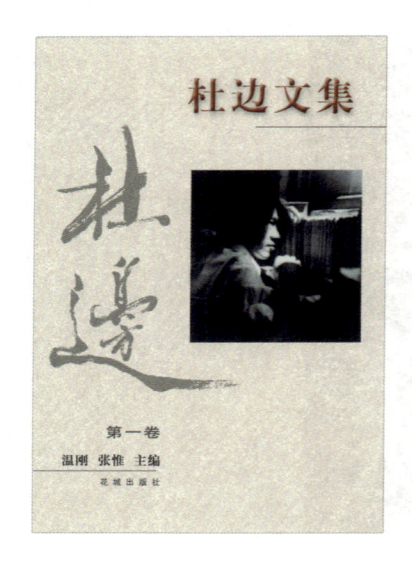

11158　杜边文集．第一卷

2002年设计，精装 第1版第1次印刷
［责任者］杜边著，温刚、张惟主编
［出版发行］花城出版社，2002
［索书号］I217/728/1

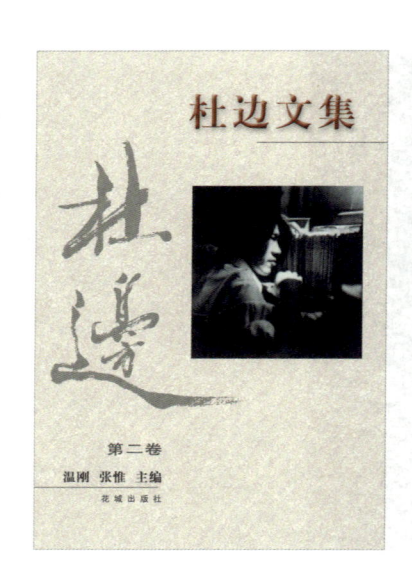

11159　杜边文集．第二卷

2002年设计，精装 第1版第1次印刷
［责任者］杜边著，温刚、张惟主编
［出版发行］花城出版社，2002
［索书号］I217/728/2

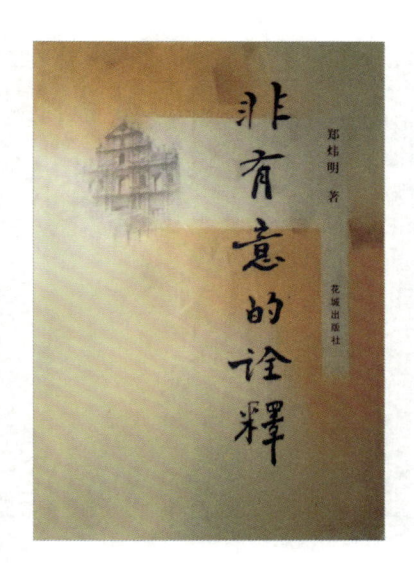

11160　非有意的诠释

2002年设计，平装 第1版第1次印刷
［责任者］郑炜明著
［出版发行］花城出版社，2002
［索书号］I206.7/1049

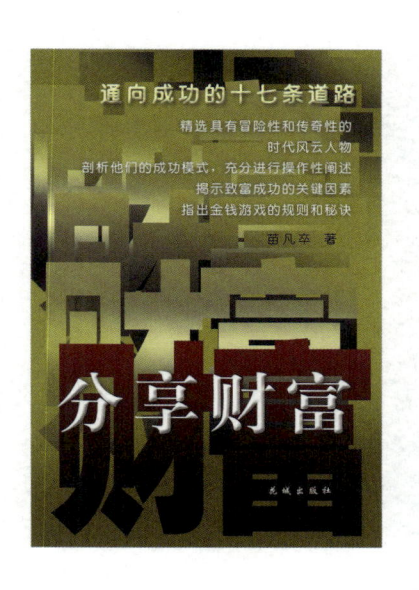

11161　分享财富：通向成功的十七条道路

2002年设计，平装 第1版第1次印刷
［责任者］苗凡卒著
［出版发行］花城出版社，2001

11162　海南过客

2002年设计，平装 第1版第1次印刷
［责任者］于川著
［出版发行］花城出版社，2002
［索书号］I247.5/7679

11163　花样年华：
　　　　你的生日花运

2002年设计，平装 第1版第1次印刷
［责任者］古留香编著
［出版发行］花城出版社，2002

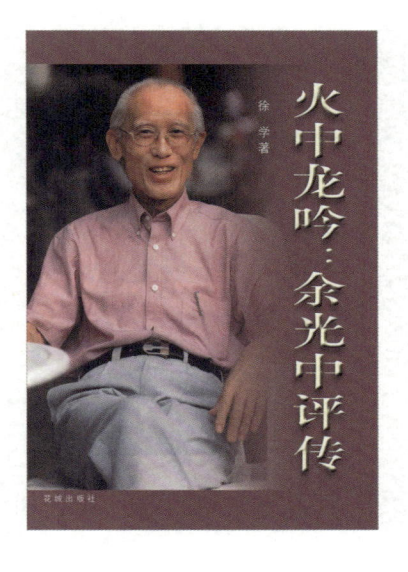

11164　火中龙吟：余光中评传

2002年设计，平装 第1版第1次印刷
［责任者］徐学著
［出版发行］花城出版社，2002
［索书号］K825.6/623

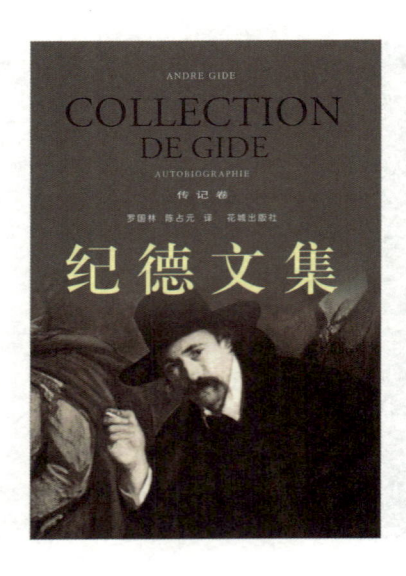

11165　纪德文集 . 传记卷

2002年设计，平装 第1版第1次印刷
[责任者]（法）安德烈·纪德（Andre Gide）著，
　　　　罗国林、陈占元译
[出版发行]花城出版社，2002
[索书号]I565.1/24/5

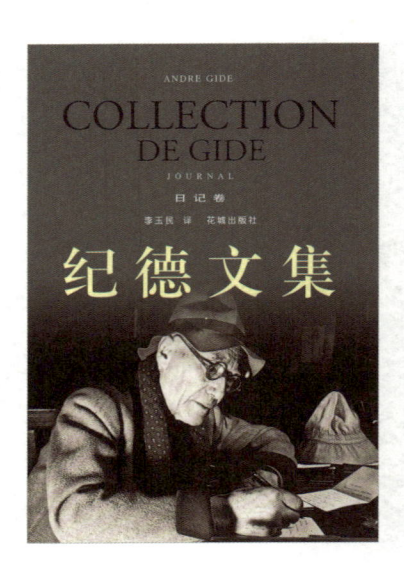

11166　纪德文集 . 日记卷

2002年设计，平装 第1版第1次印刷
[责任者]（法）安德烈·纪德（Andre Gide）著，李玉民译
[出版发行]花城出版社，2002
[索书号]I565.1/24/3

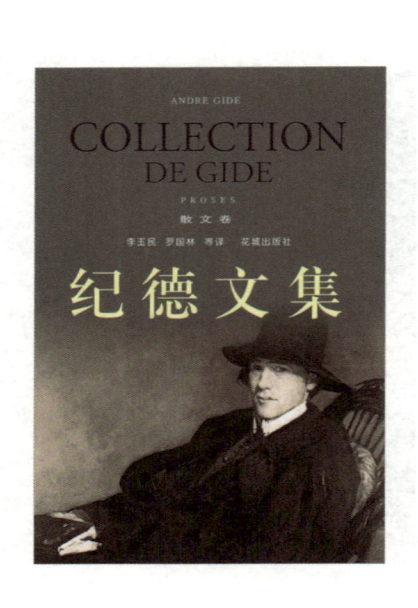

11167　纪德文集 . 散文卷

2002年设计，平装 第1版第1次印刷
[责任者]（法）安德烈·纪德（Andre Gide）著，
　　　　李玉民、罗国林等译
[出版发行]花城出版社，2002
[索书号]I565.1/24/2

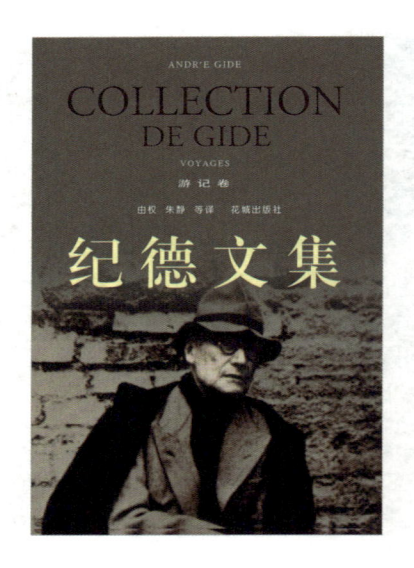

11168　纪德文集 . 游记卷

2002年设计，平装 第1版第1次印刷
[责任者]（法）安德烈·纪德（Andre Gide）著，
　　　　由权、朱静等译
[出版发行]花城出版社，2002

11169　江湖伦敦：剑桥女孩的叙述

2002年设计，平装 第1版第1次印刷
[责任者] 陈叠著
[出版发行] 花城出版社，2002
[索书号] I253/1530

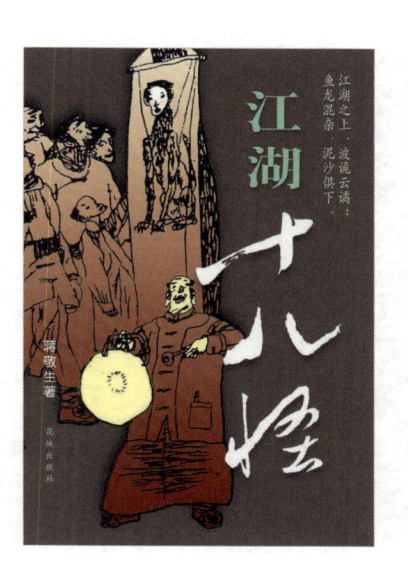

11170　江湖十八怪

2002年设计，平装 第1版第1次印刷
[责任者] 蒋敬生著
[出版发行] 花城出版社，2002

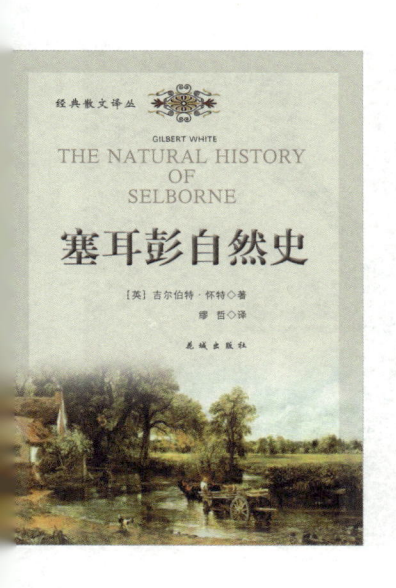

11171　经典散文译丛：
　　　　塞耳彭自然史

2002年设计，平装 第1版第1次印刷
[责任者]（英）吉尔伯特·怀特著，
　　　　 缪哲译
[出版发行] 花城出版社，2002

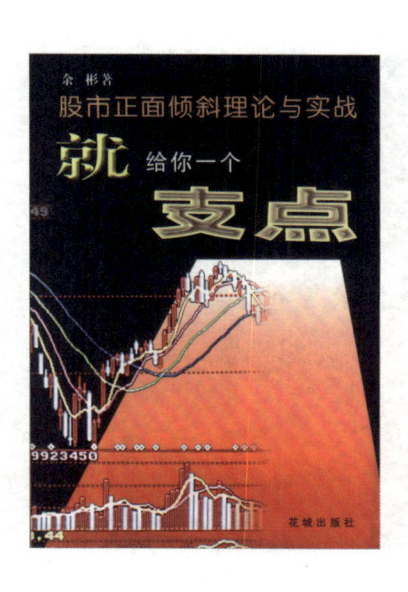

11172　就给你一个支点：股市
　　　　正面倾斜理论与实战

2002年设计，平装 第1版第1次印刷
[责任者] 余彬著
[出版发行] 花城出版社，2002
[索书号] F830.9/1031

11173　看断相思

2002年设计，平装 第1版第1次印刷
[责任者] 柯绮著
[出版发行] 花城出版社，2002

292　文学的长河：封面·构成　›››

11174　李碧华作品集.七：
　　　　水云散发
2002年设计，平装 第1版第1次印刷
［责任者］李碧华著
［出版发行］花城出版社，2002

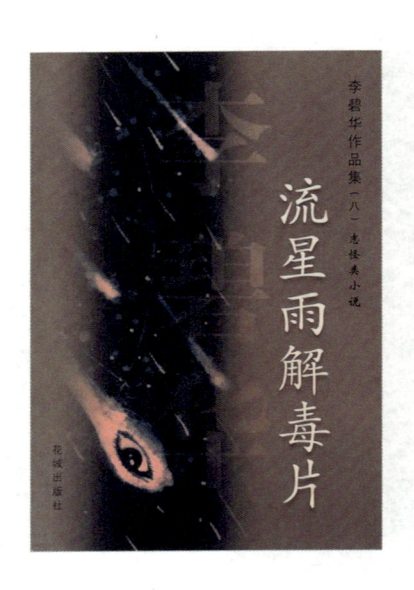

11175　李碧华作品集.八：
　　　　流星雨解毒片
2002年设计，平装 第1版第1次印刷
［责任者］李碧华著
［出版发行］花城出版社，2002

11176　李碧华作品集.九：
　　　　樱桃青衣
2002年设计，平装 第1版第1次印刷
［责任者］李碧华著
［出版发行］花城出版社，2002
［索书号］I247.7/1541

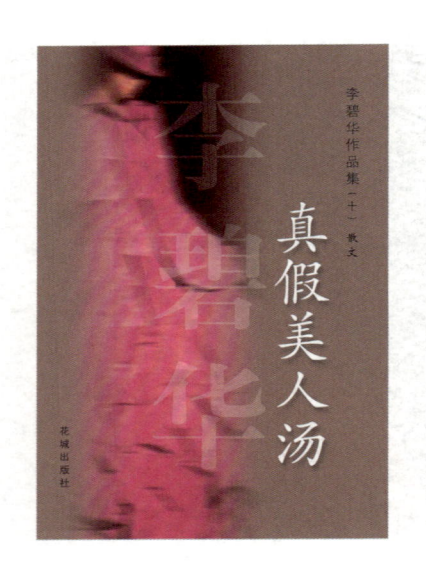

11177　李碧华作品集.十：
　　　　真假美人汤
2002年设计，平装 第1版第1次印刷
［责任者］李碧华著
［出版发行］花城出版社，2002
［索书号］I267/4450

11178　李碧华作品集.十一：
　　　　梦之浮桥
2002年设计，平装 第1版第1次印刷
［责任者］李碧华著
［出版发行］花城出版社，2002

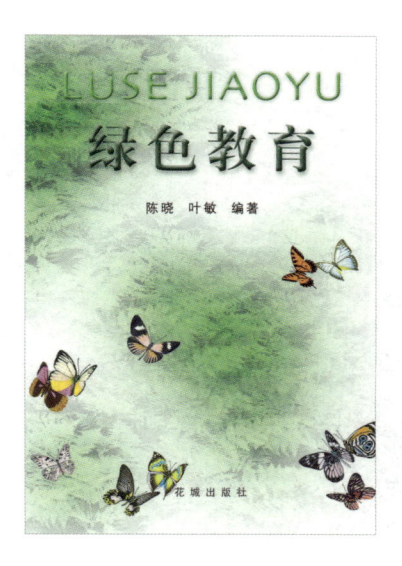

11179　绿色教育

2002年设计，平装 第1版第1次印刷
［责任者］陈晓、叶敏编著
［出版发行］花城出版社，2002
［索书号］G623/20

11180　绿叶集

2002年设计，平装 第1版第1次印刷
［责任者］姚柏林著
［出版发行］花城出版社，2002
［索书号］I267/8173

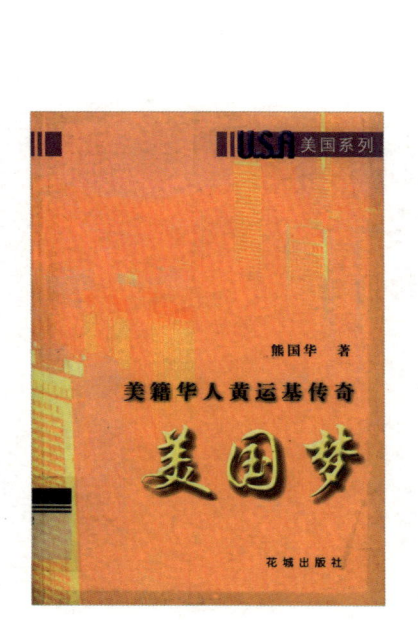

11181　美国系列：美国梦：美籍华人黄运基传奇

2002年设计，平装 第1版第1次印刷
［责任者］熊国华著
［出版发行］花城出版社，2002
［索书号］K837.12/671

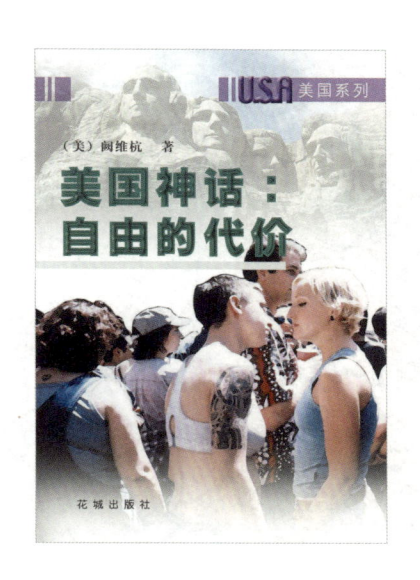

11182　美国系列：美国神话：自由的代价

2002年设计，平装 第1版第1次印刷
［责任者］(美)阚维杭著
［出版发行］花城出版社，2002
［索书号］I712.6/122

11183　纽约的天空

2002年设计，平装 第1版第1次印刷
［责任者］殷茵著
［出版发行］花城出版社，2002
［索书号］I247.5/7081

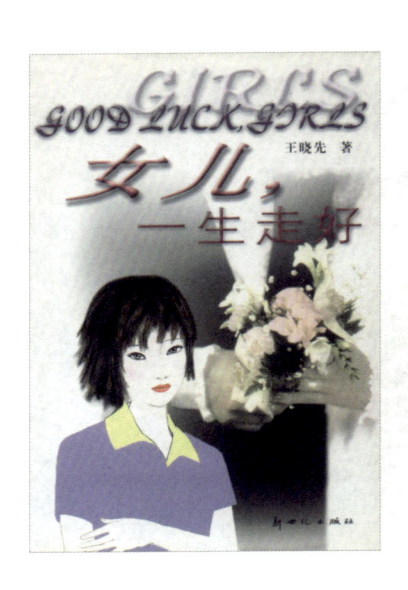

11184　女儿，一生走好

2002年设计，平装 第1版第1次印刷
［责任者］王晓先著
［出版发行］新世纪出版社，2002

11185　其实，命运可以改变

2002年设计，平装 第1版第1次印刷
［责任者］江城子、陈翠平、罗欣编著
［出版发行］花城出版社，2002
［索书号］B848/1012/1

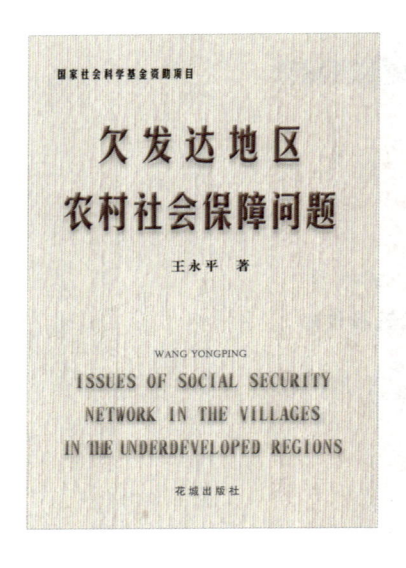

11186　欠发达地区农村社会保障问题：
　　　　江西老区社会保障调研报告

2002年设计，平装 第1版第1次印刷
［责任者］王永平著
［出版发行］花城出版社，2002

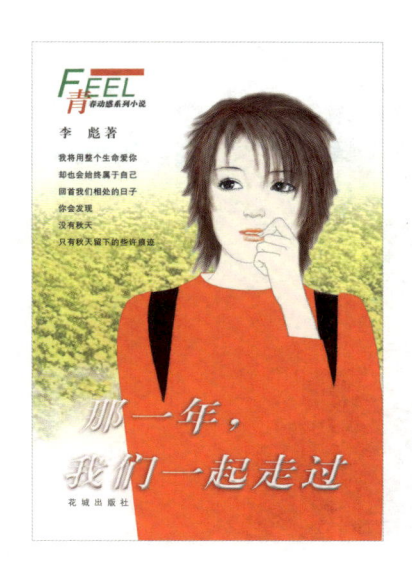

11187　青春动感系列小说：那
　　　　一年，我们一起走过

2002年设计，平装 第1版第1次印刷
［责任者］李彪著
［出版发行］花城出版社，2002

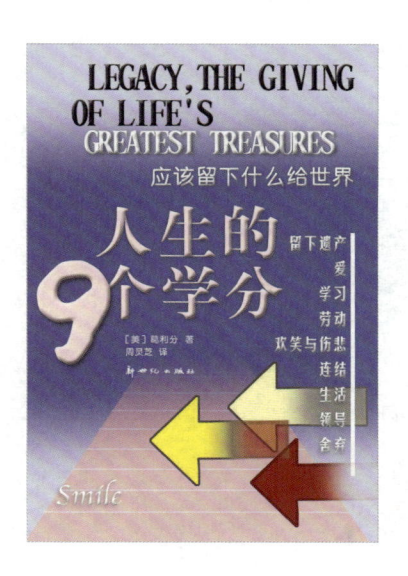

11188　人生的9个学分

2002年设计，平装 第1版第1次印刷
［责任者］（美）葛利分著，周灵芝译
［出版发行］花城出版社，2002

11189　上海闲人

2002年设计，平装 第1版第1次印刷
［责任者］于川著
［出版发行］花城出版社，2002
［索书号］I247.5/7679/2

11190　谁影响你孩子的未来

2002年设计，平装 第1版第1次印刷
［责任者］（美）塞勒·塞维若著，陈翠平译
［出版发行］新世纪出版社，2002

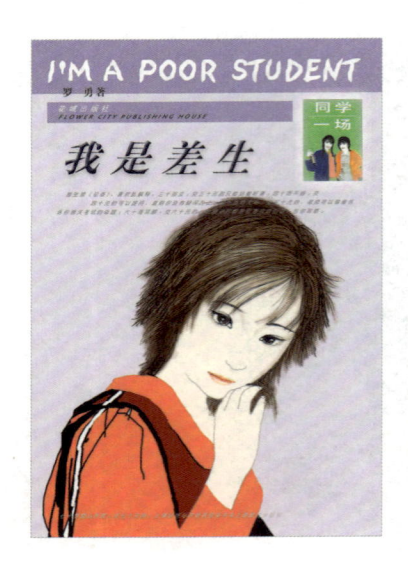

11191　同学一场系列：我是差生

2002年设计，平装 第1版第1次印刷
［责任者］罗勇著
［出版发行］花城出版社，2002
［索书号］I247.5/7089

11192　同学一场系列：乌托邦中学

2002年设计，平装 第1版第1次印刷
［责任者］黄浩欣著
［出版发行］花城出版社，2002
［索书号］I247.5/7010

11193　同学一场系列：享受成长

2002年设计，平装 第1版第1次印刷
［责任者］张文波著
［出版发行］花城出版社，2002

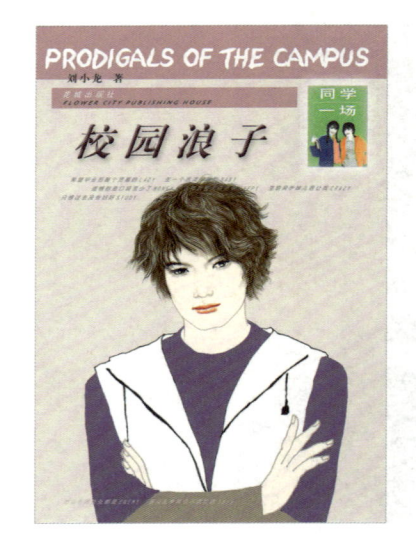

11194　同学一场系列：校园浪子

2002年设计，平装 第1版第1次印刷
［责任者］刘小虎著
［出版发行］花城出版社，2002

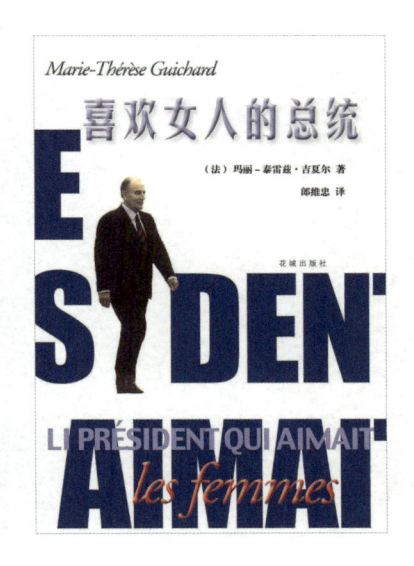

11195　喜欢女人的总统

2002年设计，平装 第1版第1次印刷
[责任者]（法）玛丽-泰雷兹·吉夏尔（Marie-therese Guichard）著，郎维忠译
[出版发行]花城出版社，2002
[索书号]K835.65/134

11196　新人类

2002年设计，平装 第1版第1次印刷
[责任者]苗凡卒著
[出版发行]花城出版社，2002
[索书号]D669/382

11197　新注今译中国古典名
　　　　著：诗经
2002年设计，平装 第1版第1次印刷
[责任者]陈节注译
[出版发行]花城出版社，2002
[索书号]I222/455

11198　性别的革命

2002年设计，平装 第1版第1次印刷
[责任者]方刚著
[出版发行]花城出版社，2002
[索书号]B844/543

11199　英文名句欣赏

2002年设计，平装 第1版第1次印刷
[责任者]张子樟编著
[出版发行]花城出版社，2002
[索书号]H313/483

11200　原色爱情

2002年设计，平装 第1版第1次印刷
[责任者] 邰莹著
[出版发行] 花城出版社，2002
[索书号] I247.7/1383

11201　张爱玲：最后一炉香

2002年设计，平装 第1版第1次印刷
[责任者] 于青著
[出版发行] 花城出版社，2002

11202　张瑛姐姐牵手丛书：我不想长大

2002年设计，平装 第1版第1次印刷
[责任者] 明明著
[出版发行] 花城出版社，2002
[索书号] H194/157

11203　张瑛姐姐牵手丛书：我有我的世界

2002年设计，平装 第1版第1次印刷
[责任者] 洋洋著
[出版发行] 花城出版社，2002
[索书号] H194/158

11204　张瑛姐姐牵手丛书：我有一个彩色的
　　　　梦：全国十佳少先队员马思健成长日记
2002年设计，平装 第1版第1次印刷
［责任者］马思健著
［出版发行］花城出版社，2002
［索书号］I287.6/44

11205　张瑛姐姐牵手丛书：张蒙蒙
　　　　日记.1：告诉你，我不笨
2002年设计，平装 第1版第1次印刷
［责任者］张蒙蒙著
［出版发行］花城出版社，2002

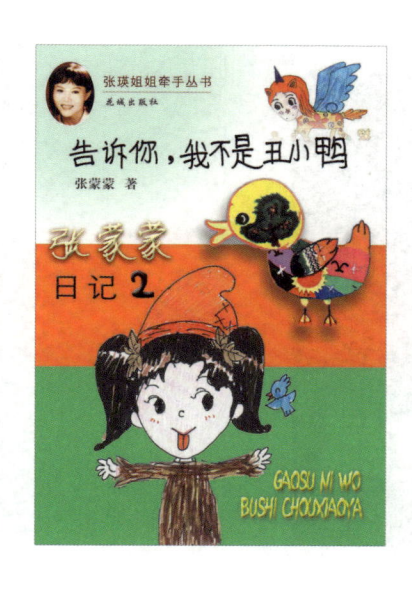

11206　张瑛姐姐牵手丛书：张蒙蒙日
　　　　记.2：告诉你，我不是丑小鸭
2002年设计，平装 第2版第6次印刷
［责任者］张蒙蒙著
［出版发行］花城出版社，2002
［索书号］I287.6/52/［2］2

11207　张瑛姐姐牵手丛书：张蒙
　　　　蒙日记.4：快乐伴我成长
2002年设计，平装 第1版第1次印刷
［责任者］张蒙蒙著
［出版发行］花城出版社，2002
［索书号］I287/282

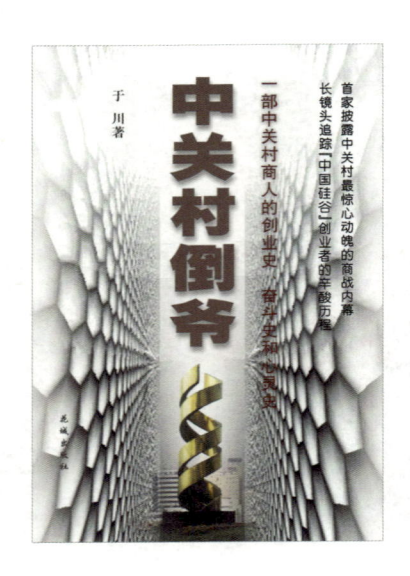

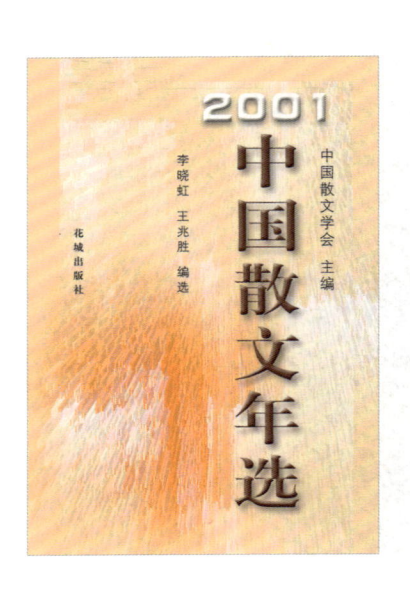

11208　中关村倒爷：一部中关村商人的创业史、奋斗史和心灵史

2002年设计，平装 第1版第1次印刷
［责任者］于川著
［出版发行］花城出版社，2002
［索书号］I247.5/6974

11209　中国散文年选.2001

2002年设计，平装 第1版第1次印刷
［责任者］中国散文学会主编，李晓虹、王兆胜编选
［出版发行］花城出版社，2002
［索书号］I267/4585/2001

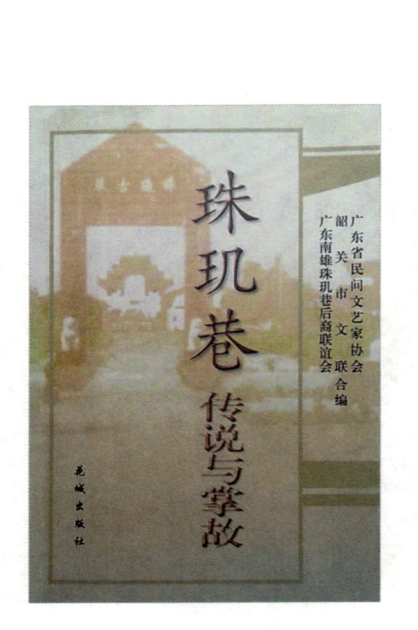

11210　珠玑巷传说与掌故

2002年设计，平装 第1版第1次印刷
［责任者］广东省民间文艺家协会，韶关市文联、广东南雄珠玑巷后裔联谊会合编
［出版发行］花城出版社，2002
［索书号］I277/814

11211　1号考查组

2003年设计，平装 第1版第1次印刷
［责任者］陈玉福著
［出版发行］花城出版社，2003
［索书号］I247.5/8955

11212　爱情死了婚姻还活着

2003年设计，平装 第1版第1次印刷
［责任者］郭楠著
［出版发行］花城出版社，2003
［索书号］I247.5/9019

11213　巴赫初级钢琴曲集

2003年设计，平装 第1版第1次印刷
［责任者］巴赫著
［出版发行］花城出版社，2003

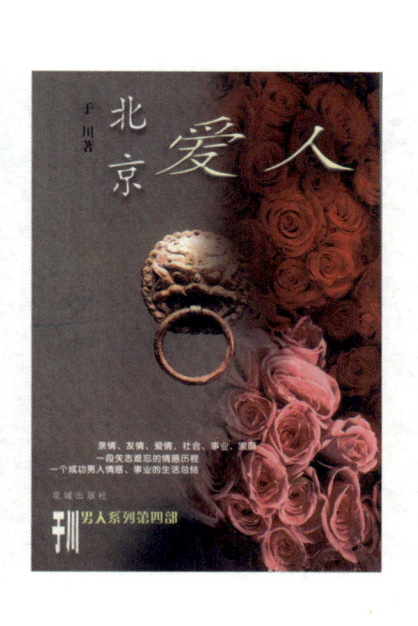

11214　北京爱人

2003年设计，平装 第1版第1次印刷
［责任者］于川著
［出版发行］花城出版社，2003
［索书号］I247.5/9016

11215　别控制我

2003年设计，平装 第1版第1次印刷
［责任者］（美）理查德·斯坦纳克著，肖薇译
［出版发行］花城出版社，2003

11216　别为我操心——青少年自我管理技巧

2003年设计，平装 第1版第1次印刷
[责任者]（美）朱莉·摩根斯坦，（美）杰西·摩根斯坦·考伦著，杨炜、曾冰颖译
[出版发行] 花城出版社，2003
[索书号] G77/26

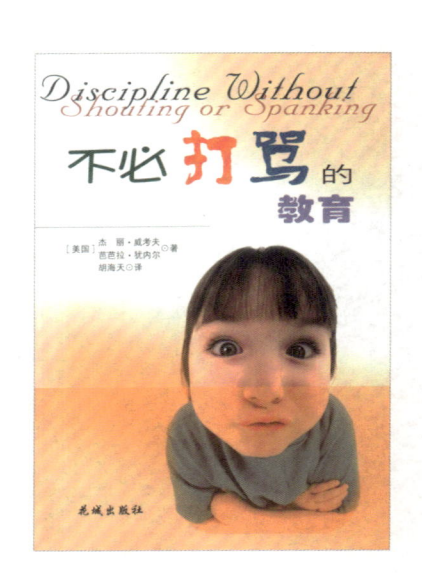

11217　不必打骂的教育

2003年设计，平装 第1版第1次印刷
[责任者]（美）杰丽·威考夫（Jerry Wyckoff），（美）芭芭拉·犹内尔（Barbara C.Unell）著，胡海天译
[出版发行] 花城出版社，2003
[索书号] G610/42

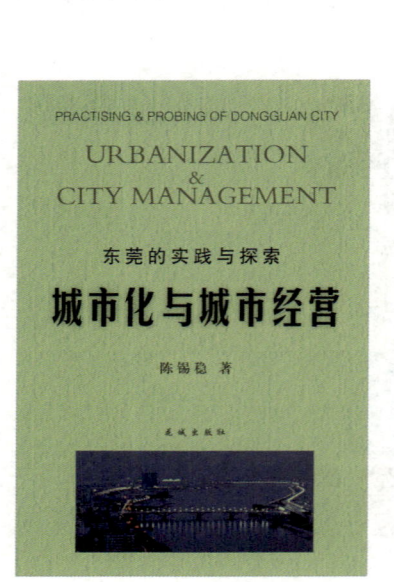

11218　城市化与城市经营：
　　　　东莞的实践与探索

2003年设计，平装 第1版第1次印刷
[责任者] 陈锡稳著
[出版发行] 花城出版社，2003

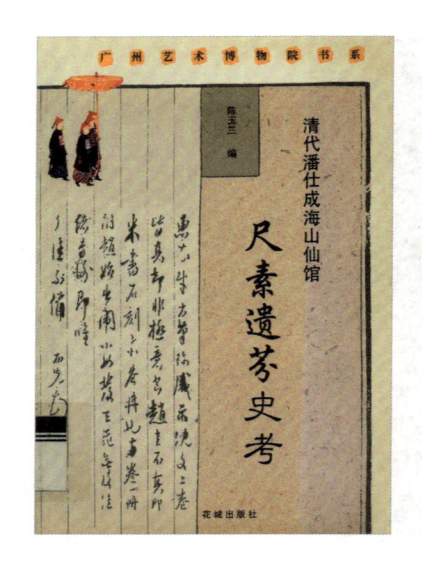

11219　尺素遗芬史考：清代潘仕成海山仙馆

2003年设计，平装 第1版第1次印刷
[责任者] 陈玉兰著
[出版发行] 花城出版社，2003
[索书号] K877/95

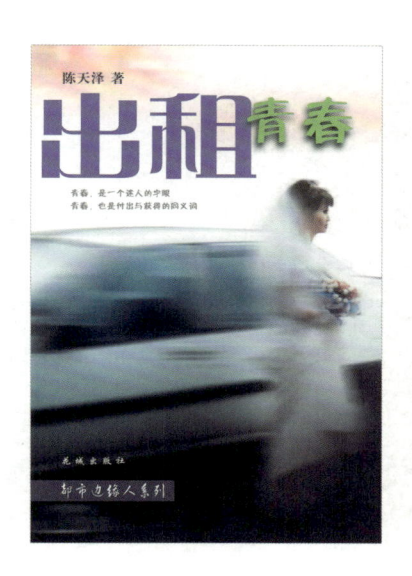

11220　出租青春

2003年设计，平装 第1版第1次印刷
［责任者］陈天泽著
［出版发行］花城出版社，2003
［索书号］I247.5/7893

11221　从打工妹到亿万富姐

2003年设计，平装 第1版第1次印刷
［责任者］彭东明著
［出版发行］花城出版社，2003
［索书号］I247.5/7904

11222　大家小集：郁达夫集.散文卷

2003年设计，软精装 第1版第1次印刷
［责任者］郁达夫著，袁盛勇编注
［出版发行］花城出版社，2003

11223　大家小集：郁达夫集.小说卷

2003年设计，软精装 第1版第1次印刷
［责任者］郁达夫著，袁盛勇编注
［出版发行］花城出版社，2003
［索书号］I216/308

11224　大迁徙

2003年设计，平装 第1版第1次印刷
［责任者］程贤章、胡小钉著
［出版发行］花城出版社，2003
［索书号］I247.5/9022

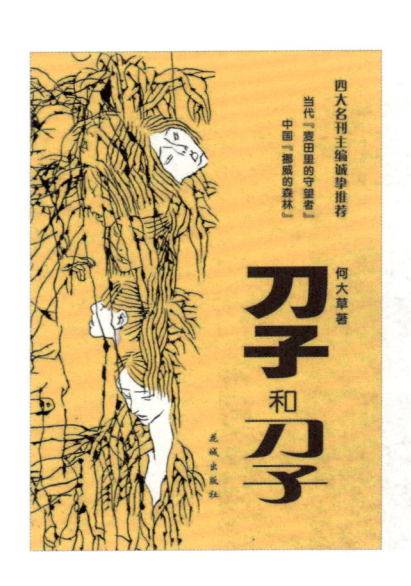

11225　刀子和刀子

2003年设计，平装 第1版第1次印刷
［责任者］何大草著
［出版发行］花城出版社，2003
［索书号］I247.5/9053

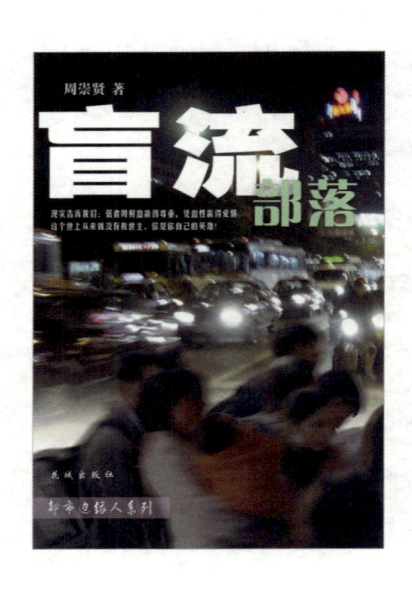

11226　都市边缘人系列：盲流部落

2003年设计，平装 第1版第1次印刷
［责任者］周崇贤著
［出版发行］花城出版社，2003
［索书号］I247.5/7901

11227　都市边缘人系列：我流浪因为我悲伤

2003年设计，平装 第1版第1次印刷
［责任者］周崇贤著
［出版发行］花城出版社，2003

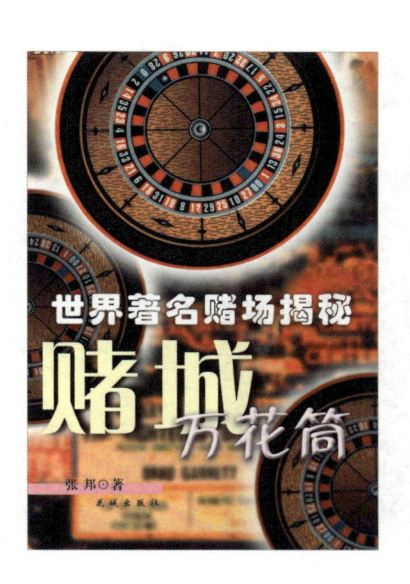

11228　赌城万花筒：世界著名赌场揭秘

2003年设计，平装 第1版第1次印刷
［责任者］张邦著
［出版发行］花城出版社，2003
［索书号］D771.2/404

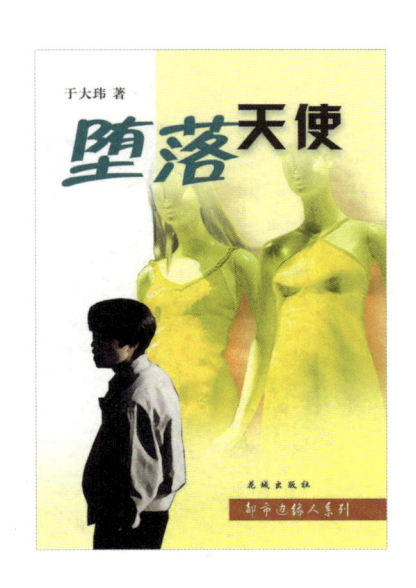

11229　堕落天使

2003年设计，平装 第1版第1次印刷
［责任者］于大玮著
［出版发行］花城出版社，2003
［索书号］I247.5/9014

11230　疯狂的深秋

2003年设计，平装 第1版第1次印刷
［责任者］陈天泽著
［出版发行］花城出版社，2003

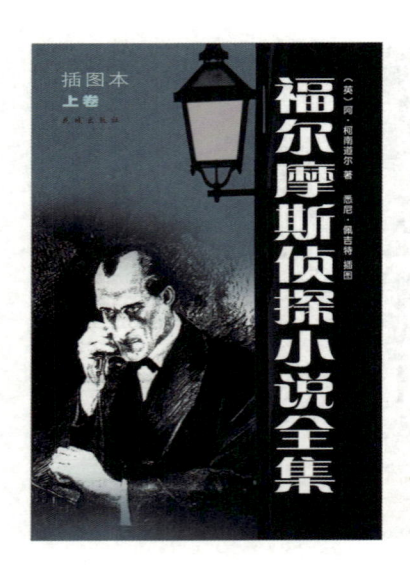

11231　福尔摩斯侦探小说全集：插图本.上卷

2003年设计，平装 第2版第7次印刷

［责任者］（英）阿·柯南道尔（Arthur Conan Doyle）著，
　　　　　（英）悉尼·佩吉特（Sidney Paget）插图

［出版发行］花城出版社，2003

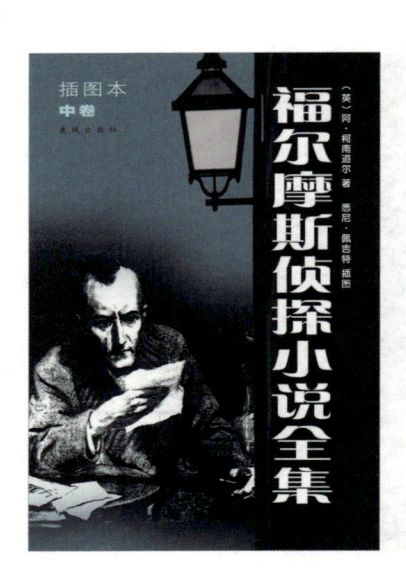

11232　福尔摩斯侦探小说全集：插图本.中卷

2003年设计，平装 第2版第7次印刷

［责任者］（英）阿·柯南道尔（Arthur Conan Doyle）著，
　　　　　（英）悉尼·佩吉特（Sidney Paget）插图

［出版发行］花城出版社，2003

11233　福尔摩斯侦探小说全集：插图本.下卷

2003年设计，平装 第2版第7次印刷

［责任者］（英）阿·柯南道尔（Arthur Conan Doyle）著，
　　　　　（英）悉尼·佩吉特（Sidney Paget）插图

［出版发行］花城出版社，2003

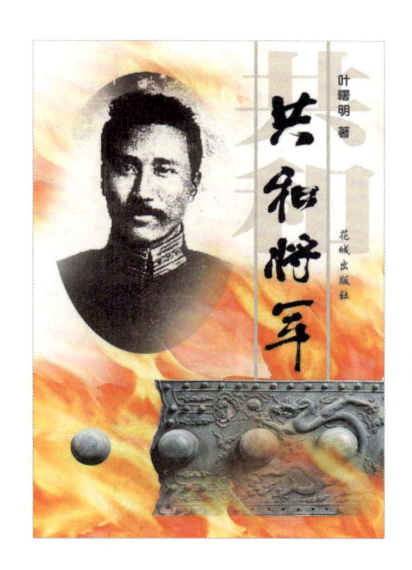

11234　共和将军

2003年设计，平装 第1版第1次印刷
［责任者］叶曙明著
［出版发行］花城出版社，2003

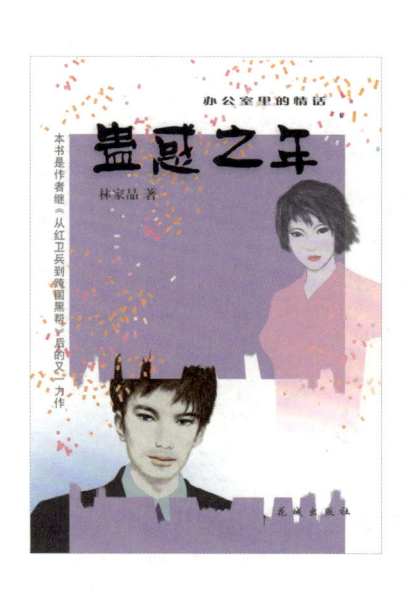

11235　蛊惑之年

2003年设计，平装 第1版第1次印刷
［责任者］林家品著
［出版发行］花城出版社，2003
［索书号］I247.5/9043

11236　广东音乐200首

2003年设计，平装 第1版第1次印刷
［责任者］广东省当代文艺研究所编
［出版发行］花城出版社，2002
［索书号］J648.7/12

11237　虎门遗韵

2003年设计，平装 第1版第1次印刷
［责任者］钟淦泉、邓慕尧编
［出版发行］花城出版社，2003

11238　今夜你有好心情

2003年设计，平装 第1版第1次印刷
［责任者］舒婷著
［出版发行］花城出版社，2003
［索书号］I267/8151

11239　经典散文译丛：昆虫记.卷一

2003年设计，平装 第2版第2次印刷
［责任者］（法）法布尔著
［出版发行］花城出版社，2001

11240　经典散文译丛：昆虫记.卷二

2003年设计，平装 第2版第2次印刷
［责任者］（法）法布尔著
［出版发行］花城出版社，2001

11241　经典散文译丛：昆虫记.卷三

2003年设计，平装 第2版第2次印刷
[责任者]（法）法布尔著
[出版发行]花城出版社，2001

11242　经典散文译丛：昆虫记.卷四

2003年设计，平装 第2版第2次印刷
[责任者]（法）法布尔著
[出版发行]花城出版社，2001

11243　经典散文译丛：昆虫记.卷五

2003年设计，平装 第2版第2次印刷
[责任者]（法）法布尔著
[出版发行]花城出版社，2001

11244　经典散文译丛：昆虫记.卷六

2003年设计，平装 第2版第2次印刷
[责任者]（法）法布尔著
[出版发行]花城出版社，2001

文学的长河：封面·构成　>>>

11245　经典散文译丛：昆虫记.卷七

2003年设计，平装 第2版第2次印刷
［责任者］（法）法布尔著
［出版发行］花城出版社，2001

11246　经典散文译丛：昆虫记.卷八

2003年设计，平装 第2版第2次印刷
［责任者］（法）法布尔著
［出版发行］花城出版社，2001

11247　经典散文译丛：昆虫记.卷九

2003年设计，平装 第2版第2次印刷
［责任者］（法）法布尔著
［出版发行］花城出版社，2001

11248　经典散文译丛：昆虫记.卷十

2003年设计，平装 第2版第2次印刷
［责任者］（法）法布尔著
［出版发行］花城出版社，2001

11249　精彩看世界

2003年设计，平装 第1版第1次印刷
［责任者］杨宝祥著
［出版发行］花城出版社，2003

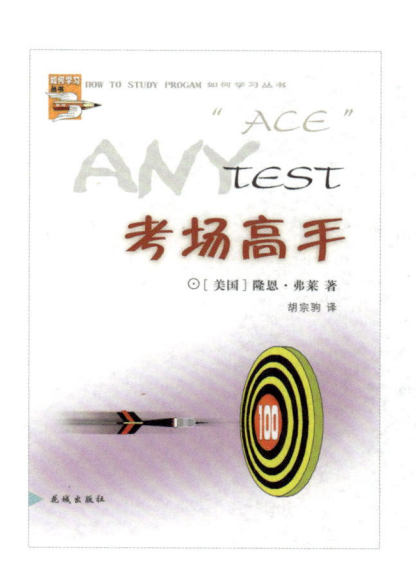

11250　考场高手

2003年设计，平装 第1版第1次印刷
［责任者］(美)隆恩·弗莱（Ron Fry）著，冯沛祖译
［出版发行］花城出版社，2003

11251　科技伦理漫话

2003年设计，平装 第1版第1次印刷
［责任者］王克、谢冠华、陈立中、
　　　　　陈卓武、郑鹏、李晴茂著
［出版发行］花城出版社，2003

11252　苦涩的青果

2003年设计，平装 第1版第1次印刷
［责任者］周志发著
［出版发行］花城出版社，2003
［索书号］I247.5/7395/3

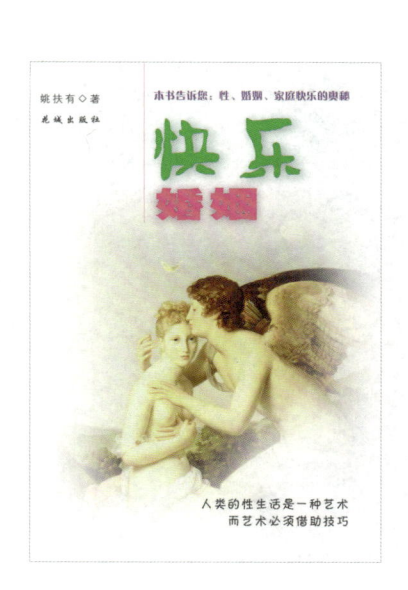

11253　快乐婚姻

2003年设计，平装 第1版第1次印刷
［责任者］姚扶有著
［出版发行］花城出版社，2003
［索书号］R167/223

11254　李碧华作品集．十二：
　　　　泼墨
2003年设计，平装 第1版第1次印刷
［责任者］李碧华著
［出版发行］花城出版社，2003

11255　李碧华作品集．十三：
　　　　草书
2003年设计，平装 第1版第1次印刷
［责任者］李碧华著
［出版发行］花城出版社，2003

11256　李碧华作品集．十四：
　　　　只是蝴蝶不愿意
2003年设计，平装 第1版第1次印刷
［责任者］李碧华著
［出版发行］花城出版社，2003
［索书号］I267/5317

11257　李碧华作品集．十五：
　　　　八十八夜
2003年设计，平装 第1版第1次印刷
［责任者］李碧华著
［出版发行］花城出版社，2003

11258　李碧华作品集．十六：
　　　　鸦片粉圆
2003年设计，平装 第1版第1次印刷
［责任者］李碧华著
［出版发行］花城出版社，2003

11259　流行语漫谈

2003年设计，平装 第1版第1次印刷
［责任者］林伦伦著
［出版发行］花城出版社，2003
［索书号］H136.4/11

11260　乱世纯情

2003年设计，平装 第1版第1次印刷
［责任者］伊腊著
［出版发行］花城出版社，2003
［索书号］I247.5/14553

11261　毛泽东诗词鉴赏

2003年设计，平装 第1版第1次印刷
［责任者］田秉锷编著
［出版发行］花城出版社，2003

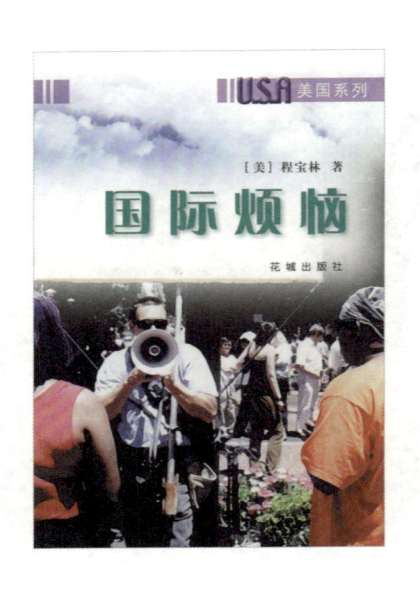

11262　美国系列：国际烦恼

2003年设计，平装 第1版第1次印刷
［责任者］（美）程宝林著
［出版发行］花城出版社，2003

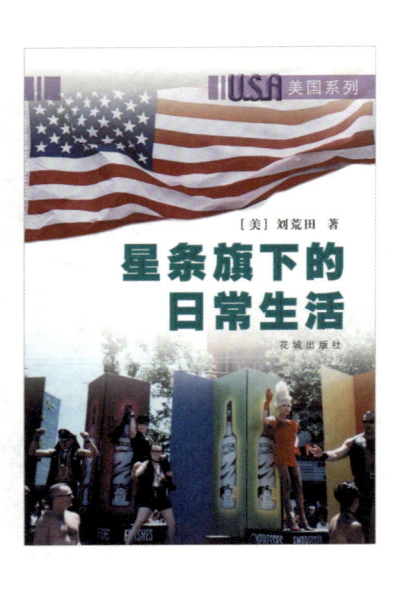

11263　美国系列：星条旗下的日常生活

2003年设计，平装 第1版第1次印刷
［责任者］（美）刘荒田著
［出版发行］花城出版社，2003
［索书号］I712.6/126

11264　迷幻香薰

2003年设计，平装 第1版第1次印刷
［责任者］麦洁著
［出版发行］花城出版社，2003
［索书号］I247.7/1831

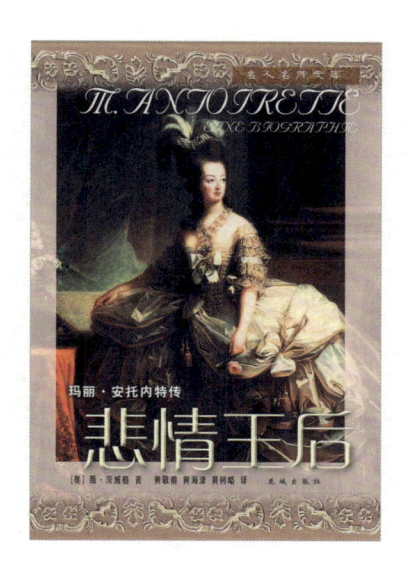

11265　名人名传文库：悲情王
　　　　后：玛丽·安托内特传

2003年设计，平装 第2版第2次印刷

［责任者］（奥）斯·茨威格著，黄敬甫、黄海津、
　　　　　黄树略译

［出版发行］花城出版社，2003

11266　名人名传文库：邓肯自传

2003年设计，平装 第1版第1次印刷

［责任者］（美）伊莎朵拉·邓肯（Isadora Duncan）著，
　　　　　张敏译

［出版发行］花城出版社，2003

［索书号］K837.12/823/［2］

11267　名人名传文库：拿破仑传

2003年设计，平装 第3版第8次印刷

［责任者］（德）艾米尔·路德维希著，梅沱、张苹、
　　　　　徐凯希、王建华译

［出版发行］花城出版社，2003

11268　名人名传文库：拿破仑传

2003年设计，平装 第3版第9次印刷

［责任者］（德）艾米尔·路德维希著，梅沱、张苹、
　　　　　徐凯希、王建华译

［出版发行］花城出版社，2003

［索书号］K835.65/92/［2］

11269　名人名传文库：为爱疯狂：
　　　　苏格兰女王玛丽·斯图亚特传
2003年设计，平装 第1版第1次印刷
［责任者］(奥)斯·茨威格著，王蓓蓓、黄敬甫、林璐译
［出版发行］花城出版社，2003

11270　名人名传文库：
　　　　维多利亚时代四名人传
2003年设计，平装 第1版第1次印刷
［责任者］(英)利顿·斯特拉奇著，逢珍译
［出版发行］花城出版社，2003

11271　墓后回忆录．上卷

2003年设计，平装 第1版第1次印刷
［责任者］（法）夏多布里昂著，程依荣译
［出版发行］花城出版社，2003
［索书号］I565.5/17/1

11272　墓后回忆录．中卷

2003年设计，平装 第1版第1次印刷
［责任者］（法）夏多布里昂著，管筱明译
［出版发行］花城出版社，2003
［索书号］I565.5/17/2

11273　墓后回忆录．下卷

2003年设计，平装 第1版第1次印刷
［责任者］（法）夏多布里昂著，王南方、罗仁携等译
［出版发行］花城出版社，2003
［索书号］I565.5/17/3

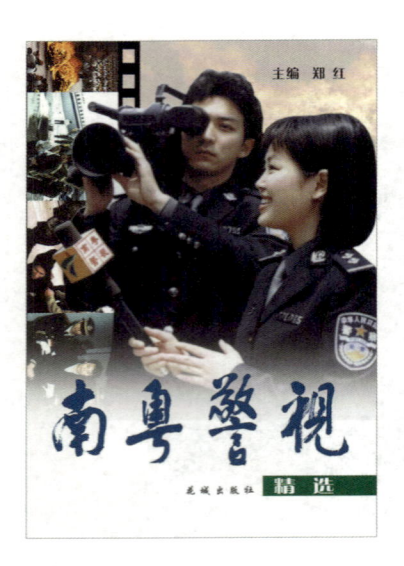

11274　南粤警视精选

2003年设计，平装 第1版第1次印刷
［责任者］郑红主编
［出版发行］花城出版社，2003

11275　品茶说天下

2003年设计，平装 第1版第1次印刷
［责任者］《南风窗》杂志社编
［出版发行］花城出版社，2003
［索书号］I267/6238

11276　权奴

2003年设计，平装 第1版第1次印刷
［责任者］王琼胜著
［出版发行］花城出版社，2003
［索书号］I247.5/9020

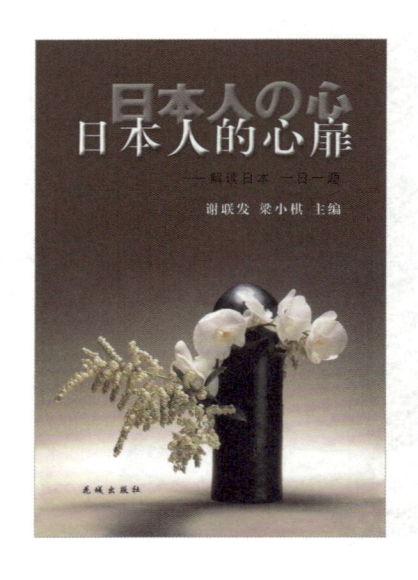

11277　日本人的心扉

2003年设计，平装 第1版第1次印刷
［责任者］谢联发、梁小棋主编
［出版发行］花城出版社，2003

11278　如何学习系列：如何学习

2003年设计，平装 第2版第2次印刷
［责任者］（美）隆恩·弗莱著，蔡朝旭译
［出版发行］新世纪出版社、花城出版社，2003

11279　如何学习系列：有效阅读

2003年设计，平装 第2版第2次印刷
［责任者］（美）隆恩·弗莱著，尤淑雅译
［出版发行］新世纪出版社、花城出版社，2003

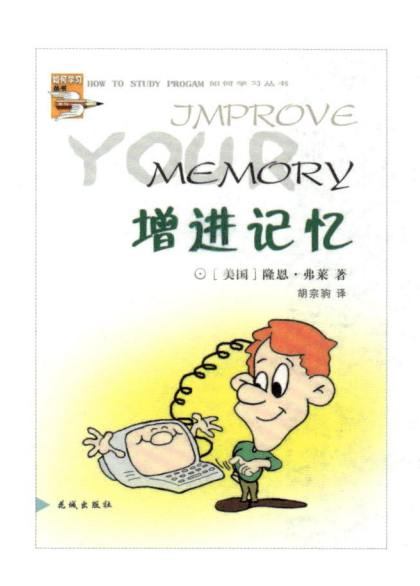

11280　如何学习系列：增进记忆

2003年设计，平装 第1版第1次印刷
［责任者］（美）隆恩·弗莱著，胡宗驹译
［出版发行］新世纪出版社，2003

11281　如何学习系列：掌握时间

2003年设计，平装 第2版第2次印刷
［责任者］（美）隆恩·弗莱著，胡宗驹译
［出版发行］新世纪出版社，2003

11282　王老师外史

2003年设计，平装 第1版第1次印刷
［责任者］王新华著
［出版发行］花城出版社，2003

11283　微音忆旧

2003年设计，平装 第1版第1次印刷
［责任者］微音著
［出版发行］羊城晚报出版社，2003

11284　为人民守护公正

2003年设计，平装 第1版第1次印刷
［责任者］陈延光著
［出版发行］花城出版社，2003

11285　为什么我老碰到这种事？

2003年设计，平装 第1版第1次印刷
［责任者］（美）艾伦·唐斯（Alan Downs）著，班松梅译
［出版发行］花城出版社，2003
［索书号］B848/1507

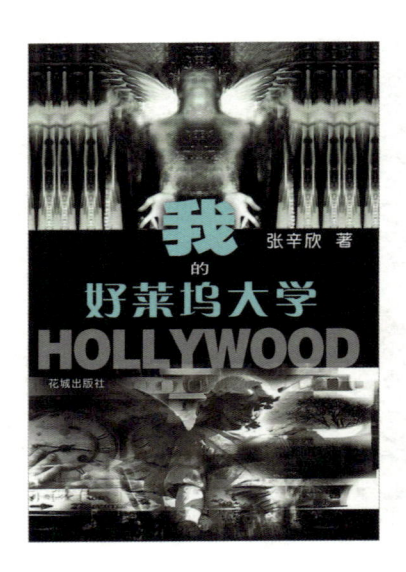

11286　我的好莱坞大学

2003年设计，平装 第1版第1次印刷
［责任者］张辛欣著
［出版发行］花城出版社，2003

11287　我的无产阶级生活

2003年设计，平装 第1版第1次印刷
［责任者］张广天著
［出版发行］花城出版社，2003
［索书号］K825.6/765

11288　我长得这么丑，我容易吗？

2003年设计，平装 第1版第1次印刷
［责任者］戴斌著
［出版发行］花城出版社，2003
［索书号］I247.5/9048

11289　无冕之王

2003年设计，平装 第1版第1次印刷
［责任者］易飞著
［出版发行］花城出版社，2003
［索书号］I247.5/14853

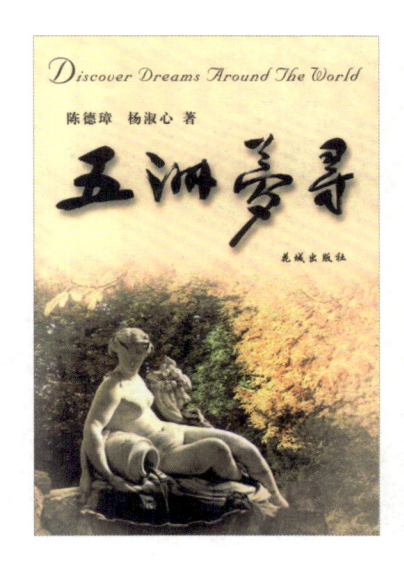

11290　五洲梦寻

2003年设计，平装 第1版第1次印刷
［责任者］陈德璋、杨淑心著
［出版发行］花城出版社，2003
［索书号］I267/6230

11291　邂逅

2003年设计，平装 第1版第1次印刷
［责任者］小思著
［出版发行］花城出版社，2003

11292　一家三代八位女画家画集

2003年设计，平装 第1版第1次印刷
［责任者］广州市文化局、广州艺术博物院编辑
［出版发行］广州市文化局，2003
［索书号］J221/194

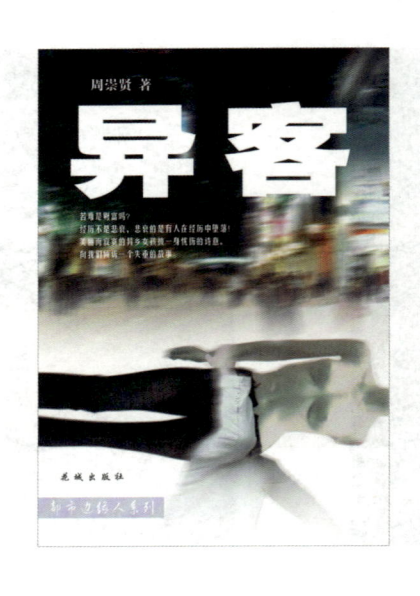

11293　异客

2003年设计，平装 第1版第1次印刷
［责任者］周崇贤著
［出版发行］花城出版社，2003
［索书号］I247.5/7880

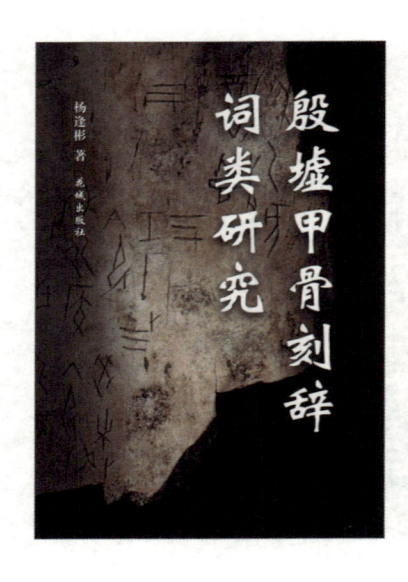

11294　殷墟甲骨刻辞词类研究

2003年设计，平装 第1版第1次印刷
［责任者］杨逢彬著
［出版发行］花城出版社，2003

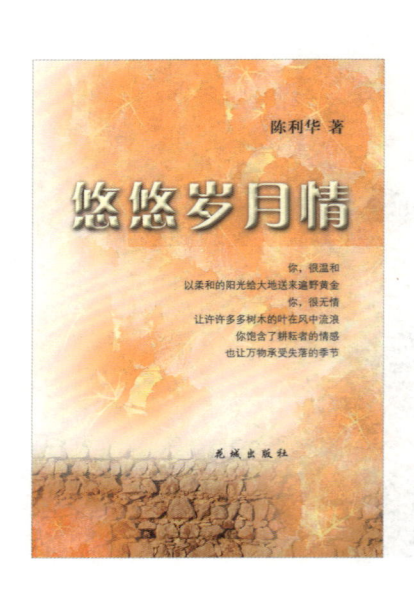

11295　悠悠岁月情

2003年设计，平装 第1版第1次印刷
［责任者］陈利华著
［出版发行］花城出版社，2003
［索书号］I227/1413

11296　在 SARS 的流行前线

2003 年设计，平装 第 1 版第 1 次印刷
［责任者］张蜀梅著
［出版发行］花城出版社，2003

11297　张瑛姐姐牵手丛书：人小鬼大

2003 年设计，平装 第 1 版第 1 次印刷
［责任者］黄怡著，杨亚丽插图
［出版发行］花城出版社，2003
［索书号］I287/283

11298　张瑛姐姐牵手丛书：我是一本书

2003 年设计，平装 第 1 版第 1 次印刷
［责任者］雪等等著
［出版发行］花城出版社，2003
［索书号］H194/252

11299　张瑛姐姐牵手丛书：我有许多朋友

2003 年设计，平装 第 1 版第 1 次印刷
［责任者］雪象象著
［出版发行］花城出版社，2003
［索书号］I287/474

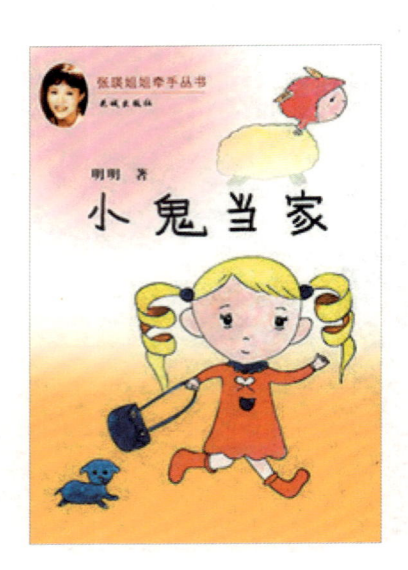

11300　张瑛姐姐牵手丛书：小鬼当家

2003年设计，平装 第1版第1次印刷
［责任者］明明著
［出版发行］花城出版社，2003

11301　张瑛姐姐牵手丛书：张蒙蒙
　　　　日记.3：童年，只有一次

2003年设计，平装 第2版第4次印刷
［责任者］张蒙蒙著
［出版发行］花城出版社，2003

11302　张瑛姐姐牵手丛书：张蒙
　　　　蒙日记.5：边玩边长大

2003年设计，平装 第1版第1次印刷
［责任者］张蒙蒙著
［出版发行］花城出版社，2003
［索书号］I287.6/52/5

11303　中国文学在国外丛书：中国·文学·美
　　　　国——美国小说戏剧中的中国形象

2003年设计，平装 第1版第1次印刷
［责任者］宋伟杰著
［出版发行］花城出版社，2003
［索书号］I206/94

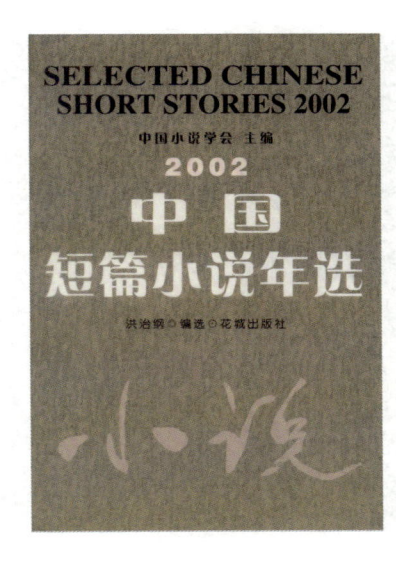

11304　中国短篇小说年选.2002

2003年设计，平装 第1版第1次印刷
[责任者]中国小说学会主编，洪治纲编选
[出版发行]花城出版社，2003
[索书号] I247.7/1404/2002

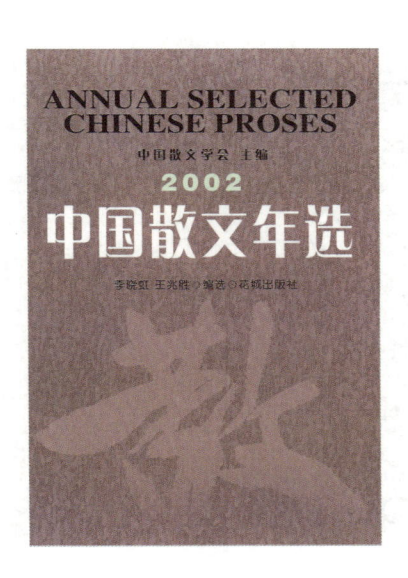

11305　中国散文年选.2002

2003年设计，平装 第1版第1次印刷
[责任者]中国散文学会主编，李晓虹、王兆胜编选
[出版发行]花城出版社，2003
[索书号] I267/4585/2002

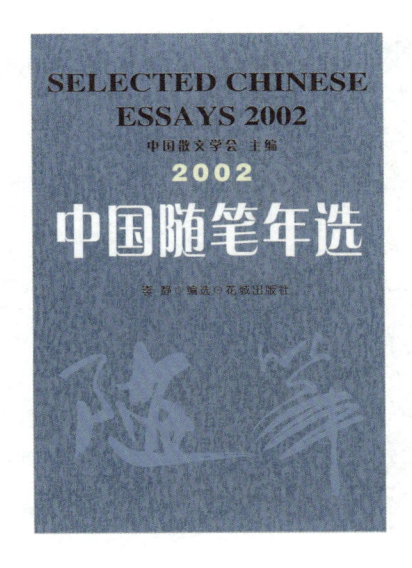

11306　中国随笔年选.2002

2003年设计，平装 第1版第1次印刷
[责任者]中国散文学会主编，李静编选
[出版发行]花城出版社，2003
[索书号] I267/5303/2002

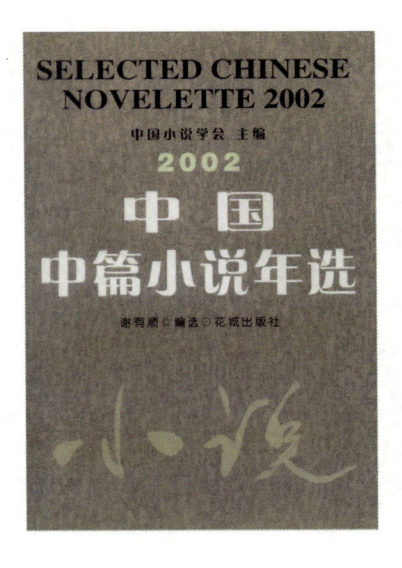

11307　中国中篇小说年选.2002

2003年设计，平装 第1版第1次印刷
[责任者]中国小说学会主编，谢有顺编选
[出版发行]花城出版社，2003

11308　走进音乐世界系列：车尔尼钢琴
　　　　快速练习曲作品299钢琴基本教程

2003年设计，平装 第1版第1次印刷
［责任者］车尔尼著
［出版发行］花城出版社，2003
［索书号］J657/80

11309　爱情自学手册

2004年设计，平装 第1版第1次印刷
［责任者］红唐著
［出版发行］花城出版社，2004

11310　大家小集：周作人集．上：插图本

2004年设计，软精装 第1版第1次印刷
［责任者］周作人著
［出版发行］广东省出版集团、花城出版社，2004

11311　大家小集：周作人集．下：插图本

2004年设计，软精装 第1版第1次印刷
［责任者］周作人著
［出版发行］花城出版社，2004

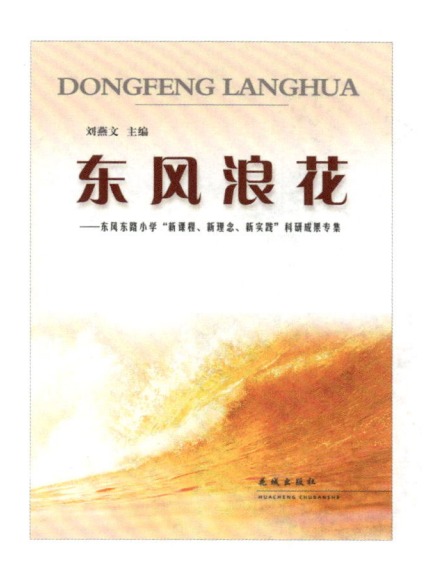

11312　东风浪花——东风东路小学"新课程、新理念、新实践"成果专辑

2004年设计，平装 第1版第1次印刷
[责任者] 刘燕文主编
[出版发行] 花城出版社，2004
[索书号] G632/618

11313　凤凰台

2004年设计，平装 第1版第1次印刷
[责任者] 向本贵著
[出版发行] 花城出版社，2004
[索书号] I247.5/10961

11314　拐弯处的微笑

2004年设计，平装 第1版第1次印刷
[责任者] 陈慧清著
[出版发行] 花城出版社，2004

11315　好女孩坏女孩

2004年设计，平装 第1版第1次印刷
[责任者]（美）艾琳·克莱格、苏珊·斯沃茨著，刘洋、王潞、李先玉译
[出版发行] 花城出版社，2004

11316　黄帝内经：六十集大型电视纪录片

2004年设计，平装 第1版第1次印刷
［责任者］于江泓、王黎亚著
［出版发行］花城出版社，2004

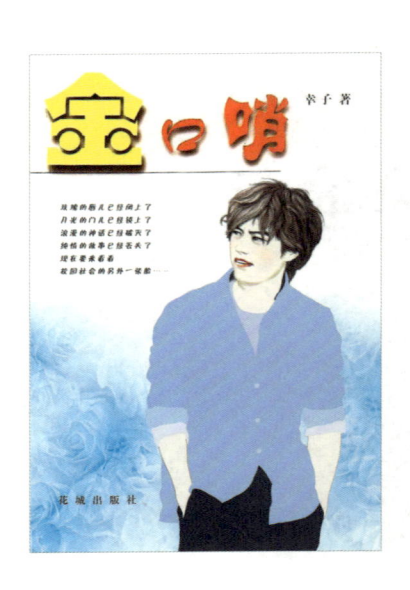

11317　金口哨

2004年设计，平装 第1版第1次印刷
［责任者］幸子著
［出版发行］花城出版社，2004

11318　李碧华作品集．十八：
　　　　红袍蝎子糖
2004年设计，平装 第1版第1次印刷
［责任者］李碧华著
［出版发行］花城出版社，2004

11319　李碧华作品集．十九：
　　　　还是情愿痛
2004年设计，平装 第1版第1次印刷
［责任者］李碧华著
［出版发行］花城出版社，2004

11320　岭南千家诗．第二辑

2004年设计，精装 第1版第1次印刷
［责任者］广东岭南诗社编
［出版发行］花城出版社，2004
［索书号］I227/1113

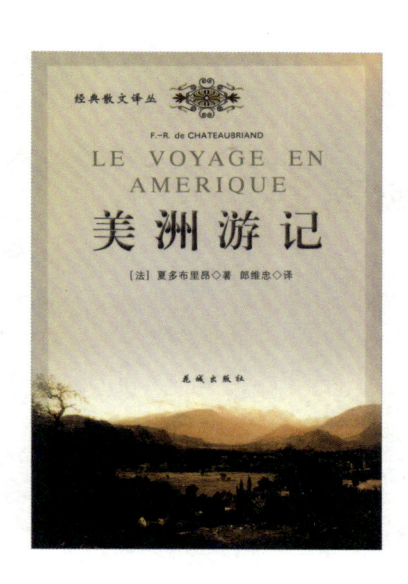

11321　美洲游记

2004年设计，平装 第1版第1次印刷
［责任者］（法）夏多布里昂著，郎维忠译
［出版发行］花城出版社，2004

11322　你知西藏的天有多蓝

2004年设计，平装 第1版第1次印刷
［责任者］凌仕江著
［出版发行］花城出版社，2004
［索书号］I267/5319

11323　女海盗

2004年设计，平装 第1版第1次印刷
［责任者］洪三泰著
［出版发行］花城出版社，2004
［索书号］I247.5/9052

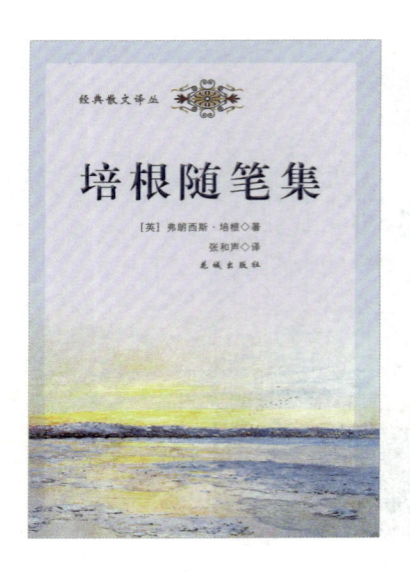

11324　培根随笔集

2004年设计，平装 第1版第1次印刷
[责任者]（英）弗朗西斯·培根著，张和声译
[出版发行]花城出版社，2004
[索书号] I561.6/81

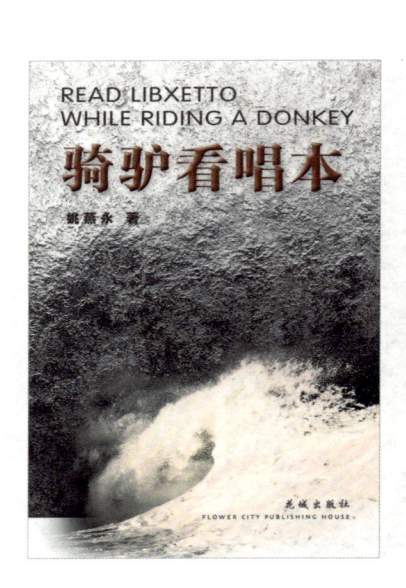

11325　骑驴看唱本

2004年设计，平装 第1版第1次印刷
[责任者]姚燕永著
[出版发行]花城出版社，2004

11326　千年之门：金岱人文思想随笔

2004年设计，平装 第1版第1次印刷
[责任者]金岱编著
[出版发行]花城出版社，2004
[索书号] C52/719

11327　青春期女生档案

2004年设计，平装 第1版第1次印刷
[责任者]（美）玛格丽特·布莱克斯著，张玉清译
[出版发行]花城出版社，2005

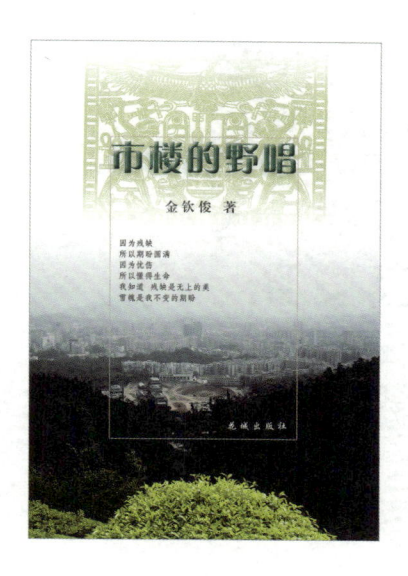

11328　市楼的野唱

2004年设计，平装 第1版第1次印刷
[责任者] 金钦俊著
[出版发行] 花城出版社，2004
[索书号] I227/1392

11329　铁血莲花

2004年设计，平装 第1版第1次印刷
[责任者] 简嘉、吕雷、邓刚著
[出版发行] 花城出版社，2004
[索书号] I247.5/9235

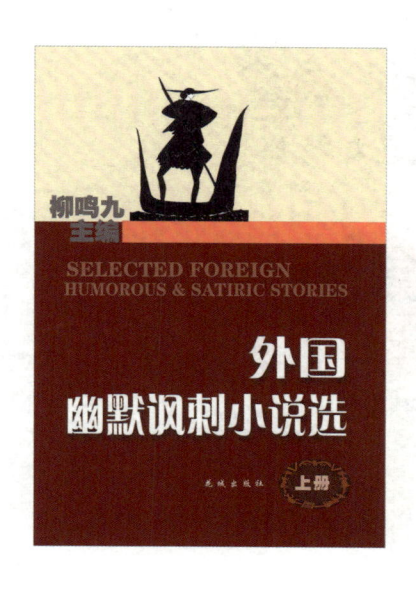

11330　外国幽默讽刺小说选.上册

2004年设计，平装 第1版第1次印刷
[责任者] 柳鸣九主编
[出版发行] 花城出版社，2004
[索书号] I14/450/1

11331　外国幽默讽刺小说选.下册

2004年设计，平装 第1版第1次印刷
[责任者] 柳鸣九主编
[出版发行] 花城出版社，2004
[索书号] I14/450/2

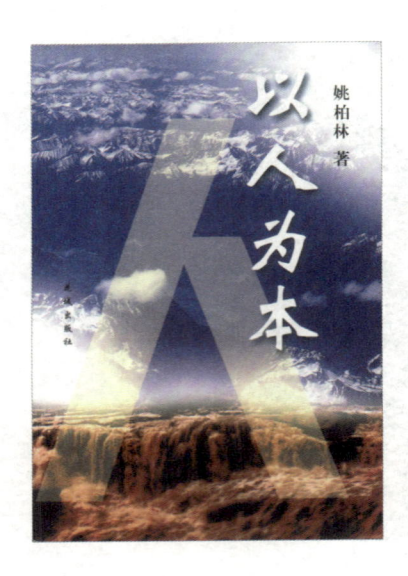

11332　以人为本

2004年设计，平装 第1版第1次印刷
［责任者］姚柏林著
［出版发行］花城出版社，2004
［索书号］C52/623

11333　缘分立交桥：身边的情爱故事经典版

2004年设计，平装 第1版第1次印刷
［责任者］方刚著
［出版发行］花城出版社，2004

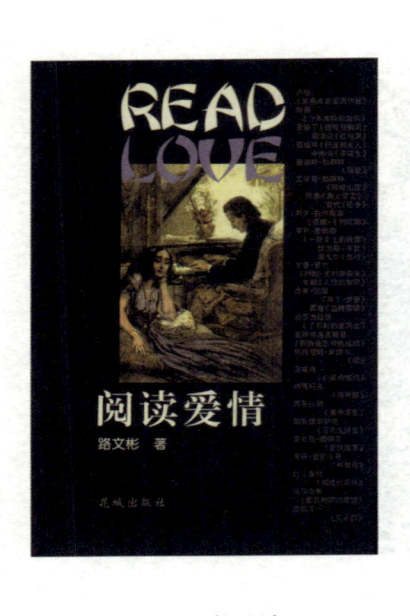

11334　阅读爱情

2004年设计，平装 第1版第1次印刷
［责任者］路文彬著
［出版发行］花城出版社，2004
［索书号］I106/286

11335　张瑛姐姐牵手丛书：张蒙蒙日记.6：我的天空有彩虹

2004年设计，平装 第1版第1次印刷
［责任者］张蒙蒙著
［出版发行］花城出版社，2004
［索书号］I287.6/52/6

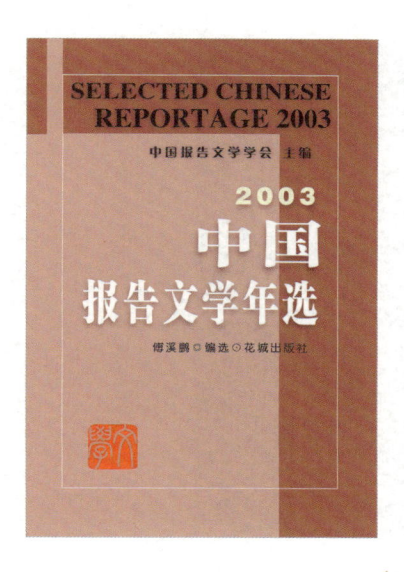

11336　中国报告文学年选.2003

2004年设计，平装 第1版第1次印刷
［责任者］中国报告文学学会主编，傅溪鹏编选
［出版发行］花城出版社，2004

11337　中国短篇小说年选.2003

2004年设计，平装 第1版第1次印刷
［责任者］中国小说学会主编，洪治纲编选
［出版发行］花城出版社，2004
［索书号］I247.7/H439

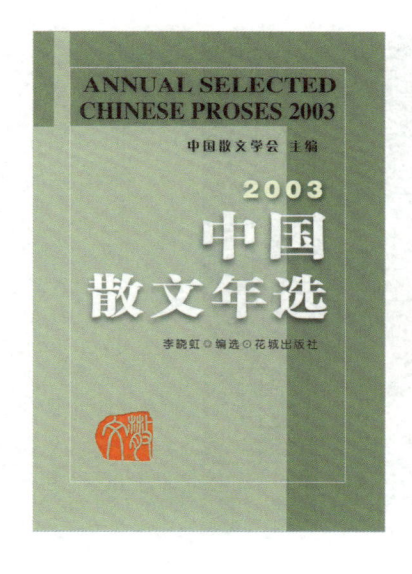

11338　中国散文年选.2003

2004年设计，平装 第1版第1次印刷
［责任者］中国散文学会主编，李晓虹编选
［出版发行］花城出版社，2004

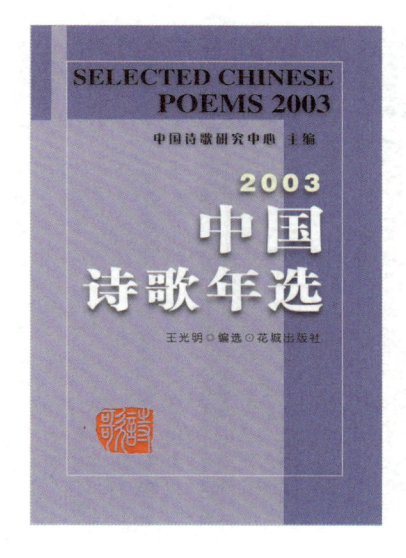

11339　中国诗歌年选.2002-2003

2004年设计，平装 第1版第1次印刷
［责任者］中国诗歌研究中心主编，王光明编选
［出版发行］花城出版社，2004

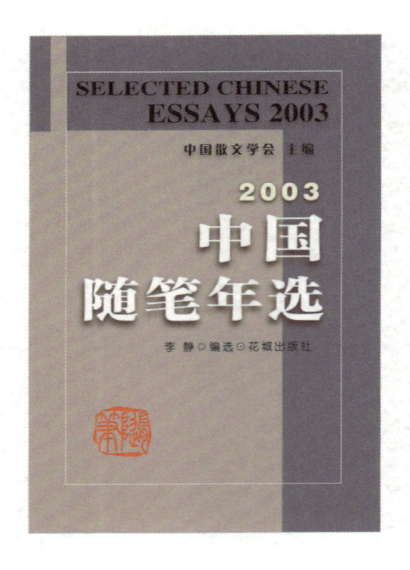

11340　中国随笔年选.2003

2004年设计，平装 第1版第1次印刷
[责任者] 中国散文学会主编，李静编选
[出版发行] 花城出版社，2004

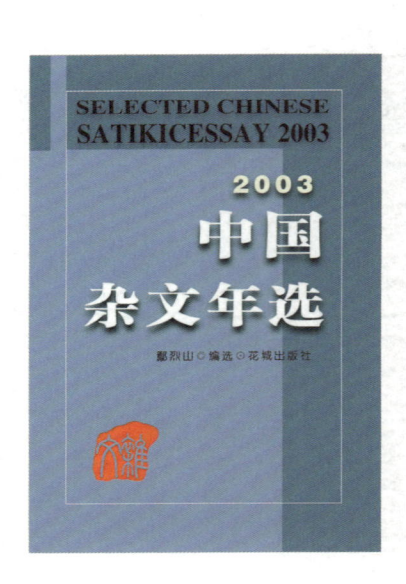

11341　中国杂文年选.2003

2004年设计，平装 第1版第1次印刷
[责任者] 鄢烈山编选
[出版发行] 花城出版社，2004
[索书号] I267/5315/2003

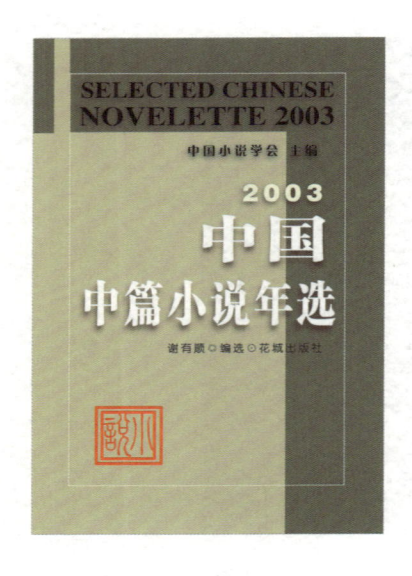

11342　中国中篇小说年选.2003

2004年设计，平装 第1版第1次印刷
[责任者] 中国小说学会主编，谢有顺编选
[出版发行] 花城出版社，2004
[索书号] I247.5/10456/2003

11343　USA 美国系列：纽约女孩

2005年设计，平装 第1版第1次印刷
[责任者] （美）陈友敏著
[出版发行] 花城出版社，2005
[索书号] I712.4/1474

11344　USA 美国系列：在自由的旗号下

2005年设计，平装 第1版第1次印刷
[责任者]（美）阚维杭著
[出版发行]花城出版社，2005

11345　城市中校

2005年设计，平装 第1版第1次印刷
[责任者]邹雷著
[出版发行]花城出版社，2005
[索书号]I247.5/12749

11346　赤诚：一个女外科医生的故事

2005年设计，平装 第1版第1次印刷
[责任者]颜克海著
[出版发行]花城出版社，2005
[索书号]I247.5/13085

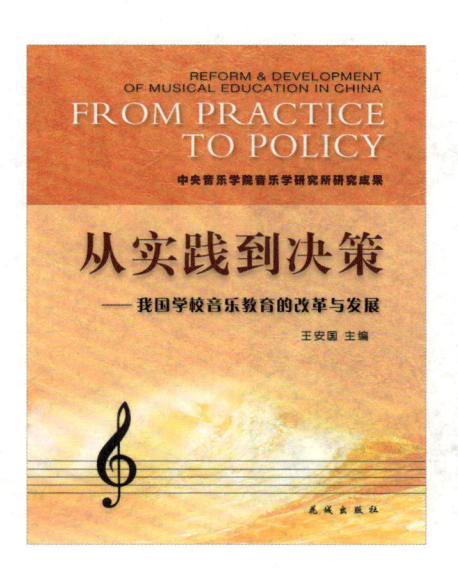

11347　从实践到决策——我国学校音乐教育的改革与发展

2005年设计，平装 第1版第1次印刷
[责任者]王安国主编
[出版发行]花城出版社，2005
[索书号]J6/62

11348　大城印记——钟珮璐新闻作品选

2005年设计，平装 第1版第1次印刷
［责任者］钟珮璐著
［出版发行］羊城晚报出版社，2005
［索书号］I253/2170

11349　大家小集：冰心集

2005年设计，平装 第1版第1次印刷
［责任者］冰心著，贾焕亭编注
［出版发行］花城出版社，2005
［索书号］I217/951

11350　大家小集：朱自清集

2005年设计，平装 第1版第1次印刷
［责任者］朱自清著，朱正编注
［出版发行］花城出版社，2005

11351　奋蹄集

2005年设计，平装 第1版第1次印刷
［责任者］广东岭南诗社编
［出版发行］广东岭南诗社，2005
［索书号］I227/1114

11352　格里格钢琴抒情小曲66首

2005年设计，平装 第1版第1次印刷
［责任者］（挪）格里格作曲，许奎福译释
［出版发行］花城出版社，2005

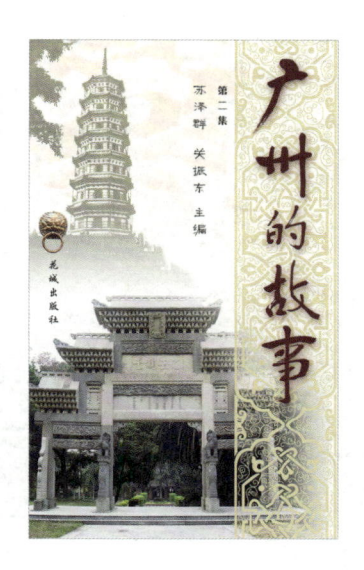

11353　广州的故事．第二集

2005年设计，平装 第1版第1次印刷
［责任者］苏泽群、关振东主编
［出版发行］花城出版社，2005
［索书号］I267/4818/2

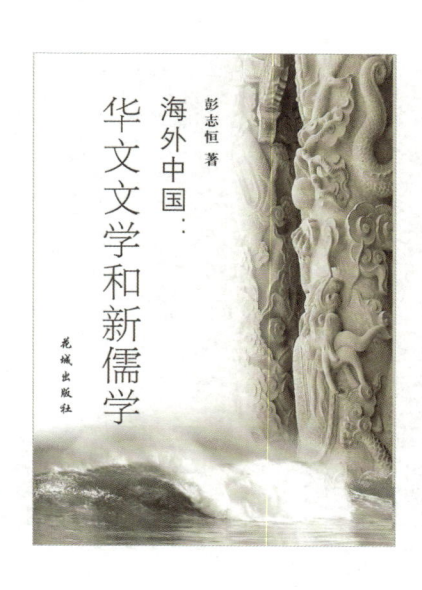

11354　海外中国：华文文学和新儒学

2005年设计，平装 第1版第1次印刷
［责任者］彭志恒著
［出版发行］花城出版社，2005

11355　海啸：地下六合彩大黑幕

2005年设计，平装 第1版第1次印刷
［责任者］九土著
［出版发行］花城出版社，2005
［索书号］I253/2178

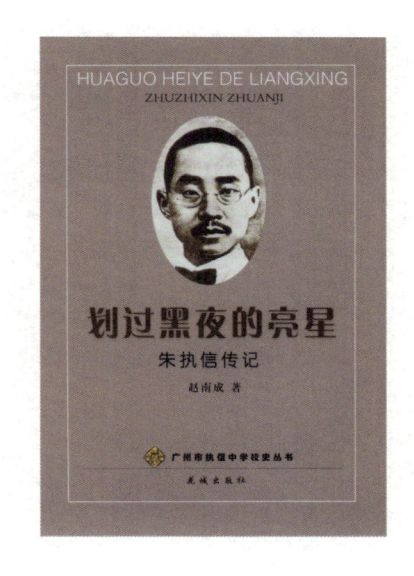

11356　划过黑夜的亮星：朱执信传记

2005年设计，平装 第1版第1次印刷
［责任者］赵南成著
［出版发行］花城出版社，2005
［索书号］K827/1186

11357　黄柏长青集

2005年设计，平装 第1版第1次印刷
［责任者］黄柏生主编
［出版发行］花城出版社，2005
［索书号］I217/1270

建国卅年深圳档案文献演绎

11358　建国卅年深圳档案文献演绎.第一卷

2005年设计，平装 第1版第1次印刷
［责任者］舒国雄主编，深圳市档案馆编
［出版发行］花城出版社，2005

11359　建国卅年深圳档案文献演绎.第二卷

2005年设计，平装 第1版第1次印刷
［责任者］舒国雄主编，深圳市档案馆编
［出版发行］花城出版社，2005

11360　建国卅年深圳档案文献演绎.第三卷

2005年设计，平装 第1版第1次印刷
［责任者］舒国雄主编，深圳市档案馆编
［出版发行］花城出版社，2005

11361　建国卅年深圳档案文献演绎.第四卷

2005年设计，平装 第1版第1次印刷
［责任者］舒国雄主编，深圳市档案馆编
［出版发行］花城出版社，2005
［索书号］K296.5/1066/4

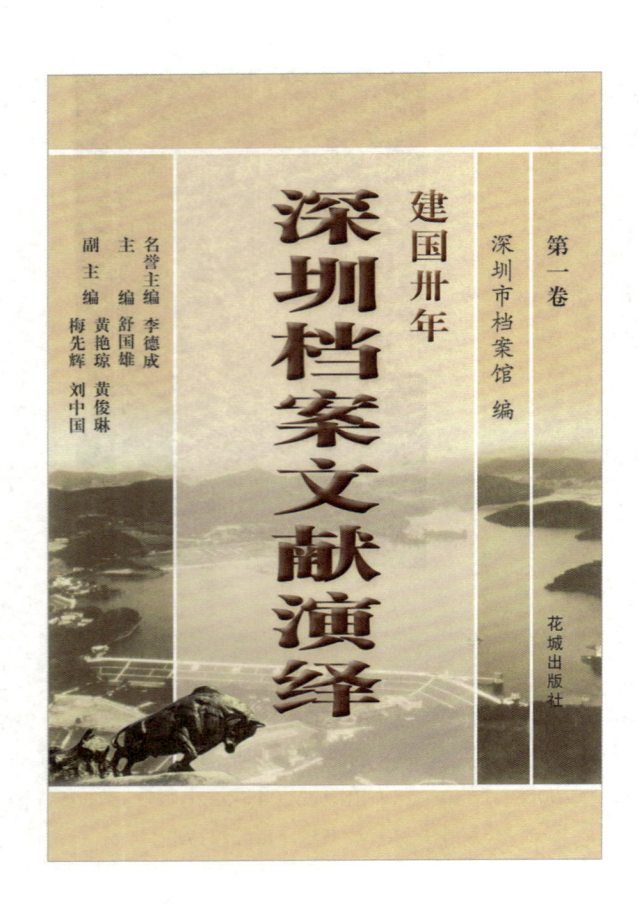

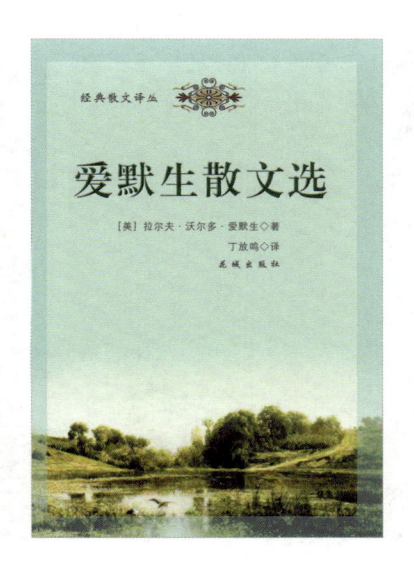

11362　经典散文译丛：爱默生散文选

2005年设计，平装 第1版第1次印刷
［责任者］（美）拉尔夫·沃尔多·爱默生著，丁放鸣译
［出版发行］花城出版社，2005
［索书号］I712.6/226

11363　经典散文译丛：一个孤独漫步者的遐想

2005年设计，平装 第1版第1次印刷
［责任者］（法）让-雅克·卢梭著，邹琰译
［出版发行］广东人民出版社，2005
［索书号］I565.6/10/［4］

11364　经营婚姻

2005年设计，平装 第1版第1次印刷
［责任者］（美）马科姆·迈尔（Malcolm D. Mahr）著，米子译
［出版发行］花城出版社，2005

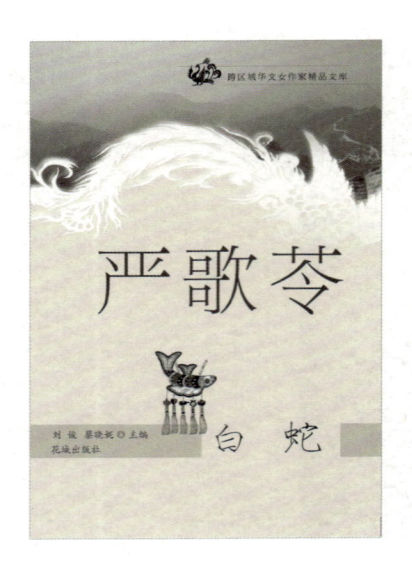

340　文学的长河：封面・构成　›››

11365　跨区域华文女作家精品
　　　　文库：白蛇
2005年设计，平装 第1版第1次印刷
［责任者］严歌苓著，刘俊、蔡晓妮主编
［出版发行］花城出版社，2005
［索书号］I712.4/1453

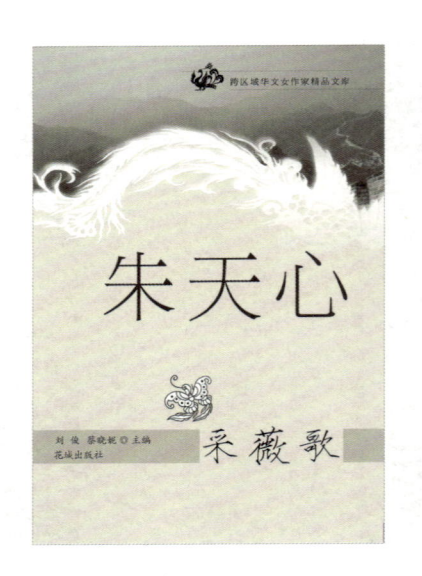

11366　跨区域华文女作家精品
　　　　文库：采薇歌
2005年设计，平装 第1版第1次印刷
［责任者］朱天心著，刘俊、蔡晓妮主编
［出版发行］花城出版社，2005
［索书号］I247.7/2095

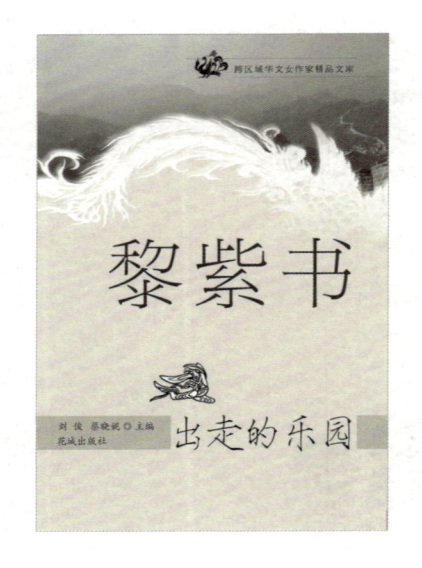

11367　跨区域华文女作家精品
　　　　文库：出走的乐园
2005年设计，平装 第1版第1次印刷
［责任者］黎紫书著，刘俊、蔡晓妮主编
［出版发行］花城出版社，2005
［索书号］I33/5

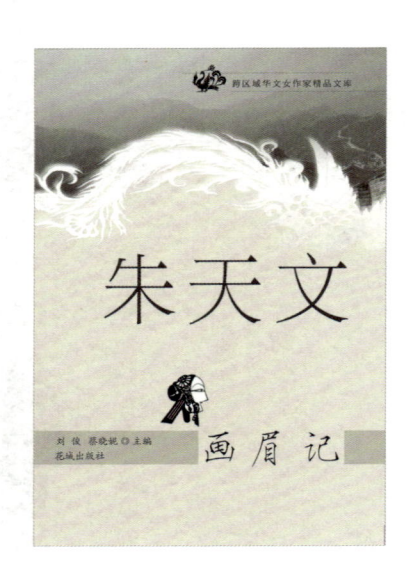

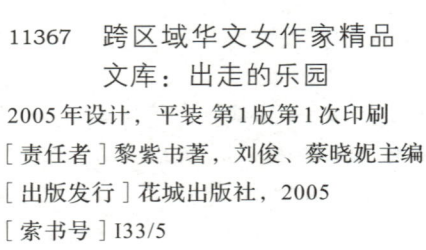

11368　跨区域华文女作家
　　　　精品文库：画眉记
2005年设计，平装 第1版第1次印刷
［责任者］朱天文著，刘俊、蔡晓妮主编
［出版发行］花城出版社，2005
［索书号］I247.7/2096

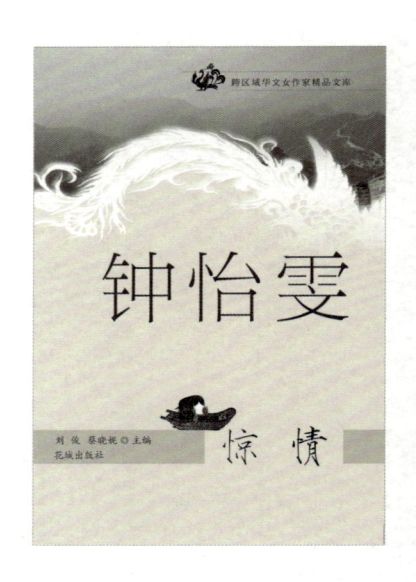

11369　跨区域华文女作家
　　　　精品文库：惊情
2005年设计，平装 第1版第1次印刷
［责任者］钟怡雯著，刘俊、蔡晓妮主编
［出版发行］花城出版社，2005
［索书号］I338/23

11370　跨区域华文女作家
　　　　精品文库：盲约
2005年设计，平装 第1版第1次印刷
[责任者] 张翎著，刘俊、蔡晓妮主编
[出版发行] 花城出版社，2005
[索书号] I711/171

11371　跨区域华文女作家
　　　　精品文库：魔女
2005年设计，平装 第1版第1次印刷
[责任者] 欧阳子著，刘俊、蔡晓妮主编
[出版发行] 花城出版社，2005
[索书号] I712.4/1480

11372　跨区域华文女作家精品
　　　　文库：秋千上的女子
2005年设计，平装 第1版第1次印刷
[责任者] 张晓风著，刘俊、蔡晓妮主编
[出版发行] 花城出版社，2005
[索书号] I267/6179

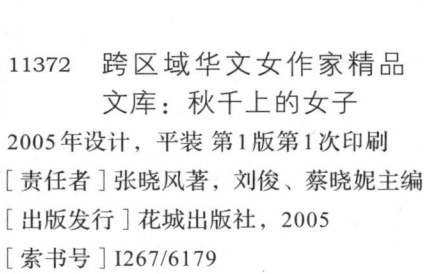

11373　跨区域华文女作家精
　　　　品文库：世间女子
2005年设计，平装 第1版第1次印刷
[责任者] 苏伟贞著，刘俊、蔡晓妮主编
[出版发行] 花城出版社，2005
[索书号] I247.7/2135

11374　跨区域华文女作家精
　　　　品文库：愫细怨
2005年设计，平装 第1版第1次印刷
[责任者] 施叔青著，刘俊、蔡晓妮主编
[出版发行] 花城出版社，2005
[索书号] I712.4/1482

11375 李碧华作品集．二十：烟花三月：长篇纪实：全彩增补版

2005年设计，平装 第1版第1次印刷

[责任者]李碧华著

[出版发行]花城出版社，2005

11376 良知

2005年设计，平装 第1版第1次印刷

[责任者]麦平著

[出版发行]花城出版社，2005

[索书号]I247.5/10844

11377 漫画安徒生童话故事．第1集

2005年设计，平装 第1版第1次印刷

[责任者](丹)安徒生原著，田昌镇编绘

[出版发行]花城出版社，2005

11378 漫画安徒生童话故事．第2集

2005年设计，平装 第1版第1次印刷

[责任者](丹)安徒生原著，田昌镇编绘

[出版发行]花城出版社，2005

[索书号]J228/1213/2

11379　漫画安徒生童话故事. 第3集

2005年设计，平装 第1版第1次印刷
［责任者］（丹）安徒生原著，田昌镇编绘
［出版发行］花城出版社，2005

11380　漫画安徒生童话故事. 第4集

2005年设计，平装 第1版第1次印刷
［责任者］（丹）安徒生原著，田昌镇编绘
［出版发行］花城出版社，2005

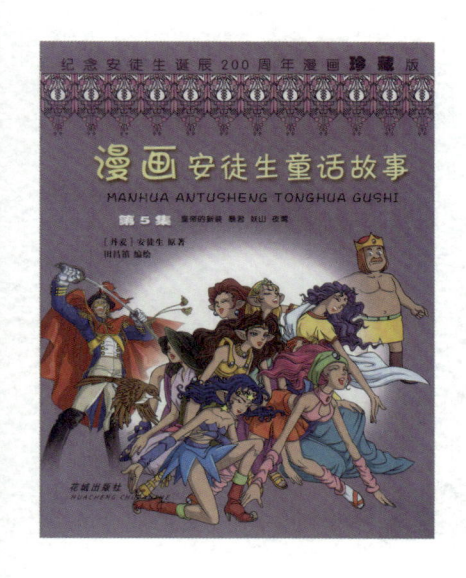

11381　漫画安徒生童话故事. 第5集

2005年设计，平装 第1版第1次印刷
［责任者］（丹）安徒生原著，田昌镇编绘
［出版发行］花城出版社，2005

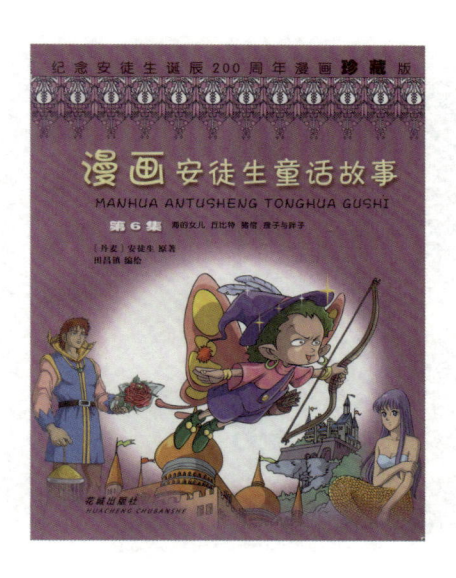

11382　漫画安徒生童话故事. 第6集

2005年设计，平装 第1版第1次印刷
［责任者］（丹）安徒生原著，田昌镇编绘
［出版发行］花城出版社，2005

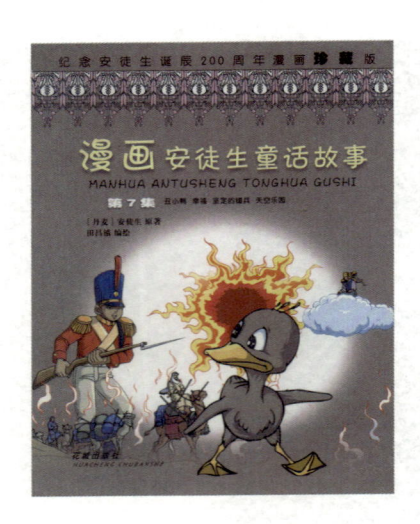

11383　漫画安徒生童话故事.第7集

2005年设计，平装 第1版第1次印刷
［责任者］（丹）安徒生原著，田昌镇编绘
［出版发行］花城出版社，2005
［索书号］J228/1213/7

11384　漫画安徒生童话故事.第8集

2005年设计，平装 第1版第1次印刷
［责任者］（丹）安徒生原著，田昌镇编绘
［出版发行］花城出版社，2005

11385　漫画安徒生童话故事.第9集

2005年设计，平装 第1版第1次印刷
［责任者］（丹）安徒生原著，田昌镇编绘
［出版发行］花城出版社，2005

11386　宁勇阮乐作品集

2005年设计，平装 第1版第1次印刷
［责任者］宁勇编著
［出版发行］花城出版社，2005
［索书号］J648.3/11

11387　破茧·飘叶

2005年设计，平装 第1版第1次印刷
［责任者］阎宪奇著
［出版发行］花城出版社，2005

11388　强颜男子.上册

2005年设计，平装 第1版第1次印刷
［责任者］(韩)李元浩著，徐涛译
［出版发行］花城出版社，2005
［索书号］I312/116/1

11389　强颜男子.下册

2005年设计，平装 第1版第1次印刷
［责任者］(韩)李元浩著，徐涛译
［出版发行］花城出版社，2005
［索书号］I312/116/2

11390　情感幕后：别说你又爱上谁
　　　　中国首位隐私热线主持人手记

2005年设计，平装 第1版第1次印刷
［责任者］石英君著
［出版发行］花城出版社，2005
［索书号］I253/2086

11391　群众文化思辩录：全国部分省市文化（艺术）
　　　　馆发展战略研讨会论文集（第1-20届年会）

2005年设计，平装 第1版第1次印刷
［责任者］广东省中山市文化广电新闻出版局、广
　　　　东省中山市群众艺术馆编，郑集思主编
［出版发行］花城出版社，2005

11392　人海人 . 上集

2005年设计，平装 第1版第1次印刷
[责任者] 生活著
[出版发行] 花城出版社，2005

11393　人海人 . 下集

2005年设计，平装 第1版第1次印刷
[责任者] 生活著
[出版发行] 花城出版社，2005
[索书号] I247.5/10191/2

11394　随笔佳作 . 续编·上集：
　　　　1995—2004《随笔》作品精选

2005年设计，平装 第1版第1次印刷
[责任者] 杜渐坤、麦婵编选
[出版发行] 花城出版社，2005
[索书号] I267/6225/2--1

11395　随笔佳作 . 续编·下集：
　　　　1995—2004《随笔》作品精选

2005年设计，平装 第1版第1次印刷
[责任者] 杜渐坤、麦婵编选
[出版发行] 花城出版社，2005
[索书号] I267/6225/2--2

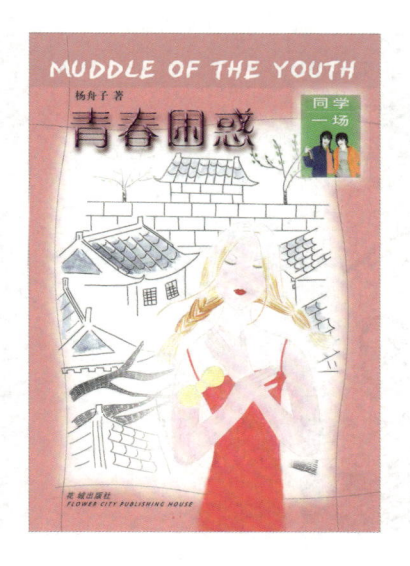

11396　同学一场系列：青春困惑

2005年设计，平装 第1版第1次印刷
[责任者]杨舟子著
[出版发行]花城出版社，2005

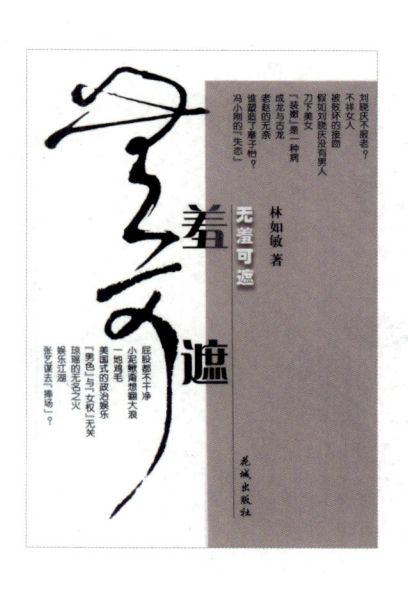

11397　无羞可遮

2005年设计，平装 第1版第1次印刷
[责任者]林如敏著
[出版发行]花城出版社，2005
[索书号]I267/6111

11398　五线谱歌曲视唱

2005年设计，平装 第1版第1次印刷
[责任者]许新华编
[出版发行]花城出版社，2005
[索书号]J613/48

11399　西关小姐

2005年设计，平装 第1版第1次印刷
[责任者]梁凤莲著
[出版发行]花城出版社，2005
[索书号]I247.5/10863

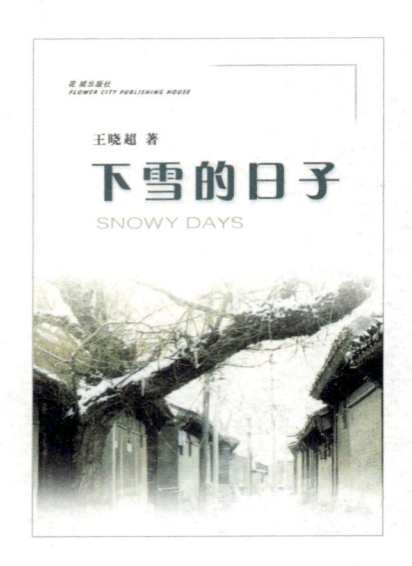

11400　下雪的日子

2005年设计，平装 第1版第1次印刷
［责任者］王晓超著
［出版发行］花城出版社，2005

11401　仙人洞

2005年设计，平装 第1版第1次印刷
［责任者］程贤章著
［出版发行］花城出版社，2005

11402　现代聊斋

2005年设计，平装 第1版第1次印刷
［责任者］余少镭著
［出版发行］花城出版社，2005
［索书号］I247.8/516/［2］

11403　幼儿园环境装饰设计与制作 .1

2005年设计，平装 第1版第1次印刷
［责任者］赖佳媛、姚孔嘉撰文
［出版发行］新世纪出版社，2005

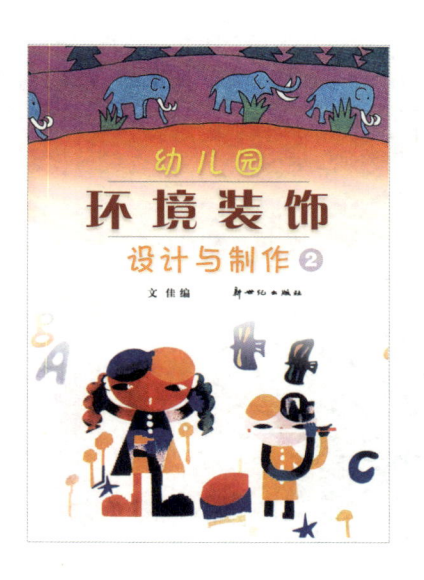

11404　幼儿园环境装饰设计与制作 .2

2005年设计，平装 第1版第1次印刷
［责任者］文佳编
［出版发行］新世纪出版社，2005

11405　在我吸毒的日子里

2005年设计，平装 第1版第1次印刷
［责任者］卢步辉著
［出版发行］花城出版社，2005
［索书号］I247.5/10197

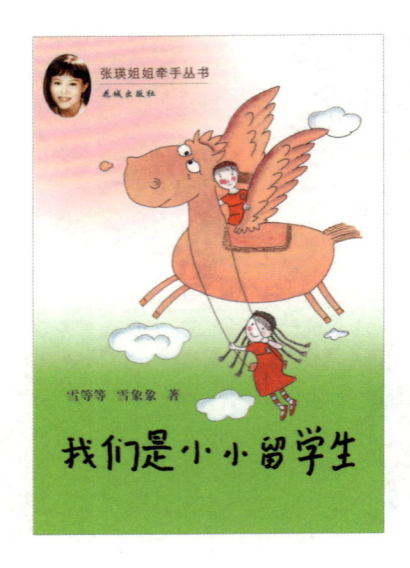

11406　张瑛姐姐牵手丛书：我们
　　　　是小小留学生
2005年设计，平装 第1版第1次印刷
［责任者］雪等等、雪象象著
［出版发行］花城出版社，2005
［索书号］I287.6/87

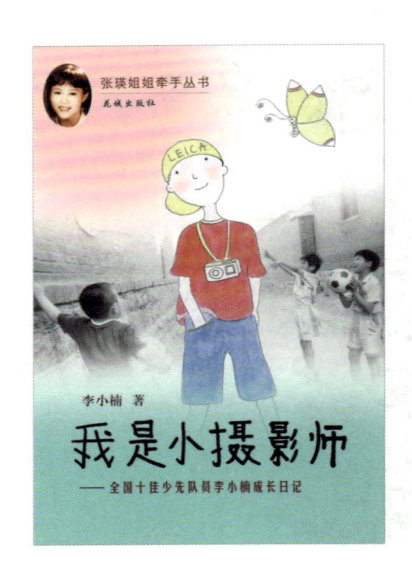

11407　张瑛姐姐牵手丛书：我是小摄影师——
　　　　全国十佳少先队员李小楠成长日记
2005年设计，平装 第1版第1次印刷
［责任者］李小楠著
［出版发行］花城出版社，2005
［索书号］I287.6/79

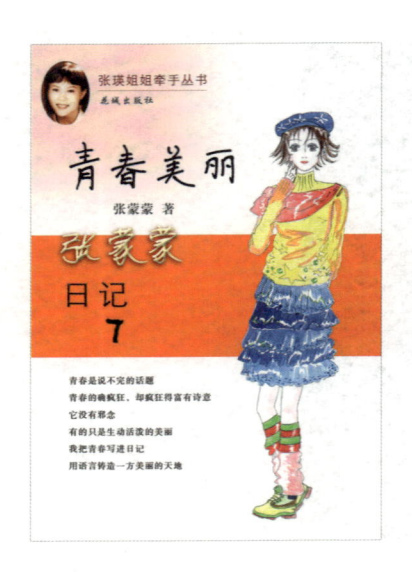

11408　张瑛姐姐牵手丛书：
　　　　张蒙蒙日记.7：青春美丽
2005年设计，平装 第1版第1次印刷
［责任者］张蒙蒙著
［出版发行］花城出版社，2005
［索书号］I287.6/52/7

11409　中国报告文学年选.2004

2005年设计，平装 第1版第1次印刷
［责任者］中国报告文学学会主编，傅溪鹏编选
［出版发行］花城出版社，2005
［索书号］I253/1786/2004

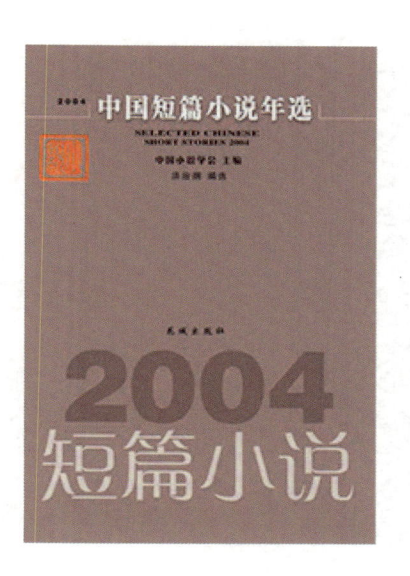

11410　中国短篇小说年选.2004

2005年设计，平装 第1版第1次印刷
［责任者］中国小说学会主编，洪治纲编选
［出版发行］花城出版社，2005

11411　中国散文年选.2004

2005年设计，平装 第1版第1次印刷
［责任者］中国散文学会主编，李晓虹编选
［出版发行］花城出版社，2005
［索书号］I267/4585/2004

11412 中国诗歌年选.2004

2005年设计，平装 第1版第1次印刷
［责任者］中国诗歌研究中心主编，王光明编选
［出版发行］花城出版社，2005

11413 中国随笔年选.2004

2005年设计，平装 第1版第1次印刷
［责任者］李静编选
［出版发行］花城出版社，2005
［索书号］I267/5303/2004

11414 中国杂文年选.2004

2005年设计，平装 第1版第1次印刷
［责任者］鄢烈山编选
［出版发行］花城出版社，2005

11415 中国中篇小说年选.2004

2005年设计，平装 第1版第1次印刷
［责任者］中国小说学会主编，谢有顺编选
［出版发行］花城出版社，2005

11416　中医临床常见病证
　　　　护理健康教育指南

2005年设计，平装 第1版第1次印刷
［责任者］汤雪英主编
［出版发行］花城出版社，2005

11417　朱执信纪念文册

2005年设计，平装 第1版第1次印刷
［责任者］刘仕森、胡洁清著
［出版发行］花城出版社，2005
［索书号］K827/1033

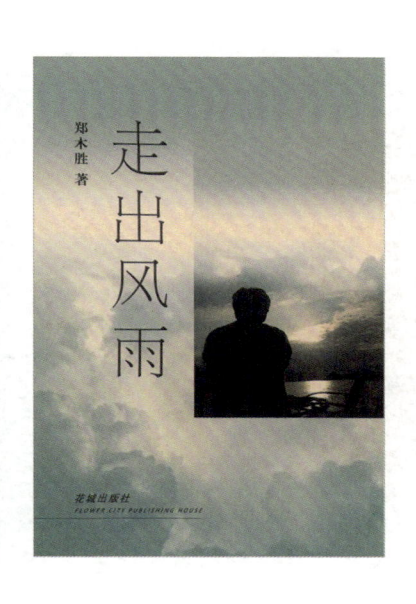

11418　走出风雨

2005年设计，平装 第1版第1次印刷
［责任者］郑木胜著
［出版发行］花城出版社，2005

11419　走进音乐世界系列：实用乐理

2005年设计，平装 第1版第1次印刷
［责任者］杨晓、刘小明编著
［出版发行］花城出版社，2005

11420　走进音乐世界系列：
　　　　视唱练耳基础教程（修订版）

2005年设计，平装 第2版第6次印刷

[责任者]刘小明编著

[出版发行]花城出版社，2005

[索书号]J613/58

11421　《惊悚奇谈》书列：蝶魇

2006年设计，平装 第1版第1次印刷

[责任者]李昇、麦洁编著

[出版发行]花城出版社，2006

[索书号]I247.7/2482/2

11422　《惊悚奇谈》书列：鼠惑

2006年设计，平装 第1版第1次印刷

[责任者]李昇、麦洁编著

[出版发行]花城出版社，2006

11423　岸上的罗溪

2006年设计，平装 第1版第1次印刷

[责任者]符琼菊著

[出版发行]广东省出版集团、花城出版社，2006

[索书号]I247.5/13455

第一部分：图书封面　　‹‹‹　21世纪以来图书封面设计作品　　355

11424　百姓知情 天下太平

2006年设计，平装 第1版第1次印刷
[责任者] 闻过著
[出版发行] 广东省出版集团、花城出版社，2006
[索书号] I253/2856

11425　拜厄钢琴基本教程

2006年设计，平装 第1版第2次印刷
[责任者]（德）拜厄
[出版发行] 花城出版社，2003
[索书号] J624/58

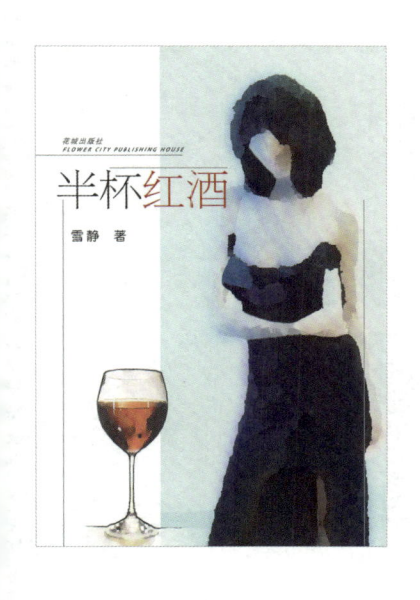

11426　半杯红酒

2006年设计，平装 第1版第1次印刷
[责任者] 雪静著
[出版发行] 花城出版社，2006

11427　本色集

2006年设计，平装 第1版第1次印刷
[责任者] 姚柏林著
[出版发行] 花城出版社，2006

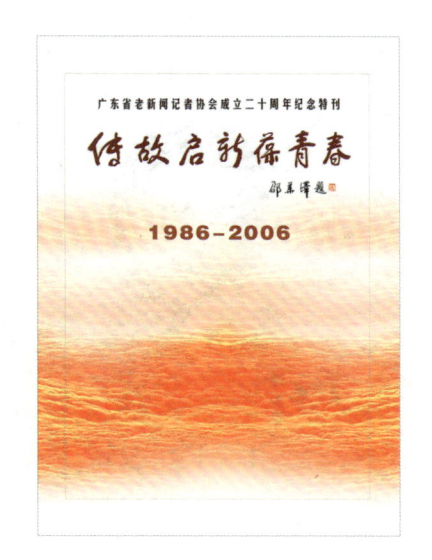

11428　传故启新葆青春

2006年设计，平装 第1版第1次印刷
[责任者] 广东省老新闻记者协会编
[出版发行] 花城出版社，2006

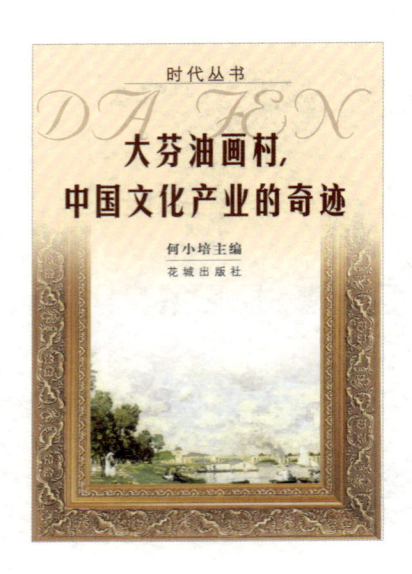

356　文学的长河：封面·构成　›››

11429　大芬油画村，中国文化产业的奇迹

2006年设计，平装 第1版第1次印刷
［责任者］何小培主编
［出版发行］花城出版社，2006
［索书号］G124/64

11430　大家小集：冰心集

2006年设计，平装 第1版第2次印刷
［责任者］冰心著，贾焕亭编注
［出版发行］花城出版社，2006
［索书号］I217/951

11431　大家小集：丁玲集

2006年设计，平装 第1版第1次印刷
［责任者］丁玲著，王荣编注
［出版发行］花城出版社，2006

11432　大家小集：丁玲集

2006年设计，平装 第1版第2次印刷
［责任者］丁玲著，王荣编注
［出版发行］花城出版社，2006
［索书号］I217/1152

11433　大家小集：郭沫若集

2006年设计，平装 第1版第1次印刷
［责任者］郭沫若著，赵笑洁编注
［出版发行］花城出版社，2006

11434　大家小集：郭沫若集

2006年设计，平装 第1版第2次印刷
［责任者］郭沫若著，赵笑洁编注
［出版发行］广东省出版集团、花城出版社，2006
［索书号］I217/1107

11435　大家小集：老舍集

2006年设计，平装 第1版第1次印刷
［责任者］老舍著，傅光明编注
［出版发行］花城出版社，2006

11436　大家小集：老舍集

2006年设计，平装 第1版第2次印刷
［责任者］老舍著，傅光明编注
［出版发行］广东省出版集团、花城出版社，2006
［索书号］I217/1106

11437　大家小集：萧红集

2006年设计，平装 第1版第1次印刷
［责任者］萧红著，秦弓编注
［出版发行］花城出版社，2006

11438　大家小集：萧红集

2006年设计，平装 第1版第2次印刷
［责任者］萧红著，秦弓编注
［出版发行］广东省出版集团、花城出版社，2006
［索书号］I216/279

11439　大家小集：徐志摩集

2006年设计，平装 第1版第1次印刷
［责任者］徐志摩著，韩石山编注
［出版发行］花城出版社，2006

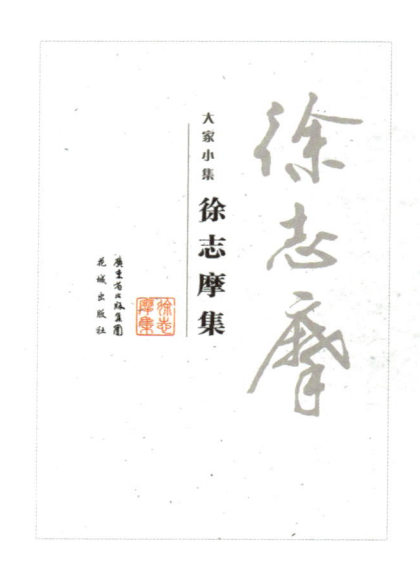

11440　大家小集：徐志摩集

2006年设计，平装 第1版第2次印刷
［责任者］徐志摩著，韩石山编注
［出版发行］广东省出版集团、花城出版社，2006
［索书号］I216/280

11441　大家小集：叶圣陶集

2006年设计，平装 第1版第1次印刷
［责任者］叶圣陶著，朱正编注
［出版发行］花城出版社，2006

11442　大家小集：叶圣陶集

2006年设计，平装 第1版第2次印刷
［责任者］叶圣陶著，朱正编注
［出版发行］广东省出版集团、花城出版社，2006
［索书号］I217/1108

11443　大家小集：郁达夫集·散文卷

2006年设计，平装 第1版第1次印刷
［责任者］郁达夫著，袁盛勇编注
［出版发行］广东省出版集团、花城出版社，2003

11444　大家小集：郁达夫集·小说卷

2006年设计，平装 第1版第1次印刷
［责任者］郁达夫著，袁盛勇编注
［出版发行］广东省出版集团、花城出版社，2003

11445　大家小集：周作人集．上：插图本

2006年设计，平装 第1版第1次印刷
［责任者］周作人著，止庵编注
［出版发行］广东省出版集团、花城出版社，2004

11446　大家小集：周作人集．下：插图本

2006年设计，平装 第1版第1次印刷
［责任者］周作人著，止庵编注
［出版发行］广东省出版集团、花城出版社，2004

11447　大家小集：朱自清集

2006年设计，平装 第1版第3次印刷
［责任者］朱自清著，朱正编注
［出版发行］广东省出版集团、花城出版社，2005

11448　刀子和刀子

2006年设计，平装 第1版第3次印刷
［责任者］何大草著
［出版发行］花城出版社，2003

11449　浮途.上册

2006年设计，平装 第1版第1次印刷
[责任者] 郭严隶著
[出版发行] 广东省出版集团、花城出版社，2006
[索书号] I247.5/13325/1

11450　浮途.下册

2006年设计，平装 第1版第1次印刷
[责任者] 郭严隶著
[出版发行] 广东省出版集团、花城出版社，2006
[索书号] I247.5/13325/2

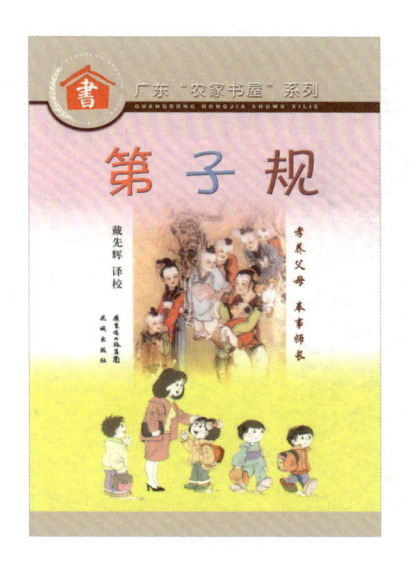

11451　广东"农家书屋"系列：弟子规

2006年设计，平装 第1版第1次印刷
[责任者] 戴先辉译校
[出版发行] 广东省出版集团、花城出版社，2006
[索书号] H194/908

11452　广东"农家书屋"系列：李杜诗精萃

2006年设计，平装 第1版第1次印刷
[责任者]中山大学中文系主编，张海鸥、谢敏玉编著
[出版发行]广东省出版集团、花城出版社，2006

11453　广东"农家书屋"系列：鲁迅散文精萃

2006年设计，平装 第1版第1次印刷
[责任者]中山大学中文系主编，邓国伟编注
[出版发行]广东省出版集团、花城出版社，2006

11454　广东"农家书屋"系列：诗骚精萃

2006年设计，平装 第1版第1次印刷
[责任者]中山大学中文系主编，孙立、何志军编注
[出版发行]广东省出版集团、花城出版社，2006

11455　国学文化经典读本：李杜诗精萃

2006年设计，平装 第1版第1次印刷
[责任者]中山大学中文系主编，张海鸥、谢敏玉编著
[出版发行]广东省出版集团、花城出版社，2006
[索书号]I222/895

11456　国学文化经典读本：鲁迅散文精萃

2006年设计，平装 第1版第1次印刷
［责任者］中山大学中文系主编，李南晖编注
［出版发行］广东省出版集团、花城出版社，2006
［索书号］I210/345

11457　国学文化经典读本：诗骚精萃

2006年设计，平装 第1版第1次印刷
［责任者］中山大学中文系主编，邓国伟编注
［出版发行］花城出版社，2006
［索书号］I222/894

11458　国学文化经典读本：左传精萃

2006年设计，平装 第1版第1次印刷
［责任者］中山大学中文系主编，孙立、何志军编注
［出版发行］花城出版社，2006
［索书号］K225/63

11459　孩子，我们的至爱

2006年设计，平装 第1版第1次印刷
［责任者］陆月崧著
［出版发行］花城出版社，2006

11460　韩水漂漂

2006年设计，平装 第1版第1次印刷
［责任者］邱家钦著
［出版发行］广东省出版集团、花城出版社，2006

11461　洪圣蔡李佛

2006年设计，平装 第1版第1次印刷
［责任者］钟国权、谢维健著
［出版发行］广东省出版集团、花城出版社，2006
［索书号］I247.5/14852

11462　花城原创：河床

2006年设计，平装 第1版第1次印刷
［责任者］陈启文著
［出版发行］广东省出版集团、花城出版社，2006
［索书号］I247.5/13318

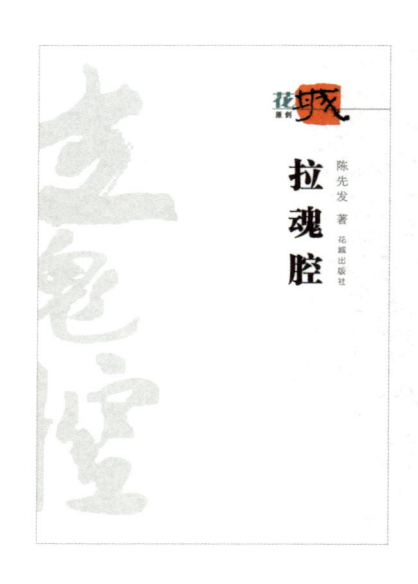

11463　花城原创：拉魂腔

2006年设计，平装 第1版第1次印刷
［责任者］陈先发著
［出版发行］花城出版社，2006
［索书号］I247.5/10862

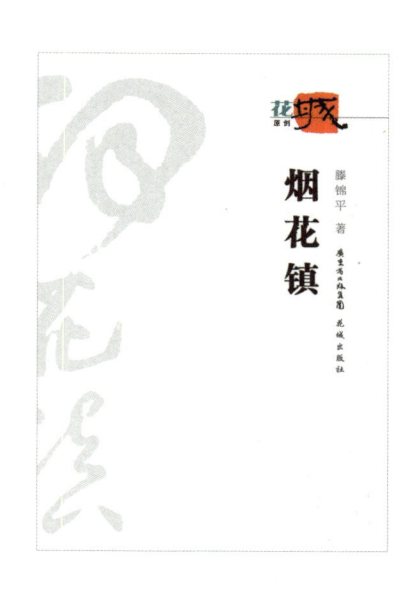

11464　花城原创：流动的房间

2006年设计，平装 第1版第1次印刷
［责任者］薛忆沩著
［出版发行］广东省出版集团、花城出版社，2006

11465　花城原创：烟花镇

2006年设计，平装 第1版第1次印刷
［责任者］滕锦平著
［出版发行］广东省出版集团、花城出版社，2006
［索书号］I247.5/14074

11466　［基本教程］：笛子基本教程（修订本）

2006年设计，平装 第2版第5次印刷
［责任者］李小逸编著
［出版发行］花城出版社，2006
［索书号］J632/19/［2］

11467　［基本教程］：口琴基本教程（修订本）

2006年设计，平装 第2版第5次印刷
［责任者］李蓝编著
［出版发行］花城出版社，2006
［索书号］J624/19/［2］

11468　江南铸都：神农教耕处正在打造

2006年设计，平装 第1版第1次印刷
[责任者]廖天锡、曹志平、唐德元著
[出版发行]花城出版社，2006
[索书号]I25/1846

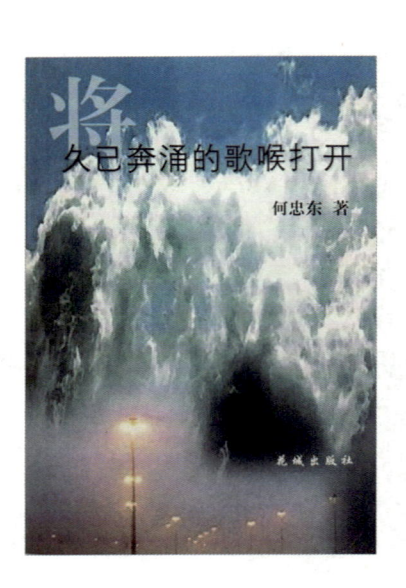

11469　将久已奔涌的歌喉打开

2006年设计，平装 第1版第1次印刷
[责任者]何忠东著
[出版发行]花城出版社，2006

11470　今夜，有暗香浮动

2006年设计，平装 第1版第1次印刷
[责任者]陶粲明著
[出版发行]花城出版社，2006

11471　经典散文译丛：培根随笔集（修订本）

2006年设计，平装 第2版第6次印刷
[责任者]（英）弗朗西斯·培根著，张和声译
[出版发行]花城出版社，2004
[索书号]I561.6/81/［2］

11472　李碧华作品集：
　　　　霸王别姬 青蛇
2006年设计，平装 第2版第7次印刷
［责任者］李碧华著
［出版发行］花城出版社，2001
［索书号］I247.5/6388/［2］

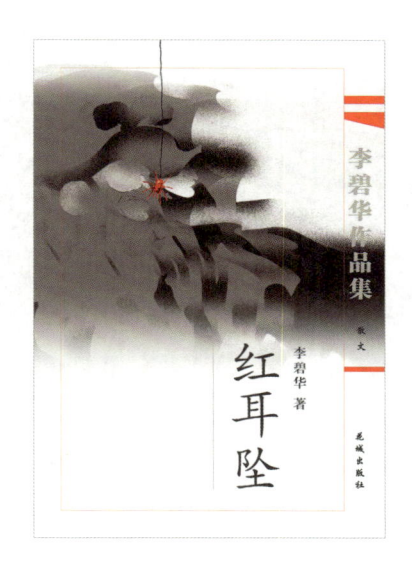

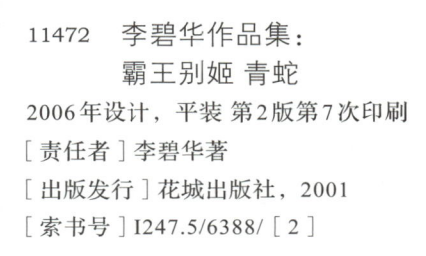

11473　李碧华作品集：
　　　　红耳坠
2006年设计，平装 第1版第1次印刷
［责任者］李碧华著
［出版发行］花城出版社，2006
［索书号］I267/7254

11474　李碧华作品集：
　　　　流星雨解毒片
2006年设计，平装 第2版第3次印刷
［责任者］李碧华著
［出版发行］广东省出版集团、花城
　　　　　出版社，2002

11475　李碧华作品集：
　　　　门铃只响一次
2006年设计，平装 第1版第1次印刷
［责任者］李碧华著
［出版发行］花城出版社，2006
［索书号］I267/7497

11476　李碧华作品集：
　　　　新欢
2006年设计，平装 第1版第2次印刷
［责任者］李碧华著
［出版发行］花城出版社，2006
［索书号］I247.7/2488

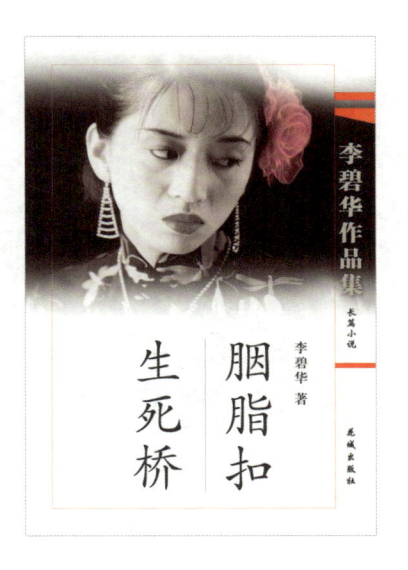

11477　李碧华作品集：
　　　　胭脂扣 生死桥
2006年设计，平装 第2版第7次印刷
［责任者］李碧华著
［出版发行］花城出版社，2001

11478　路漫漫

2006年设计，平装 第1版第1次印刷
［责任者］江新梅著
［出版发行］花城出版社，2006
［索书号］I247.5/13495

11479　缪斯：莫斯科—北京

2006年设计，平装 第1版第1次印刷
［责任者］孙越、郭小聪主编
［出版发行］花城出版社，2006
［索书号］I227/1191

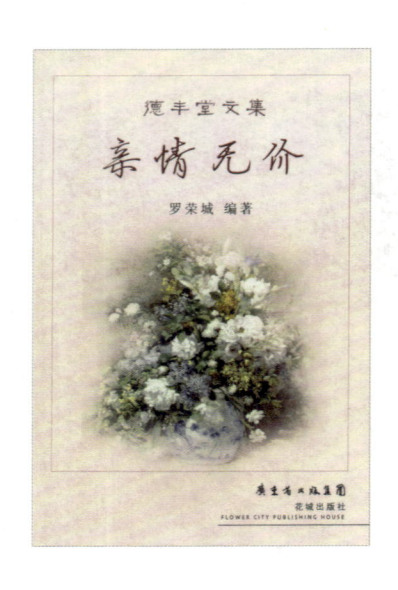

11480　亲情无价：德丰堂文集

2006年设计，精装 第1版第1次印刷
［责任者］罗荣城编著
［出版发行］花城出版社，2006
［索书号］I217/1269

11481　青春旗系列丛书：爱情选择题

2006年设计，平装 第1版第1次印刷
[责任者] 罗勇著
[出版发行] 花城出版社，2006
[索书号] I247.5/10851

11482　青春旗系列丛书：六月的青橙

2006年设计，平装 第1版第1次印刷
[责任者] 赢莹著
[出版发行] 花城出版社，2006

11483　青春旗系列丛书：我们
　　　　把青春写在纸背上
2006年设计，平装 第1版第1次印刷
[责任者] 王仙客著
[出版发行] 花城出版社，2006

11484　青春旗系列丛书：无轨列车

2006年设计，平装 第1版第1次印刷
[责任者] 豫晋著
[出版发行] 花城出版社，2006
[索书号] I247.5/13098

11485　日月流转

2006年设计，平装 第1版第1次印刷
[责任者] 牮扬、大棚著
[出版发行] 花城出版社，2006
[索书号] I247.5/12461

11486　舍弃的智慧

2006年设计，平装 第1版第1次印刷
[责任者] 盛琼著
[出版发行] 花城出版社，2006
[索书号] I267/7406

11487　随笔：2006年合订本

2006年设计，平装 第1版第1次印刷
[责任者] 秦颖主编
[出版发行] 花城出版社，2006
[索书号] I267/27050/［2］2006

11488　图书馆论坛"从业抒怀"选集

2006年设计，平装 第1版第1次印刷
[责任者] 李昭醇、邹荫生主编
[出版发行] 花城出版社，2006

11489　外国恐怖小说精选集1：海底的歌声

2006年设计，平装 第1版第1次印刷
［责任者］潘自强主编
［出版发行］花城出版社，2006
［索书号］I14/582

11490　外国恐怖小说精选集2：死亡的气味

2006年设计，平装 第1版第1次印刷
［责任者］潘自强主编
［出版发行］花城出版社，2006
［索书号］I14/562

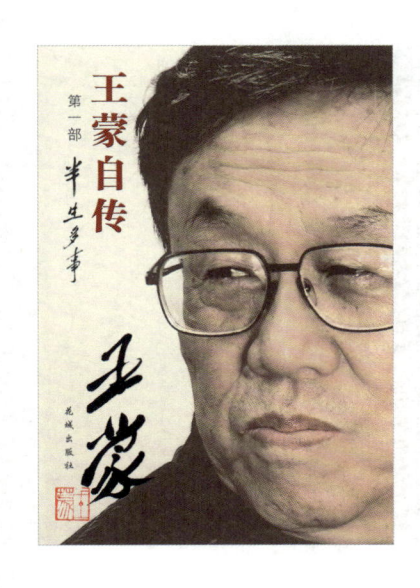

11491　王蒙自传.第一部：半生多事

2006年设计，平装 第1版第1次印刷
［责任者］王蒙著
［出版发行］花城出版社，2006
［索书号］K825.6/1192/1

11492　我与叙事诗

2006年设计，平装 第1版第1次印刷
［责任者］罗沙著
［出版发行］花城出版社，2006

11493　西魂集：律诗

2006年设计，平装 第1版第1次印刷
［责任者］谢申著
［出版发行］花城出版社，2006

11494　显山露水

2006年设计，平装 第1版第1次印刷
［责任者］柯绮著
［出版发行］花城出版社，2006

11495　新注今译中国古典名著：诗经注译

2006年设计，平装 第2版第4次印刷
［责任者］陈节注译
［出版发行］花城出版社，2002

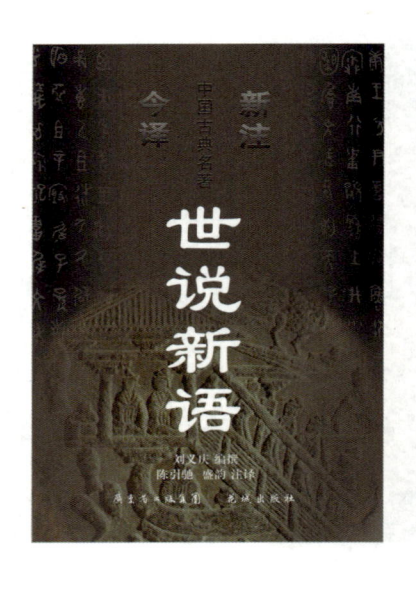

11496　新注今译中国古典名著：世说新语

2006年设计，平装 第1版第1次印刷
［责任者］刘义庆编撰，陈引驰、盛韵注释
［出版发行］广东省出版集团、花城出版社，2006
［索书号］I242.1/L765.1/［12］

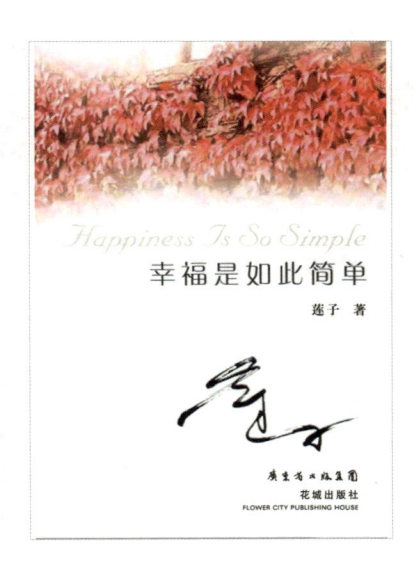

11497　幸福是如此简单

2006年设计，平装 第1版第1次印刷
［责任者］莲子著
［出版发行］广东省出版集团、花城出版社，2006
［索书号］I267/7494

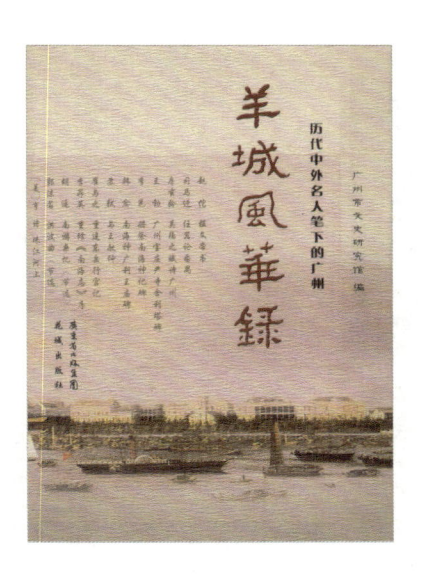

11498　羊城风华录：历代中外名人笔下的广州

2006年设计，平装 第1版第1次印刷
［责任者］关振东主编，广州市文史研究馆编
［出版发行］花城出版社，2006
［索书号］I26/85

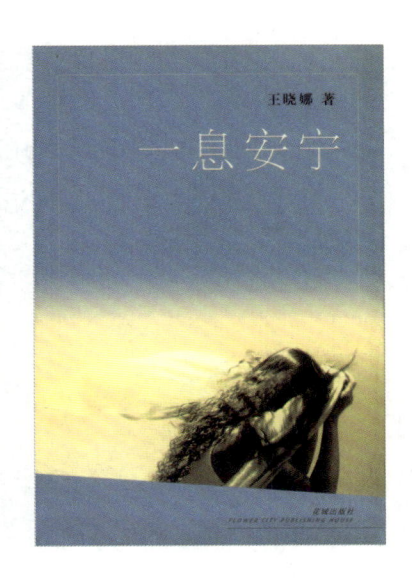

11499　一息安宁

2006年设计，平装 第1版第1次印刷
［责任者］王晓娜著
［出版发行］花城出版社，2006
［索书号］I247.5/13235

11500　医生爱娘

2006年设计，平装 第1版第1次印刷
［责任者］吴泽元著
［出版发行］花城出版社，2006
［索书号］I235/316

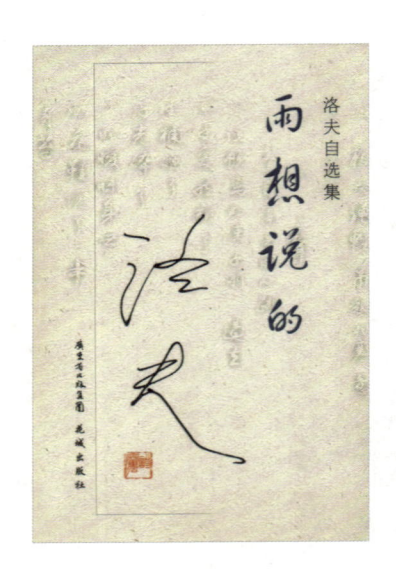

11501　雨想说的：洛夫自选集

2006年设计，平装 第1版第1次印刷
［责任者］洛夫著
［出版发行］花城出版社，2006
［索书号］I227/1205

11502　圆梦：白先勇与青春版《牡丹亭》

2006年设计，平装 第1版第1次印刷
［责任者］白先勇主编
［出版发行］花城出版社，2006
［索书号］J825/84

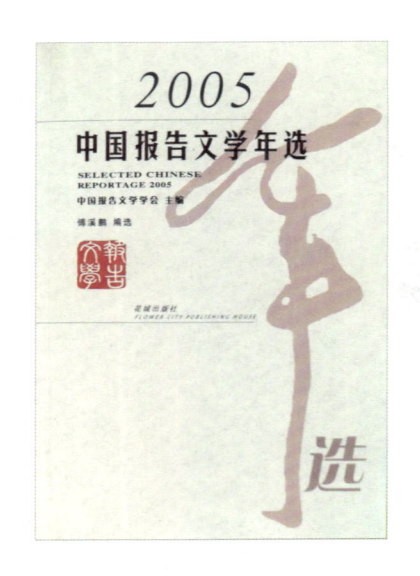

11503　中国报告文学年选.2005

2006年设计，平装 第1版第1次印刷
［责任者］中国报告文学学会主编，傅溪鹏编选
［出版发行］花城出版社，2006
［索书号］I253/1786/2005

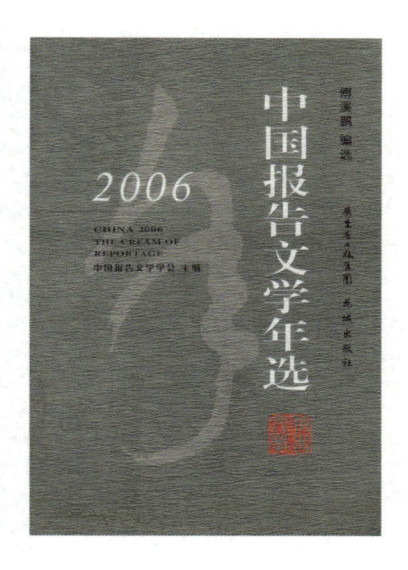

11504　中国报告文学年选.2006

2006年设计，平装 第1版第1次印刷
［责任者］中国报告文学学会主编，傅溪鹏编选
［出版发行］花城出版社，2006
［索书号］I253/1786/2006

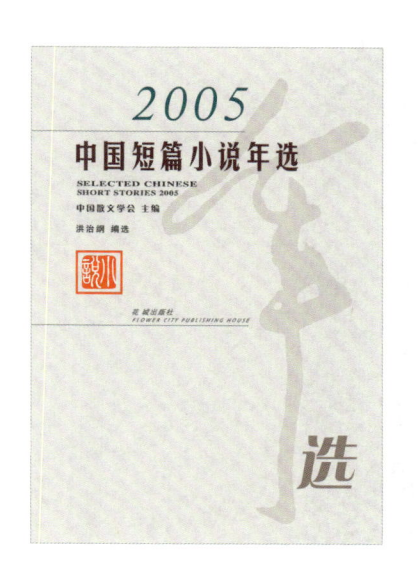

11505　中国短篇小说年选.2005

2006年设计，平装 第1版第1次印刷
［责任者］中国散文学会主编，洪治纲编选
［出版发行］花城出版社，2006

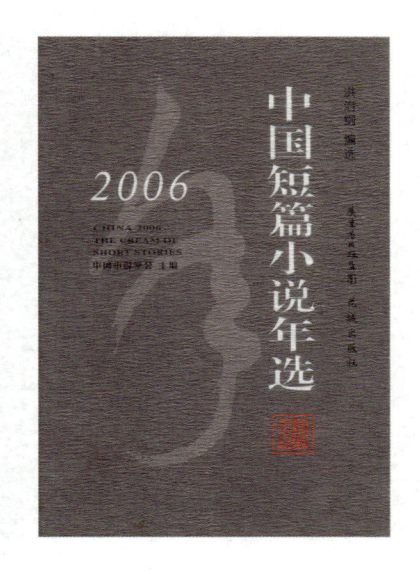

11506　中国短篇小说年选.2006

2006年设计，平装 第1版第1次印刷
［责任者］中国小说学会主编，洪治纲编选
［出版发行］花城出版社，2006
［索书号］I247.7/1404/2006

11507　中国散文年选.2005

2006年设计，平装 第1版第1次印刷
［责任者］中国散文学会主编，李晓虹编选
［出版发行］花城出版社，2006

11508　中国散文年选 .2006

2006年设计，平装 第1版第1次印刷
[责任者] 中国散文学会主编，李晓虹编选
[出版发行] 花城出版社，2006
[索书号] I267/4585/2006

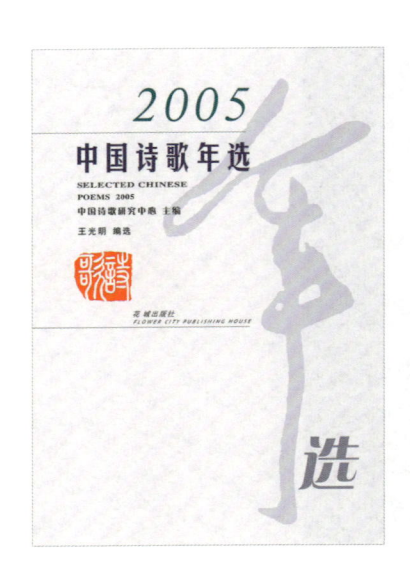

11509　中国诗歌年选 .2005

2006年设计，平装 第1版第1次印刷
[责任者] 中国诗歌研究中心主编，王光明编选
[出版发行] 花城出版社，2006

11510　中国诗歌年选 .2006

2006年设计，平装 第1版第1次印刷
[责任者] 中国诗歌研究中心主编，王光明编选
[出版发行] 花城出版社，2006
[索书号] I227/917/2006

11511　中国随笔年选 .2005

2006年设计，平装 第1版第1次印刷
[责任者] 中国散文学会主编，李静编选
[出版发行] 花城出版社，2006

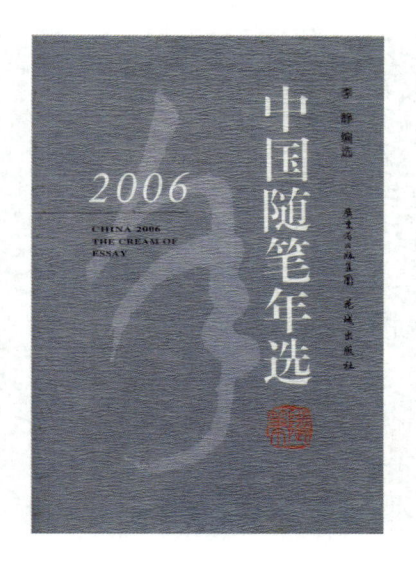

11512　中国随笔年选 .2006

2006年设计，平装 第1版第1次印刷
［责任者］中国散文学会主编，李静编选
［出版发行］花城出版社，2006
［索书号］I267/5303/2006

11513　中国文史精华年选 .2005

2006年设计，平装 第1版第1次印刷
［责任者］向继东编选
［出版发行］花城出版社，2006
［索书号］K250/4

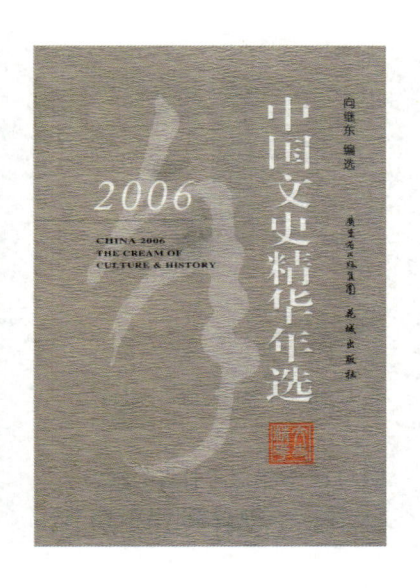

11514　中国文史精华年选 .2006

2006年设计，平装 第1版第1次印刷
［责任者］向继东编选
［出版发行］花城出版社，2006
［索书号］K250/4/2006

11515　中国玄幻小说年选 .2006

2006年设计，平装 第1版第1次印刷
［责任者］黄孝阳编选
［出版发行］花城出版社，2006
［索书号］I247.7/2563/2006

378 　文学的长河：封面·构成　›››

11516　中国杂文年选.2005

2006年设计，平装 第1版第1次印刷
［责任者］鄢烈山编选
［出版发行］花城出版社，2006

11517　中国杂文年选.2006

2006年设计，平装 第1版第1次印刷
［责任者］鄢烈山编选
［出版发行］花城出版社，2006
［索书号］I267/5315/2006

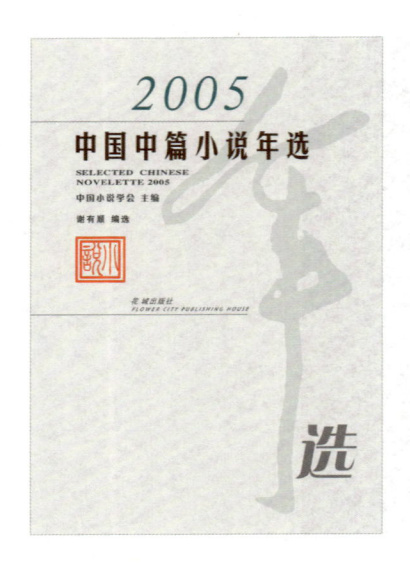

11518　中国中篇小说年选.2005

2006年设计，平装 第1版第1次印刷
［责任者］中国小说学会主编，谢有顺编选
［出版发行］花城出版社，2006

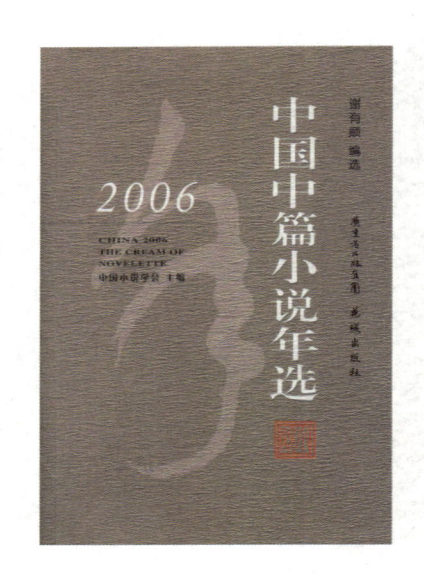

11519　中国中篇小说年选.2006

2006年设计，平装 第1版第1次印刷
［责任者］中国小说学会主编，谢有顺编选
［出版发行］花城出版社，2006
［索书号］I247.5/10456/2006

11520　中年李逵的婚姻生活

2006年设计，平装 第1版第1次印刷
［责任者］魏然森著
［出版发行］花城出版社，2006

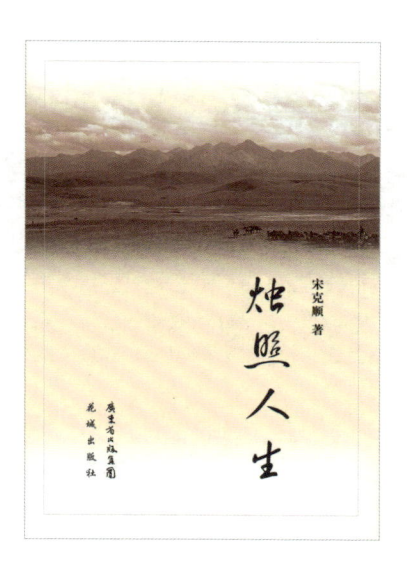

11521　烛照人生

2006年设计，平装 第1版第1次印刷
［责任者］宋克顺著
［出版发行］花城出版社，2006
［索书号］K828/253

11522　《随笔》双年选：2005—2006

2007年设计，平装 第1版第1次印刷
［责任者］秦颖编选
［出版发行］花城出版社，2007
［索书号］I267/8149

11523　霭霭停云：华严文学创作学术研讨会论文集

2007年设计，平装 第1版第1次印刷
［责任者］钟晓毅主编
［出版发行］花城出版社，2007
［索书号］I206.7/619

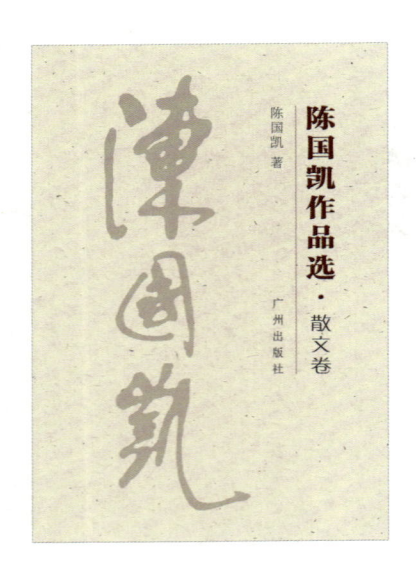

11524　陈国凯作品选 . 散文卷

2007年设计，平装 第1版第1次印刷
［责任者］陈国凯著
［出版发行］广州出版社，2007
［索书号］I217/1192/3

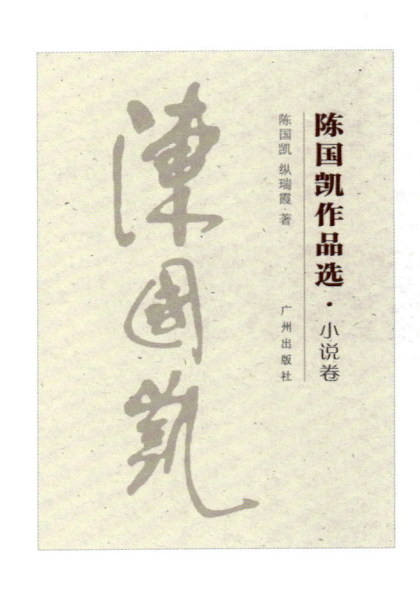

11525　陈国凯作品选 . 小说卷

2007年设计，平装 第1版第1次印刷
［责任者］陈国凯，纵瑞霞著
［出版发行］广州出版社，2007
［索书号］I217/1192/1

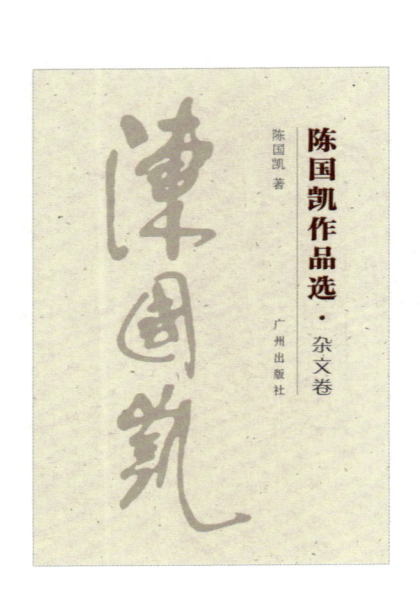

11526　陈国凯作品选 . 杂文卷

2007年设计，平装 第1版第1次印刷
［责任者］陈国凯著
［出版发行］广州出版社，2007
［索书号］I217/1192/2

11527　大家小集：林语堂集

2007年设计，平装 第1版第1次印刷
［责任者］林语堂著
［出版发行］花城出版社，2007
［索书号］I266/712

11528　大家小集：鲁迅集．小说散文卷：插图本

2007年设计，平装 第1版第3次印刷
［责任者］鲁迅著，周楠本编
［出版发行］花城出版社，2001

11529　大家小集：鲁迅集．杂文卷：插图本

2007年设计，平装 第1版第3次印刷
［责任者］鲁迅著
［出版发行］花城出版社，2001

11530　大家小集：沈从文集（散文卷）

2007年设计，平装 第1版第1次印刷
［责任者］沈从文著
［出版发行］广东省出版集团、花城出版社，2007
［索书号］I217/1219

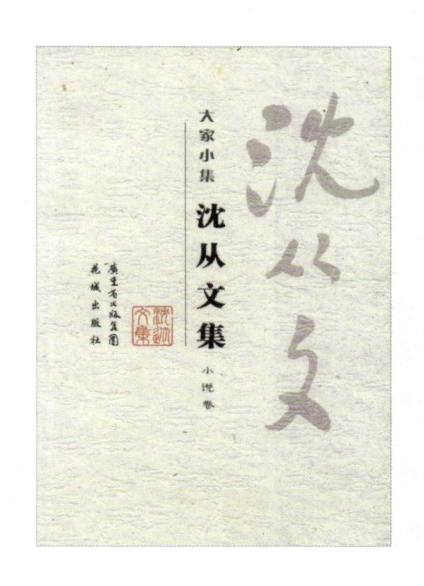

11531　大家小集：沈从文集（小说卷）

2007年设计，平装 第1版第1次印刷
［责任者］沈从文著
［出版发行］广东省出版集团、花城出版社，2007
［索书号］I216/300/1

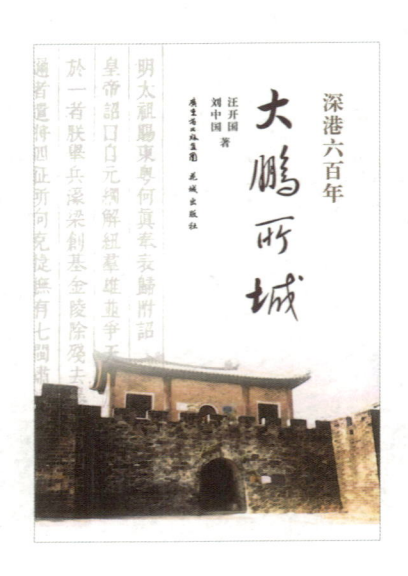

11532　大鹏所城：深港六百年

2007年设计，平装 第1版第1次印刷
［责任者］汪开国，刘中国著
［出版发行］花城出版社，2007
［索书号］K296.5/776/［2］

11533　等等灵魂

2007年设计，平装 第1版第1次印刷
［责任者］李佩甫著
［出版发行］花城出版社，2007
［索书号］I247.5/13479

11534　负重人生

2007年设计，平装 第1版第1次印刷
［责任者］孙亦飞著
［出版发行］花城出版社，2007
［索书号］I247.5/15172

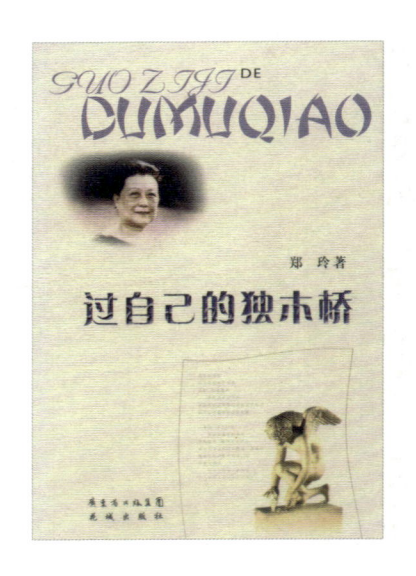

11535　过自己的独木桥

2007年设计，平装 第1版第1次印刷
［责任者］郑玲著
［出版发行］花城出版社，2007
［索书号］I227/1402

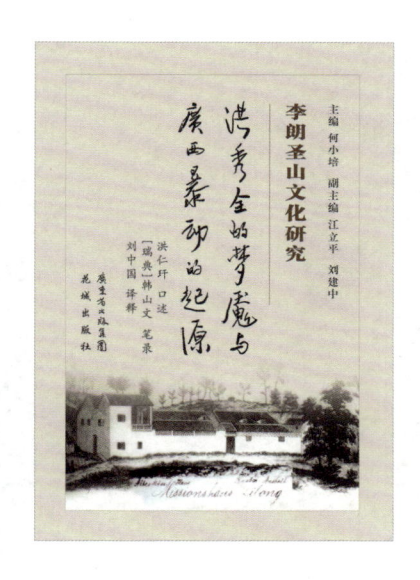

11536　洪秀全的梦魇与广西暴动的起源

2007年设计，平装 第1版第1次印刷
［责任者］洪仁玕口述，（瑞典）韩山文笔录，刘中国译释
［出版发行］花城出版社，2007

11537　花城原创：老夫少妻

2007年设计，平装 第1版第1次印刷
［责任者］刘小川著
［出版发行］花城出版社，2007

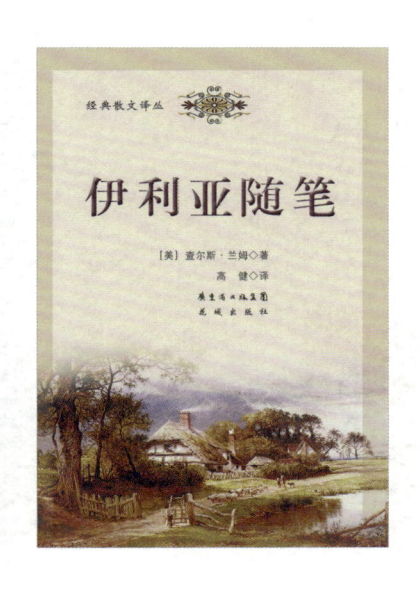

11538　经典散文译丛：伊利亚随笔

2007年设计，第2版 第2次印刷
［责任者］（英）查尔斯·兰姆著，高健译
［出版发行］广东省出版集团、花城出版社，1999

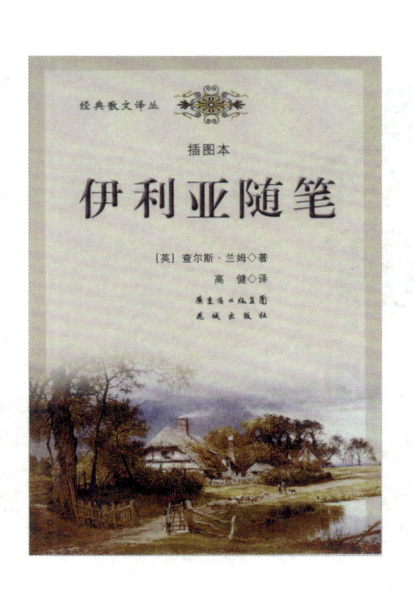

11539　经典散文译丛：伊利亚随笔：插图本

2007年设计，第2版 第3次印刷
［责任者］（英）查尔斯·兰姆著，高健译
［出版发行］广东省出版集团、花城出版社，1999
［索书号］I561.6/37/［2］

11540　窥梦人：新世纪台湾散文选

2007年设计，平装 第1版第1次印刷
［责任者］金宏达编
［出版发行］花城出版社，2007
［索书号］I267/7655

11541　李碧华作品集：缘分透支

2007年设计，平装 第1版第1次印刷
［责任者］李碧华著
［出版发行］广东省出版集团、花城出版社，2007
［索书号］I267/8022

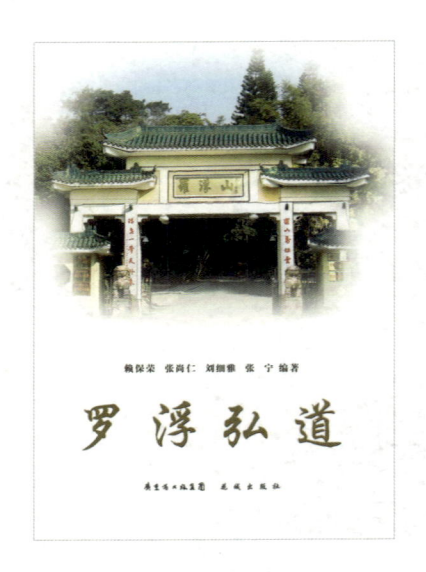

11542　罗浮弘道

2007年设计，平装 第1版第1次印刷
［责任者］赖保荣等编著
［出版发行］花城出版社，2007
［索书号］B957/5

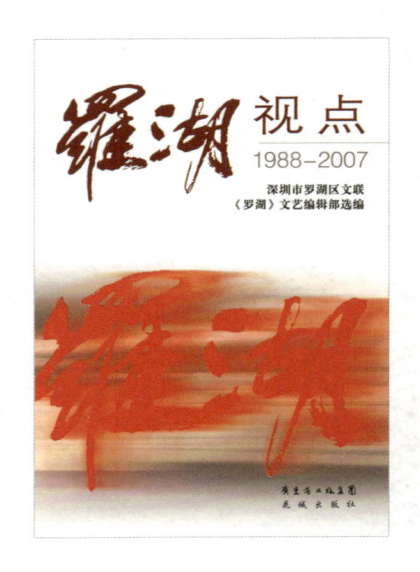

11543　罗湖视点：1988—2007

2007年设计，平装 第1版第1次印刷
［责任者］深圳市罗湖区文联、《罗湖》文艺编辑部选编
［出版发行］花城出版社，2007

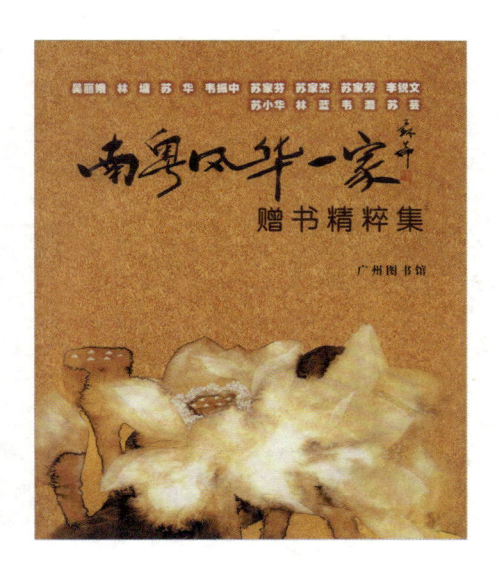

11544　南粤风华一家：赠书精粹集

2007年设计，平装 第1版第1次印刷
［责任者］广州图书馆
［出版发行］广州图书馆，2007
［索书号］Z84/29

11545　普通高中新课程方案的实施与探索

2007年设计，平装 第1版第1次印刷
［责任者］刘仕森主编
［出版发行］花城出版社，2007
［索书号］G632/691

11546　青春旗系列丛书：青春那么八卦

2007年设计，平装 第1版第1次印刷
［责任者］陈进著
［出版发行］花城出版社，2007
［索书号］I247.5/13919

11547　青春旗系列丛书：笑我太疯癫

2007年设计，平装 第1版第1次印刷
［责任者］邓李达著
［出版发行］花城出版社，2007
［索书号］I247.5/13922

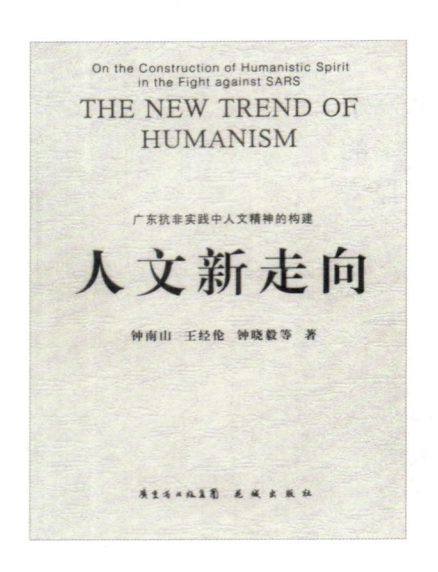

11548　人文新走向：广东抗非
　　　　实践中人文精神的构建

2007年设计，平装 第1版第1次印刷
［责任者］钟南山、王经伦、钟晓毅等著
［出版发行］花城出版社，2007
［索书号］C53/615

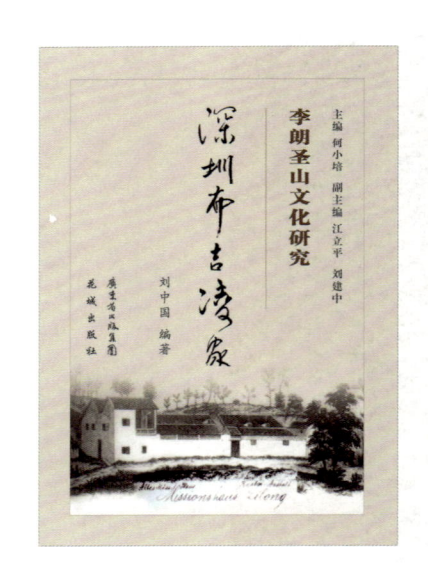

11549　深圳布吉凌家

2007年设计，平装 第1版第1次印刷
［责任者］刘中国编著
［出版发行］广东省出版集团、花城出版社，2007

11550　十五岁的风筝

2007年设计，平装 第1版第1次印刷
［责任者］张蒙蒙著
［出版发行］花城出版社，2007
［索书号］I287/856

11551　树上的日子：我的一九六八

2007年设计，平装 第1版第1次印刷
［责任者］梁云平著
［出版发行］花城出版社，2007
［索书号］K828/289

11552　王蒙自传. 第二部：大块文章

2007年设计，平装 第1版第1次印刷
［责任者］王蒙著
［出版发行］花城出版社，2007
［索书号］K825.6/1192/2

11553　吴丽娥：九十三岁老人画集

2007年设计，平装 第1版第1次印刷
［责任者］吴丽娥绘，林墉、苏华、苏小华编辑
［出版发行］苏家美术馆，2007
［索书号］J222.7/863

11554　新注今译中国古典名著：老子注译

2007年设计，平装 第1版第4次印刷
［责任者］孙雍长注译
［出版发行］花城出版社，1998

11555　新注今译中国古典名著：论语注译

2007年设计，平装 第1版第1次印刷
［责任者］(春秋) 孔丘原著，陈蒲清注译
［出版发行］花城出版社，2007

11556　新注今译中国古典名著：世说新语注译

2007年设计，2006年第1版 2007年第2次印刷
［责任者］(南朝宋)刘义庆编撰，陈引驰、盛韵注释
［出版发行］广东省出版集团、花城出版社，2006

11557　新注今译中国古典名著：四书注译

2007年设计，平装 第1版第5次印刷
［责任者］陈蒲清注译
［出版发行］花城出版社，1998
［索书号］B222/212

11558　新注今译中国古典名著：孙子兵法注译

2007年设计，平装 第1版第9次印刷
［责任者］秦旭卿、陈蒲清等注译
［出版发行］花城出版社，1998

11559　新注今译中国古典名著：周易注译

2007年设计，平装 第1版第4次印刷
［责任者］张善文注译
［出版发行］花城出版社，2001

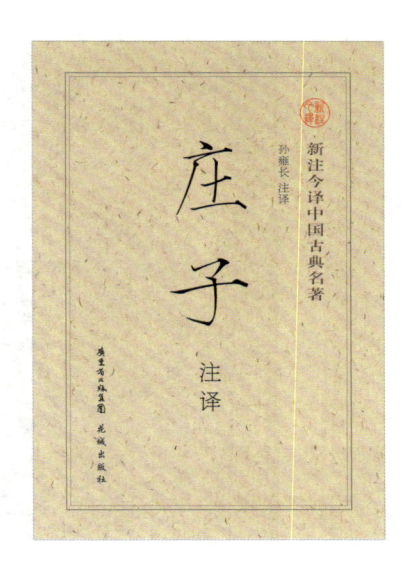

11560　新注今译中国古典名著：庄子注译

2007年设计，平装 第1版第5次印刷
［责任者］孙雍长注译
［出版发行］花城出版社，1998

11561　新注今译中国古典名著：左传注译．上

2007年设计，平装 第1版第1次印刷
［责任者］(春秋) 左丘明原著，叶农注译
［出版发行］花城出版社，2007
［索书号］K225/79/1

11562　新注今译中国古典名著：左传注译．下

2007年设计，平装 第1版第1次印刷
［责任者］(春秋) 左丘明原著，叶农注译
［出版发行］花城出版社，2007
［索书号］K225/79/2

11563　血祭河山

2007年设计，平装 第1版第1次印刷
［责任者］郑怀兴著
［出版发行］花城出版社，2007
［索书号］I247.5/14552

11564　血性男儿

2007年设计，平装 第1版第1次印刷
［责任者］陈泗伟著
［出版发行］花城出版社，2007

11565　艺术的喜悦

2007年设计，平装 第1版第1次印刷
［责任者］杨苗青著
［出版发行］花城出版社，2007
［索书号］I217/1373

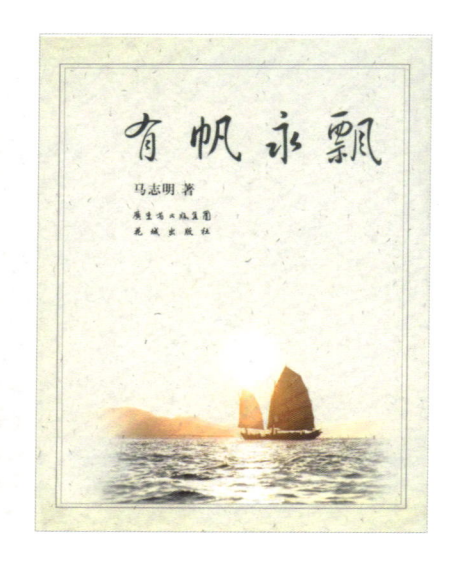

11566　有帆永飘

2007年设计，平装 第1版第1次印刷
［责任者］马志明著
［出版发行］花城出版社，2007
［索书号］I227/7357

11567　真情永远：德丰堂文集

2007年设计，精装 第1版第1次印刷
［责任者］罗荣城编著
［出版发行］广东省出版集团、
　　　　　　花城出版社，2007
［索书号］I217/1256

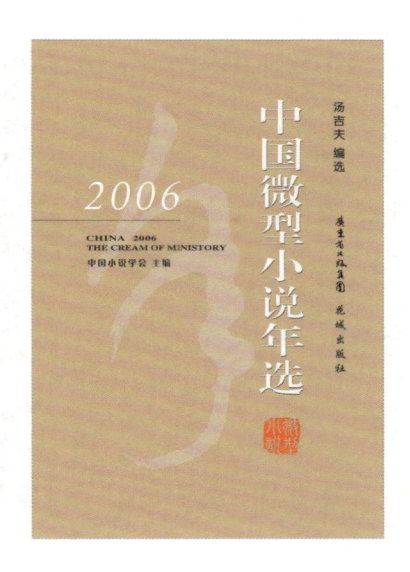

11568　中国微型小说年选 .2006

2007年设计，平装 第1版第1次印刷
［责任者］中国小说学会主编，汤吉夫编选
［出版发行］花城出版社，2007
［索书号］I247.8/1099/2006

11569　中国文学评论双年选 .2005—2006

2007年设计，平装 第1版第1次印刷
［责任者］郜元宝编选
［出版发行］花城出版社，2007
［索书号］I206.7/631/2005-2006

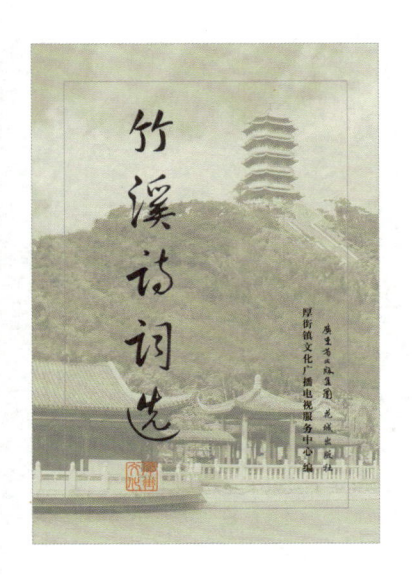

11570　竹溪诗词选

2007年设计，平装 第1版第1次印刷
［责任者］厚街镇文化广播电视服务中心编，曾庆云主编
［出版发行］花城出版社，2007

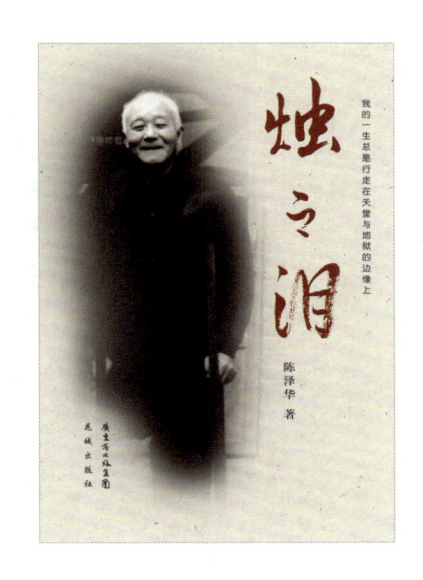

11571　烛之泪

2007年设计，平装 第1版第1次印刷
［责任者］陈泽华著
［出版发行］花城出版社，2007
［索书号］K825.4/763

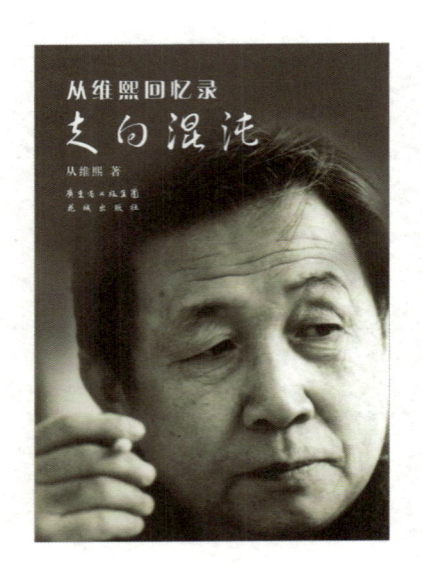

11572　走向混沌：从维熙回忆录

2007年设计，平装 第1版第1次印刷
［责任者］从维熙著
［出版发行］花城出版社，2007
［索书号］K825.6/1226

11573　砭术新说：施氏砭术综合疗法．站稳脚跟

2008年设计，平装 第1版第1次印刷
［责任者］施安丽著
［出版发行］广东省出版集团、花城出版社，2008
［索书号］R245/439

11574　大家小集：梁实秋集

2008年设计，平装 第1版第1次印刷
［责任者］梁实秋著，高旭东、宋庆宝编注
［出版发行］花城出版社，2008
［索书号］I267/8749

11575　大家小集：汪曾祺集

2008年设计，平装 第1版第1次印刷
［责任者］汪曾祺著，杨早编注
［出版发行］花城出版社，2008
［索书号］I217/1302

11576　广东"农家书屋"系列：灯谜选解

2008年设计，平装 第2版第2次印刷
［责任者］汝汝编
［出版发行］广东省出版集团、花城出版社，2008
［索书号］I277/454/［2］

11577　广东"农家书屋"系列：笛子基本教程

2008年设计，平装 第1版第1次印刷
［责任者］李小逸编著
［出版发行］广东省出版集团、花城出版社，2008

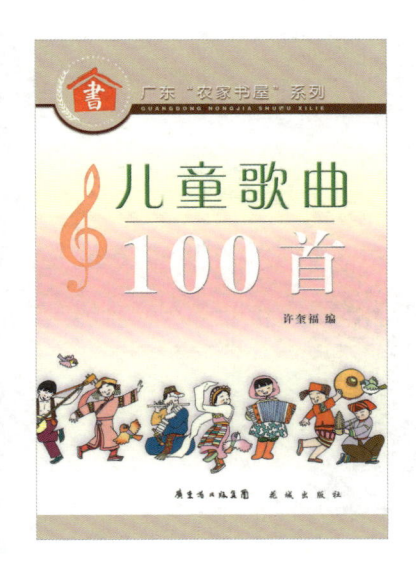

11578　广东"农家书屋"系列：
　　　　儿童歌曲100首
2008年设计，平装 第1版第1次印刷
［责任者］许奎福编
［出版发行］花城出版社，2008

11579　广东"农家书屋"系列：二胡入门教程

2008年设计，平装 第1版第1次印刷
［责任者］吴跃跃编著
［出版发行］花城出版社，2008
［索书号］J632/155

11580　广东"农家书屋"系列：干部贤文

2008年设计，平装 第1版第1次印刷
［责任者］《干部贤文》编委会编
［出版发行］花城出版社，2008
［索书号］D64/147/［2］

11581　广东"农家书屋"系列：观世悟言

2008年设计，平装 第1版第1次印刷
［责任者］陈天芬著
［出版发行］花城出版社，2008

11582　广东"农家书屋"系列：
　　　　过目难忘：爱情诗

2008年设计，平装 第1版第1次印刷
［责任者］赵东霞选编
［出版发行］花城出版社，2008

11583　广东"农家书屋"系列：
　　　　过目难忘：对联

2008年设计，平装 第1版第1次印刷
［责任者］钟华选编
［出版发行］花城出版社，2008

11584　广东"农家书屋"系列：过
　　　　目难忘：古代平民诗选粹
2008年设计，平装 第1版第1次印刷
［责任者］罗家琪选编
［出版发行］花城出版社，2008

11585　广东"农家书屋"系列：
　　　　过目难忘：网络幽默
2008年设计，平装 第1版第1次印刷
［责任者］周琪、周晖选编
［出版发行］花城出版社，2008

11586　广东"农家书屋"系列：
　　　　过目难忘：哲味小品
2008年设计，平装 第1版第1次印刷
［责任者］春和选编
［出版发行］花城出版社，2008

11587　广东"农家书屋"系列：老庄精萃
2008年设计，平装 第1版第2次印刷
［责任者］中山大学中文系主编，谭步云、郭加健编注
［出版发行］花城出版社，2008
［索书号］B223/439/［2］

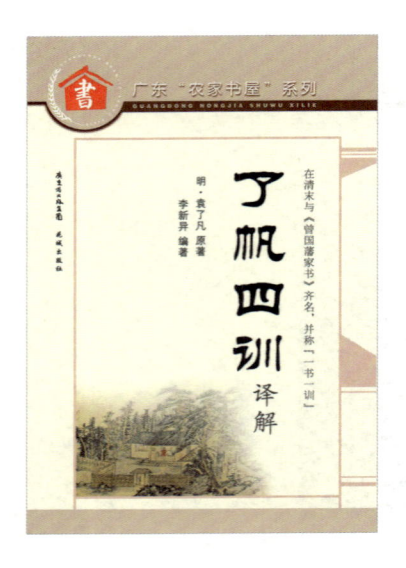

11588　广东"农家书屋"系列：
　　　　了凡四训译解

2008年设计，平装 第1版第1次印刷

[责任者]（明）袁了凡原著，李新异编著

[出版发行]广东省出版集团、花城出版社，2008

11589　广东"农家书屋"系列：礼记精萃

2008年设计，平装 第1版第2次印刷

[责任者]中山大学中文系主编，李中生编注

[出版发行]花城出版社，2008

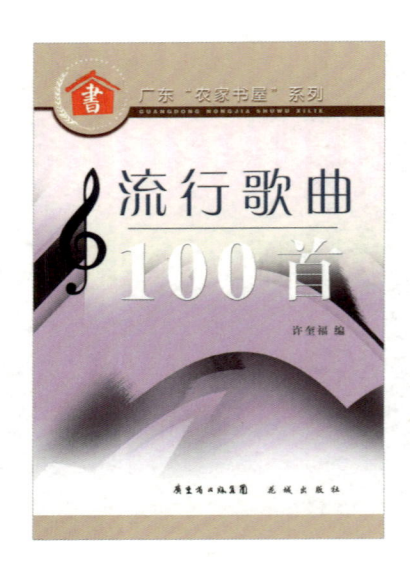

11590　广东"农家书屋"系列：
　　　　流行歌曲100首

2008年设计，平装 第1版第1次印刷

[责任者]许奎福编

[出版发行]花城出版社，2008

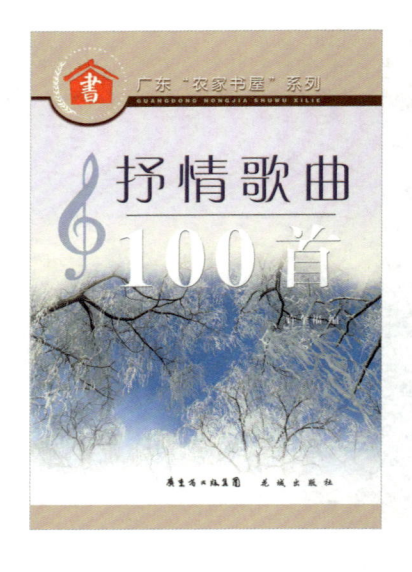

11591　广东"农家书屋"系列：
　　　　抒情歌曲100首

2008年设计，平装 第1版第1次印刷

[责任者]许奎福编

[出版发行]花城出版社，2008

11592　广东"农家书屋"系列：
　　　　苏辛词精萃
2008年设计，平装 第1版第1次印刷
［责任者］中山大学中文系主编，彭玉平、
　　　　　刘兴晖、袁志成编注
［出版发行］花城出版社，2008

11593　广东"农家书屋"系列：
　　　　闲侃中国文人
2008年设计，平装 第2版第3次印刷
［责任者］陈雄著
［出版发行］花城出版社，2008
［索书号］I267/8304/［2］

11594　广东"农家书屋"系列：
　　　　徐志摩诗精萃
2008年设计，平装 第1版第1次印刷
［责任者］中山大学中文系主编，张均、张春编注
［出版发行］花城出版社，2008

11595　广东"农家书屋"系列：左传精萃
2008年设计，平装 第1版第1次印刷
［责任者］中山大学中文系主编，李南晖编注
［出版发行］广东省出版集团、花城出版社，2008

11596　国学文化经典读本：老庄精萃

2008年设计，平装 第1版第1次印刷
[责任者] 中山大学中文系主编，谭步云、郭加健编注
[出版发行] 花城出版社，2008
[索书号] B223/439

11597　国学文化经典读本：礼记精萃

2008年设计，平装 第1版第1次印刷
[责任者] 中山大学中文系主编，李中生编注
[出版发行] 花城出版社，2008
[索书号] K892/950

11598　国学文化经典读本：苏辛词精萃

2008年设计，平装 第1版第1次印刷
[责任者] 中山大学中文系主编，彭玉平、
　　　　　刘兴晖、袁志成编注
[出版发行] 花城出版社，2008
[索书号] I207.2/1695

11599　国学文化经典读本：徐志摩诗精萃

2008年设计，平装 第1版第1次印刷
[责任者] 中山大学中文系主编，张均、张春编注
[出版发行] 花城出版社，2008
[索书号] I226/143

11600　花城原创：河床（修订本）

2008年设计，平装 第2版第1次印刷
[责任者] 陈启文著
[出版发行] 花城出版社，2006
[索书号] I247.5/13318/ [2]

11601　解析心灵

2008年设计，平装 第1版第1次印刷
[责任者] 曹云龙著
[出版发行] 花城出版社，2008
[索书号] B84/484

11602　经典散文译丛：培根随笔集（修订本）

2008年设计，平装 第2版 第10次印刷
[责任者]（英）弗朗西斯·培根 著，张和声译
[出版发行] 广东省出版集团、花城出版社，2004

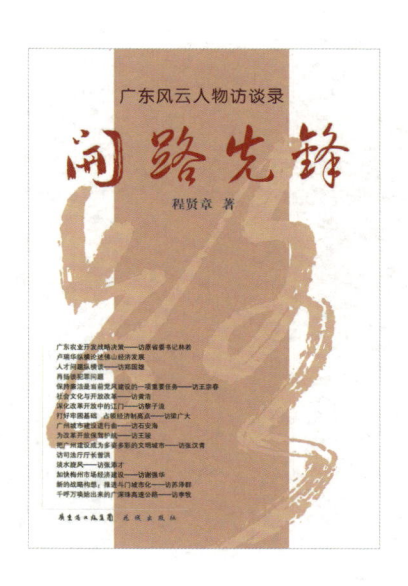

11603　开路先锋：广东风云人物访谈录

2008年设计，平装 第1版第1次印刷
[责任者] 程贤章著
[出版发行] 花城出版社，2008
[索书号] I253/3408

11604　了富贵浮沉．上

2008年设计，平装 第1版第1次印刷
［责任者］生活著
［出版发行］花城出版社，2008
［索书号］I247.4/445/1

11605　了富贵浮沉．下

2008年设计，平装 第1版第1次印刷
［责任者］生活著
［出版发行］花城出版社，2008
［索书号］I247.4/445/2

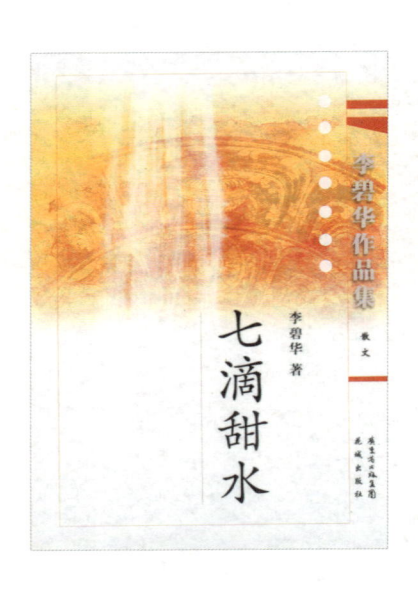

11606　李碧华作品集：七滴甜水

2008年设计，平装 第1版第1次印刷
［责任者］李碧华著
［出版发行］花城出版社，2008
［索书号］I267/8699

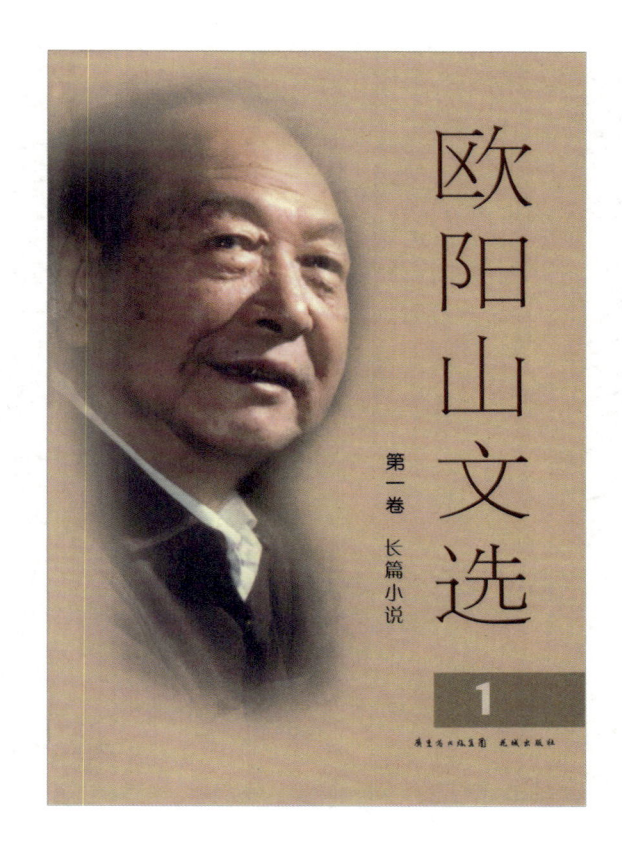

欧阳山文选

11607　欧阳山文选：第一卷.长篇小说

2008年设计，精装 第1版第1次印刷
［责任者］欧阳山著
［出版发行］花城出版社，2008
［索书号］I217/1417/1

11608　欧阳山文选：第二卷.长篇小说

2008年设计，精装 第1版第1次印刷
［责任者］欧阳山著
［出版发行］花城出版社，2008
［索书号］I217/1417/2

11609　欧阳山文选：第三卷.中短篇小说

2008年设计，精装 第1版第1次印刷
［责任者］欧阳山著
［出版发行］花城出版社，2008
［索书号］I217/1417/3

11610　欧阳山文选：第四卷.论文、杂文及其他

2008年设计，精装 第1版第1次印刷
［责任者］欧阳山著
［出版发行］花城出版社，2008
［索书号］I217/1417/4

11611　秦岭雪诗集．情纵红尘

2008年设计，平装 第1版第1次印刷
［责任者］秦岭雪著
［出版发行］花城出版社，2008
［索书号］I227/1702

11612　山里欢歌

2008年设计，平装 第1版第1次印刷
［责任者］吴泽元著
［出版发行］花城出版社，2008
［索书号］I235/370

11613　盛夏

2008年设计，平装 第1版第1次印刷
［责任者］龙宿莽著
［出版发行］花城出版社，2008
［索书号］I247.5/15043

11614　苏家杰赠书目录

2008年设计，平装 第1版第1次印刷
［责任者］广州图书馆
［出版发行］广州图书馆，2008
［索书号］Z84/28

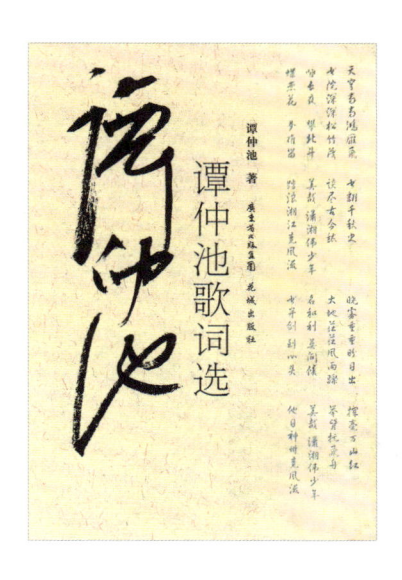

11615　谭仲池歌词选

2008年设计，平装 第1版第1次印刷
［责任者］谭仲池著
［出版发行］花城出版社，2008
［索书号］I227/1465

11616　王蒙自传.第三部：九命七羊

2008年设计，平装 第1版第1次印刷
［责任者］王蒙著
［出版发行］花城出版社，2008
［索书号］K825.6/1192/3

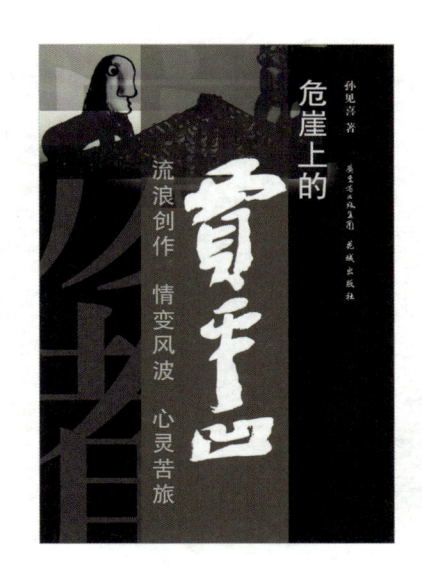

11617　危崖上的贾平凹

2008年设计，平装 第1版第1次印刷
［责任者］孙见喜著
［出版发行］花城出版社，2008
［索书号］I207.4/1452

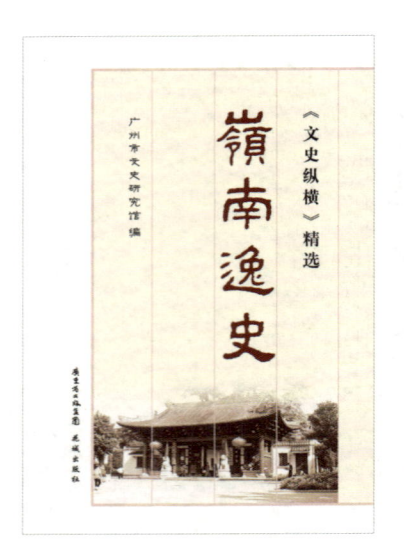

11618　《文史纵横》精选：岭南逸史

2008年设计，平装 第1版第1次印刷
［责任者］关振东主编，广州市文史研究馆编
［出版发行］花城出版社，2008
［索书号］K296.5/829

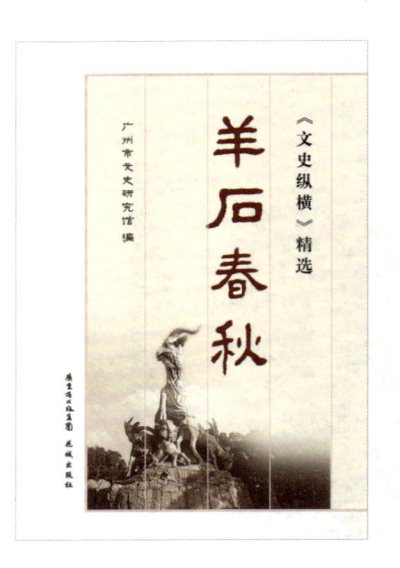

11619　《文史纵横》精选：羊石春秋

2008年设计，平装 第1版第1次印刷
［责任者］关振东主编，广州市文史研究馆编
［出版发行］花城出版社，2008
［索书号］K892.4/27

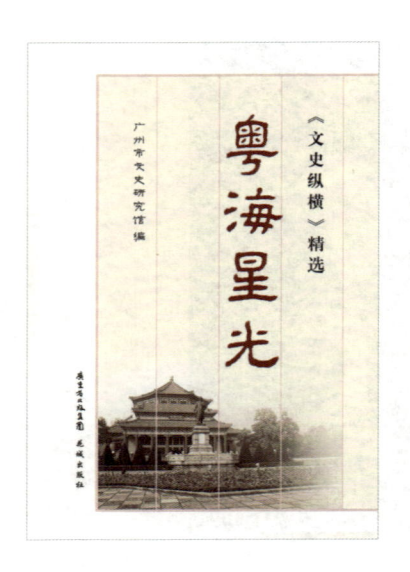

11620　《文史纵横》精选：粤海星光

2008年设计，平装 第1版第1次印刷
［责任者］关振东主编，广州市文史研究馆编
［出版发行］花城出版社，2008
［索书号］K820.8/344

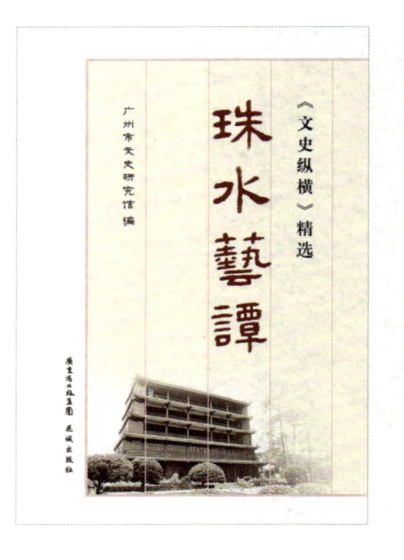

11621　《文史纵横》精选：珠水艺谭

2008年设计，平装 第1版第1次印刷
［责任者］关振东主编，广州市文史研究馆编
［出版发行］花城出版社，2008
［索书号］I267/9210

11622　问岁集

2008年设计，平装 第1版第1次印刷
[责任者]姚柏林著
[出版发行]花城出版社，2008
[索书号]I267/30676

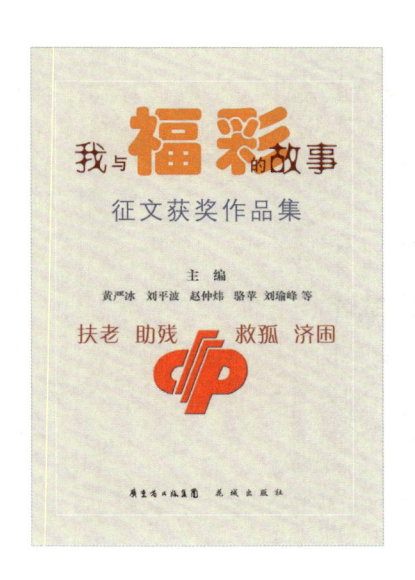

11623　我与福彩的故事征文获奖作品集

2008年设计，平装 第1版第1次印刷
[责任者]黄严冰等主编
[出版发行]花城出版社，2008

11624　五年日志

2008年设计，平装 第1版第1次印刷
[责任者]苏小华著
[出版发行]中国文艺出版社，2008
[索书号]J221/378　J221/540

11625　五十年花地精品选．诗歌卷

2008年设计，平装 第1版第1次印刷
［责任者］张维主编，熊育群、胡文辉［册］主编
［出版发行］花城出版社，2008
［索书号］I217/1411/4

11626　五十年花地精品选．小说卷

2008年设计，平装 第1版第1次印刷
［责任者］张维主编，黄咏梅［册］主编
［出版发行］花城出版社，2008
［索书号］I217/1411/1

11627　五十年花地精品选．
　　　　小小说卷
2008年设计，平装 第1版第1次印刷
［责任者］张维主编，张子秋
　　　　　［册］主编
［出版发行］花城出版社，2008
［索书号］I217/1411/6

11628　五十年花地精品选．
　　　　杂文随笔卷
2008年设计，平装 第1版第1次印刷
［责任者］张维主编，邹镇、芮灿庭
　　　　　［册］主编
［出版发行］花城出版社，2008
［索书号］I217/1411/5

11629　小人议红

2008年设计，平装 第1版第1次印刷
［责任者］何济湘著
［出版发行］花城出版社，2008
［索书号］I207.4/1488

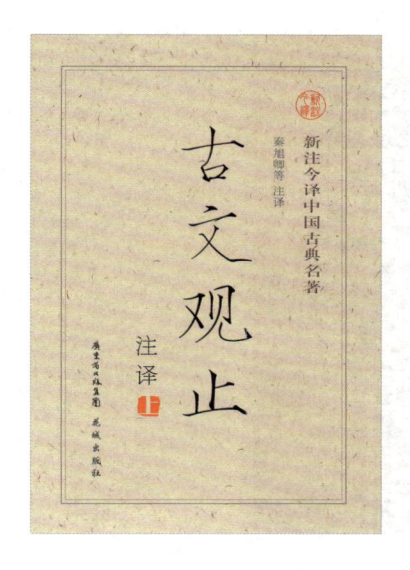

11630　新注今译中国古典名著：
　　　　古文观止注译 . 上

2008年设计，平装 第1版第1次印刷
［责任者］秦旭卿等注译
［出版发行］花城出版社，2008
［索书号］H194/1017/1

11631　新注今译中国古典名著：
　　　　古文观止注译 . 下

2008年设计，平装 第1版第1次印刷
［责任者］秦旭卿等注译
［出版发行］花城出版社，2008
［索书号］H194/1017/2

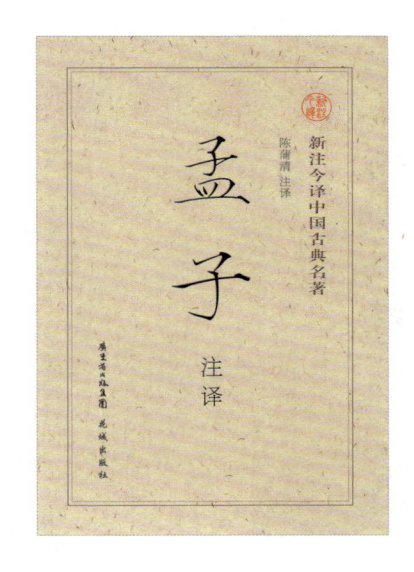

11632　新注今译中国古典名著：孟子注译

2008年设计，平装 第1版第1次印刷
［责任者］陈蒲清注译
［出版发行］花城出版社，2008
［索书号］B222/828

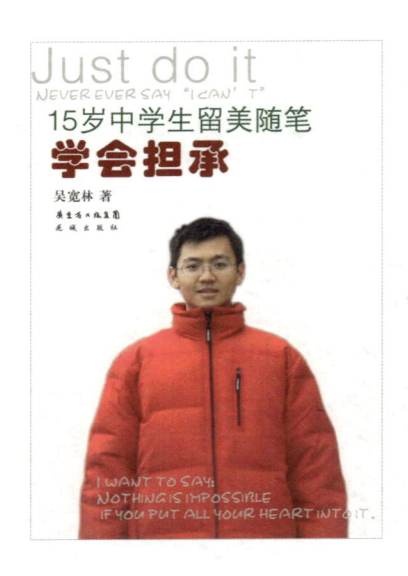

11633　学会担承：15岁中学生留美随笔

2008年设计，平装 第1版第1次印刷
［责任者］吴宽林著
［出版发行］花城出版社，2008
［索书号］I267/8721

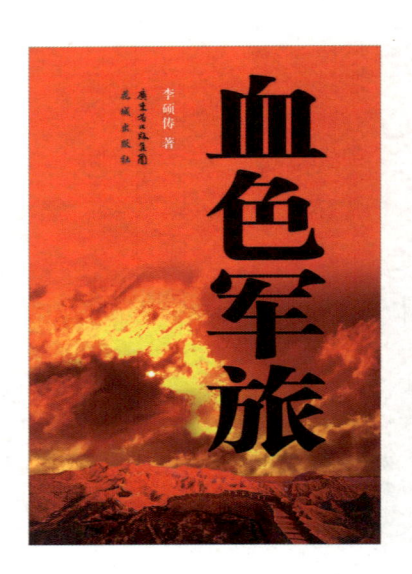

11634　血色军旅

2008年设计，平装 第1版第1次印刷
［责任者］李硕俦著
［出版发行］花城出版社，2008
［索书号］I247.5/16428

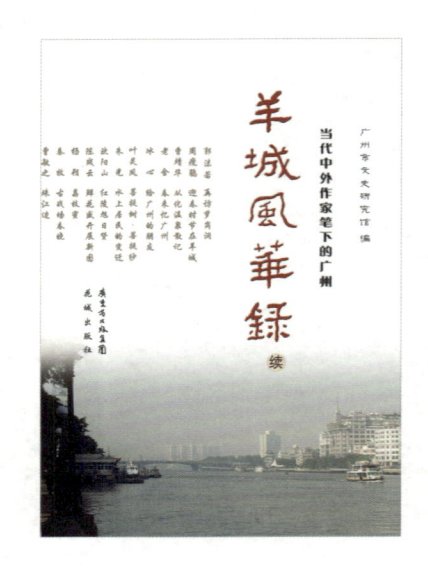

11635　羊城风华录．续：当代中外作家笔下的广州

2008年设计，平装 第1版第1次印刷
［责任者］广州市文史研究馆编
［出版发行］花城出版社，2008
［索书号］I26/85/2

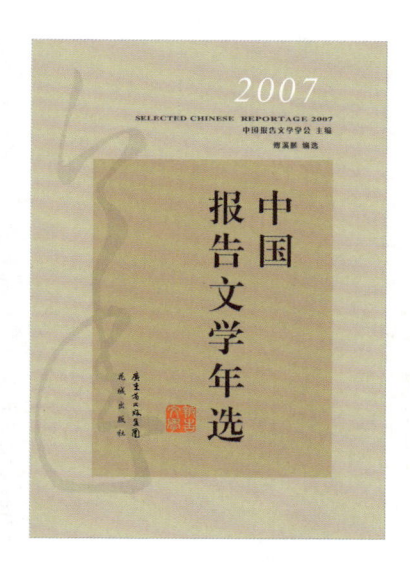

11636　中国报告文学年选.2007

2008年设计，平装 第1版第1次印刷
［责任者］中国报告文学学会主编，傅溪鹏编选
［出版发行］花城出版社，2008
［索书号］I253/1786/2007

11637　中国短篇小说年选.2007

2008年设计，平装 第1版第1次印刷
［责任者］中国小说学会主编，洪治纲编选
［出版发行］花城出版社，2008
［索书号］I247.7/1404/2007

11638　中国散文年选.2007

2008年设计，平装 第1版第1次印刷
［责任者］中国散文学会主编，李晓虹编选
［出版发行］花城出版社，2008
［索书号］I267/4585

11639　中国诗歌年选.2007

2008年设计，平装 第1版第1次印刷
［责任者］中国诗歌研究中心主编，王光明编选
［出版发行］花城出版社，2008
［索书号］I227/917/2007

11640　中国随笔年选.2007

2008年设计，平装 第1版第1次印刷
［责任者］李静编选
［出版发行］花城出版社，2008
［索书号］I267/5303/2007

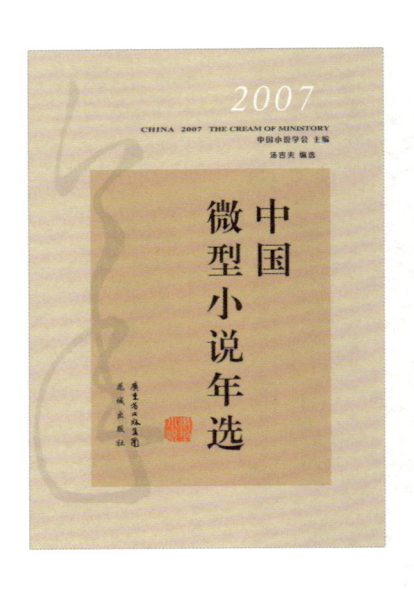

11641　中国微型小说年选.2007

2008年设计，平装 第1版第1次印刷
［责任者］中国小说学会主编，汤吉夫编选
［出版发行］花城出版社，2008
［索书号］I247.8/1099/2007

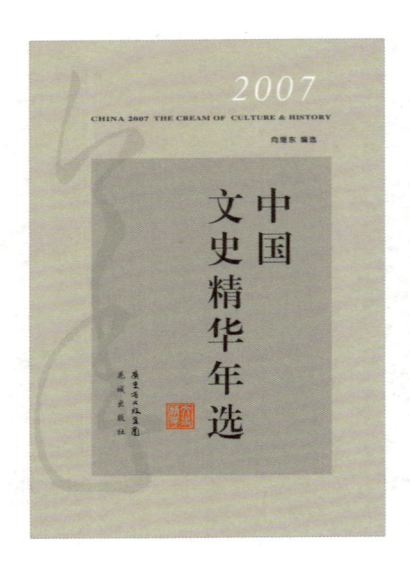

11642　中国文史精华年选.2007

2008年设计，平装 第1版第1次印刷
［责任者］向继东编选
［出版发行］花城出版社，2008
［索书号］K250/4/2007

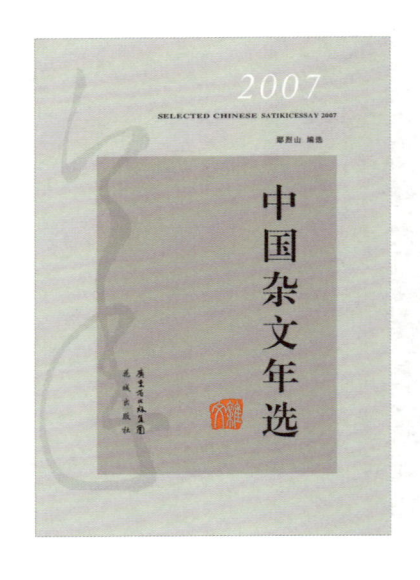

11643　中国杂文年选.2007

2008年设计，平装 第1版第1次印刷
［责任者］鄢烈山编选
［出版发行］花城出版社，2008
［索书号］I267/5315/2007

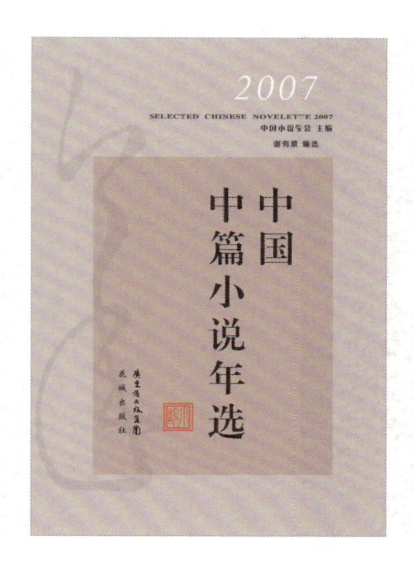

11644　中国中篇小说年选.2007

2008年设计，平装 第1版第1次印刷
［责任者］中国小说学会主编，谢有顺编选
［出版发行］花城出版社，2008
［索书号］I247.5/10456/2007

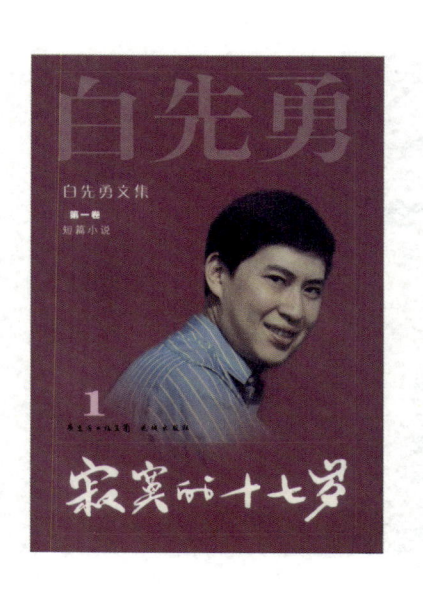

11645　白先勇文集：第一卷.短篇小说.寂寞的十七岁

2009年设计，平装 第1版第1次印刷
［责任者］白先勇著
［出版发行］花城出版社，2009
［索书号］I217/486/［2］1

11646　白先勇文集：第二卷.短篇小说.台北人

2009年设计，平装 第1版第1次印刷
［责任者］白先勇著
［出版发行］花城出版社，2009
［索书号］I217/486/［2］2

11647　白先勇文集：第三卷.长篇小说.孽子

2009年设计，平装 第1版第1次印刷
［责任者］白先勇著
［出版发行］花城出版社，2009
［索书号］I217/486/［2］3

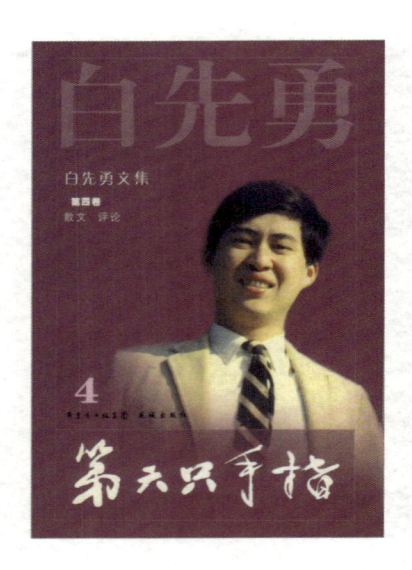

11648　白先勇文集：第四卷.散文 评论.第六只手指

2009年设计，平装 第1版第1次印刷
［责任者］白先勇著
［出版发行］花城出版社，2009
［索书号］I217/486/［2］4

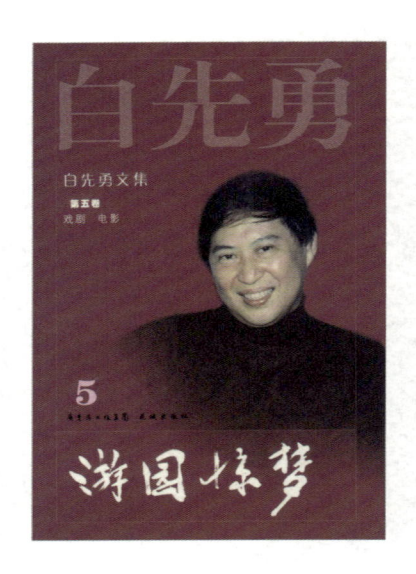

11649　白先勇文集：第五卷.戏 剧 电影.游园惊梦

2009年设计，平装 第1版第1次印刷
［责任者］白先勇著
［出版发行］花城出版社，2009
［索书号］I217/486/［2］5

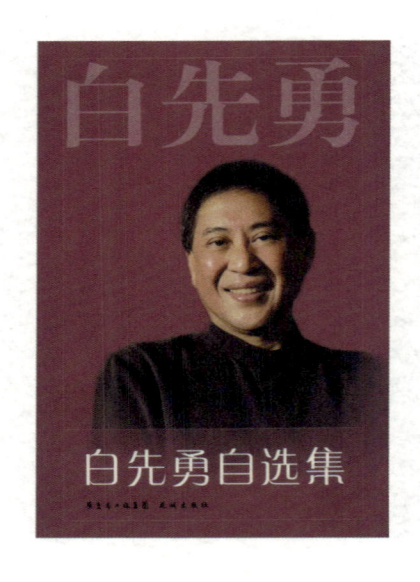

11650　白先勇自选集

2009年设计，平装 第1版第1次印刷
［责任者］白先勇著
［出版发行］花城出版社，2009
［索书号］I217/1422

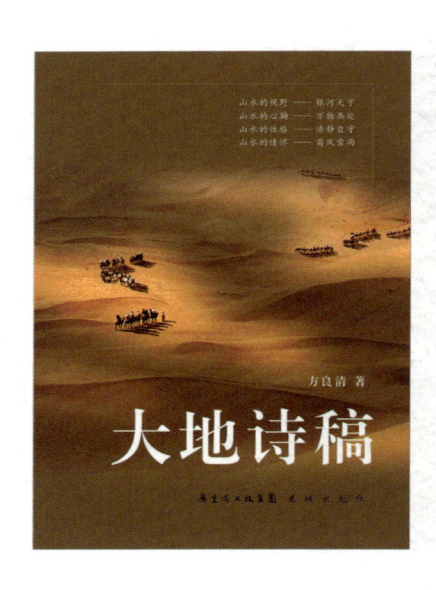

11651　大地诗稿

2009年设计，平装 第1版第1次印刷
［责任者］方良清著
［出版发行］花城出版社，2009
［索书号］I227/1701

11652　大家小集：白先勇集

2009年设计，平装 第1版第1次印刷
［责任者］白先勇著，刘俊编注
［出版发行］花城出版社，2009
［索书号］I217/1440

11653　大家小集：鲁迅集

2009年设计，平装 第1版第1次印刷
［责任者］鲁迅著，周楠本编注
［出版发行］花城出版社，2009
［索书号］I210/346

11654　大家小集：吕叔湘集

2009年设计，平装 第1版第1次印刷
［责任者］吕叔湘著，吕霞、郦达夫编注
［出版发行］花城出版社，2009
［索书号］H1/322

11655　大家小集：茅盾集

2009年设计，平装 第1版第1次印刷（和林露茜合作）
［责任者］茅盾、熊权著
［出版发行］花城出版社，2009
［索书号］I216/355

11656　大家小集：孙犁集

2009年设计，平装 第1版第1次印刷
［责任者］孙犁著，谢大光编注
［出版发行］花城出版社，2009
［索书号］I217/1554

11657　大家小集：朱光潜集

2009年设计，平装 第1版第1次印刷
［责任者］朱光潜著；罗尉宣编
［出版发行］花城出版社，2009

11658　第七届潮学国际研讨会论文集

2009年设计，平装 第1版第1次印刷
［责任者］黄挺主编
［出版发行］花城出版社，2009
［索书号］K296.5/402/7

11659　东山大少

2009年设计，平装 第1版第1次印刷
［责任者］梁凤莲著
［出版发行］花城出版社，2009
［索书号］I247.5/18992

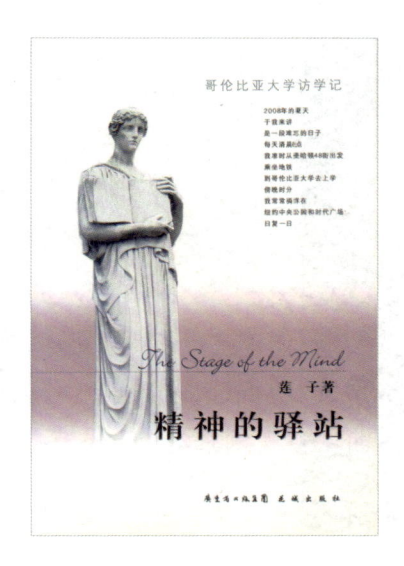

11660　精神的驿站：哥伦比亚大学访学记

2009年设计，平装 第1版第1次印刷
［责任者］莲子著
［出版发行］花城出版社，2009
［索书号］I267/9481

11661　李碧华作品集：青黛

2009年设计，平装 第1版第1次印刷
［责任者］李碧华著
［出版发行］花城出版社，2009

11662　美丽的珠江三角洲：抒情歌曲集

2009年设计，平装 第1版第1次印刷
［责任者］陈裕坤著
［出版发行］花城出版社，2009
［索书号］J642/586

11663　木棉花开满天红

2009年设计，平装 第1版第1次印刷
［责任者］李硕俦著
［出版发行］花城出版社，2009

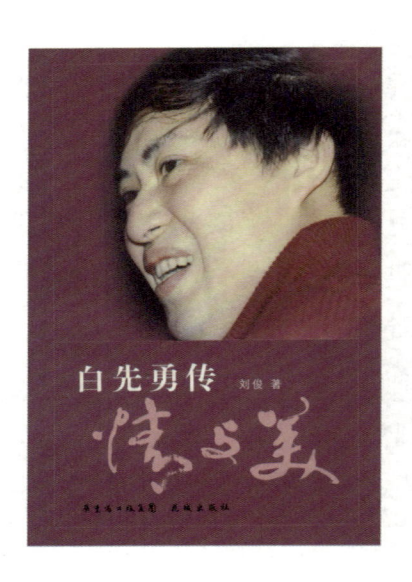

11664　情与美：白先勇传

2009年设计，平装 第1版第1次印刷
［责任者］刘俊著
［出版发行］花城出版社，2009
［索书号］K825.6/1604

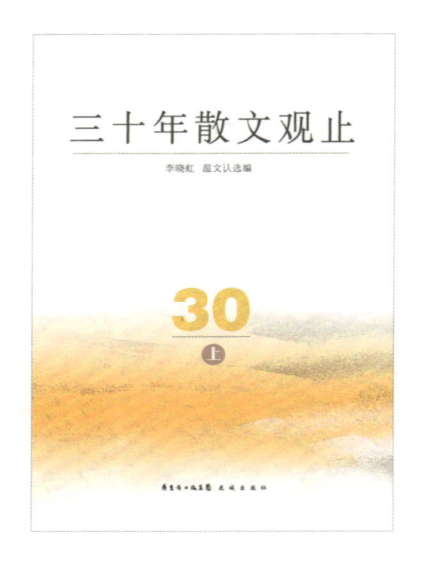

11665　三十年散文观止．上册

2009年设计，平装 第1版第1次印刷
［责任者］李晓虹、温文认选编
［出版发行］花城出版社，2009
［索书号］I267/10180/1

11666　三十年散文观止．下册

2009年设计，平装 第1版第1次印刷
［责任者］李晓虹、温文认选编
［出版发行］花城出版社，2009
［索书号］I267/10180/2

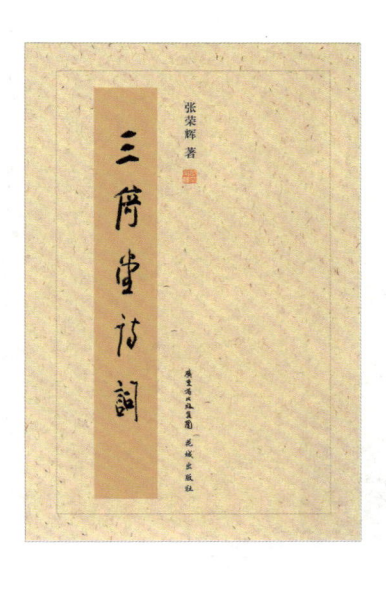

11667　三倚堂诗词

2009年设计，平装 第1版第1次印刷
［责任者］张荣辉著
［出版发行］花城出版社，2009
［索书号］I227/2839

11668　汕尾人文读本：
　　　　管窥海陆丰

2009年设计，平装 第1版第1次印刷
［责任者］李彬、刘中国主编
［出版发行］花城出版社，2009
［索书号］I218/164

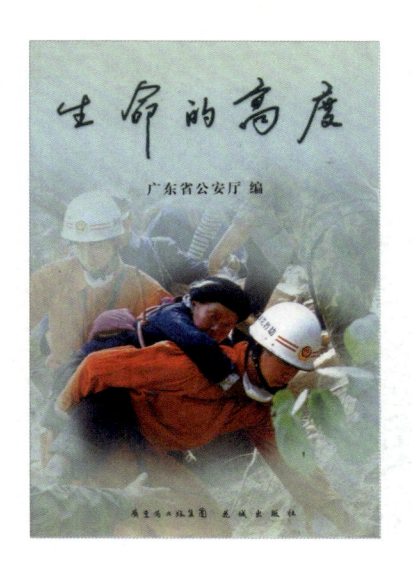

11669　生命的高度

2009年设计，平装 第1版第1次印刷
［责任者］朱穗生［等］主编，广东省
　　　　公安厅编
［出版发行］花城出版社，2009
［索书号］I253/7684

11670　天涛画中诗

2009年设计，精装 第1版第1次印刷
［责任者］蔡天涛著
［出版发行］花城出版社，2009
［索书号］I227/1671

11671　新格罗夫爵士乐辞典.第二版

2009年设计，平装 第1版第1次印刷
［责任者］(英)巴里·克恩费尔德编，任达敏译
［出版发行］花城出版社，2009
［索书号］J609/257

11672　一路走来.上卷

2009年设计，平装 第1版第1次印刷
［责任者］黄秋生著
［出版发行］花城出版社，2009
［索书号］I227/7356/1

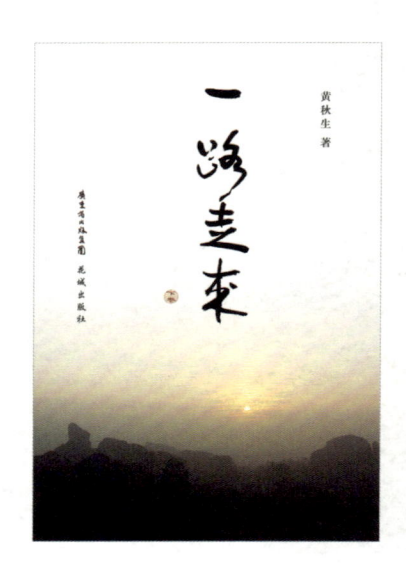

11673　一路走来.下卷

2009年设计，平装 第1版第1次印刷
［责任者］黄秋生著
［出版发行］花城出版社，2009
［索书号］I227/7356/2

11674　易道中互：易经体系

2009年设计，平装 第1版第1次印刷
［责任者］互子著
［出版发行］花城出版社，2009
［索书号］B221/465

11675　知识产权法的辩证法思考

2009年设计，平装 第1版第1次印刷
［责任者］肖光、肖需桦、刘伟元著
［出版发行］花城出版社，2009
［索书号］D923/2316

11676　中国报告文学年选.2008

2009年设计，平装 第1版第1次印刷
［责任者］中国报告文学学会主编，傅溪鹏编选
［出版发行］花城出版社，2009
［索书号］I253/1786/2008

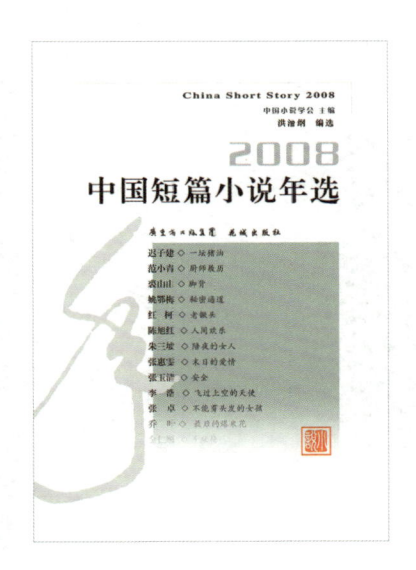

11677　中国短篇小说年选.2008

2009年设计，平装 第1版第1次印刷
［责任者］中国小说学会主编，洪治纲编选
［出版发行］花城出版社，2009
［索书号］I247.7/1404/2008

11678　中国符号文化：板桥道情：民间人物卷

2009年设计，平装 第1版第1次印刷
［责任者］周振华著
［出版发行］花城出版社，2009
［索书号］K203/570/7

11679　中国符号文化：风云际会：自然卷

2009年设计，平装 第1版第1次印刷
［责任者］刘长庚、姜洪伟著
［出版发行］花城出版社，2009
［索书号］K203/570/9

11680　中国符号文化：古神化引：古代神话人物卷

2009年设计，平装 第1版第1次印刷
［责任者］汪小洋、吕少卿著
［出版发行］花城出版社，2009
［索书号］K203/570/5

11681　中国符号文化：鹤鸣九皋：动物卷

2009年设计，平装 第1版第1次印刷
［责任者］朱云涛、黄厚明、胡莲玉著
［出版发行］花城出版社，2009
［索书号］K203/570/4

11682　中国符号文化：南方有台：建筑卷

2009年设计，平装 第1版第1次印刷
［责任者］姚义斌、裘凤著
［出版发行］花城出版社，2009
［索书号］K203/570

11683　中国符号文化：琴书乐道：文玩卷

2009年设计，平装 第1版第1次印刷
［责任者］蔡显良、曹建著
［出版发行］花城出版社，2009
［索书号］K203/570/8

11684　中国符号文化：搔首问天：人体卷

2009年设计，平装 第1版第1次印刷
［责任者］胡莲玉著
［出版发行］花城出版社，2009
［索书号］K203/570/10

11685　中国符号文化：神游八卦：数字卷

2009年设计，平装 第1版第1次印刷
［责任者］寇鹏程、廖强编著
［出版发行］花城出版社，2009
［索书号］K203/570/3

11686　中国符号文化：升平春色：色彩卷

2009年设计，平装 第1版第1次印刷
［责任者］孔庆茂著
［出版发行］花城出版社，2009
［索书号］K203/570/2

11687　中国符号文化：修竹留风：花木卷

2009年设计，平装 第1版第1次印刷
［责任者］李心释著
［出版发行］花城出版社，2009
［索书号］K203/570/6

11688　中国民间记事年选.2008

2009年设计，平装 第1版第1次印刷
［责任者］向继东、周筱赟编选
［出版发行］花城出版社，2009
［索书号］I253/3606/2008

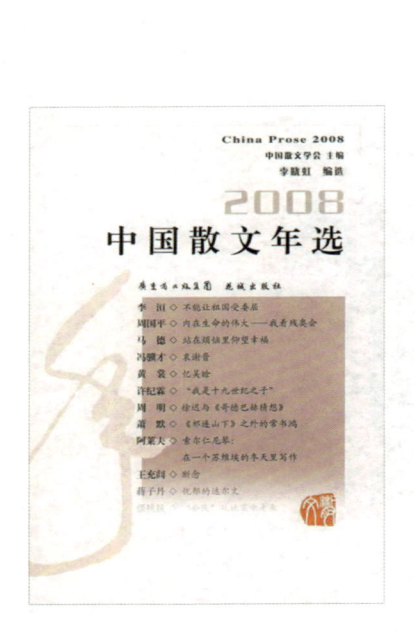

11689　中国散文年选.2008

2009年设计，平装 第1版第1次印刷
［责任者］中国散文学会主编，李晓虹编选
［出版发行］花城出版社，2009
［索书号］I267/4585/2008

11690　中国诗歌年选.2008

2009年设计，平装 第1版第1次印刷
［责任者］中国诗歌研究中心主编，王光明编
［出版发行］花城出版社，2009
［索书号］I227/917/2008

11691　中国时评年选 .2008

2009年设计，平装 第1版第1次印刷
［责任者］周黎明编选
［出版发行］花城出版社，2009
［索书号］D609/79

11692　中国谁在不高兴

2009年设计，平装 第1版第1次印刷
［责任者］周筱赟、叶楚华、廖保平著
［出版发行］花城出版社，2009
［索书号］D668/196

11693　中国随笔年选 .2008

2009年设计，平装 第1版第1次印刷
［责任者］李静编选
［出版发行］花城出版社，2009
［索书号］I267/5303/2008

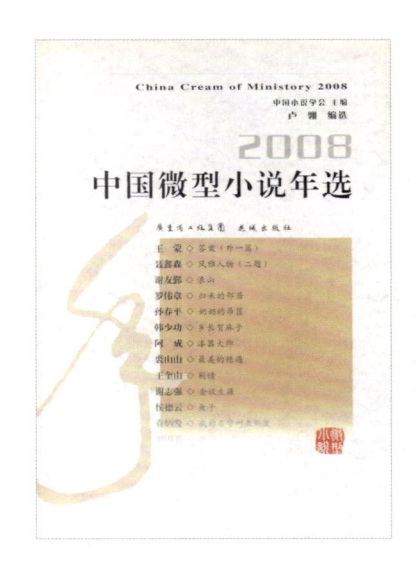

11694　中国微型小说年选 .2008

2009年设计，平装 第1版第1次印刷
［责任者］中国小说学会主编，卢翎编选
［出版发行］花城出版社，2009
［索书号］I247.8/1099/2008

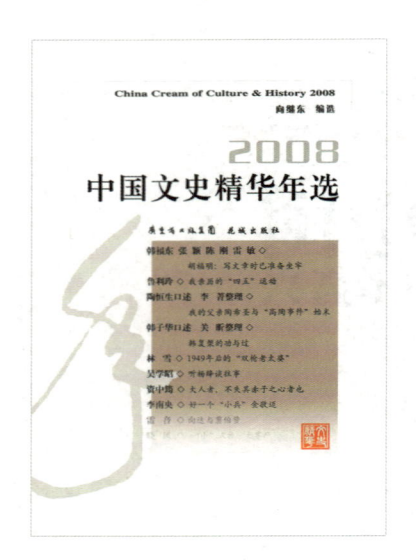

11695　中国文史精华年选 .2008

2009年设计，平装 第1版第1次印刷
［责任者］向继东编选
［出版发行］花城出版社，2009
［索书号］K250/4/2008

11696　中国文学评论双年选 .2007—2008

2009年设计，平装 第1版第1次印刷
［责任者］郜元宝编选
［出版发行］花城出版社，2009
［索书号］I206.7/631/2007-2008

11697　中国杂文年选 .2008

2009年设计，平装 第1版第1次印刷
［责任者］鄢烈山编选
［出版发行］花城出版社，2009
［索书号］I267/5315/2008

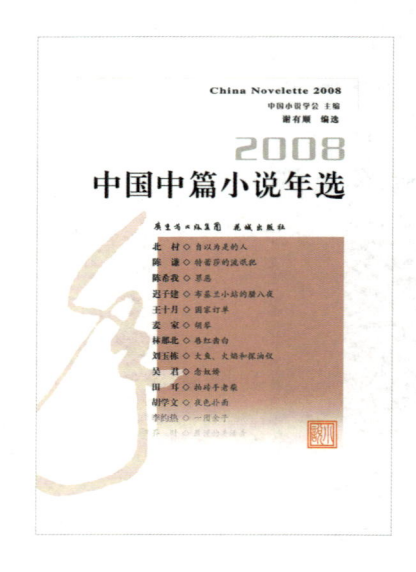

11698　中国中篇小说年选 .2008

2009年设计，平装 第1版第1次印刷
［责任者］中国小说学会主编，谢有顺编选
［出版发行］花城出版社，2009
［索书号］I247.5/10456/2008

11699　中华千家姓

2009年设计，平装 第1版第1次印刷
[责任者] 陈文宫著
[出版发行] 花城出版社，2009
[索书号] K810/235

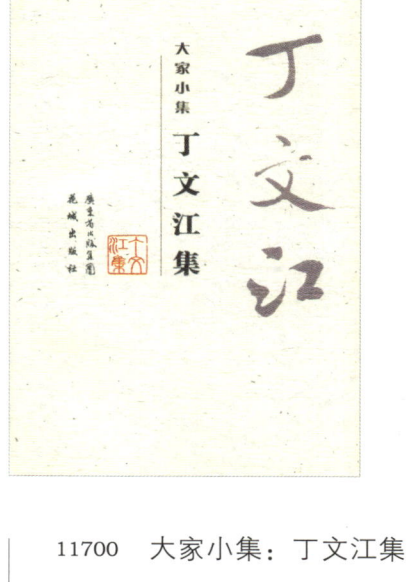

11700　大家小集：丁文江集

2010年设计，平装 第1版第1次印刷（和林露茜合作）
[责任者] 丁文江著
[出版发行] 花城出版社，2010
[索书号] C52/839

11701　大家小集：傅斯年集

2010年设计，平装 第1版第1次印刷（和林露茜合作）
[责任者] 傅斯年著，朱正编
[出版发行] 花城出版社，2010
[索书号] C52/812

11702　大家小集：梁启超集

2010年设计，平装 第1版第1次印刷（和林露茜合作）
[责任者] 梁启超著，郑大华、王毅编
[出版发行] 花城出版社，2010
[索书号] B25/196

11703　大家小集：梁漱溟集

2010年设计，平装 第1版第1次印刷（和林露茜合作）
［责任者］梁漱溟著
［出版发行］花城出版社，2010
［索书号］C52/882

11704　大家小集：赵树理集

2010年设计，平装 第1版第1次印刷（和林露茜合作）
［责任者］赵树理著，萨支山编
［出版发行］花城出版社，2010
［索书号］I217/1606

11705　发轫之路：北海文学三十年

2010年设计，平装 第1版第1次印刷
［责任者］北海市作家协会编，邱灼明主编
［出版发行］广东省出版集团、花城出版社，2010

11706　苏家杰三十年文学书籍封面设计作品选集

2010年设计，平装 第1版第1次印刷
［责任者］苏家杰著
［出版发行］苏家美术馆，2010

11707　大家小集：艾芜集

2011年设计，平装 第1版第1次印刷（和林露茜合作）
［责任者］艾芜著，汤继、王莎编注
［出版发行］广东省出版集团、花城出版社，2011
［索书号］I217/1673

11708　大家小集：吕思勉集

2011年设计，平装 第1版第1次印刷（和林露茜合作）
［责任者］吕思勉著，张耕华编注
［出版发行］花城出版社，2011
［索书号］C52/963

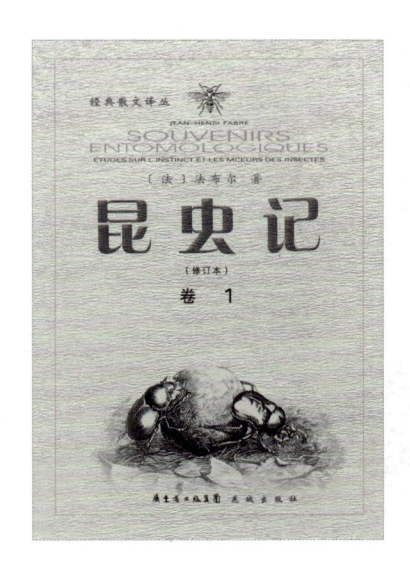

11709　经典散文译丛：昆虫记
　　　　（修订本）.卷1

2011年设计，平装 2011年第3版 第6次印刷
［责任者］（法）法布尔著
［出版发行］花城出版社，2001

11710　经典散文译丛：昆虫记
　　　　（修订本）.卷2

2011年设计，平装 2011年第3版 第6次印刷
［责任者］（法）法布尔著
［出版发行］花城出版社，2001

11711　经典散文译丛：昆虫记（修订本）.卷3

2011年设计，平装 2011年第3版 第6次印刷
［责任者］（法）法布尔著
［出版发行］花城出版社，2001

11712　经典散文译丛：昆虫记（修订本）.卷4

2011年设计，平装 2011年第3版 第6次印刷
［责任者］（法）法布尔著
［出版发行］花城出版社，2001

11713　经典散文译丛：昆虫记（修订本）.卷5

2011年设计，平装 2011年第3版 第6次印刷
［责任者］（法）法布尔著
［出版发行］花城出版社，2001

11714　经典散文译丛：昆虫记（修订本）.卷6

2011年设计，平装 2011年第3版 第6次印刷
［责任者］（法）法布尔著
［出版发行］花城出版社，2001

11715　经典散文译丛：昆虫记（修订本）. 卷 7

2011年设计，平装 2011年第3版 第6次印刷
［责任者］（法）法布尔著
［出版发行］花城出版社，2001

11716　经典散文译丛：昆虫记（修订本）. 卷 8

2011年设计，平装 2011年第3版 第6次印刷
［责任者］（法）法布尔著
［出版发行］花城出版社，2001

11717　经典散文译丛：昆虫记（修订本）. 卷 9

2011年设计，平装 2011年第3版 第6次印刷
［责任者］（法）法布尔著
［出版发行］花城出版社，2001

11718　经典散文译丛：昆虫记（修订本）. 卷 10

2011年设计，平装 2011年第3版 第6次印刷
［责任者］（法）法布尔著
［出版发行］花城出版社，2001

11719　苏家杰1978瑶山速写选集

2011年设计，平装 第1版第1次印刷
［责任者］苏家杰著
［出版发行］苏家美术馆，2011
［索书号］J224/281

11720　大家小集：沙汀集

2012年设计，平装 第1版第1次印刷（和林露茜合作）
［责任者］沙汀著，钟庆成编注
［出版发行］花城出版社，2012
［索书号］I246/54

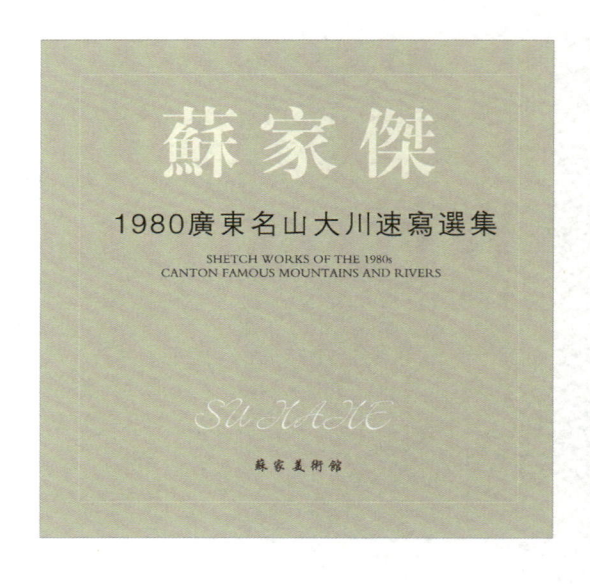

11721　大家小集：夏丏尊集

2012年设计，平装 第1版第1次印刷（和林露茜合作）
［责任者］夏丏尊著
［出版发行］花城出版社，2012

11722　苏家杰1980广东名山大川速写选集

2012年设计，平装 第1版第1次印刷
［责任者］苏家杰著
［出版发行］苏家美术馆，2012
［索书号］J224/282

11723　苏家五人画选

2012年设计，平装 第1版第1次印刷
[责任者] 苏华、苏家芬、苏家杰、苏家芳、苏小华著
[出版发行] 苏家美术馆，2012
[索书号] J221/124

11724　粤韵千年：一个记者眼中的广东民间民俗文化

2012年设计，平装 第1版第1次印刷
[责任者] 钟珮璐著
[出版发行] 暨南大学出版社，2012
[索书号] K892.4/59

11725　大家小集：胡适集

2013年设计，平装 第1版第1次印刷（和林露茜合作）
[责任者] 胡适著，朱正编注
[出版发行] 花城出版社，2013
[索书号] C52/1105

11726　南粤风华一家：苏家芬画选

2013年设计，平装 第1版第1次印刷
[责任者] 苏家芬著
[出版发行] 广州图书馆，2013
[索书号] P195/82/2

11727　南粤风华一家：苏小华画选

2013年设计，平装 第1版第1次印刷
［责任者］苏小华著
［出版发行］广州图书馆，2013
［索书号］P195/82/3

11728　南粤风华一家：苏芸

2013年设计，平装 第1版第1次印刷
［责任者］苏芸著
［出版发行］广州图书馆，2013
［索书号］P195/82/1

11729　南粤风华一家：韦潞剪纸选

2013年设计，平装 第1版第1次印刷
［责任者］韦潞著
［出版发行］广州图书馆，2013
［索书号］P195/82/4

11730　南粤风华一家：韦振中木雕选

2013年设计，平装 第1版第1次印刷
［责任者］韦振中著
［出版发行］广州图书馆，2013
［索书号］P195/82/5

11731　苏家杰线描

2015年设计，平装 第1版第1次印刷
[责任者] 苏家杰著
[出版发行] 苏家美术馆，2015
[索书号] J224/280

11732　大家小集：聂绀弩集.上

2016年设计，平装 第1版第1次印刷（和林露茜合作）
[责任者] 聂绀弩著，王存诚编注
[出版发行] 花城出版社，2016
[索书号] I217/2502/1

11733　大家小集：聂绀弩集.下

2016年设计，平装 第1版第1次印刷（和林露茜合作）
[责任者] 聂绀弩著，王存诚编注
[出版发行] 花城出版社，2016
[索书号] I217/2502/2

11734　苏家杰书籍插图选集

2017年设计，平装 第1版第1次印刷
[责任者] 苏家杰著
[出版发行] 苏家美术馆，2017
[索书号] J228/5725

11735　岁月·70

2017年设计，平装 第1版第1次印刷
［责任者］苏家杰著
［出版发行］苏家美术馆，2017
［索书号］J221/706

11736　苏家杰绘画选集

2018年设计，平装 第1版第1次印刷
［责任者］苏家杰著
［出版发行］苏家美术馆，2018
［索书号］J221/712

11737　苏家杰连环画选集

2018年设计，平装 第1版第1次印刷
［责任者］苏家杰著
［出版发行］苏家美术馆，2018
［索书号］J228/5724

11738　苏家杰装饰画选集

2018年设计，平装 第1版第1次印刷
［责任者］苏家杰著
［出版发行］苏家美术馆，2018
［索书号］J525/976

第二部分

教材、期刊、连环画等封面

教材及教学参考书封面设计

创作絮语：

在设计音乐教材时，一直有个想法在推动着我：如果能让图书的平面，通过视觉就能产生音响，那真是太美妙了。

2000年，我担任广东版国家小学音乐教材美术总设计师，可以尝试这个构想。

打击乐器和铜管乐器发出的乐声最容易让小学生产生联想，看到封面，就会手舞足蹈。

让平面产生音响，这个设计理念贯穿了从封面到内文，以及教学参考书和随书附送的CD、VCD、CD-ROM、MP3和录音带等的设计。

2004年，我担任广东版国家高中音乐教材美术总设计师。音乐被好几个试点省列为高中选修课。课本有6种：《音乐鉴赏》《歌唱》《创作》《音乐与舞蹈》《音乐与戏剧表演》《演奏》，其中《音乐鉴赏》是必修，其余5种是选修。我估计选修音乐的学生有许多已经达到钢琴10级，从小就生活在古典音乐的氛围里。

音乐是世界性的，各民族都有能立于世界之林的独特的音乐。因此，我选择演奏我国古代大型打击乐器编钟做必修课《音乐鉴赏》的封面，其余5本选修课本的封面设计也全部选用中国元素，希望同学们看到教材时会产生民族自豪感，产生强烈的文化自信心。

—— 苏家杰

20001　九年义务教育初级中学试用课本.音乐.第二册（审查试用版）：简谱版

1991年设计

［责任者］九年义务教育（沿海地区）编写委员会编

［出版发行］广东教育出版社，1991

20002　九年义务教育初级中学试用课本.音乐.第五册（沿海版）：五线谱版

1992年设计

［责任者］九年义务教育（沿海地区）编写委员会编

［出版发行］广东教育出版社，1992

［索书号］G634.95/243/5

20003　九年义务教育初级中学试用课本.音乐.第六册（审查通过版）：五线谱版

1992年设计

［责任者］九年义务教育（沿海地区）编写委员会编

［出版发行］广东教育出版社，1992

20004　九年义务教育初级中学试用课本.音乐.第六册（沿海版）：五线谱版

1992年设计

［责任者］九年义务教育（沿海地区）编写委员会编

［出版发行］广东教育出版社，1992

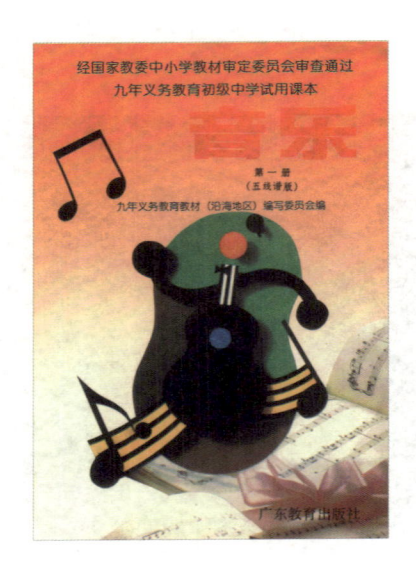

20005　九年义务教育初级中学试用课本．音乐．第一册（审查通过版）：五线谱版

1993年设计

［责任者］九年义务教育（沿海地区）编写委员会编

［出版发行］广东教育出版社，1993

20006　九年义务教育初级中学试用课本．音乐．第一册：五线谱版

1993年设计

［责任者］九年义务教育（沿海地区）编写委员会编

［出版发行］广东教育出版社，1993

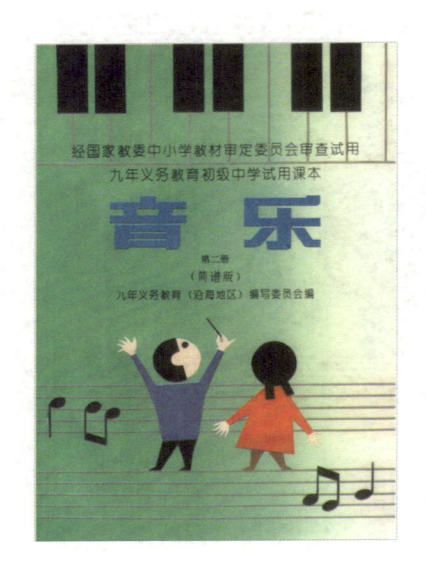

20007　九年义务教育初级中学试用课本．音乐．第二册：简谱版

1993年设计

［责任者］九年义务教育（沿海地区）编写委员会编

［出版发行］广东教育出版社，1993

［索书号］G623.7/31/2

20008　九年义务教育初级中学试用课本．音乐．第二册（审查通过版）：简谱版

2000年设计

［责任者］九年义务教育（沿海地区）编写委员会编

［出版发行］广东教育出版社，2000

20009　义务教育课程标准实验教科书.音乐.二年级上册：简谱版

2003年设计，2003年第1版 2008年第5次印刷

［责任者］雷雨声主编

［出版发行］花城出版社、广东教育出版社，2003

［索书号］G624.7/58/［2］3

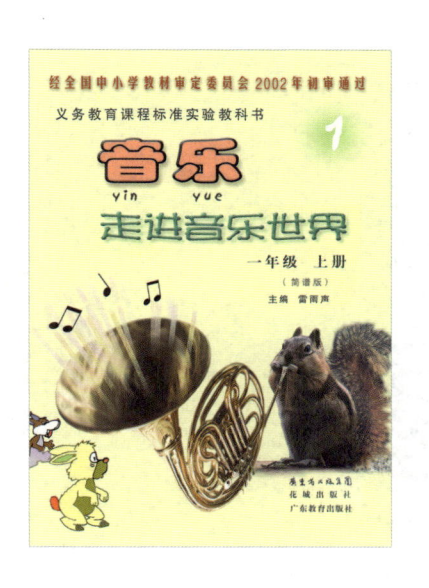

20010　义务教育课程标准实验教科书.音乐.一年级上册：简谱版

2003年设计，2003年第1版 2010年第8次印刷

［责任者］雷雨声主编

［出版发行］广东省出版集团、花城出版社、广东教育出版社，2003

［索书号］G624.7/58/1

20011　义务教育课程标准实验教科书.音乐.一年级下册：简谱版

2003年设计，2003年第1版 2009第7次印刷

［责任者］雷雨声主编

［出版发行］广东省出版集团、花城出版社、广东教育出版社，2003

［索书号］G624.7/58/2

20012　义务教育课程标准实验教科书.音乐.二年级下册：简谱版

2003年设计，2003年第1版 2008第6次印刷

［责任者］雷雨声主编

［出版发行］花城出版社、广东教育出版社，2003

［索书号］G624.7/58/［2］4

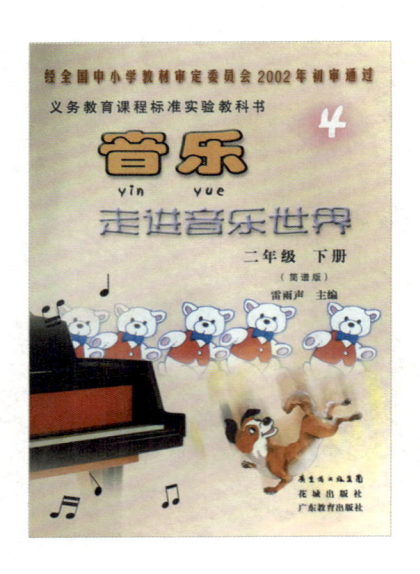

20013　义务教育课程标准实验教科书.音乐二年级下册：简谱版

2003年设计，2003年第1版 2012第10次印刷

[责任者] 雷雨声主编

[出版发行] 广东省出版集团、花城出版社、广东教育出版社，2003

20014　义务教育课程标准实验教科书.音乐.七年级上册：简谱版

2003年设计，第1版 第1次印刷

[责任者] 雷雨声主编

[出版发行] 花城出版社、广东教育出版社，2003

[索书号] G634.95/96/［2］1--1

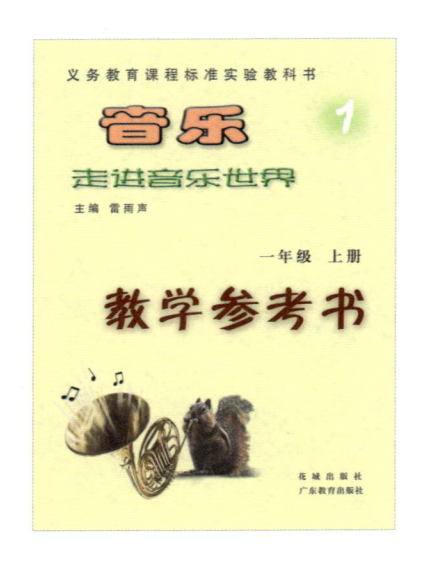

20015　义务教育课程标准实验教科书《走进音乐世界》小学音乐教学参考书.一年级.上册

2003年设计，2003年第1版 第1次印刷

[责任者] 雷雨声主编

[出版发行] 花城出版社、广东教育出版社，2003

[索书号] G623.7/85/1

20016　义务教育课程标准实验教科书《走进音乐世界》小学音乐教学参考书.一年级.下册

2003年设计，2003年第1版 第1次印刷

[责任者] 雷雨声主编

[出版发行] 花城出版社、广东教育出版社，2003

[索书号] G623.7/85/2

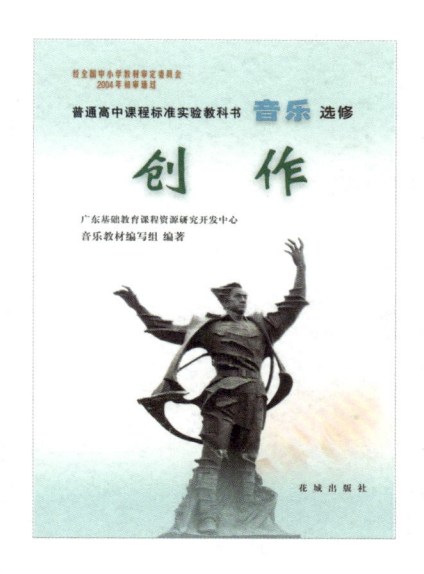

20017　普通高中课程标准实验教科
　　　　书.创作选修：简谱版
2004年设计，2004年第1版 2018年第16次印刷
［责任者］程建平主编
［出版发行］广东省出版集团、花城出版社，2004
［索书号］G634.95/240/4

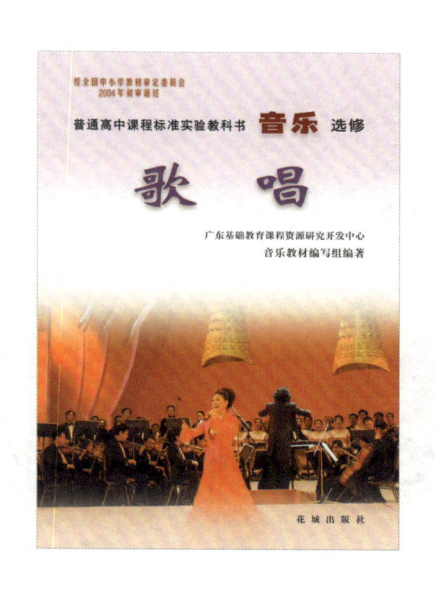

20018　普通高中课程标准实验教科
　　　　书.歌唱选修：简谱版
2004年设计，2004年第1版 2018年第25次印刷
［责任者］程建平主编
［出版发行］广东省出版集团、花城出版社，2004
［索书号］G634.95/240/2

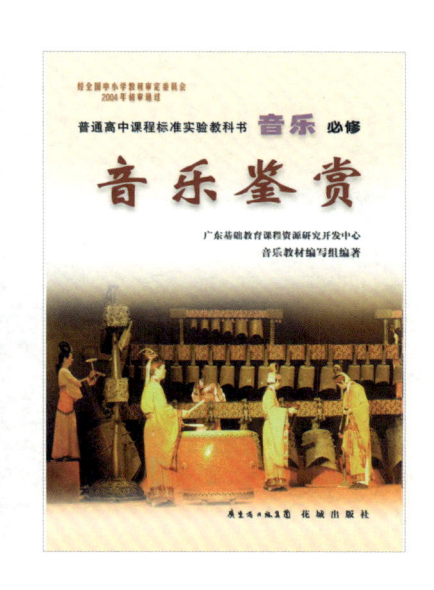

20019　普通高中课程标准实验教科
　　　　书.音乐鉴赏必修：简谱版
2004年设计，2004年第1版 2018年第23次印刷
［责任者］程建平主编
［出版发行］广东省出版集团、花城出版社，2004

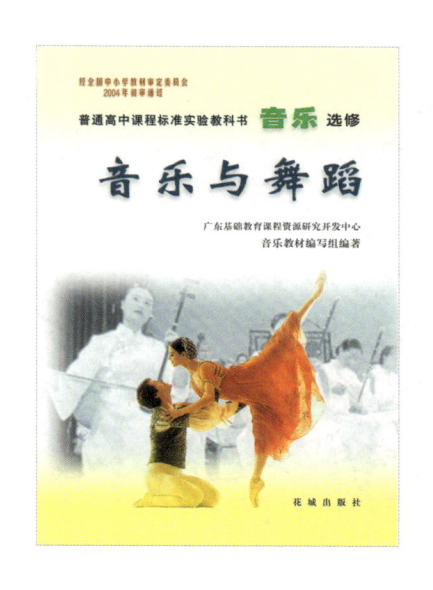

20020　普通高中课程标准实验教科书.音
　　　　乐与舞蹈选修：简谱版
2004年设计，2004年第1版 2018年第22次印刷
［责任者］程建平主编
［出版发行］广东省出版集团、花城出版社，2004
［索书号］G634.95/240/5

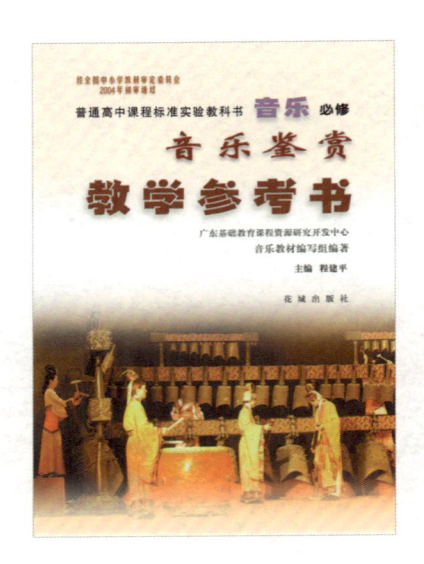

20021　普通高中课程标准实验教科书
　　　　音乐《音乐鉴赏》教学参考书
2004年设计，第1版 第1次印刷
[责任者] 程建平主编
[出版发行] 花城出版社，2004

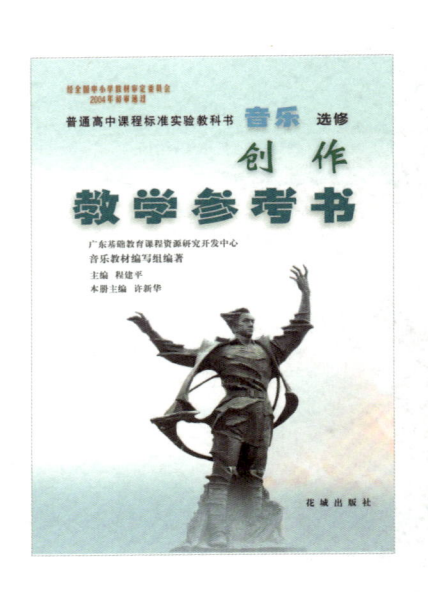

20022　普通高中课程标准实验教科书
　　　　音乐选修《创作》教学参考书
2004年设计，第1版 第1次印刷
[责任者] 程建平主编
[出版发行] 花城出版社，2004

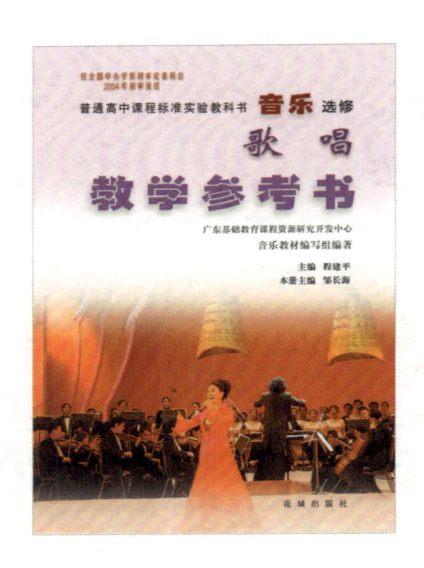

20023　普通高中课程标准实验教科书
　　　　音乐选修《歌唱》教学参考书
2004年设计，第1版 第1次印刷
[责任者] 程建平主编
[出版发行] 花城出版社，2004
[索书号] G633.95/96/4

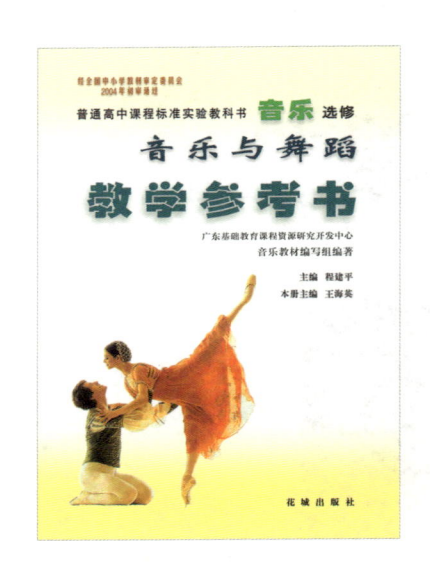

20024　普通高中课程标准实验教科书音
　　　　乐选修《音乐与舞蹈》教学参考书
2004年设计，第1版 第1次印刷
[责任者] 程建平主编
[出版发行] 花城出版社，2004

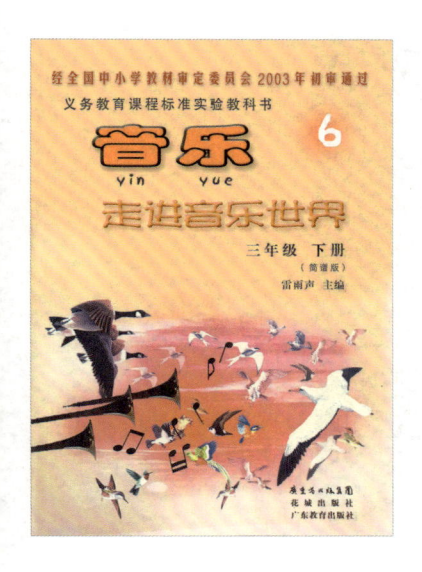

20025　义务教育课程标准实验教科书.音
　　　　乐.三年级下册：简谱版
2004年设计，2004年第1版 2011年第8次印刷
[责任者]雷雨声主编
[出版发行]广东省出版集团、花城出版社、
　　　　　广东教育出版社，2004

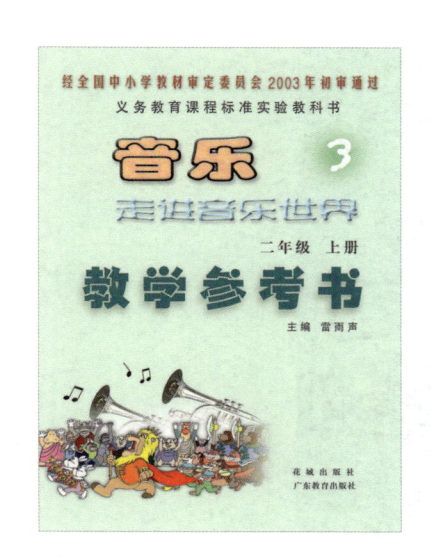

20026　义务教育课程标准实验教科书《走进音乐世
　　　　界》小学音乐教学参考书.二年级.上册
2004年设计，2004年第2版 2004年第2次印刷
[责任者]雷雨声主编
[出版发行]花城出版社、广东教育出版社，2004
[索书号] G623.7/85/3

20027　义务教育课程标准实验教科书《走进音乐
　　　　世界》小学音乐教学参考书.三年级.上册
2004年设计，2004年第1版 2011年第8次印刷
[责任者]雷雨声主编
[出版发行]广东省出版集团、花城出版社、
　　　　　广东教育出版社，2004
[索书号] G623.7/85/5

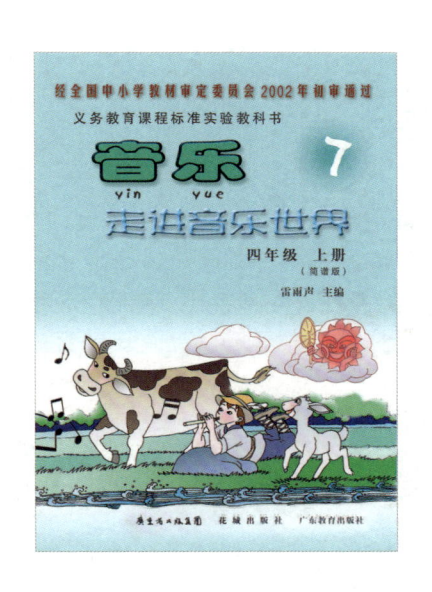

20028　义务教育课程标准实验教科书.音
　　　　乐.四年级上册：简谱版
2005年设计，2005年第1版第1次印刷
[责任者]雷雨声主编
[出版发行]广东省出版集团、花城出版社、广东教
　　　　　育出版社，2005

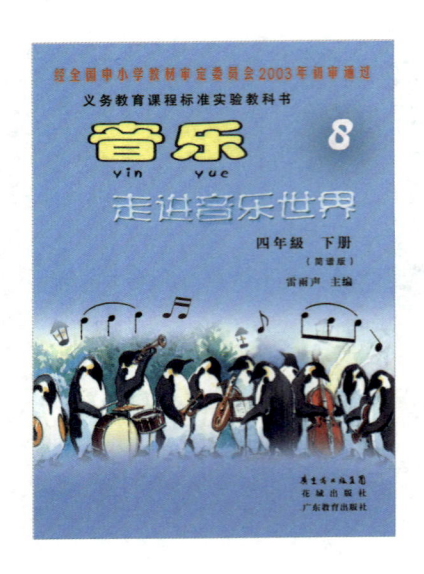

20029　义务教育课程标准实验教科
书.音乐.四年级下册：简谱版
2005年设计，2005年第1版 2011年6次印刷
［责任者］雷雨声主编
［出版发行］广东省出版集团、花城出版社、
广东教育出版社，2005

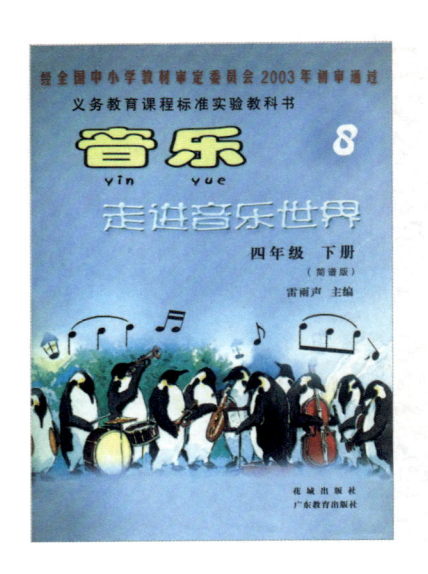

20030　义务教育课程标准实验教科
书.音乐.四年级下册：简谱版
2005年设计，2005年第1版 第1次印刷
［责任者］雷雨声主编
［出版发行］花城出版社、广东教育出版社，2005

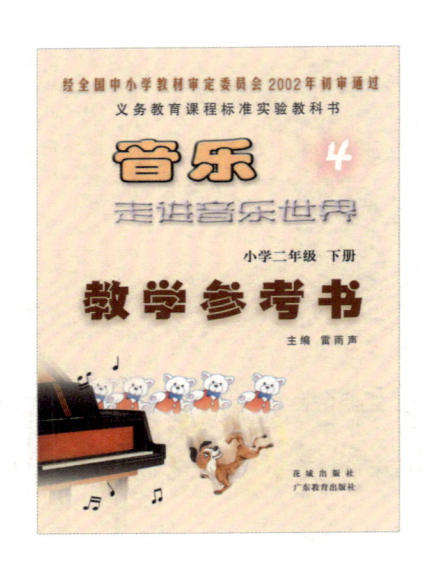

20031　义务教育课程标准实验教科书《走进音乐
世界》小学音乐教学参考书.二年级.下册
2005年设计，2005年第1版第1次印刷
［责任者］雷雨声主编
［出版发行］花城出版社、广东教育出版社，2005
［索书号］G623.7/85/4

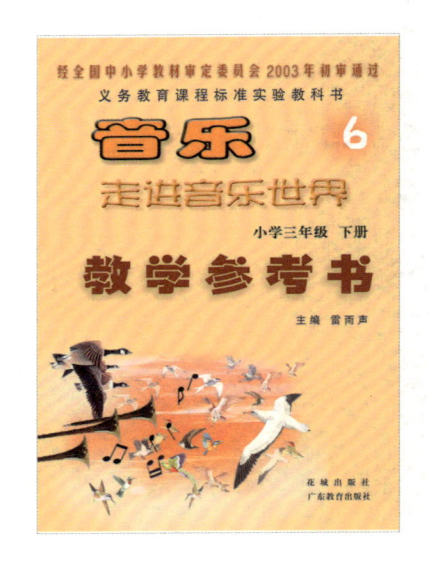

20032　义务教育课程标准实验教科书《走进音乐
世界》小学音乐教学参考书.三年级.下册
2005年设计，2005年第1版第1次印刷
［责任者］雷雨声主编
［出版发行］花城出版社、广东教育出版社，2005
［索书号］G623.7/85/6

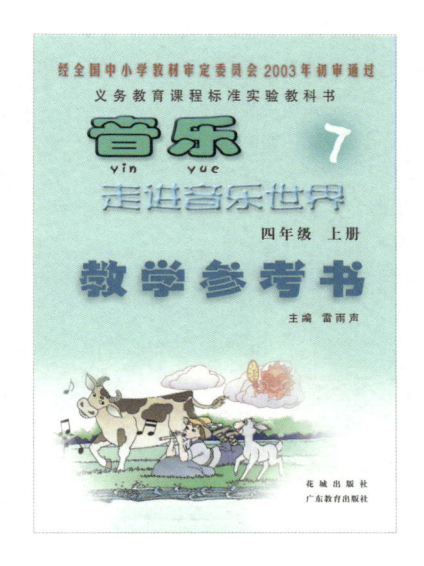

20033　义务教育课程标准实验教科书《走进音乐世界》小学音乐教学参考书．四年级．上册
2005年设计，2005年第1版第1次印刷
［责任者］雷雨声主编
［出版发行］花城出版社、广东教育出版社，2005
［索书号］G623.7/85/7

20034　普通高中课程标准实验教科书．演奏选修：简谱版
2006年设计，2006年第1版 2016年第11次印刷
［责任者］程建平主编
［出版发行］广东省出版集团、花城出版社，2006

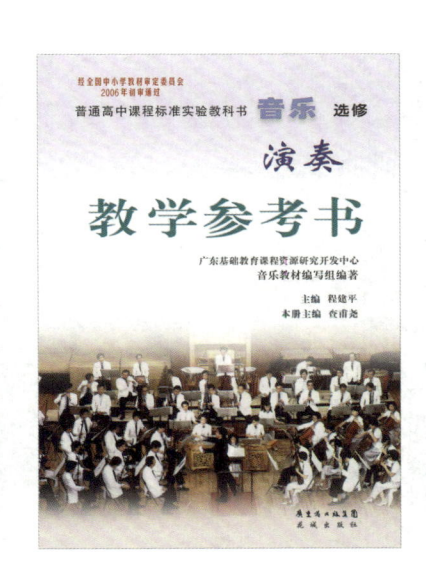

20035　普通高中课程标准实验教科书音乐选修《演奏》教学参考书
2007年设计，第1版 第1次印刷
［责任者］程建平主编
［出版发行］广东省出版集团、花城出版社，2007

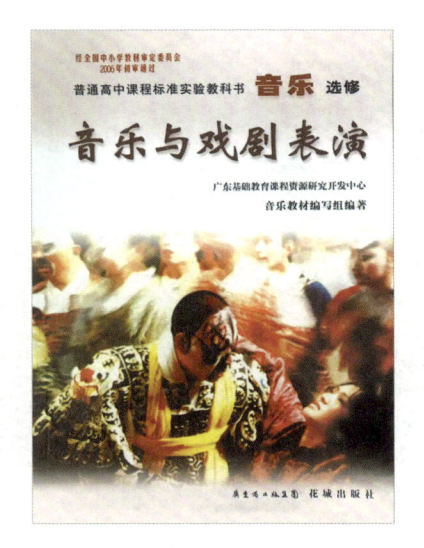

20036　普通高中课程标准实验教科书音乐选修《音乐与戏剧表演》：简谱版
2006年设计，2006年第1版 2014年第13次印刷
［责任者］程建平主编
［出版发行］广东省出版集团、花城出版社，2006

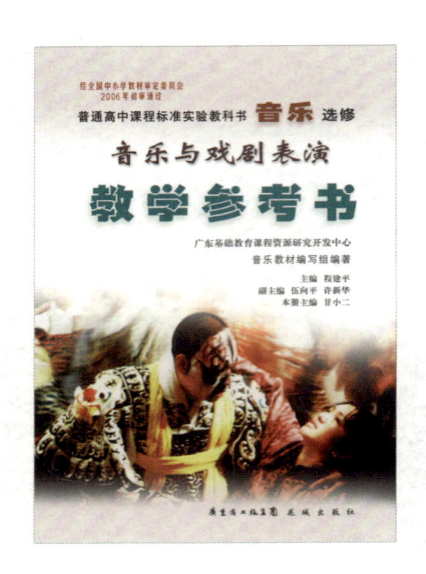

20037　普通高中课程标准实验教科书音乐选修《音乐与戏剧表演》教学参考书
2007年设计，第1版 第1次印刷
［责任者］程建平主编
［出版发行］广东省出版集团、花城出版社，2007

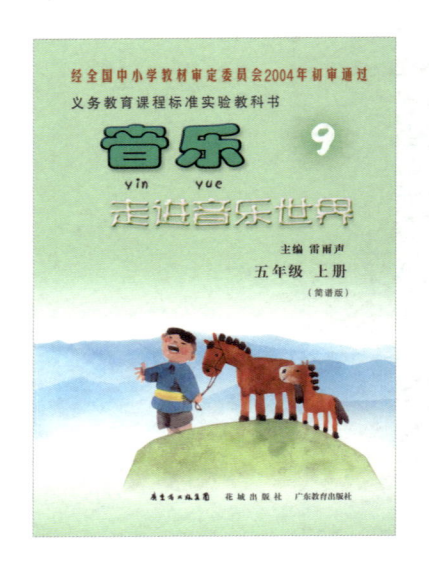

20038　义务教育课程标准实验教科书．音乐．五年级上册：简谱版
2006年设计，2006年第1版 2010年第5次印刷
［责任者］雷雨声主编
［出版发行］广东省出版集团、花城出版社、广东教育出版社，2006

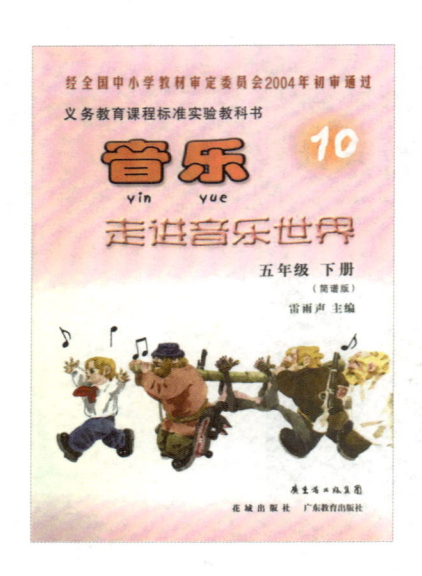

20039　义务教育课程标准实验教科书．音乐．五年级下册：简谱版
2006年设计，2006年第1版 2010年第5次印刷
［责任者］雷雨声主编
［出版发行］广东省出版集团、花城出版社、广东教育出版社，2006

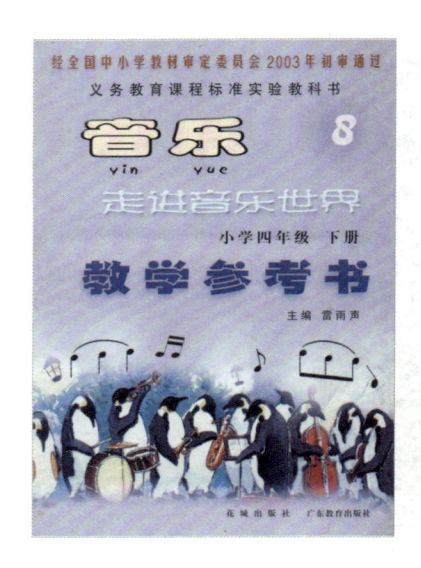

20040　义务教育课程标准实验教科书《走进音乐世界》小学音乐教学参考书．四年级．下册
2006年设计，2006年第1版第1次印刷
［责任者］雷雨声主编
［出版发行］花城出版社、广东教育出版社，2006
［索书号］G623.7/85/8

20041　义务教育课程标准实验教科书《走进音乐世界》小学音乐教学参考书．五年级．上册
2006年设计，2006年第1版 2007年第2次印刷
［责任者］雷雨声主编
［出版发行］花城出版社、广东教育出版社，2006
［索书号］G623.7/85/9

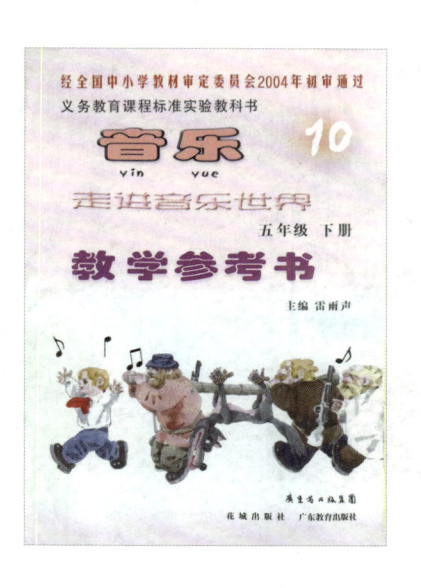

20042　义务教育课程标准实验教科书《走进音乐世界》小学音乐教学参考书．五年级．下册
2006年设计，2006年第1版 2007年第2次印刷
［责任者］雷雨声主编
［出版发行］广东省出版集团、花城出版社、
　　　　　　广东教育出版社，2006
［索书号］G623.7/85/10

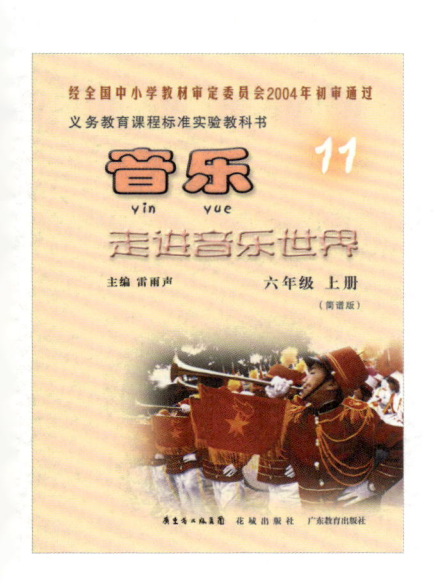

20043　义务教育课程标准实验教科书．音乐．六年级上册：简谱版
2007年设计，2007年第1版 2008年第2次印刷
［责任者］雷雨声主编
［出版发行］广东省出版集团、花城出版社、
　　　　　　广东教育出版社，2007

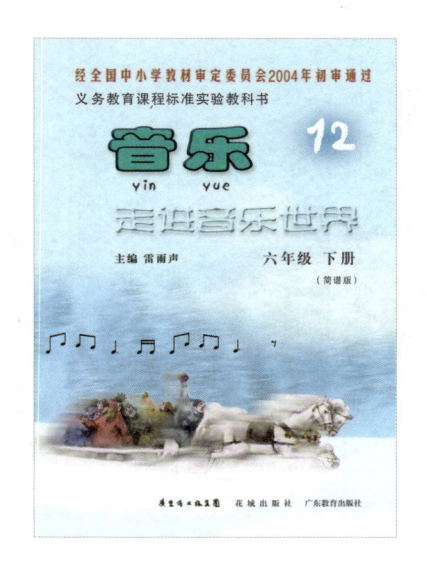

20044　义务教育课程标准实验教科书．音乐．六年级下册：简谱版
2007年设计，2007年第1版 2008年第2次印刷
［责任者］雷雨声主编
［出版发行］广东省出版集团、花城出版社、
　　　　　　广东教育出版社，2007

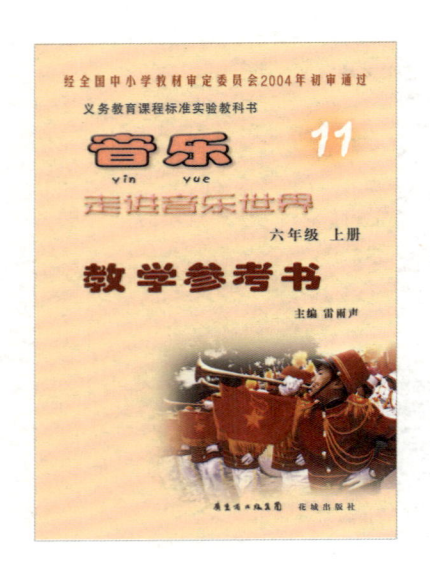

20045　义务教育课程标准实验教科书《走进音乐世界》小学音乐教学参考书．六年级．上册
2007年设计，2007年第1版 2011年第5次印刷
［责任者］雷雨声主编
［出版发行］广东省出版集团、花城出版社，2007
［索书号］G623.7/85/11

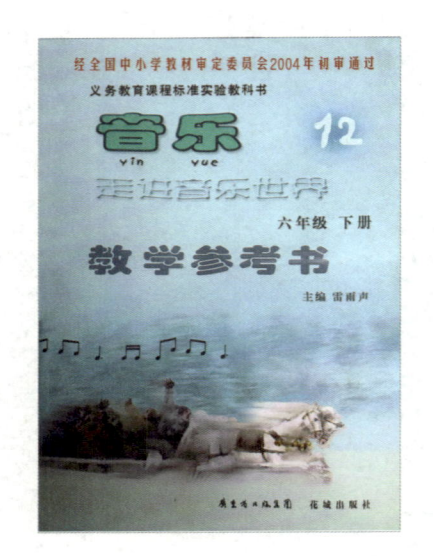

20046　义务教育课程标准实验教科书《走进音乐世界》小学音乐教学参考书．六年级．下册
2007年设计，2007年第1版 2011年第5次印刷
［责任者］雷雨声主编
［出版发行］广东省出版集团、花城出版社，2007

随书发行的 CD、VCD、CD–ROM、MP3 等封面及封套设计

创作絮语：

  随书发行的光盘，封面设计必须和图书封面保持高度的一致性。
  我很喜欢设计光盘封面，小小的圆形光盘就好像缩小了的扇面，在上面设计就像画扇面画一样。由于光盘面积很小，要放的文字比较多，所以字号也很小。字号小了倒显得精致。精致和小巧是我设计光盘封面的目标。

—— 苏家杰

30001　席慕蓉抒情诗选

1990年设计，1990年第1版第1次印刷
［责任者］姚锡娟朗诵
［出版发行］花城出版社，1990

30002　普希金爱情诗选

1990年设计，（录音带封套）1990年第1版第1次印刷
［责任者］简肇强朗诵
［出版发行］花城出版社，1990

30003　义务教育课程标准实验教科书《走进音乐世界》音乐教材.小学一年级上册：多媒体教学光盘

2003年设计，2003年第1版
［责任者］雷雨声主编
［出版发行］花城出版社、广东教育出版社，2003

30004　义务教育课程标准实验教科书《走进音乐世界》音乐教材.小学一年级上册：多媒体教学光盘（盒装封套）

2003年设计，2003年第1版
［责任者］雷雨声主编
［出版发行］花城出版社、广东教育出版社，2003

第二部分：教材、期刊、连环画等封面　　‹‹‹　　随书发行的CD、VCD、CD-ROM、MP3等封面及封套设计　　　　451

30005　义务教育课程标准实验教科书《走进音乐世界》音乐教材．小学一年级上册：随书附送CD

2003年设计，2003年第1版

[责任者] 雷雨声主编

[出版发行] 花城出版社、广东教育出版社，2003

30006　义务教育课程标准实验教科书《走进音乐世界》音乐教材．小学二年级上册：多媒体光盘

2003年设计，（盒装封套）2003年第1版第1次印刷

[责任者] 雷雨声主编

[出版发行] 花城出版社、广东教育出版社，2003

30007　义务教育课程标准实验教科书《走进音乐世界》音乐教材．小学二年级上册：多媒体教学光盘

2003年设计，2003年第1版第1次印刷

[责任者] 雷雨声主编

[出版发行] 花城出版社、广东教育出版社，2003

30008　义务教育课程标准实验教科书《走进音乐世界》音乐教材．小学二年级上册：随书附送CD

2003年设计，2003年第1版第1次印刷

[责任者] 雷雨声主编

[出版发行] 花城出版社、广东教育出版社，2003

普通高中课程标准实验教科书音乐必修《音乐鉴赏》

30009　普通高中课程标准实验教科书音乐必修《音乐鉴赏》：CD-1 2004年设计，2004年第1版 ［责任者］程建平主编 ［出版发行］花城出版社，2004	30010　普通高中课程标准实验教科书音乐必修《音乐鉴赏》：CD-2 2004年设计，2004年第1版 ［责任者］程建平主编 ［出版发行］花城出版社，2004
30011　普通高中课程标准实验教科书音乐必修《音乐鉴赏》：CD-3 2004年设计，2004年第1版 ［责任者］程建平主编 ［出版发行］花城出版社，2004	30012　普通高中课程标准实验教科书音乐必修《音乐鉴赏》：CD-4 2004年设计，2004年第1版 ［责任者］程建平主编 ［出版发行］花城出版社，2004

30013　普通高中课程标准实验教科书
　　　　音乐必修《音乐鉴赏》: CD-5
2004年设计，2004年第1版
［责任者］程建平主编
［出版发行］花城出版社，2004

30014　普通高中课程标准实验教科书
　　　　音乐必修《音乐鉴赏》: CD-6
2004年设计，2004年第1版
［责任者］程建平主编
［出版发行］花城出版社，2004

30015　普通高中课程标准实验教科书
　　　　音乐必修《音乐鉴赏》: CD-7
2004年设计，2004年第1版
［责任者］程建平主编
［出版发行］花城出版社，2004

30016　普通高中课程标准实验教科书
　　　　音乐必修《音乐鉴赏》: CD-8
2004年设计，2004年第1版
［责任者］程建平主编
［出版发行］花城出版社，2004

30017　普通高中课程标准实验教科书
　　　　音乐必修《音乐鉴赏》: CD-9
2004年设计，2004年第1版
［责任者］程建平主编
［出版发行］花城出版社，2004

30018　普通高中课程标准实验教科书音
　　　　乐必修《音乐鉴赏》: CD-10
2004年设计，2004年第1版
［责任者］程建平主编
［出版发行］花城出版社，2004

30019　普通高中课程标准实验教科书音
　　　　乐必修《音乐鉴赏》: CD-11
2004年设计，2004年第1版
［责任者］程建平主编
［出版发行］花城出版社，2004

30020　普通高中课程标准实验教科书音
　　　　乐必修《音乐鉴赏》: CD-12
2004年设计，2004年第1版
［责任者］程建平主编
［出版发行］花城出版社，2004

30021　普通高中课程标准实验教科书音乐必
　　　　修《音乐鉴赏》: 第一单元 CD-ROM
2004年设计，2004年第1版
［责任者］程建平主编
［出版发行］花城出版社，2004

30022　普通高中课程标准实验教科书音乐必
　　　　修《音乐鉴赏》: 第二单元 CD-ROM
2004年设计，2004年第1版
［责任者］程建平主编
［出版发行］花城出版社，2004

30023　普通高中课程标准实验教科书音乐必
　　　　修《音乐鉴赏》: 第三单元 CD-ROM
2004年设计，2004年第1版
［责任者］程建平主编
［出版发行］花城出版社，2004

30024　普通高中课程标准实验教科书音乐必
　　　　修《音乐鉴赏》: 第四单元 CD-ROM
2004年设计，2004年第1版
［责任者］程建平主编
［出版发行］花城出版社，2004

普通高中课程标准实验教科书音乐选修《创作》

30025　普通高中课程标准实验教科书音乐选修《创作》：CD-1
2004年设计，2004年第1版
[责任者] 程建平主编
[出版发行] 花城出版社，2004

30026　普通高中课程标准实验教科书音乐选修《创作》：CD-2
2004年设计，2004年第1版
[责任者] 程建平主编
[出版发行] 花城出版社，2004

30027　普通高中课程标准实验教科书音乐选修《创作》：CD-3
2004年设计，2004年第1版
[责任者] 程建平主编
[出版发行] 花城出版社，2004

30028　普通高中课程标准实验教科书音乐选修《创作》：CD-4
2004年设计，2004年第1版
[责任者] 程建平主编
[出版发行] 花城出版社，2004

30029　普通高中课程标准实验教科书音乐选修《创作》：CD-5
2004年设计，2004年第1版
[责任者] 程建平主编
[出版发行] 花城出版社，2004

30030　普通高中课程标准实验教科书
　　　　音乐选修《创作》：CD-ROM
2004年设计，2004年第1版
[责任者] 程建平主编
[出版发行] 花城出版社，2004

普通高中课程标准实验教科书音乐选修《歌唱》

30031　普通高中课程标准实验教科书
　　　　音乐选修《歌唱》：CD-1
2004年设计，2004年第1版
[责任者] 程建平主编
[出版发行] 花城出版社，2004

30032　普通高中课程标准实验教科书
　　　　音乐选修《歌唱》：CD-2
2004年设计，2004年第1版
[责任者] 程建平主编
[出版发行] 花城出版社，2004

30033　普通高中课程标准实验教科书
　　　　音乐选修《歌唱》：CD-3
2004年设计，2004年第1版
[责任者] 程建平主编
[出版发行] 花城出版社，2004

30034　普通高中课程标准实验教科书
　　　　音乐选修《歌唱》：CD-4
2004年设计，2004年第1版
[责任者] 程建平主编
[出版发行] 花城出版社，2004

30035　普通高中课程标准实验教科
书音乐选修《音乐与舞蹈》：
活动与创编 CD
2004年设计，2004年第1版
[责任者] 程建平主编
[出版发行] 花城出版社，2004

普通高中课程标准实验教科书音乐选修《音乐与舞蹈》

30036　普通高中课程标准实验教
科书音乐选修《音乐与舞
蹈》：聆听与欣赏 VCD-1
2004年设计，2004年第1版
[责任者] 程建平主编
[出版发行] 花城出版社，2004

30037　普通高中课程标准实验教科
书音乐选修《音乐与舞蹈》：
聆听与欣赏 VCD-2
2004年设计，2004年第1版
[责任者] 程建平主编
[出版发行] 花城出版社，2004

30038　普通高中课程标准实验教科书音
乐选修《音乐与舞蹈》：聆听与
欣赏 VCD-3
2004年设计，2004年第1版
[责任者] 程建平主编
[出版发行] 花城出版社，2004

30039　普通高中课程标准实验教科书音
乐选修《音乐与舞蹈》：聆听与欣
赏 VCD-4
2004年设计，2004年第1版
[责任者] 程建平主编
[出版发行] 花城出版社，2004

30040　普通高中课程标准实验教科书
　　　　音乐选修《音乐与戏剧表演》：
　　　　VCD
2004年设计，2007年第1版 2013年第5次印刷
［责任者］程建平主编
［出版发行］花城出版社、广东语言音像电子出版社，2007

30041　义务教育课程标准实验教科书《走进音乐世界》音乐教材．小学六年级上册：
　　　　随书附送CD（二）
2004年设计，2007年第1版 2011年第5次印刷
［责任者］雷雨声主编
［出版发行］花城出版社、广东教育出版社、广东语言音像电子出版社，2007

30042　义务教育课程标准实验教科书
　　　　《走进音乐世界》音乐教材．小学三年级上册：随书附送CD
2004年设计，2004年第1版
［责任者］雷雨声主编
［出版发行］花城出版社、广东教育出版社、广东语言音像电子出版社，2004

30043　义务教育课程标准实验教科书
　　　　《走进音乐世界》音乐教材．小学一年级下册：多媒体教学光盘
2004年设计，2004年第1版
［责任者］雷雨声主编
［出版发行］花城出版社、广东教育出版社，2004

30044 义务教育课程标准实验教科书《走进音乐世界》音乐教材.小学一年级下册：多媒体教学光盘（盒装封套）

2004年设计，2004年第1版

［责任者］雷雨声主编

［出版发行］花城出版社、广东教育出版社，2004

30045 义务教育课程标准实验教科书《走进音乐世界》音乐教材.小学一年级下册：随书附送CD

2004年设计，2004年第1版

［责任者］雷雨声主编

［出版发行］花城出版社、广东教育出版社，2004

30046 义务教育课程标准实验教科书《走进音乐世界》小学音乐教材总体介绍-1

2005年设计，2005年第1版

［责任者］杨余燕主讲

［出版发行］花城出版社，2005

30047　义务教育课程标准实验教科书
《走进音乐世界》小学音乐教材
总体介绍-2
2005年设计，2005年第1版
［责任者］杨余燕主讲
［出版发行］花城出版社，2005

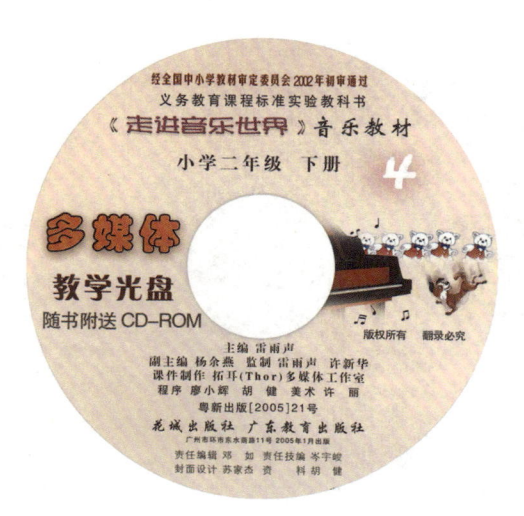

30048　义务教育课程标准实验教科书《走进音乐世界》音乐教材.小学二年级下册：多媒体教学光盘
2005年设计，2005年第1版
［责任者］雷雨声主编
［出版发行］花城出版社、广东教育出版社，2005

30049　义务教育课程标准实验教科书《走进音乐世界》音乐教材.小学二年级下册：多媒体教学光盘（盒装封套）
2005年设计，2005年第1版
［责任者］雷雨声主编
［出版发行］花城出版社、广东教育出版社，2005

30050　义务教育课程标准实验教科书《走进音乐世界》音乐教材.小学二年级下册：随书附送CD
2005年设计，2005年第1版
［责任者］雷雨声主编
［出版发行］花城出版社、广东教育出版社，2005

30051　义务教育课程标准实验教科书《走进音乐世界》音乐教材.小学三年级上册：多媒体教学光盘

2005年设计，2005年第1版

[责任者] 雷雨声主编

[出版发行] 花城出版社、广东教育出版社、广东语言音像电子出版社，2005

30052　义务教育课程标准实验教科书《走进音乐世界》音乐教材.小学三年级上册：多媒体教学光盘盒（盒装封套）

2005年设计，2005年第1版

[责任者] 雷雨声主编

[出版发行] 花城出版社、广东教育出版社，2005

30053　义务教育课程标准实验教科书《走进音乐世界》音乐教材.小学三年级下册：多媒体教学光盘

2005年设计，2005年第1版

[责任者] 雷雨声主编

[出版发行] 花城出版社、广东教育出版社，2005

30054　义务教育课程标准实验教科书《走进音乐世界》音乐教材.小学三年级下册：多媒体教学光盘（盒装封套）

2005年设计，2005年第1版

[责任者] 雷雨声主编

[出版发行] 花城出版社、广东教育出版社，2005

30055　义务教育课程标准实验教科书《走进音乐世界》音乐教材.小学三年级下册：随书附送CD
2005年设计，2005年第1版
［责任者］雷雨声主编
［出版发行］花城出版社、广东教育出版社，2005

30056　义务教育课程标准实验教科书《走进音乐世界》音乐教材.小学四年级上册：多媒体教学光盘
2005年设计，2005年第1版
［责任者］雷雨声主编
［出版发行］花城出版社、广东教育出版社、广东语言音像电子出版社，2005

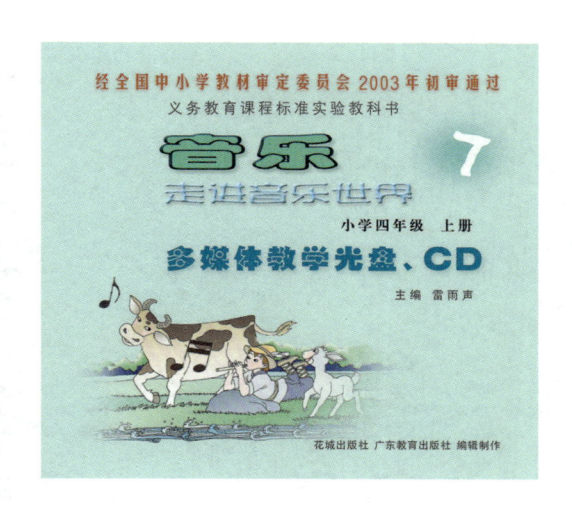

30057　义务教育课程标准实验教科书《走进音乐世界》音乐教材.小学四年级上册：多媒体教学光盘、CD（盒装封套）
2005年设计，2005年第1版
［责任者］雷雨声主编
［出版发行］花城出版社、广东教育出版社，2005

30058　义务教育课程标准实验教科书《走进音乐世界》音乐教材.小学四年级上册：随书附送CD
2005年设计，2005年第1版
［责任者］雷雨声主编
［出版发行］花城出版社、广东教育出版社，2005

30059　义务教育课程标准实验教科书《走进音乐世界》音乐教材.小学四年级上册：学生用CD-1

2005年设计，2005年第1版

［责任者］雷雨声主编

［出版发行］花城出版社、广东教育出版社，2005

30060　义务教育课程标准实验教科书《走进音乐世界》音乐教材.小学四年级下册：多媒体教学光盘

2006年设计，2006年第1版

［责任者］雷雨声主编

［出版发行］花城出版社、广东教育出版社，2006

30061　义务教育课程标准实验教科书《走进音乐世界》音乐教材.小学四年级下册：多媒体教学光盘CD（盒装封套）

2006年设计，2006年第1版

［责任者］雷雨声主编

［出版发行］花城出版社、广东教育出版社，2006

30062　义务教育课程标准实验教科书《走进音乐世界》音乐教材.小学四年级下册：随书附送CD-1

2006年设计，2006年第1版

［责任者］雷雨声主编

［出版发行］花城出版社、广东教育出版社，2006

30063　义务教育课程标准实验教科书《走进音乐世界》音乐教材. 小学四年级下册：随书附送 CD-2
2006年设计，2006年第1版
[责任者] 雷雨声主编
[出版发行] 花城出版社、广东教育出版社，2006

30064　义务教育课程标准实验教科书《走进音乐世界》音乐教材. 小学五年级上册：多媒体教学光盘
2006年设计，2006年第1版
[责任者] 雷雨声主编
[出版发行] 花城出版社、广东教育出版社，2006

30065　义务教育课程标准实验教科书《走进音乐世界》音乐教材. 小学五年级上册：多媒体教学光盘CD（盒装封套）
2006年设计，2006年第1版
[责任者] 雷雨声主编
[出版发行] 花城出版社、广东教育出版社，2006

30066　义务教育课程标准实验教科书《走进音乐世界》音乐教材. 小学五年级上册：随书附送 CD 上
2006年设计，2006年第1版
[责任者] 雷雨声主编
[出版发行] 花城出版社、广东教育出版社、广东语言音像电子出版社，2006

30067　义务教育课程标准实验教科书《走进音乐世界》音乐教材.小学五年级上册：随书附送 CD 下
2006年设计，2006年第1版
[责任者] 雷雨声主编
[出版发行] 花城出版社、广东教育出版社、广东语言音像电子出版社，2006

30068　义务教育课程标准实验教科书《走进音乐世界》音乐教材.小学五年级下册：多媒体教学光盘
2006年设计，光盘封面第1版第1次印刷
[责任者] 雷雨声主编
[出版发行] 花城出版社、广东教育出版社，2006

30069　义务教育课程标准实验教科书《走进音乐世界》音乐教材.小学五年级下册：多媒体教学光盘 CD
2006年设计，（盒装封套）第1版第1次印刷
[责任者] 雷雨声主编
[出版发行] 花城出版社、广东教育出版社，2006

30070　义务教育课程标准实验教科书《走进音乐世界》音乐教材.小学五年级下册：随书附送 CD1
2006年设计，CD 封面第1版第1次印刷
[责任者] 雷雨声主编
[出版发行] 花城出版社、广东教育出版社，2006

30071　义务教育课程标准实验教科书
《走进音乐世界》音乐教材．小学
五年级下册：随书附送 CD2
2006年设计，CD 封面第1版第1次印刷
[责任者] 雷雨声主编
[出版发行] 花城出版社、广东教育出版社，2006

30072　义务教育课程标准实验教科书
《走进音乐世界》音乐教材．小
学五年级下册：随书附送 CD3
2006年设计，CD 封面第1版第1次印刷
[责任者] 雷雨声主编
[出版发行] 花城出版社、广东教育出版社，2006

30073　普通高中课程标准实验教科书音
乐选修《演奏》：CD 教学光盘 -1
2007年设计，2007年第1版
[责任者] 程建平主编
[出版发行] 花城出版社、广东语言音像电子出版社，2007

30074　普通高中课程标准实验教科书音
乐选修《演奏》：CD 教学光盘 -2
2007年设计，2007年第1版
[责任者] 程建平主编
[出版发行] 花城出版社、广东语言音像电子出版社，2007

30075　普通高中课程标准实验教科书音乐选修《音乐与戏剧表演》：随书赠送 CD

2007年设计，2007年第1版 2013年第5次印刷

[责任者] 程建平主编

[出版发行] 花城出版社、广东语言音像电子出版社，2007

30076　义务教育课程标准实验教科书《走进音乐世界》音乐教材．小学六年级上册：多媒体教学光盘

2007年设计，2007年第1版 2011年第5次印刷

[责任者] 雷雨声主编

[出版发行] 花城出版社、广东教育出版社、广东语言音像电子出版社，2007

30077　义务教育课程标准实验教科书《走进音乐世界》音乐教材．小学六年级上册：多媒体教学光盘 CD

2007年设计，(盒装封套)2007年第1版 2011年第5次印刷

[责任者] 雷雨声主编

[出版发行] 花城出版社、广东教育出版社、广东语言音像电子出版社，2007

30078　义务教育课程标准实验教科书《走进音乐世界》音乐教材．小学六年级上册：随书附送 CD（一）

2007年设计，2007年第1版 2011年第5次印刷

[责任者] 雷雨声主编

[出版发行] 花城出版社、广东教育出版社、广东语言音像电子出版社，2007

30079　义务教育课程标准实验教科书《走进音乐世界》音乐教材．小学六年级上册：随书附送CD（三）
2007年设计，2007年第1版 2011年第5次印刷
［责任者］雷雨声主编
［出版发行］花城出版社、广东教育出版社、广东语言音像电子出版社，2007

30080　义务教育课程标准实验教科书《走进音乐世界》音乐教材．小学六年级上册：学生用CD
2007年设计，（盒装封套）2007年第1版 2011年第5次印刷
［责任者］雷雨声主编
［出版发行］花城出版社、广东教育出版社、广东语言音像电子出版社，2007

30081　义务教育课程标准实验教科书《走进音乐世界》音乐教材．小学六年级下册：CD（一）
2007年设计，2007年第1版 2011年第5次印刷
［责任者］雷雨声主编
［出版发行］花城出版社、广东教育出版社、广东语言音像电子出版社，2007

30082　义务教育课程标准实验教科书《走进音乐世界》音乐教材．小学六年级下册：CD（二）
2007年设计，2007年第1版 2011年第5次印刷
［责任者］雷雨声主编
［出版发行］花城出版社、广东教育出版社、广东语言音像电子出版社，2007

30083　义务教育课程标准实验教科书《走进音乐世界》音乐教材.小学六年级下册：CD（三）
2007年设计，2007年第1版 2011年第5次印刷
[责任者] 雷雨声主编
[出版发行] 花城出版社、广东教育出版社、广东语言音像电子出版社，2007

30084　义务教育课程标准实验教科书《走进音乐世界》音乐教材.小学六年级下册：多媒体教学光盘
2007年设计，2007年第1版 2011年第5次印刷
[责任者] 雷雨声主编
[出版发行] 花城出版社、广东教育出版社、广东语言音像电子出版社，2007

30085　义务教育课程标准实验教科书《走进音乐世界》音乐教材.小学六年级下册：多媒体教学光盘 CD
2007年设计，（盒装封套）2007年第1版 2011年第5次印刷
[责任者] 雷雨声主编
[出版发行] 花城出版社、广东教育出版社、广东语言音像电子出版社，2007

30086　五脏六腑平衡养生术——施氏拍打疗法：随书附送CD
2008年设计，2008年第1版 第1次印刷
[责任者] 施安丽著
[出版发行] 广东省出版集团、花城出版社，2008

期刊封面设计

创作絮语：

　　1978年—1986年间，在改革开放的热潮中，迎来了我国文学期刊最蓬勃发展的年代。我曾经同时担任6个向全国发行的省级文学期刊的封面设计。

　　这6种期刊都是纯文学期刊，在20世纪70年代末80年代初陆续创刊。开始并没有相对固定的读者群，购买的基本是文学爱好者。由于国内同类型的期刊很多，也都在邮局和书摊上订阅和售卖，竞争激烈，因此在封面上用醒目的文字和色彩标示本期的作者和篇目就很重要。当一种期刊拥有相当数量的长期订阅者时，封面设计选择侧重于这一读者群的欣赏习惯就很有必要了。

　　期刊封面的设计风格基本由主编决定。主编的参与程度，各种刊物差别很大，但都没有长远的设想，基本以一年为期，这与竞争激烈淘汰率高有关。至1987年，由我担任封面设计的6个期刊只剩下一个了：散文双月刊《随笔》。

　　《随笔》在近30年中换了三任主编，封面设计没有换人，一直由我设计。不知不觉中创造了一项意外：一位设计师从1981年至2009年不间断地为一本散文双月刊设计封面达28年，横跨两个世纪，可能是一项全国纪录了。

—— 苏家杰

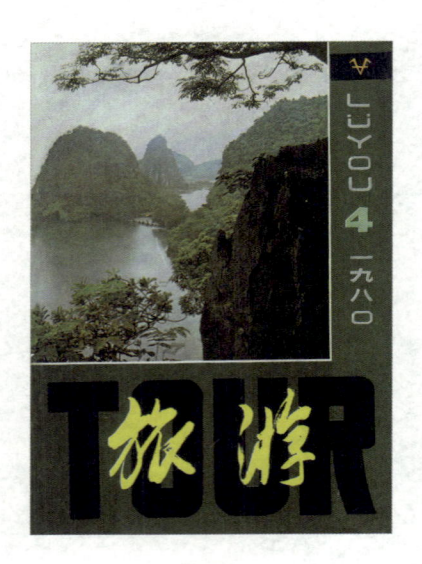

40001　旅游 . 一九八〇年第四期

1980年设计

［责任者］《旅游》编辑部
［出版发行］花城出版社，1980

40002　花城译作 . 一九八一年第三期

1981年设计

［责任者］《花城译作》编辑部
［出版发行］花城出版社，1981

40003　旅伴 . 一九八一年第一期（总第七期）

1981年设计

［责任者］《旅伴》编辑部
［出版发行］花城出版社，1981
［索书号］I267/25859/1981

40004　旅伴 . 一九八一年第二期（总第八期）

1981年设计

［责任者］《旅伴》编辑部
［出版发行］花城出版社，1981
［索书号］I267/25859/1981

40005　旅伴 . 一九八一年第三期（总第九期）

1981年设计

［责任者］《旅伴》编辑部
［出版发行］花城出版社，1981
［索书号］I267/25859/1981

40006　旅伴 . 一九八一年第四期（总第十期）

1981年设计

［责任者］《旅伴》编辑部
［出版发行］花城出版社，1981
［索书号］I267/25859/1981

40007　旅伴 . 一九八一年第五期（总第十一期）

1981年设计

［责任者］《旅伴》编辑部
［出版发行］花城出版社，1981
［索书号］I267/25859/1981

40008　旅伴 . 一九八一年第六期（总第十二期）

1981年设计

［责任者］《旅伴》编辑部
［出版发行］花城出版社，1981
［索书号］I267/25859/1981

40009　随笔．一九八一年第十八期

1981年设计
［责任者］花城出版社
［出版发行］花城出版社，1981
［索书号］I267/H61/18

40010　译丛．一九八一年第一期

1981年设计
［责任者］冯亦代
［出版发行］花城出版社，1981
［索书号］I11/320/1981

40011　译丛．一九八一年第二期

1981年设计
［责任者］冯亦代
［出版发行］花城出版社，1981
［索书号］I11/320/1981

40012　译海．一九八一年第二期

1981年设计
［责任者］中山大学外语系、花城出版社《译海》编辑部合编
［出版发行］花城出版社，1981
［索书号］I11/319/1981

40013　花城译作.一九八二年第四期

1982年设计
［责任者］《花城译作》编辑部
［出版发行］花城出版社，1982
［索书号］I11/321/1982

40014　花城译作.一九八二年第五期

1982年设计
［责任者］《花城译作》编辑部
［出版发行］花城出版社，1982
［索书号］I11/321/1982

40015　花城译作.一九八二年第六期

1982年设计
［责任者］《花城译作》编辑部
［出版发行］花城出版社，1982
［索书号］I11/321/1982

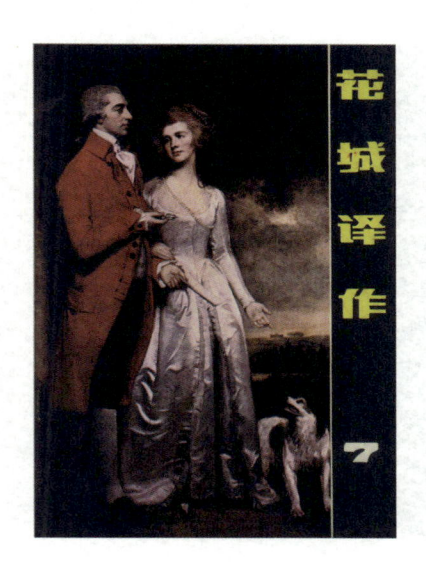

40016　花城译作.一九八二年第七期

1982年设计
［责任者］《花城译作》编辑部
［出版发行］花城出版社，1982
［索书号］I11/321/1982

40017　花城译作.一九八二年第八期

1982年设计

［责任者］《花城译作》编辑部
［出版发行］花城出版社，1982
［索书号］I11/321/1982

40018　花城译作.一九八二年第九期

1982年设计

［责任者］《花城译作》编辑部
［出版发行］花城出版社，1982
［索书号］I11/321/1982

40019　旅伴.一九八二年第八期（总第十四期）

1982年设计

［责任者］《旅伴》编辑部
［出版发行］花城出版社，1982
［索书号］I267/25859/1982

40020　旅伴.一九八二年第九期（总第十五期）

1982年设计

［责任者］《旅伴》编辑部
［出版发行］花城出版社，1982
［索书号］I267/25859/1982

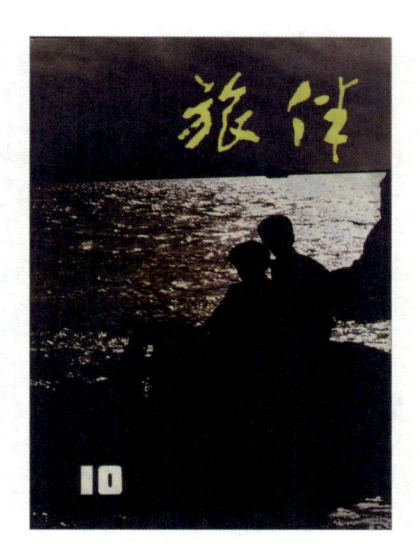

40021　旅伴 . 一九八二年第十期（总第十六期）

1982年设计
［责任者］《旅伴》编辑部
［出版发行］花城出版社，1982
［索书号］I267/25859/1982

40022　旅伴 . 一九八二年第十一 - 十二期（总第十七 - 十八期）

1982年设计
［责任者］《旅伴》编辑部
［出版发行］花城出版社，1982
［索书号］I267/25859/1982

40023　随笔 . 一九八二年第十九期

1982年设计
［责任者］花城出版社
［出版发行］花城出版社，1982

40024　随笔 . 一九八二年第二十期

1982年设计
［责任者］花城出版社
［出版发行］花城出版社，1982

40025　随笔．一九八二年第二十一期

1982年设计

［责任者］花城出版社
［出版发行］花城出版社，1982

40026　随笔．一九八二年第二十三期

1982年设计

［责任者］花城出版社
［出版发行］花城出版社，1982

40027　译海．一九八二年第二期（总第四期）

1982年设计

［责任者］中山大学外语系、花城出版社《译海》编辑部合编
［出版发行］花城出版社，1982
［索书号］I11/319/1982

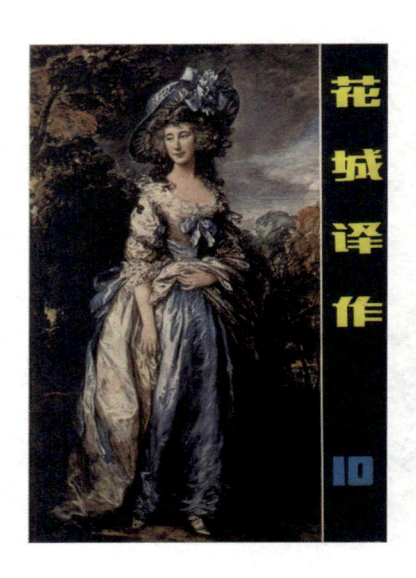

40028　花城译作．一九八三年第十期

1983年设计

［责任者］《花城译作》编辑部
［出版发行］花城出版社，1983

40029　历史文学．一九八三年第一期

1983年设计

［责任者］花城出版社

［出版发行］花城出版社，1983

40030　旅伴．一九八三年第十三期（总第十九期）

1983年设计

［责任者］《旅伴》编辑部

［出版发行］花城出版社，1983

［索书号］I267/25859/1983

40031　旅伴．一九八三年第十五-十六期（总第二十一—二十二期）

1983年设计

［责任者］《旅伴》编辑部

［出版发行］花城出版社，1983

［索书号］I267/25859/1983

40032　旅伴．一九八三年第十七-十八期（总第二十三—二十四期）

1983年设计

［责任者］《旅伴》编辑部

［出版发行］花城出版社，1983

［索书号］I267/25859/1983

40033　随笔.一九八三年第一期（总第24期）

1983年设计

［责任者］花城出版社
［出版发行］花城出版社，1983

40034　随笔.一九八三年第二期（总第25期）

1983年设计

［责任者］花城出版社
［出版发行］花城出版社，1983

40035　随笔.一九八三年第三期（总第26期）

1983年设计

［责任者］花城出版社
［出版发行］花城出版社，1983

40036　随笔.一九八三年第四期（总第27期）

1983年设计

［责任者］花城出版社
［出版发行］花城出版社，1983

40037　随笔.一九八三年第五期（总第28期）

1983年设计
［责任者］花城出版社
［出版发行］花城出版社，1983

40038　随笔.一九八三年第六期（总第29期）

1983年设计
［责任者］花城出版社
［出版发行］花城出版社，1983

40039　译海.一九八三年第一期（总第五期）

1983年设计
［责任者］花城出版社《译海》编辑部编
［出版发行］花城出版社，1983
［索书号］I11/319/1983

40040　译海.一九八三年第二期（总第六期）

1983年设计
［责任者］花城出版社《译海》编辑部编
［出版发行］花城出版社，1983
［索书号］I11/319/1983

40041　译海．一九八三年第三期（总第七期）

1983年设计

[责任者] 花城出版社《译海》编辑部编

[出版发行] 花城出版社，1983

[索书号] I11/319/1983

40042　译海．一九八三年第四期（总第八期）

1983年设计

[责任者] 花城出版社《译海》编辑部编

[出版发行] 花城出版社，1983

[索书号] I11/319/1983

40043　历史文学．一九八四年第二期

1984年设计

[责任者] 花城出版社

[出版发行] 花城出版社，1984

40044　历史文学．一九八四年第三期

1984年设计

[责任者] 花城出版社

[出版发行] 花城出版社，1984

40045　旅伴．一九八四年第十九期（总第二十五期）

1984年设计

［责任者］《旅伴》编辑部

［出版发行］花城出版社，[1984]

40046　随笔．一九八四第一期（总第30期）

1984年设计

［责任者］花城出版社

［出版发行］花城出版社，1984

40047　随笔．一九八四年第二期（总第31期）

1984年设计

［责任者］花城出版社

［出版发行］花城出版社，1984

40048　随笔．一九八四年第三期（总第32期）

1984年设计

［责任者］花城出版社

［出版发行］花城出版社，1984

40049　随笔．一九八四年第四期（总第33期）

1984年设计

［责任者］花城出版社

［出版发行］花城出版社，1984

40050　随笔．一九八四年第五期（总第34期）

1984年设计

［责任者］花城出版社

［出版发行］花城出版社，1984

40051　随笔．一九八四年第六期（总第35期）

1984年设计

［责任者］花城出版社

［出版发行］花城出版社，1984

40052　译海．一九八四年第一期（总第九期）

1984年设计

［责任者］花城出版社《译海》编辑部

［出版发行］花城出版社，1984

40053　译海．一九八四年第二期（总第十期）

1984年设计

［责任者］花城出版社《译海》编辑部
［出版发行］花城出版社，1984
［索书号］I11/319/1984

40054　译海．一九八四年第三期（总第十一期）

1984年设计

［责任者］花城出版社《译海》编辑部
［出版发行］花城出版社，1984

40055　译海．一九八四年第四期（总第十二期）

1984年设计

［责任者］花城出版社《译海》编辑部
［出版发行］花城出版社，1984
［索书号］I11/319/1984

40056　历史文学．一九八五年第一期（总第5期）

1985年设计

［责任者］《历史文学》编辑部
［出版发行］花城出版社，1985

40057　历史文学．一九八五年第二期
　　　　（总第6期）

1985年设计

［责任者］《历史文学》编辑部
［出版发行］花城出版社，1985

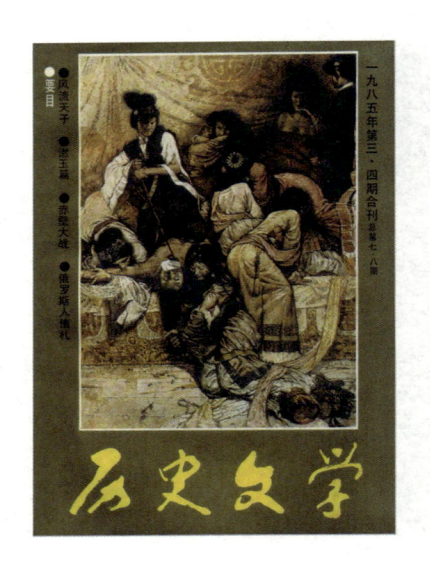

40058　历史文学．一九八五年第三·四期
　　　　（总第七·八期）

1985年设计

［责任者］《历史文学》编辑部
［出版发行］花城出版社，1985
［索书号］I217/3210/1985

40059　随笔．一九八五年第一期（总第36期）

1985年设计

［责任者］花城出版社
［出版发行］花城出版社，1985

40060　随笔．一九八五年第二期（总第37期）

1985年设计

［责任者］花城出版社
［出版发行］花城出版社，1985

40061　随笔 . 一九八五第四期（总第39期）

1985年设计

［责任者］花城出版社
［出版发行］花城出版社，1985

40062　随笔 . 一九八五年第五期（总第40期）

1985年设计

［责任者］花城出版社
［出版发行］花城出版社，1985

40063　随笔 . 一九八五年第六期（总第41期）

1985年设计

［责任者］花城出版社
［出版发行］花城出版社，1985

40064　五月 . 一九八五年第四期（总第四期）

1985年设计

［责任者］苏晨主编，《五月》编辑部编辑
［出版发行］五月杂志社，1985
［索书号］I217/3209/1985

40065　译海．一九八五年第二期（总第十四期）

1985年设计

[责任者]花城出版社《译海》编辑部
[出版发行]花城出版社，1985

40066　译海．一九八五年第三期（总第十五期）

1985年设计

[责任者]花城出版社《译海》编辑部
[出版发行]花城出版社，1985
[索书号]I11/319/1985

40067　译海．一九八五年第四期（总第十六期）

1985年设计

[责任者]花城出版社《译海》编辑部
[出版发行]花城出版社，1985
[索书号]I11/319/1985

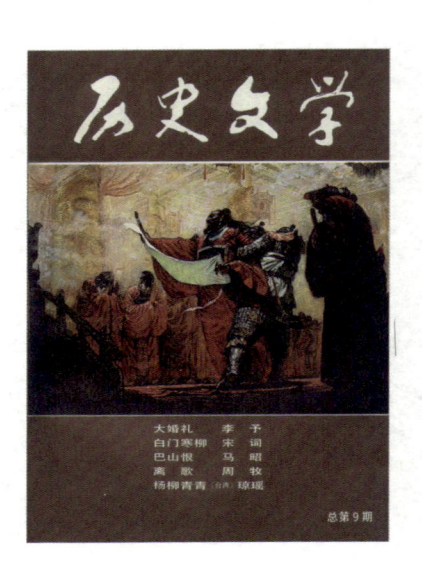

40068　历史文学．一九八六年第一期（总第9期）

1986年设计

[责任者]《历史文学》编辑部
[出版发行]花城出版社，1986
[索书号]I217/3210/1986

40069　随笔．一九八六年第一期（总第42期）

1986年设计

［责任者］《随笔》编辑部编辑

［出版发行］花城出版社，1986

［索书号］I267/27050/1986

40070　随笔．一九八六年第二期（总第43期）

1986年设计

［责任者］《随笔》编辑部编辑

［出版发行］花城出版社，1986

［索书号］I267/27050/1986

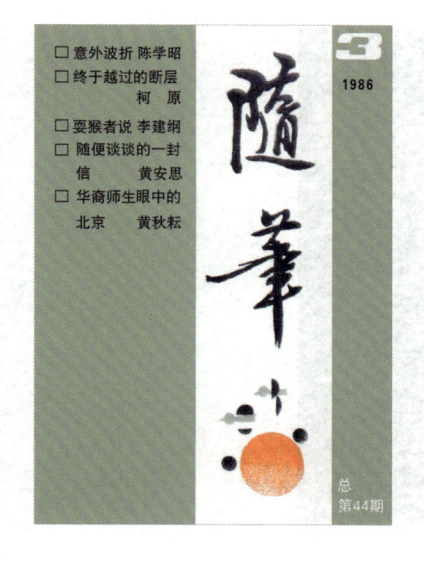

40071　随笔．一九八六年第三期（总第44期）

1986年设计

［责任者］《随笔》编辑部编辑

［出版发行］花城出版社，1986

［索书号］I267/27050/1986

40072　随笔．一九八六年第四期（总第45期）

1986年设计

［责任者］《随笔》编辑部编辑

［出版发行］花城出版社，1986

［索书号］I267/27050/1986

40073　随笔.一九八六年第五期（总第46期）

1986年设计

[责任者]《随笔》编辑部编辑
[出版发行]花城出版社，1986
[索书号]I267/27050/1986

40074　随笔.一九八六年第六期（总第47期）

1986年设计

[责任者]《随笔》编辑部编辑
[出版发行]花城出版社，1986
[索书号]I267/27050/1986

40075　译海.一九八六年第一期（总第十七期）

1986年设计

[责任者]《译海》编辑部
[出版发行]花城出版社，1986
[索书号]I11/319/1986

40076　译海.一九八六年第二期（总第十八期）

1986年设计

[责任者]《译海》编辑部
[出版发行]花城出版社，1986
[索书号]I11/319/1986

40077　译海. 一九八六年第三期（总第十九期）

1986年设计

[责任者]《译海》编辑部
[出版发行]花城出版社，1986
[索书号] I11/319/1986

40078　译海. 一九八六年第四期（总第二十期）

1986年设计

[责任者]《译海》编辑部
[出版发行]花城出版社，1986
[索书号] I11/319/1986

40079　译海. 一九八六年第五期
　　　（总第二十一期）

1986年设计

[责任者]《译海》编辑部
[出版发行]花城出版社，1986
[索书号] I11/319/1986

40080　译海. 一九八六年第六期
　　　（总第二十二期）

1986年设计

[责任者]《译海》编辑部
[出版发行]花城出版社，1986
[索书号] I11/319/1986

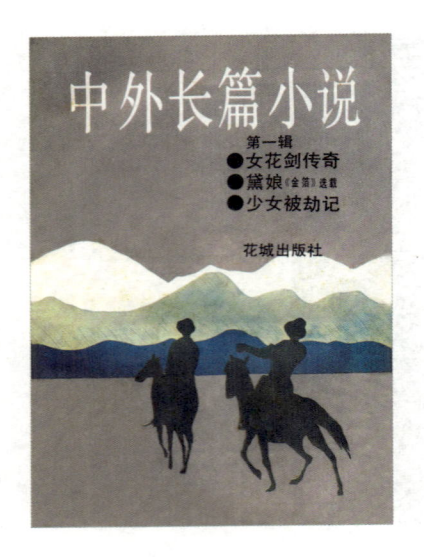

40081　中外长篇小说（第一辑）

1986年设计

[责任者]花城出版社编
[出版发行]花城出版社，1986
[索书号]I14/H61/1

40082　中外长篇小说（第二辑）

1986年设计

[责任者]花城出版社编
[出版发行]花城出版社，1986
[索书号]I14/H61/2

40083　历史文学．一九八七年第十期

1987年设计

[责任者]《历史文学》编辑部
[出版发行]花城出版社，1987

40084　历史文学．一九八七年第十一期

1987年设计

[责任者]《历史文学》编辑部
[出版发行]花城出版社，1987

40085　随笔.一九八七年第一期（总第48期）

1987年设计

［责任者］《随笔》编辑部编辑
［出版发行］花城出版社，1987

40086　随笔.一九八七年第二期（总第49期）

1987年设计

［责任者］《随笔》编辑部编辑
［出版发行］花城出版社，1987

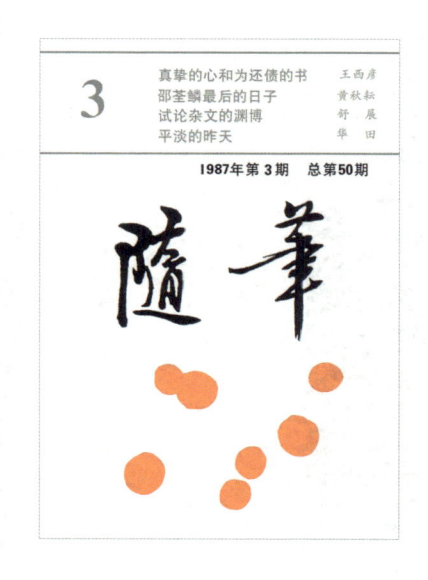

40087　随笔.一九八七年第三期（总第50期）

1987年设计

［责任者］《随笔》编辑部编辑
［出版发行］花城出版社，1987

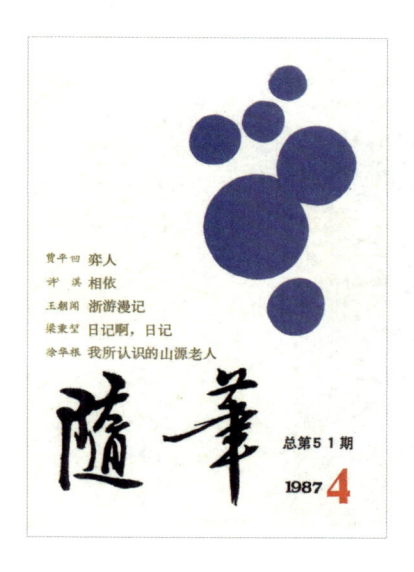

40088　随笔.一九八七年第四期（总第51期）

1987年设计

［责任者］《随笔》编辑部编辑
［出版发行］花城出版社，1987

40089　随笔．一九八七年第五期（总第52期）

1987年设计

［责任者］《随笔》编辑部编辑

［出版发行］花城出版社，1987

40090　随笔．一九八七年第六期（总第53期）

1987年设计

［责任者］《随笔》编辑部编辑

［出版发行］花城出版社，1987

40091　随笔．一九八八年第一期（总第54期）

1988年设计

［责任者］《随笔》编辑部编辑

［出版发行］花城出版社，1988

40092　随笔．一九八八年第二期（总第55期）

1988年设计

［责任者］《随笔》编辑部编辑

［出版发行］花城出版社，1988

40093　随笔．一九八八年第三期（总第56期）

1988年设计

［责任者］《随笔》编辑部编辑
［出版发行］花城出版社，1988

40094　随笔．一九八八年第四期（总第57期）

1988年设计

［责任者］《随笔》编辑部编辑
［出版发行］花城出版社，1988

40095　随笔．一九八八年第五期（总第58期）

1988年设计

［责任者］《随笔》编辑部编辑
［出版发行］花城出版社，1988

40096　随笔．一九八八年第六期（总第59期）

1988年设计

［责任者］黄伟经主编，《随笔》编辑部编辑
［出版发行］花城出版社，1988
［索书号］I267/27050/1988

40097　随笔.一九八九年第一期（总第60期）

1989年设计

［责任者］《随笔》编辑部编辑

［出版发行］花城出版社，1989

［索书号］I267/27050/1989

40098　随笔.一九八九年第三期（总第62期）

1989年设计

［责任者］《随笔》编辑部编辑

［出版发行］花城出版社，1989

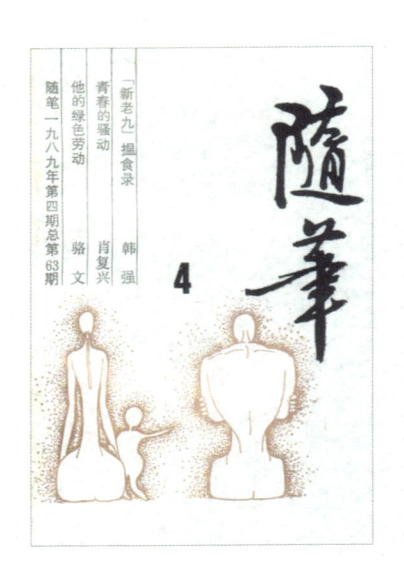

40099　随笔.一九八九年第四期（总第63期）

1989年设计

［责任者］《随笔》编辑部编辑

［出版发行］花城出版社，1989

40100　随笔.一九八九年第五期（总第64期）

1989年设计

［责任者］《随笔》编辑部编辑

［出版发行］花城出版社，1989

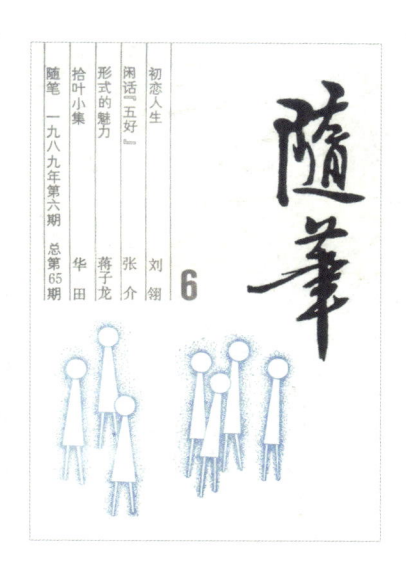

40101　随笔.一九八九年第六期（总第65期）

1989年设计
［责任者］《随笔》编辑部编辑
［出版发行］花城出版社，1989

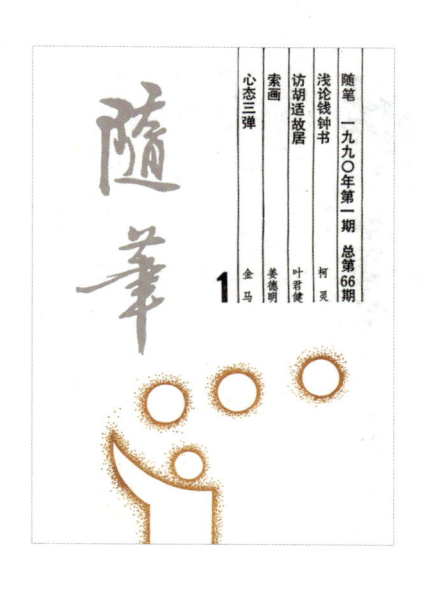

40102　随笔.一九九〇年第一期（总第66期）

1990年设计
［责任者］《随笔》编辑部编辑
［出版发行］花城出版社，1990

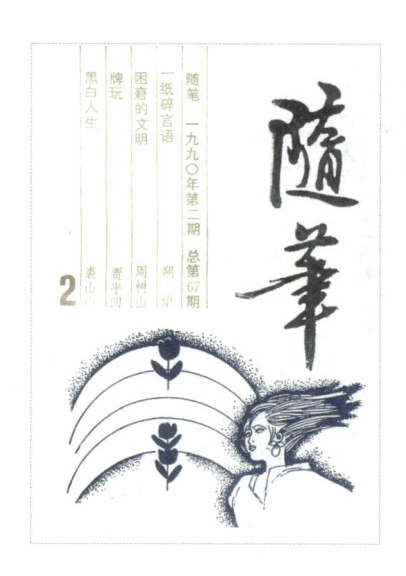

40103　随笔.一九九〇年第二期（总第67期）

1990年设计
［责任者］《随笔》编辑部编辑
［出版发行］花城出版社，1990

40104　随笔.一九九〇年第三期（总第68期）

1990年设计
［责任者］《随笔》编辑部编辑
［出版发行］花城出版社，1990

40105　随笔．一九九〇年第四期（总第69期）

1990年设计

[责任者]《随笔》编辑部编辑
[出版发行]花城出版社，1990

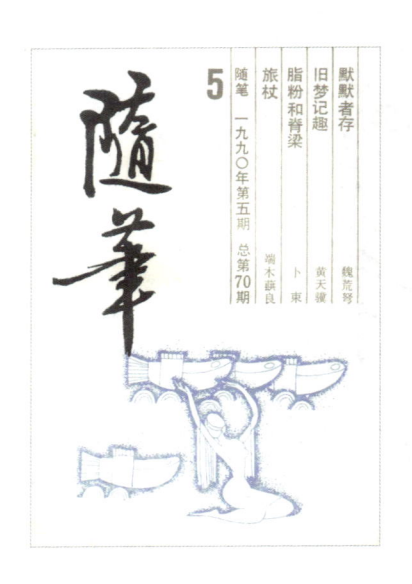

40106　随笔．一九九〇年第五期（总第70期）

1990年设计

[责任者]《随笔》编辑部编辑
[出版发行]花城出版社，1990

40107　随笔．一九九〇年第六期（总第71期）

1990年设计

[责任者]《随笔》编辑部编辑
[出版发行]花城出版社，1990

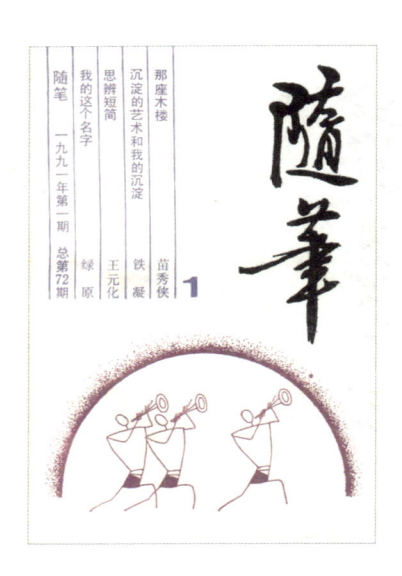

40108　随笔．一九九一年第一期（总第72期）

1991年设计

[责任者]《随笔》编辑部编辑
[出版发行]花城出版社，1991

40109　随笔.一九九一年第二期（总第73期）

1991年设计

［责任者］《随笔》编辑部编辑
［出版发行］花城出版社，1991

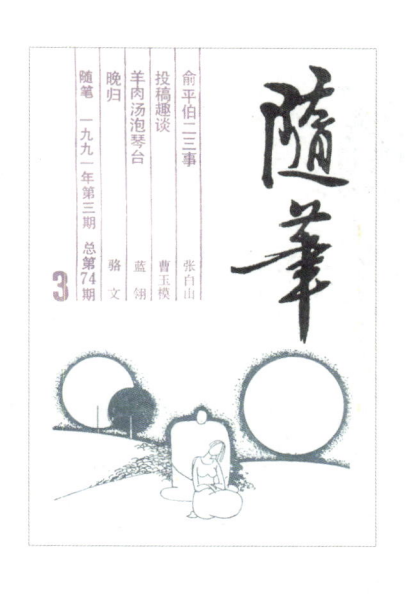

40110　随笔.一九九一年第三期（总第74期）

1991年设计

［责任者］《随笔》编辑部编辑
［出版发行］花城出版社，1991

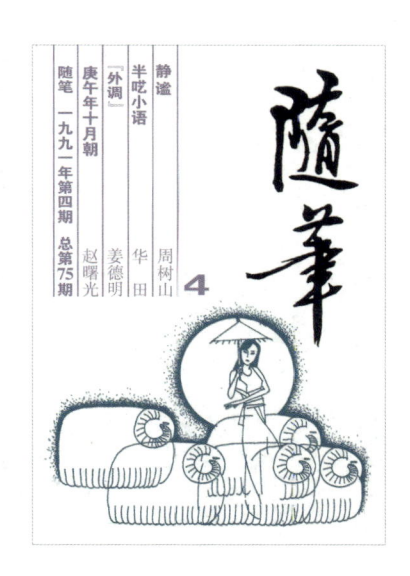

40111　随笔.一九九一年第四期（总第75期）

1991年设计

［责任者］黄伟经主编，《随笔》编辑部编辑
［出版发行］花城出版社，1991
［索书号］I267/27050/1991

40112　随笔.一九九一年第五期（总第76期）

1991年设计

［责任者］《随笔》编辑部编辑
［出版发行］花城出版社，1991

40113 随笔．一九九一年第六期（总第77期）

1991年设计

［责任者］《随笔》编辑部编辑

［出版发行］花城出版社，1991

40114 随笔．一九九二年第一期（总第78期）

1992年设计

［责任者］《随笔》编辑部编辑

［出版发行］花城出版社，1992

40115 随笔．一九九二年第二期（总第79期）

1992年设计

［责任者］《随笔》编辑部编辑

［出版发行］花城出版社，1992

40116 随笔．一九九二年第三期（总第80期）

1992年设计

［责任者］《随笔》编辑部编辑

［出版发行］花城出版社，1992

40117　随笔．一九九二年第四期（总第81期）

1992年设计

［责任者］黄伟经主编，《随笔》编辑部编辑

［出版发行］花城出版社，1992

［索书号］I267/27050/1992

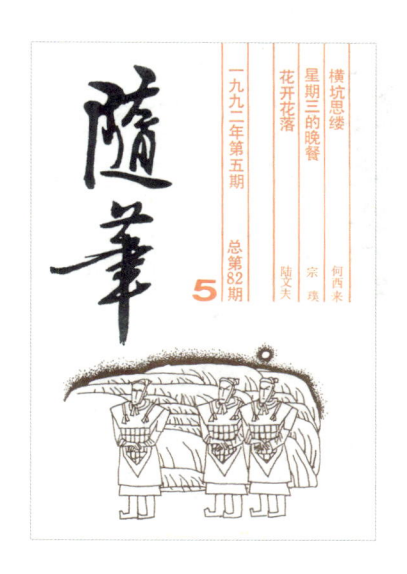

40118　随笔．一九九二年第五期（总第82期）

1992年设计

［责任者］黄伟经主编，《随笔》编辑部编辑

［出版发行］花城出版社，1992

40119　随笔．一九九二年第六期（总第83期）

1992年设计

［责任者］黄伟经主编，《随笔》编辑部编辑

［出版发行］花城出版社，1992

40120　广东艺术（创刊号）

1993年设计

［责任者］吴惟庆主编

［出版发行］广东艺术杂志社，1993

40121　随笔.一九九三年第一期（总第84期）

1993年设计

［责任者］《随笔》编辑部编辑

［出版发行］花城出版社，1993

40122　随笔.一九九三年第二期（总第85期）

1993年设计

［责任者］《随笔》编辑部编辑

［出版发行］花城出版社，1993

40123　随笔.一九九三年第三期（总第86期）

1993年设计

［责任者］《随笔》编辑部编辑

［出版发行］花城出版社，1993

40124　随笔.一九九三年第四期（总第87期）

1993年设计

［责任者］《随笔》编辑部编辑

［出版发行］花城出版社，1993

40125　随笔.一九九三年第五期（总第88期）

1993年设计

［责任者］《随笔》编辑部编辑
［出版发行］花城出版社，1993

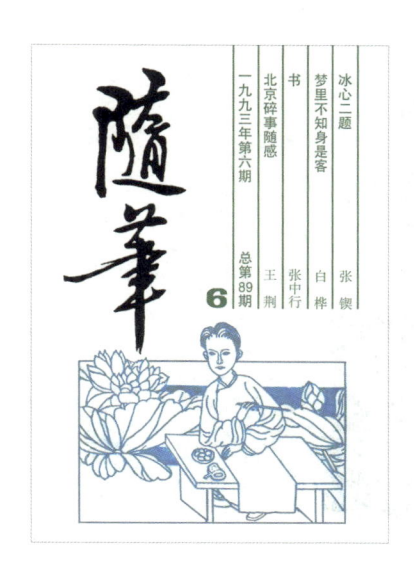

40126　随笔.一九九三年第六期（总第89期）

1993年设计

［责任者］《随笔》编辑部编辑
［出版发行］花城出版社，1993

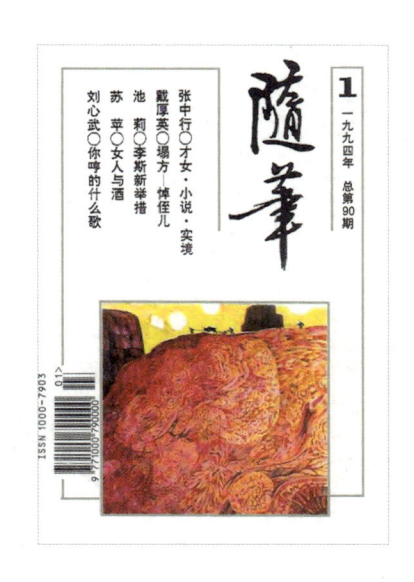

40127　随笔.一九九四年第一期（总第90期）

1994年设计

［责任者］《随笔》编辑部编辑
［出版发行］花城出版社，1994

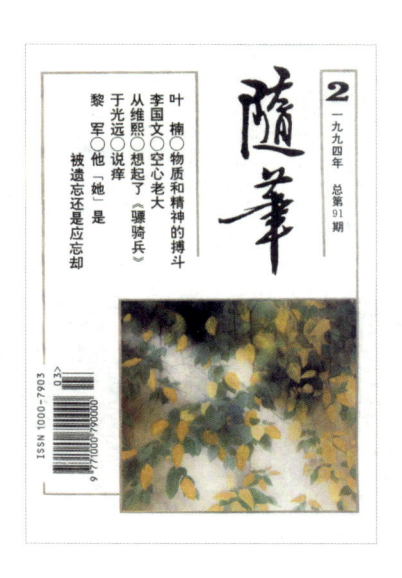

40128　随笔.一九九四年第二期（总第91期）

1994年设计

［责任者］杜渐坤主编，《随笔》编辑部编辑
［出版发行］花城出版社，1994
［索书号］I267/27050/1994

40129　随笔.一九九四年第三期（总第92期）

1994年设计

［责任者］杜渐坤主编，《随笔》编辑部编辑

［出版发行］花城出版社，1994

［索书号］I267/27050/1994

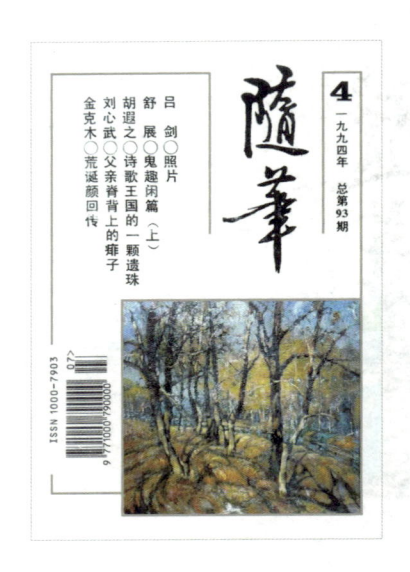

40130　随笔.一九九四年第四期（总第93期）

1994年设计

［责任者］《随笔》编辑部编辑

［出版发行］花城出版社，1994

40131　随笔.一九九四年第五期（总第94期）

1994年设计

［责任者］《随笔》编辑部编辑

［出版发行］花城出版社，1994

40132　随笔.一九九四年第六期（总第95期）

1994年设计

［责任者］杜渐坤主编，《随笔》编辑部编辑

［出版发行］花城出版社，1994

［索书号］I267/27050/1995

40133　随笔．一九九五年第一期（总第96期）

1995年设计

［责任者］杜渐坤主编，《随笔》编辑部编辑
［出版发行］花城出版社，1995
［索书号］I267/27050/1995

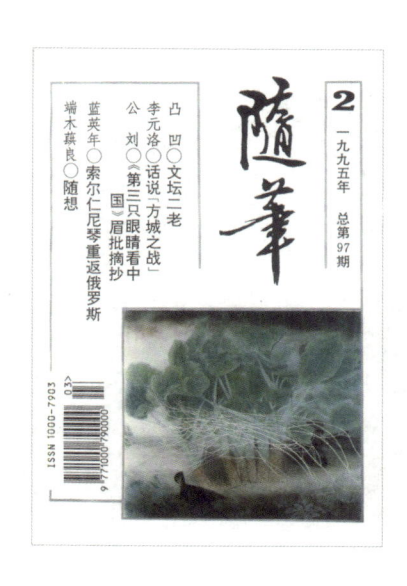

40134　随笔．一九九五年第二期（总第97期）

1995年设计

［责任者］《随笔》编辑部编辑
［出版发行］花城出版社，1995

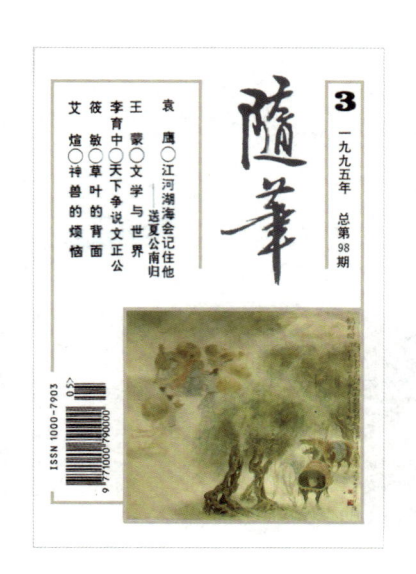

40135　随笔．一九九五年第三期（总第98期）

1995年设计

［责任者］杜渐坤主编，《随笔》编辑部编辑
［出版发行］花城出版社，1995
［索书号］I267/27050/1995

40136　随笔．一九九五年第四期（总第99期）

1995年设计

［责任者］杜渐坤主编，《随笔》编辑部编辑
［出版发行］花城出版社，1995
［索书号］I267/27050/1995

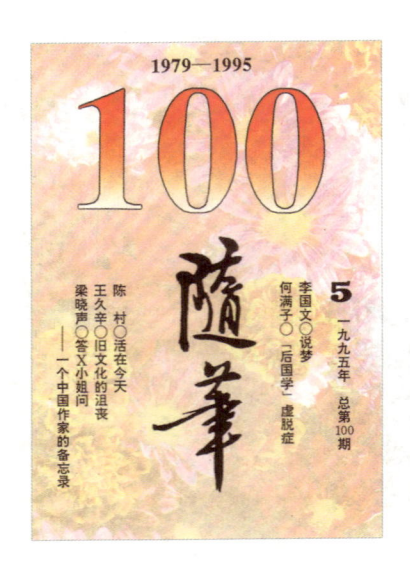

40137　随笔．一九九五年第五期（总第100期）

1995年设计

[责任者]《随笔》编辑部编辑
[出版发行]花城出版社，1995

40138　随笔．一九九五年第六期（总第101期）

1995年设计

[责任者]《随笔》编辑部编辑
[出版发行]花城出版社，1995

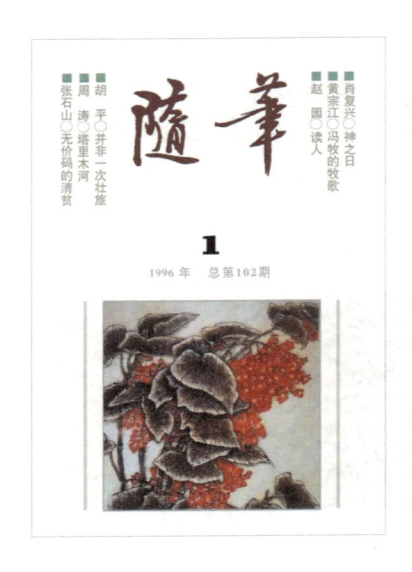

40139　随笔．一九九六年第一期（总第102期）

1996年设计

[责任者]杜渐坤主编，《随笔》杂志社编辑
[出版发行]花城出版社，1996
[索书号]I267/27050/1996

40140　随笔．一九九六年第二期（总第103期）

1996年设计

[责任者]杜渐坤主编，《随笔》杂志社编辑
[出版发行]花城出版社，1996
[索书号]I267/27050/1996

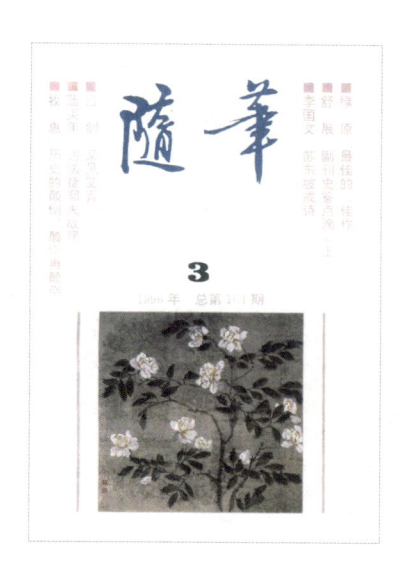

40141　随笔.一九九六年第三期（总第104期）

1996年设计

［责任者］杜渐坤主编,《随笔》杂志社编辑
［出版发行］花城出版社，1996
［索书号］I267/27050/1996

40142　随笔.一九九六年第四期（总第105期）

1996年设计

［责任者］杜渐坤主编,《随笔》杂志社编辑
［出版发行］花城出版社，1996
［索书号］I267/27050/1996

40143　随笔.一九九六年第五期（总第106期）

1996年设计

［责任者］杜渐坤主编,《随笔》杂志社编辑
［出版发行］花城出版社，1996
［索书号］I267/27050/1996

40144　随笔.一九九六年第六期（总第107期）

1996年设计

［责任者］杜渐坤主编,《随笔》杂志社编辑
［出版发行］花城出版社，1996
［索书号］I267/27050/1996

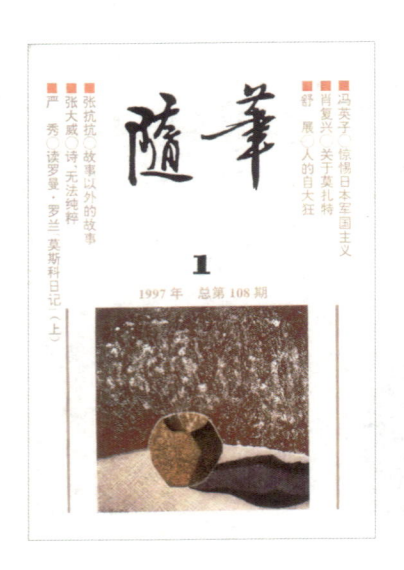

40145　随笔.一九九七年第一期（总第108期）

1997年设计

［责任者］杜渐坤主编,《随笔》杂志社编辑
［出版发行］花城出版社,1997

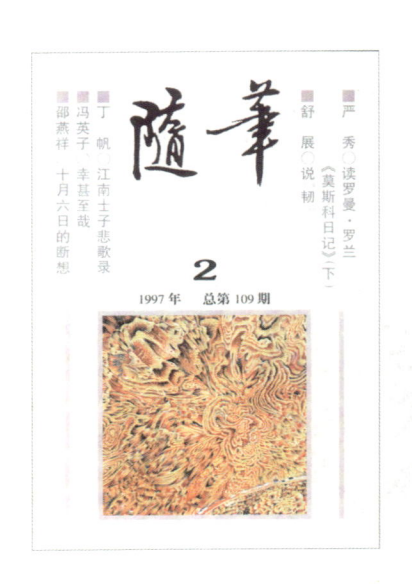

40146　随笔.一九九七年第二期（总第109期）

1997年设计

［责任者］杜渐坤主编,《随笔》杂志社编辑
［出版发行］花城出版社,1997
［索书号］I267/27050/1997

40147　随笔.一九九七年第三期（总第110期）

1997年设计

［责任者］杜渐坤主编,《随笔》杂志社编辑
［出版发行］花城出版社,1997

40148　随笔.一九九七年第四期（总第111期）

1997年设计

［责任者］杜渐坤主编,《随笔》杂志社编辑
［出版发行］花城出版社,1997

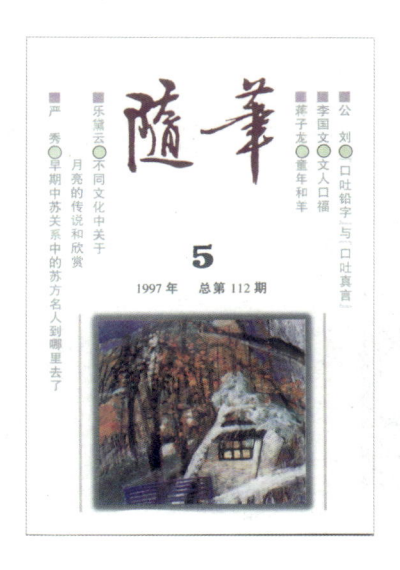

40149　随笔.一九九七年第五期（总第112期）

1997年设计

［责任者］杜渐坤主编,《随笔》杂志社编辑
［出版发行］花城出版社,1997

40150　随笔.一九九七年第六期（总第113期）

1997年设计

［责任者］杜渐坤主编,《随笔》杂志社编辑
［出版发行］花城出版社,1997
［索书号］I267/27050/1997

40151　随笔.一九九八年第一期（总第114期）

1998年设计

［责任者］杜渐坤主编,《随笔》杂志社编辑
［出版发行］花城出版社,1998

40152　随笔.一九九八年第二期（总第115期）

1998年设计

［责任者］杜渐坤主编,《随笔》杂志社编辑
［出版发行］花城出版社,1998
［索书号］I267/27050/1998

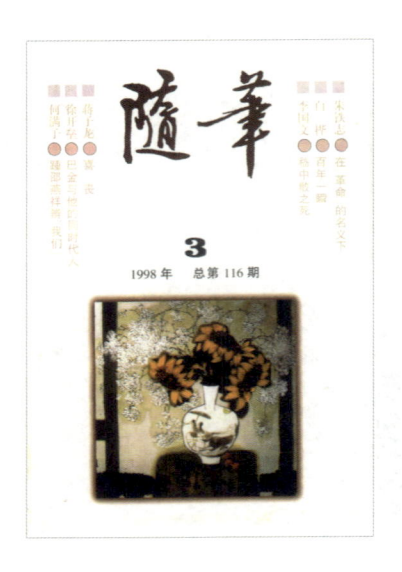

40153　随笔．一九九八年第三期（总第116期）

1998年设计

[责任者]杜渐坤主编，《随笔》杂志社编辑

[出版发行]花城出版社，1998

[索书号]I267/27050/1998

40154　随笔．一九九八年第四期（总第117期）

1998年设计

[责任者]杜渐坤主编，《随笔》杂志社编辑

[出版发行]花城出版社，1998

[索书号]I267/27050/1998

40155　随笔．一九九八年第五期（总第118期）

1998年设计

[责任者]《随笔》杂志社编辑

[出版发行]花城出版社，1998

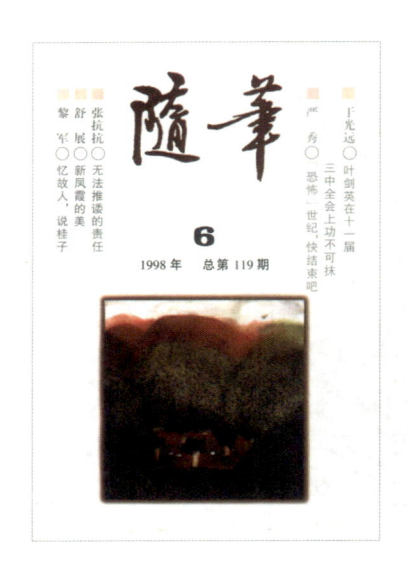

40156　随笔．一九九八年第六期（总第119期）

1998年设计

[责任者]《随笔》杂志社编辑

[出版发行]花城出版社，1998

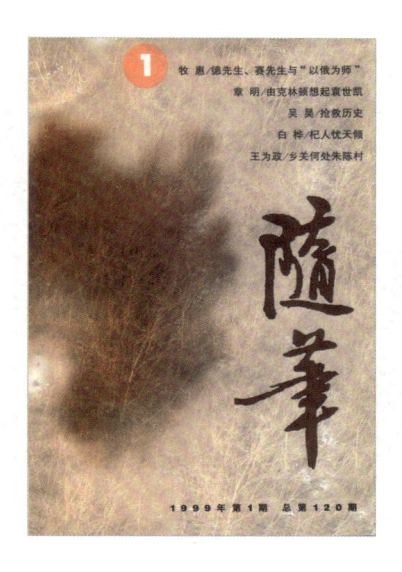

40157　随笔．一九九九年第一期（总第120期）

1999年设计

［责任者］《随笔》杂志社编辑
［出版发行］花城出版社，1999

40158　随笔．一九九九年第二期（总第121期）

1999年设计

［责任者］杜渐坤主编，《随笔》杂志社编辑
［出版发行］花城出版社，1999
［索书号］I267/27050/1999

40159　随笔．一九九九年第三期（总第122期）

1999年设计

［责任者］杜渐坤主编，《随笔》杂志社编辑
［出版发行］花城出版社，1999

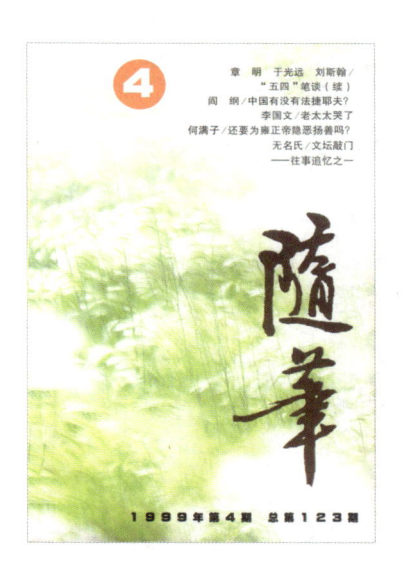

40160　随笔．一九九九年第四期（总第123期）

1999年设计

［责任者］杜渐坤主编，《随笔》杂志社编辑
［出版发行］花城出版社，1999

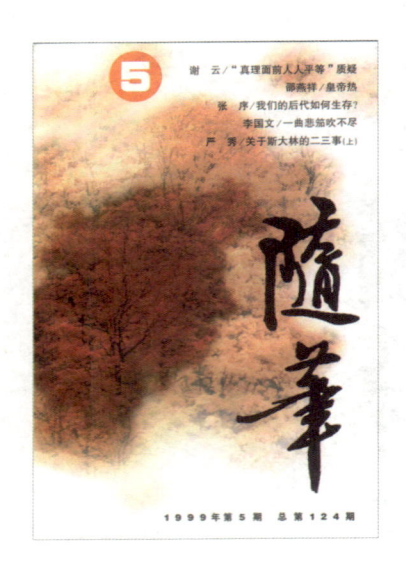

510　文学的长河：封面·构成　›››

40161　随笔.一九九九年第五期（总第124期）

1999年设计

[责任者] 杜渐坤主编，《随笔》杂志社编辑

[出版发行] 花城出版社，1999

[索书号] I267/27050/1999

40162　随笔.一九九九年第六期（总第125期）

1999年设计

[责任者] 杜渐坤主编，《随笔》杂志社编辑

[出版发行] 花城出版社，1999

[索书号] I267/27050/1999

40163　随笔.二〇〇〇年第一期（总第126期）

2000年设计

[责任者] 杜渐坤主编，《随笔》杂志社编辑

[出版发行] 花城出版社，2000

[索书号] I267/27050/2000

40164　随笔.二〇〇〇年第二期（总第127期）

2000年设计

[责任者] 杜渐坤主编，《随笔》杂志社编辑

[出版发行] 花城出版社，2000

[索书号] I267/27050/2000

40165　随笔.二〇〇〇年第三期（总第128期）

2000年设计

［责任者］杜渐坤主编，《随笔》杂志社编辑
［出版发行］花城出版社，2000
［索书号］I267/27050/1999

40166　随笔.二〇〇〇年第四期（总第129期）

2000年设计

［责任者］杜渐坤主编，《随笔》杂志社编辑
［出版发行］花城出版社，2000
［索书号］I267/27050/2000

40167　随笔.二〇〇〇年第五期（总第130期）

2000年设计

［责任者］杜渐坤主编，《随笔》杂志社编辑
［出版发行］花城出版社，2000
［索书号］I267/27050/2000

40168　随笔.二〇〇〇年第六期（总第131期）

2000年设计

［责任者］杜渐坤主编，《随笔》杂志社编辑
［出版发行］花城出版社，2000
［索书号］I267/27050/2000

512　文学的长河：封面·构成　›››

40169　随笔. 二〇〇一年第一期（总第132期）

2001年设计

[责任者] 杜渐坤主编，《随笔》杂志社编辑
[出版发行] 花城出版社，2001
[索书号] I267/27050/2001

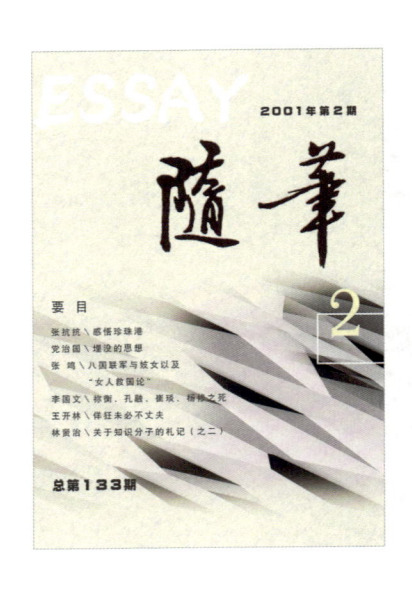

40170　随笔. 二〇〇一年第二期（总第133期）

2001年设计

[责任者] 杜渐坤主编，《随笔》杂志社编辑
[出版发行] 花城出版社，2001
[索书号] I267/27050/2001

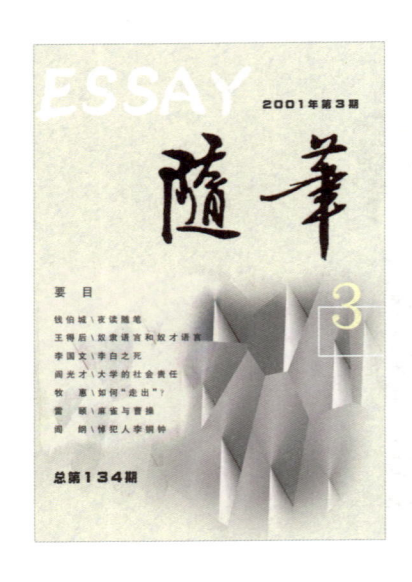

40171　随笔. 二〇〇一年第三期（总第134期）

2001年设计

[责任者] 杜渐坤主编，《随笔》杂志社编辑
[出版发行] 花城出版社，2001
[索书号] I267/27050/2001

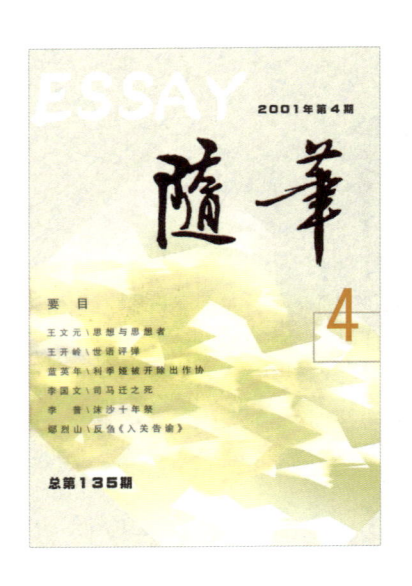

40172　随笔. 二〇〇一年第四期（总第135期）

2001年设计

[责任者] 杜渐坤主编，《随笔》杂志社编辑
[出版发行] 花城出版社，2001
[索书号] I267/27050/2001

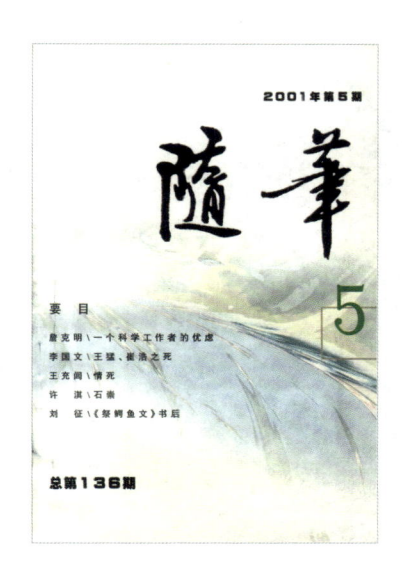

第二部分：教材、期刊、连环画等封面 <<< 期刊封面设计　　513

40173　随笔. 二〇〇一年第五期（总第136期）

2001年设计

[责任者] 杜渐坤主编，《随笔》杂志社编辑
[出版发行] 花城出版社，2001
[索书号] I267/27050/2001

40174　随笔. 二〇〇一年第六期（总第137期）

2001年设计

[责任者] 杜渐坤主编，《随笔》杂志社编辑
[出版发行] 花城出版社，2001
[索书号] I267/27050/2001

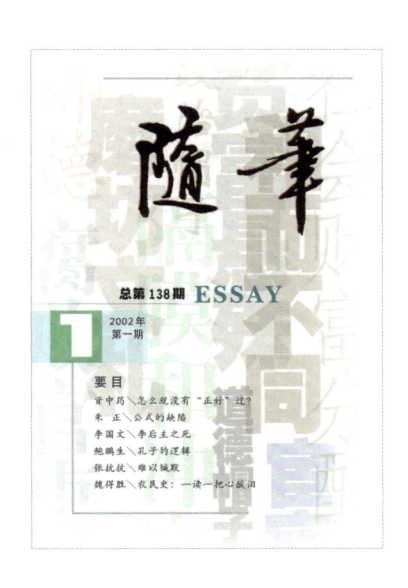

40175　随笔. 二〇〇二年第一期（总第138期）

2002年设计

[责任者] 杜渐坤主编，《随笔》杂志社编辑
[出版发行] 花城出版社，2002
[索书号] I267/27050/2002

40176　随笔. 二〇〇二年第二期（总第139期）

2002年设计

[责任者] 杜渐坤主编，《随笔》杂志社编辑
[出版发行] 花城出版社，2002
[索书号] I267/27050/2002

40177　随笔.二〇〇二年第三期（总第140期）

2002年设计

［责任者］杜渐坤主编，《随笔》杂志社编辑
［出版发行］花城出版社，2002
［索书号］I267/27050/2002

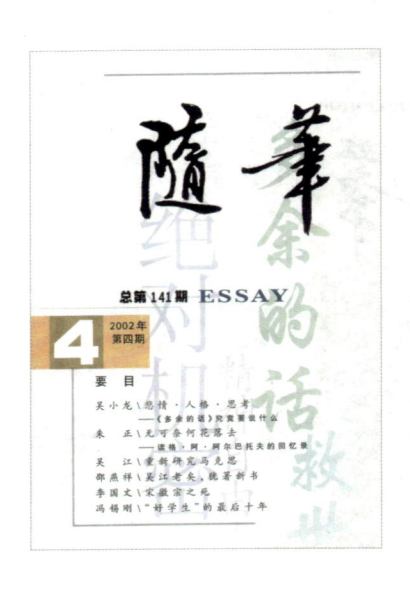

40178　随笔.二〇〇二年第四期（总第141期）

2002年设计

［责任者］杜渐坤主编，《随笔》杂志社编辑
［出版发行］花城出版社，2002
［索书号］I267/27050/2002

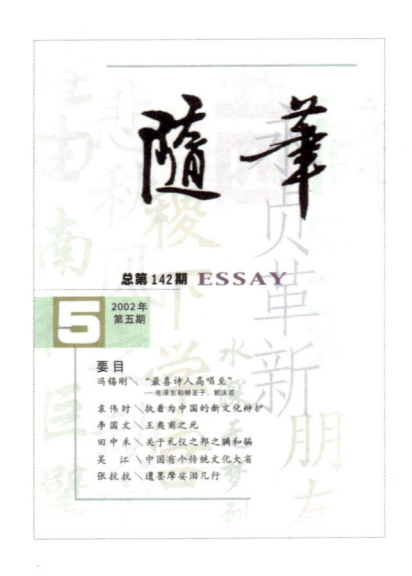

40179　随笔.二〇〇二年第五期（总第142期）

2002年设计

［责任者］杜渐坤主编，《随笔》杂志社编辑
［出版发行］花城出版社，2002
［索书号］I267/27050/2002

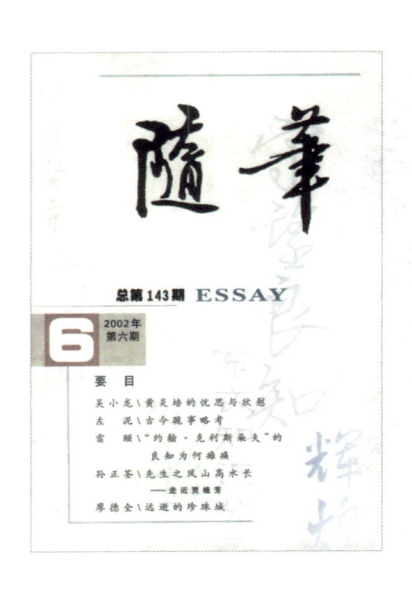

40180　随笔.二〇〇二年第六期（总第143期）

2002年设计

［责任者］杜渐坤主编，《随笔》杂志社编辑
［出版发行］花城出版社，2002
［索书号］I267/27050/2002

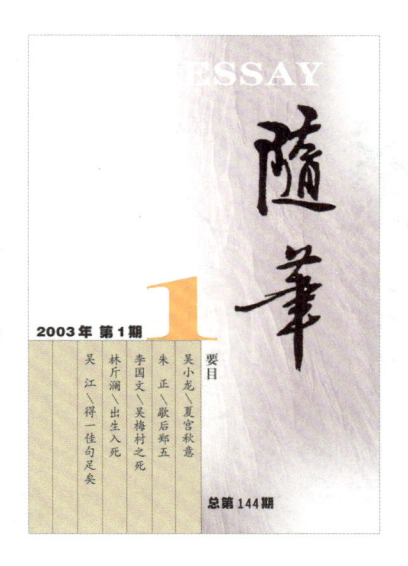

40181　随笔.二〇〇三年第一期（总第144期）

2003年设计
［责任者］杜渐坤主编，《随笔》杂志社编辑
［出版发行］花城出版社，2003
［索书号］I267/27050/2003

40182　随笔.二〇〇三年第二期（总第145期）

2003年设计
［责任者］杜渐坤主编，《随笔》杂志社编辑
［出版发行］花城出版社，2003
［索书号］I267/27050/2003

40183　随笔.二〇〇三年第三期（总第146期）

2003年设计
［责任者］杜渐坤主编，《随笔》杂志社编辑
［出版发行］花城出版社，2003
［索书号］I267/27050/2003

40184　随笔.二〇〇三年第四期（总第147期）

2003年设计
［责任者］杜渐坤主编，《随笔》杂志社编辑
［出版发行］花城出版社，2003
［索书号］I267/27050/2003

40185　随笔.二〇〇三年第五期（总第148期）

2003年设计

[责任者] 杜渐坤主编，《随笔》杂志社编辑
[出版发行] 花城出版社，2003
[索书号] I267/27050/2003

40186　随笔.二〇〇三年第六期（总第149期）

2003年设计

[责任者] 杜渐坤主编，《随笔》杂志社编辑
[出版发行] 花城出版社，2003
[索书号] I267/27050/2003

40187　随笔.二〇〇四年第一期（总第150期）

2004年设计

[责任者] 杜渐坤主编，《随笔》杂志社编辑
[出版发行] 花城出版社，2004
[索书号] I267/27050/2004

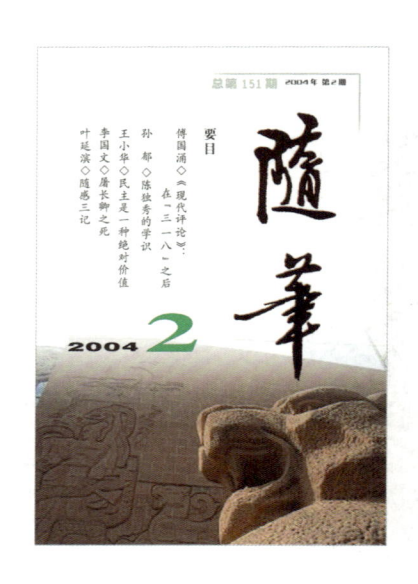

40188　随笔.二〇〇四年第二期（总第151期）

2004年设计

[责任者] 杜渐坤主编，《随笔》杂志社编辑
[出版发行] 花城出版社，2004
[索书号] I267/27050/2004

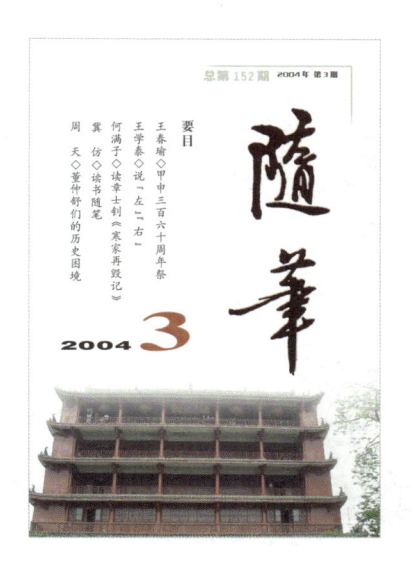

40189　随笔.二〇〇四年第三期（总第152期）

2004年设计

[责任者]杜渐坤主编，《随笔》杂志社编辑
[出版发行]花城出版社，2004
[索书号]I267/27050/2004

40190　随笔.二〇〇四年第四期（总第153期）

2004年设计

[责任者]杜渐坤主编，《随笔》杂志社编辑
[出版发行]花城出版社，2004
[索书号]I267/27050/2004

40191　随笔.二〇〇四年第五期（总第154期）

2004年设计

[责任者]杜渐坤主编，《随笔》杂志社编辑
[出版发行]花城出版社，2004
[索书号]I267/27050/2004

40192　随笔.二〇〇四年第六期（总第155期）

2004年设计

[责任者]杜渐坤主编，《随笔》杂志社编辑
[出版发行]花城出版社，2004
[索书号]I267/27050/2004

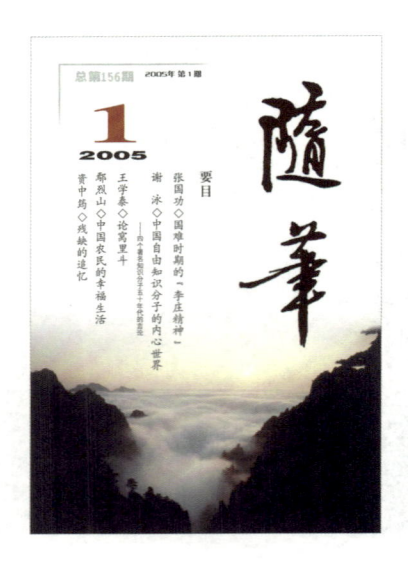

518　文学的长河：封面·构成　>>>

40193　随笔.二〇〇五年第一期（总第156期）

2005年设计

［责任者］秦颖主编，《随笔》编辑部编辑
［出版发行］花城出版社，2005
［索书号］I267/27050/2005

40194　随笔.二〇〇五年第二期（总第157期）

2005年设计

［责任者］秦颖主编，《随笔》编辑部编辑
［出版发行］花城出版社，2005
［索书号］I267/27050/2005

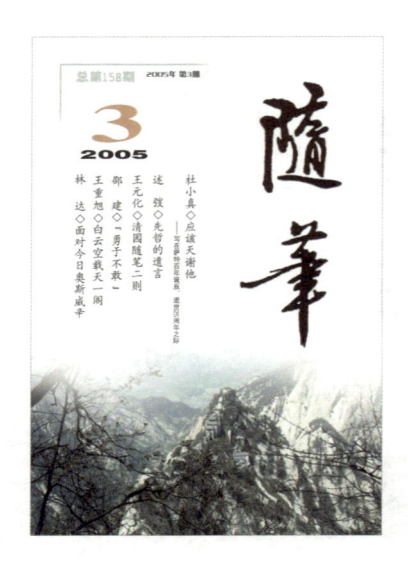

40195　随笔.二〇〇五年第三期（总第158期）

2005年设计

［责任者］秦颖主编，《随笔》编辑部编辑
［出版发行］花城出版社，2005
［索书号］I267/27050/2005

40196　随笔.二〇〇五年第四期（总第159期）

2005年设计

［责任者］秦颖主编，《随笔》编辑部编辑
［出版发行］花城出版社，2005
［索书号］I267/27050/2005

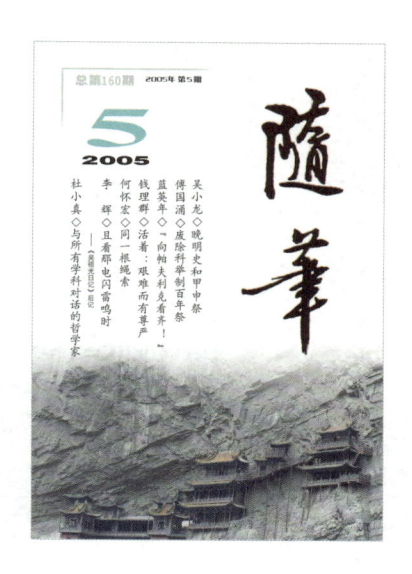

第二部分：教材、期刊、连环画等封面　<<<　期刊封面设计　　519

40197　随笔.二〇〇五年第五期（总第160期）

2005年设计

［责任者］秦颖主编，《随笔》编辑部编辑

［出版发行］花城出版社，2005

［索书号］I267/27050/2005

40198　随笔.二〇〇五年第六期（总第161期）

2005年设计

［责任者］秦颖主编，《随笔》编辑部编辑

［出版发行］花城出版社，2005

［索书号］I267/27050/2005

40199　随笔.二〇〇六年第一期（总第162期）

2006年设计

［责任者］秦颖主编，《随笔》编辑部编辑

［出版发行］花城出版社，2006

［索书号］I267/27050/2006

40200　随笔.二〇〇六年第二期（总第163期）

2006年设计

［责任者］秦颖主编，《随笔》编辑部编辑

［出版发行］花城出版社，2006

［索书号］I267/27050/2006

40201　随笔．二〇〇六年第三期（总第164期）

2006年设计

[责任者] 秦颖主编，《随笔》编辑部编辑
[出版发行] 花城出版社，2006
[索书号] I267/27050/2006

40202　随笔．二〇〇六年第四期（总第165期）

2006年设计

[责任者] 秦颖主编，《随笔》编辑部编辑
[出版发行] 花城出版社，2006
[索书号] I267/27050/2006

40203　随笔．二〇〇六年第五期（总第166期）

2006年设计

[责任者] 秦颖主编，《随笔》编辑部编辑
[出版发行] 花城出版社，2006
[索书号] I267/27050/2006

40204　随笔．二〇〇六年第六期（总第167期）

2006年设计

[责任者] 秦颖主编，《随笔》编辑部编辑
[出版发行] 花城出版社，2006
[索书号] I267/27050/2006

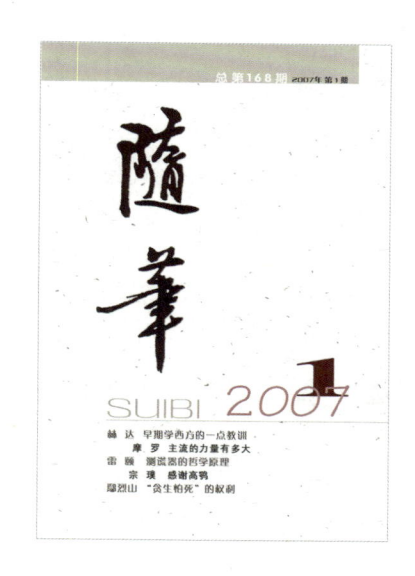

40205　随笔．二〇〇七年第一期（总第168期）

2007年设计

［责任者］秦颖主编
［出版发行］花城出版社，2007
［索书号］I267/27050/2007

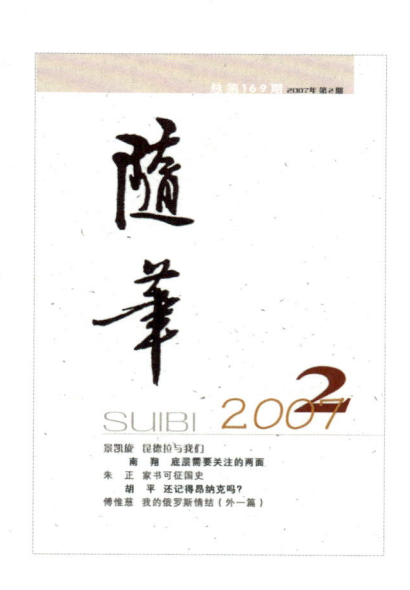

40206　随笔．二〇〇七年第二期（总第169期）

2007年设计

［责任者］秦颖主编
［出版发行］花城出版社，2007
［索书号］I267/27050/2007

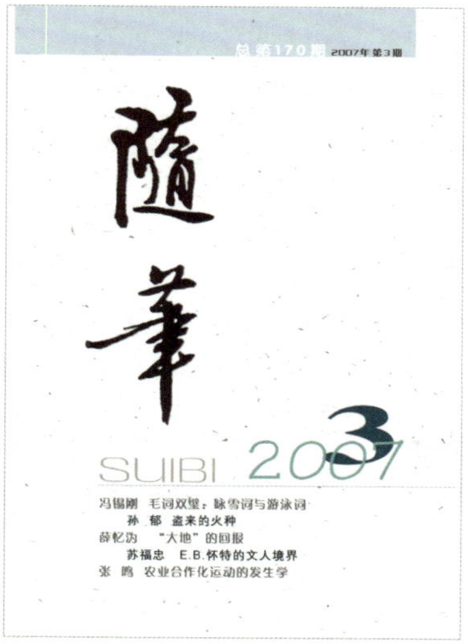

40207　随笔．二〇〇七年第三期（总第170期）

2007年设计

［责任者］秦颖主编
［出版发行］花城出版社，2007
［索书号］I267/27050/2007

40208　随笔.二〇〇七年第四期（总第171期）

2007年设计

［责任者］秦颖主编

［出版发行］花城出版社，2007

［索书号］I267/27050/2007

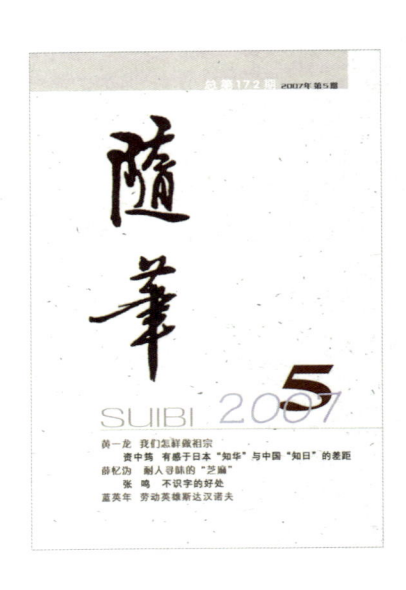

40209　随笔.二〇〇七年第五期（总第172期）

2007年设计

［责任者］秦颖主编

［出版发行］花城出版社，2007

［索书号］I267/27050/2007

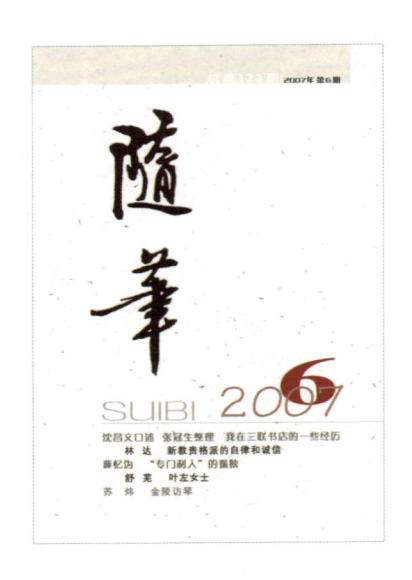

40210　随笔.二〇〇七年第六期（总第173期）

2007年设计

［责任者］秦颖主编

［出版发行］花城出版社，2007

［索书号］I267/27050/2007

40211　随笔．二〇〇八年第一期（总第174期）

2008年设计
[责任者]秦颖主编，麦婵副主编
[出版发行]花城出版社，2008
[索书号]I267/27050/2008

40212　随笔．二〇〇八年第二期（总第175期）

2008年设计
[责任者]秦颖主编，麦婵副主编
[出版发行]花城出版社，2008
[索书号]I267/27050/2008

40213　随笔．二〇〇八年第三期（总第176期）

2008年设计
[责任者]秦颖主编，麦婵副主编
[出版发行]花城出版社，2008
[索书号]I267/27050/2008

40214　随笔．二〇〇八年第四期（总第177期）

2008年设计
[责任者]秦颖主编，麦婵副主编
[出版发行]花城出版社，2008
[索书号]I267/27050/2008

40215　随笔.二〇〇八年第五期（总第178期）

2008年设计

［责任者］秦颖主编，麦婵副主编
［出版发行］花城出版社，2008
［索书号］I267/27050/2008

40216　随笔.二〇〇八年第六期（总第179期）

2008年设计

［责任者］秦颖主编，麦婵副主编
［出版发行］花城出版社，2008
［索书号］I267/27050/2008

40217　随笔.二〇〇九年第一期（总第180期）

2009年设计

［责任者］谢日新主编，《随笔》编辑部编辑
［出版发行］花城出版社，2009
［索书号］I267/27050/2009

40218　随笔.二〇〇九年第二期（总第181期）

2009年设计

［责任者］谢日新主编，《随笔》编辑部编辑
［出版发行］花城出版社，2009
［索书号］I267/27050/2009

40219　随笔.二〇〇九年第三期（总第182期）

2009年设计

［责任者］谢日新主编，《随笔》编辑部编辑
［出版发行］花城出版社，2009
［索书号］I267/27050/2009

40220　随笔.二〇〇九年第四期（总第183期）

2009年设计

［责任者］谢日新主编，《随笔》编辑部编辑
［出版发行］花城出版社，2009
［索书号］I267/27050/2009

40221　随笔.二〇〇九年第五期（总第184期）

2009年设计

［责任者］谢日新主编，《随笔》编辑部编辑
［出版发行］花城出版社，2009
［索书号］I267/27050/2009

40222　随笔.二〇〇九年第六期（总第185期）

2009年设计

［责任者］谢日新主编，《随笔》编辑部编辑
［出版发行］花城出版社，2009
［索书号］I267/27050/2009

连环画封面设计

创作絮语：

　　直至20世纪80年代初，大多数连环画还是采用64开本、黑白印刷，纸质和装订都很粗糙，因而定价十分低廉，有些一本只需几分钱。

　　由于连环画的题材十分广泛，受众面广，价廉适销，因而印数惊人。尽管64开连环画开本很小，封面设计却很讲究，基本是手绘，画面效果往往像电影海报一样。

　　到了80年代中期，64开黑白连环画式微了，剩下基本是面向儿童的40开或更大开本的彩色连环画。这些连环画封面设计色彩鲜艳，造型大多卡通化。

　　为低幼读物画封面是一件很开心的事儿，因为符合画家的心态：永远保持着童心。

—— 苏家杰

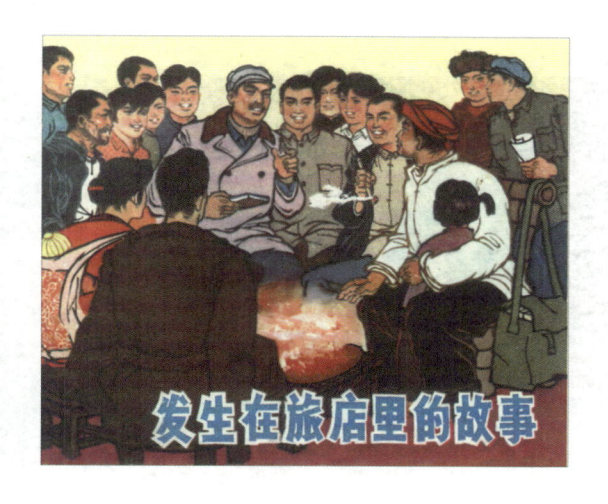

50001　发生在旅店里的故事

1972年设计，第1版第1次印刷
［责任者］苏家杰等绘画
［出版发行］广东人民出版社，1972

50002　友谊花开

1972年设计，第1版第1次印刷
［责任者］苏家杰绘画
［出版发行］广东人民出版社，1972

50003　堡垒户

1975年设计，第1版第1次印刷
［责任者］苏家杰、苏家芬、韦振中绘画
［出版发行］广东人民出版社，1975

50004　林海哨声

1976年设计，第1版第1次印刷
［责任者］杨仰秋、陈鸿辉、林宜辉编，苏家杰绘画
［出版发行］广东人民出版社，1976

50005　强渡大渡河

1978年设计，第1版第1次印刷
［责任者］杨得志原著，陈择枢改编，苏家杰绘画
［出版发行］广东人民出版社，1978

50006　姻缘

1980年设计，第1版第1次印刷
［责任者］孔捷生原著，林正让改编，苏家杰绘画
［出版发行］福建人民出版社，1980

50007　豺狼的覆没

1982年设计，第1版第1次印刷
［责任者］（英）K·罗斯原著，区荣光改编，苏家杰绘画
［出版发行］岭南美术出版社，1982

50008　海岛孤女

1983年设计，第1版第1次印刷
［责任者］梁志刚编译，阿雷改编，苏家杰绘画
［出版发行］江苏人民出版社，1983

50009　环球旅游1 地下王国发现记

1983年设计，第1版第1次印刷
［责任者］李紫芸改编，白光诚、林琳、区锦生、刘钊绘画
［出版发行］花城出版社，1983

50010　环球旅游2 金钟历险记

1983年设计，第1版第1次印刷
［责任者］李紫芸改编，陈兆延等绘画
［出版发行］花城出版社，1983

50011　环球旅游3 黄金梦

1983年设计，第1版第1次印刷
［责任者］京子改编，林楠、袁嫒绘画
［出版发行］花城出版社，1983

50012　活擒密探

1983年设计，1975年第1版 1983年第2次印刷
［责任者］龙奇改编，苏家杰、苏家芬、韦振中绘画
［出版发行］岭南美术出版社，1975

50013　青田神石

1983年设计，第1版第1次印刷
［责任者］山今改编，苏苇绘画
［出版发行］花城出版社，1983

50014　石脚印

1983年设计，第1版第1次印刷
［责任者］刘诗兴原著，李方改编，区锦生绘画
［出版发行］花城出版社，1983

50015　宝石雨

1984年设计，第1版第1次印刷
［责任者］郭昶虹等改编，马文西等绘画
［出版发行］花城出版社，1984

50016　草龙泪

1984年设计，第1版第1次印刷
［责任者］翩子改编，苏家杰等绘画
［出版发行］花城出版社，1984

50017　峨眉情

1984年设计，第1版第1次印刷
［责任者］杨琪改编，林驹绘画
［出版发行］花城出版社，1984

50018　寒山寺钟声

1984年设计，第1版第1次印刷
［责任者］乔平改编，陈文光绘画
［出版发行］花城出版社，1984

50019　雷潮的故事

1984年设计，第1版第1次印刷
［责任者］蔡瑞平编文，易跃绘画
［出版发行］花城出版社，1984

50020　试剑石

1984年设计，第1版第1次印刷
［责任者］乔平改编，王小斌绘画
［出版发行］花城出版社，1984

50021　图唐卡门王陵秘辛

1984年设计，第1版第1次印刷
［责任者］闪居良改编，姬德顺绘画
［出版发行］花城出版社，1984

50022　罪恶的录像

1984年设计，第1版第1次印刷
［责任者］秀月撰文，苏家杰绘画
［出版发行］花城出版社，1984

50023　白鲸

1985年设计，第1版第1次印刷
［责任者］（美）梅尔维尔原著，夏皮罗改编，尼诺绘画
［出版发行］花城出版社，1985

第二部分：教材、期刊、连环画等封面　　‹‹‹　　连环画封面设计　　　533

50024　三剑侠·上

1985年设计，第1版第1次印刷
[责任者]（法）大仲马著，苏炳文编译
[出版发行]花城出版社，1985

50025　三剑侠·下

1985年设计，第1版第1次印刷
[责任者]（法）大仲马著，苏炳文编译
[出版发行]花城出版社，1985

50026　追杀

1985年设计，第1版第1次印刷
[责任者]苏振亚编文，苏家杰绘画
[出版发行]江苏人民出版社，1985

50027　国王蓝精灵

1986年设计，第1版第1次印刷
[责任者]（比利时）皮约原著，
　　　　李莉编译，苏家芳、
　　　　苏家芳、苏小华复制
[出版发行]新世纪出版社，1986

50028　蓝精灵和怪鸟

1986年设计，第1版第1次印刷
[责任者]（比利时）皮约原著，李莉编译、
　　　　苏家芳、苏家芳、苏小华复制
[出版发行]新世纪出版社，1986

50029　格格巫的笑药

1987年设计，第1版第1次印刷
［责任者］（比利时）皮约原著，王小奇改编，李紫芸绘制
［出版发行］新世纪出版社，1987

50030　猴王与国王

1987年设计，第1版第1次印刷
［责任者］王奇改编绘制
［出版发行］新世纪出版社，1987

50031　狐狸比兔子聪明吗？—1

1987年设计，第1版第1次印刷
［责任者］马良改编复制
［出版发行］新世纪出版社，1987

50032　狐狸比兔子聪明吗？—2

1987年设计，第1版第1次印刷
［责任者］马良改编复制
［出版发行］新世纪出版社，1987

50033　狐狸比兔子聪明吗？—3

1987年设计，第1版第1次印刷
［责任者］马良改编复制
［出版发行］新世纪出版社，1987

50034　蓝精灵大战藏地妖

1987年设计，第1版第1次印刷
[责任者]（比利时）皮约原著，褚文胜改编，陈锋、小玫复制
[出版发行]新世纪出版社，1987

50035　蓝精灵的新箭术

1987年设计，第1版第1次印刷
[责任者]（比利时）皮约原著，李莉翻译，苏紫芸绘制
[出版发行]新世纪出版社，1987

50036　蓝精灵钓鱼

1987年设计，第1版第1次印刷
[责任者]（比利时）皮约原著，李莉翻译，李紫芸复制
[出版发行]新世纪出版社，1987
[索书号]J238/3137

50037　蓝精灵斗牛士

1987年设计，第1版第1次印刷（和苏芸合作）
［责任者］（比利时）皮约原著，李莉改编，苏紫芸绘制
［出版发行］新世纪出版社，1987
［索书号］J238/3146

50038　蓝精灵和绿精灵

1987年设计，第1版第1次印刷
［责任者］（比利时）皮约原著，李莉翻译，苏紫芸复制
［出版发行］新世纪出版社，1987
［索书号］J238/3145

50039　蓝精灵和魔笛

1987年设计，第1版第1次印刷
［责任者］（比利时）皮约原著，李莉翻译，苏家芳、苏家芬、苏小华复制
［出版发行］新世纪出版社，1987

50040　蓝精灵和青春泉

1987年设计，第1版第1次印刷
［责任者］（比利时）皮约原著，褚文胜改编，张永齐、黄慧慧绘画
［出版发行］新世纪出版社，1987

50041　蓝精灵抗灾

1987年设计，第1版第1次印刷
［责任者］（比利时）皮约原著，思文改编，郭慈绘画
［出版发行］新世纪出版社，1987

50042　蓝精灵历险记

1987年设计，第1版第1次印刷
［责任者］（比利时）皮约原著，李莉编译，
　　　　　苏家芳、乔平、乐良复制
［出版发行］新世纪出版社，1987

50043　蓝精灵射箭

1987年设计，第1版第1次印刷
［责任者］（比利时）皮约原著，李莉翻译，李紫芸复制
［出版发行］新世纪出版社，1987
［索书号］J238/3138

50044　蓝精灵之战

1987年设计，第1版第1次印刷
［责任者］（比利时）皮约原著，李莉编译，
　　　　　苏家芳、苏家芬、苏小华复制
［出版发行］新世纪出版社，1987

50045　蓝妹妹出世

1987年设计，第1版第1次印刷
［责任者］（比利时）皮约原著，东石改编，李紫芸绘制
［出版发行］新世纪出版社，1987

50046　蓝妹妹的礼物

1987年设计，第1版第1次印刷
［责任者］（比利时）皮约原著，李莉编译，
　　　　　苏家芳、苏家芬、苏小华复制
［出版发行］新世纪出版社，1987

50047　蓝爸爸的错误

1988年设计，第1版第1次印刷
［责任者］（比利时）皮约原著，王小奇改编，卢卫绘制
［出版发行］新世纪出版社，1988

50048　蓝笨笨和蓝灵灵

1988年设计，第1版第1次印刷
［责任者］（比利时）皮约原著，晓帆改编，陈湘年绘制
［出版发行］新世纪出版社，1988

50049　蓝精灵采菌记

1988年设计，第1版第1次印刷
［责任者］（比利时）皮约原著，晓帆改编，吉子榕绘制
［出版发行］新世纪出版社，1988

50050　蓝精灵的妙药

1988年设计，第1版第1次印刷
［责任者］（比利时）皮约原著，王小奇改编，冯卫民绘制
［出版发行］新世纪出版社，1988
［索书号］J238/3139

50051　蓝精灵斗巫士

1988年设计，第1版第1次印刷
［责任者］（比利时）皮约原著，马兴改编，刘文斌绘制
［出版发行］新世纪出版社，1988

50052　蓝精灵和魔术师

1988年设计，第1版第1次印刷
［责任者］（比利时）皮约原著，王小奇改编，何挺进绘制
［出版发行］新世纪出版社，1988

50053　蓝精灵和瓶妖

1988年设计，第1版第1次印刷
［责任者］（比利时）皮约原著，吴文胜改编，苏紫芸绘制
［出版发行］新世纪出版社，1988

50054　蓝精灵和外星人

1988年设计，第1版第1次印刷
［责任者］（比利时）皮约原著，吴文改编，苏紫芸绘制
［出版发行］新世纪出版社，1988

50055　蓝精灵乐乐

1988年设计，第1版第1次印刷
［责任者］（比利时）皮约原著，文思改编，杨东升绘画
［出版发行］新世纪出版社，1988

50056　蓝精灵梦游

1988年设计，第1版第1次印刷
［责任者］（比利时）皮约原著，吴文胜改编，苏紫芸绘制
［出版发行］新世纪出版社，1988
［索书号］J238/3140

50057　蓝精灵预告石

1988年设计，第1版第1次印刷
［责任者］（比利时）皮约原著，吴纬改编，杨东升绘制
［出版发行］新世纪出版社，1988

50058　蓝魔术师

1988年设计，第1版第1次印刷
［责任者］（比利时）皮约原著，吴思文改编，梁锋绘画
［出版发行］新世纪出版社，1988

50059　双剑侠传奇（上）

1988年设计，第1版第1次印刷
［责任者］（日）手塚治虫原著，孟慧娅、施元辉翻译，伍志红改编，杨东升等绘制
［出版发行］新世纪出版社，1988

50060　双剑侠传奇（下）

1988年设计，第1版第1次印刷
［责任者］（日）手塚治虫原著，孟慧娅、施元辉翻译，伍志红改编，杨东升等绘制
［出版发行］新世纪出版社，1988

542　文学的长河：封面·构成　›››

50061　变形金刚：博派和狂派

1989年设计，第1版第1次印刷
［责任者］廖槐芬编译，苏紫芸、詹文远等绘画
［出版发行］新世纪出版社，1989
［索书号］J238/3142/1--3

50062　变形金刚：独角兽

1989年设计，第1版第1次印刷
［责任者］廖槐芬编译，苏紫芸、詹文远等绘画
［出版发行］新世纪出版社，1989
［索书号］J238/3142/1--5

50063　变形金刚：机械师之战

1989年设计，第1版第1次印刷
［责任者］廖槐芬编译，乔乐、徐敦梅、陈洁飞绘画
［出版发行］新世纪出版社，1989
［索书号］J238/3142/2--2

50064　变形金刚：狂派洗车机

1989年设计，第1版第1次印刷
［责任者］廖槐芬编译，苏紫芸、詹文远等绘画
［出版发行］新世纪出版社，1989
［索书号］J238/3142/1--4

第二部分：教材、期刊、连环画等封面　　‹‹‹　连环画封面设计　　543

50065　变形金刚：纳布鲁之战

1989年设计，第1版第1次印刷
［责任者］廖槐芬编译，苏紫芸、詹文远等绘画
［出版发行］新世纪出版社，1989
［索书号］J238/3142/1--1

50066　变形金刚：燃料之战

1989年设计，第1版第1次印刷
［责任者］廖槐芬编译，田绍均、刘四宝、蓝路绘画
［出版发行］新世纪出版社，1989
［索书号］J238/3142/2--1

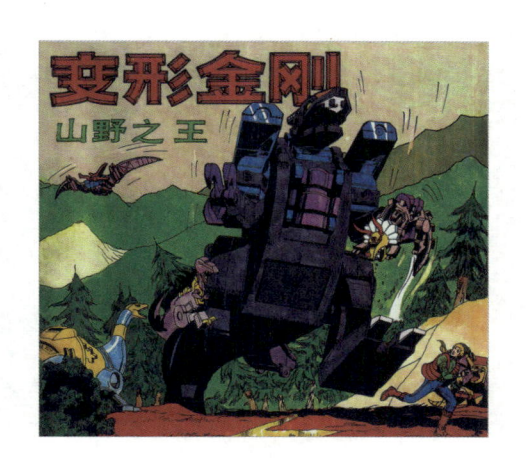

50067　变形金刚：山野之王

1989年设计，第1版第1次印刷
［责任者］廖槐芬编译，苏紫芸、詹文远等绘画
［出版发行］新世纪出版社，1989
［索书号］J238/3142/1--2

544　文学的长河：封面·构成　›››

50068　变形金刚：铁人.上

1989年设计，第1版第1次印刷
[责任者] 廖槐芬编译，何小彦、何杂、何三绘画
[出版发行] 新世纪出版社，1989
[索书号] J238/3142/2--4

50069　变形金刚：铁人.下

1989年设计，第1版第1次印刷
[责任者] 廖槐芬编译，李铁、李燕、李玲绘画
[出版发行] 新世纪出版社，1989
[索书号] J238/3142/2--5

50070　变形金刚：蜘蛛人

1989年设计，第1版第1次印刷
[责任者] 廖槐芬编译，徐飞、小丽、李莉绘画
[出版发行] 新世纪出版社，1989
[索书号] J238/3142/2--3

50071　铁甲小宝——欢仔与波仔

1989年设计，第1版第1次印刷
[责任者] 潘国强改编
[出版发行] 新世纪出版社，1989
[索书号] J238/3141

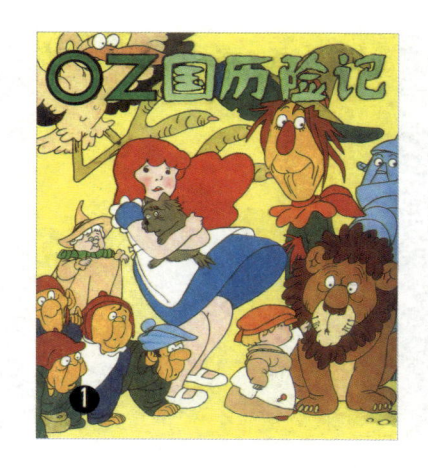

50072　OZ 国历险记.1

1990年设计，第1版第1次印刷
［责任者］马良、慧琳改编复制
［出版发行］新世纪出版社，1990
［索书号］J238/3136/1

50073　OZ 国历险记.2

1990年设计，第1版第1次印刷
［责任者］马良、慧琳改编复制
［出版发行］新世纪出版社，1990
［索书号］J238/3136/2

50074　OZ 国历险记.3

1990年设计，第1版第1次印刷
［责任者］马良、慧琳改编复制
［出版发行］新世纪出版社，1990
［索书号］J238/3136/3

50075　OZ 国历险记.4

1990年设计，第1版第1次印刷
［责任者］马良、慧琳改编复制
［出版发行］新世纪出版社，1990
［索书号］J238/3136/4

50076　OZ 国历险记.5

1990年设计，第1版第1次印刷
［责任者］马良、慧琳改编复制
［出版发行］新世纪出版社，1990
［索书号］J238/3136/5

546　文学的长河：封面·构成　›››

50077　忍者神龟大战太空人 .1

1991年设计，第1版第1次印刷
［责任者］肖平改编，马良 慧琳摄影
［出版发行］新世纪出版社，1991

50078　忍者神龟大战太空人 .2

1991年设计，第1版第1次印刷
［责任者］肖平改编，马良、慧琳摄影
［出版发行］新世纪出版社，1991

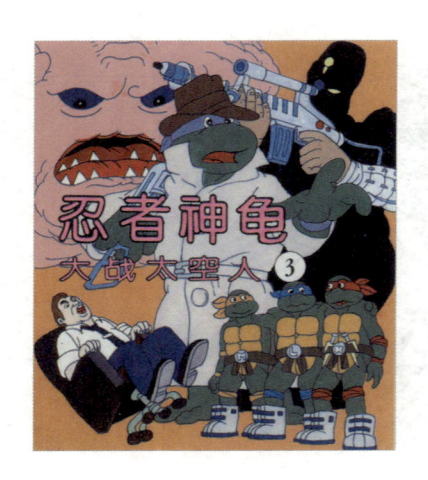

50079　忍者神龟大战太空人 .3

1991年设计，第1版第1次印刷
［责任者］晓帆改编，马良、慧琳摄影
［出版发行］新世纪出版社，1991

50080　忍者神龟大战太空人 .4

1991年设计，第1版第1次印刷
［责任者］晓帆改编，马良、慧琳摄影
［出版发行］新世纪出版社，1991

50081　圣斗士星矢：火凤凰反戈

1991年设计，第1版第1次印刷
［责任者］涂建文改编，林佳、谢进绘画
［出版发行］新世纪出版社，1991

50082　圣斗士星矢：天马圣衣

1991年设计，第1版第1次印刷
［责任者］冯明改编，何挺进复制
［出版发行］新世纪出版社，1991

50083　圣斗士星矢：血战魔界岛

1991年设计，第1版第1次印刷
［责任者］涂建文改编，苏紫芸复制
［出版发行］新世纪出版社，1991

50084　圣斗士星矢：银河擂台赛

1991年设计，第1版第1次印刷
［责任者］冯明改编，白光诚复制
［出版发行］新世纪出版社，1991

50085　圣斗士星矢：智胜巨无霸

1991年设计，第1版第1次印刷
［责任者］涂建文改编，宋琨、宋琳飞等绘画
［出版发行］新世纪出版社，1991

50086　小老鼠法拉布历险记 .1

1991年设计，第1版第1次印刷
[责任者] 柯东帆改编，梁烽、梁劼、柯东帆复制
[出版发行] 新世纪出版社，1991

50087　小老鼠法拉布历险记 .2

1991年设计，第1版第1次印刷
[责任者] 柯东帆改编，梁烽、梁劼、柯东帆复制
[出版发行] 新世纪出版社，1991

50088　小老鼠法拉布历险记 .3

1991年设计，第1版第1次印刷
[责任者] 柯东帆改编，梁烽、梁劼、柯东帆复制
[出版发行] 新世纪出版社，1991

50089　叶帅的风采

1997年设计，第1版第1次印刷
[责任者] 谢日新编文，邓超华、岑圣权、王小斌、陈国樑绘
[出版发行] 花城出版社，1997
[索书号] J228/1556

书名索引

凡例

本书名索引是查阅全书收录具体图书书目及其对应图书封面的检索工具。

一、标引项

以26个英文字母为标引项。

二、款　目

款目由"标目、所在页码、条目号"组成。页码、条目号以短横"－"连接。

三、标　目

标目是图书题名：

1. 单种图书（非丛书、成套性文集）以图书题名为标目名称；

2. 丛书、成套性文集内的每一种图书，题名前方均保留丛书名、文集题名，分别标目，例：

  越秀丛书：黑三点

  越秀丛书：岭南作家漫评

  ……

  沈从文文集．第一卷：小说

  沈从文文集．第二卷：小说

  ……

3. 凡书名前方有［共同特征］的，［共同特征］不纳入标目，直接取后方题名为标目，例：

  ［小札］：唐诗小札　应标目为　唐诗小札

四、款目排序

1. 以26个英文字母为标引项；书名中含有的标点符号不作为排序依据。

2. 以阿拉伯数字和英文字母开头的书名排在索引的最前面。顺序依次是：阿拉伯数字＞英文字母＞汉字。

3. 以汉字开头的书名按首字汉语拼音音序排列。

4. 音序相同时的排列顺序：

（1）当书名首字音序相同、声调相异时，按首字声调顺序排列。

（2）当书名首字音序、声调相同时，首字相同的书目优先排列，第二个字相同的，依此类推。

（3）当书名首字音序、声调相同时，首字相异的书目，按书名第二个字的音序、声调排列，依此类推。

5. 成套性文集内部按辑次顺序排列。

例：

1999深沪股票大典．上海卷	200−10815
21世纪的两性关系——预测、反思、对策	287−11151
7种终生受用的学习方法	287−11152
……	
NBA世纪风云	200−10816
……	
A	
啊！老三届	201−10817
……	
B	
……	
C	
……	

何　虹

2024年4月11日

18岁宣言	166－10679
1999深沪股票大典．上海卷	200－10815
1号考查组	300－11211
2000年新作展	228－10926
21世纪的两性关系——预测、反思、对策	286－11151
7种终生受用的学习方法	287－11152
'92邓小平南巡纪实	092－10372
NBA世纪风云	200－10816
OZ国历险记．1	545－50072
OZ国历险记．2	545－50073
OZ国历险记．3	545－50074
OZ国历险记．4	545－50075
OZ国历险记．5	545－50076
USA美国系列：纽约女孩	334－11343
USA美国系列：在自由的旗号下	335－11344
Y形结构——人性的先天与后天	092－10373

A

啊！老三届	201－10817
唉！高三	228－10927
霭霭停云：华严文学创作学术研讨会论文集	379－11523
艾米莉·狄金森传	144－10579
爱的乐章：时乐濛传	056－10225
爱的梦呓：法国当代爱情朦胧诗选	056－10226
爱情死了婚姻还活着	301－11212
爱情·友情·人情	043－10170
爱情自学手册	326－11309
岸上的罗溪	354－11423

B

八方丛书：城堡的寓言	078－10312
八方丛书：荒谬的人	078－10313
八方丛书：没有鸟巢的树	078－10314
八方丛书：迷乱的星空	079－10315
八方丛书：现代的挑战	079－10316
八方丛书：作家的白日梦	079－10317
巴赫初级钢琴曲集	301－11213
巴黎蝴蝶	254－11018
巴黎咖啡座	254－11019
巴黎石板街	254－11020
巴黎探戈	254－11021
巴黎约会	254－11022
巴山怪客．上	065－10259
巴山怪客．下	065－10260
白鲸	532－50023
白门柳．第一部，夕阳芳草	080－10318
白门柳．第一部：夕阳芳草	144－10580
白门柳．第二部，秋露危城	080－10319
白门柳．第二部：秋露危城	144－10581
白先勇评传：悲悯情怀	229－10933
白先勇文集：第一卷．短篇小说．寂寞的十七岁	228－10928
白先勇文集：第一卷．短篇小说．寂寞的十七岁	411－11645
白先勇文集：第二卷．短篇小说．台北人	228－10929
白先勇文集：第二卷．短篇小说．台北人	411－11646
白先勇文集：第三卷．长篇小说．孽子	229－10930
白先勇文集：第三卷．长篇小说．孽子	411－11647
白先勇文集：第四卷．散文 评论．第六只手指	229－10931

书名	编号
白先勇文集：第四卷.散文 评论.第六只手指	412－11648
白先勇文集：第五卷.戏剧 电影.游园惊梦	229－10932
白先勇文集：第五卷.戏剧 电影.游园惊梦	412－11649
白先勇自选集	412－11650
百家书艺鉴赏	154－10625
百年少帅：张学良的漂泊人生	287－11153
百姓知情 天下太平	355－11424
柏林——一根不发光的羽毛	201－10820
柏杨传	287－11154
拜厄钢琴基本教程	355－11425
半杯红酒	355－11426
半生缘	033－10133
包法利夫人	080－10320
宝石上的皇冠：一个建筑师和地产商的回忆录	231－10934
宝石雨	530－50015
堡垒户	527－50003
报告文学集	065－10261
杯里春秋：酒文化漫话	093－10374
杯缘之上	155－10626
悲情女性三部曲：情狱	255－11023
悲情女性三部曲：心狱	287－11155
北京爱人	301－11214
北山记	012－10043
贝多芬只有一个	201－10818
奔星集	043－10171
本色集	355－11427
笔耕十年	255－11024
边城侠侣	093－10375
砭术新说：施氏砭术综合疗法.站稳脚跟	392－11573
变形金刚：博派和狂派	542－50061
变形金刚：独角兽	542－50062
变形金刚：机械师之战	542－50063
变形金刚：狂派洗车机	542－50064
变形金刚：纳布鲁之战	543－50065
变形金刚：燃料之战	543－50066
变形金刚：山野之王	543－50067
变形金刚：铁人.上	544－50068
变形金刚：铁人.下	544－50069
变形金刚：蜘蛛人	544－50070
遍山洋紫荆	201－10819
别控制我	301－11215
别碰！那是别人的丈夫：秋芙爱情生活信箱	231－10935
别为我操心：青少年自我管理技巧	302－11216
不必打骂的教育	302－11217
不可思议的中国人：二十世纪来华外国人对华印象	255－11025
不了情	256－11026
不吐不快	169－10689
不一样的梦	169－10690

C

书名	编号
灿烂季节	169－10691
苍水魂	056－10227
草龙泪	530－50016
草莽中国	145－10582
草原风	056－10228
豺狼的覆没	528－50007
禅：处世的禅	122－10488
禅：实用的禅	122－10489
禅：智慧的禅	122－10490
禅心指月：禅的故事	080－10321
禅语精选百篇	057－10229
常用英语成语词典	133－10535
潮汐文丛：沉沦的土地	019－10068

潮汐文丛：错，错，错！	019－10069
潮汐文丛：假面舞会	034－10134
潮汐文丛：黎明与黄昏	019－10070
潮汐文丛：满城飞花	034－10135
潮汐文丛：日落的庄严	019－10071
潮汐文丛：他们是丁香铃兰郁金香紫罗兰	019－10072
潮汐文丛：祝福你，费尔马	019－10073
车尔尼钢琴初步教程：作品599	231－10936
陈安邦画选	105－10423
陈国凯作品选.散文卷	380－11524
陈国凯作品选.小说卷	380－11525
陈国凯作品选.杂文卷	380－11526
陈香梅小说系列：爱之谜	232－10937
陈香梅小说系列：灰色的吻	232－10938
陈香梅小说系列：丈夫太太与情人	232－10939
陈寅恪家世	256－11027
城市化与城市经营：东莞的实践与探索	302－11218
城市中校	335－11345
程贤章中短篇小说选	256－11028
乘邮轮周游世界	288－11156
诚挚人生：巴金美文	096－10387
尺素遗芬史考：清代潘仕成海山仙馆	302－11219
赤诚：一个女外科医生的故事	335－11346
冲浪者之歌	065－10262
丑陋的中国人	020－10074
臭老九·酸老九·香老九：《随笔》精粹	105－10424
出租青春	303－11220
初夜	169－10692
传故启新葆青春	355－11428
创作谈	003－10001
春潮集	003－10002
春来春去：谢望新电视文论辑编	232－10940
春之韵	288－11157
纯厚人生：叶圣陶美文	096－10388
词语典故菁萃	066－10263
从打工妹到亿万富姐	303－11221
从实践到决策——我国学校音乐教育的改革与发展	335－11347
错位	256－11029

D

打工世界	232－10941
大案惊奇	202－10821
大城印记——钟珮璐新闻作品选	336－11348
大地芬芳	257－11030
大地诗稿	412－11651
大芬油画村，中国文化产业的奇迹	356－11429
大家小集：艾芜集	427－11707
大家小集：白先勇集	413－11652
大家小集：冰心集	356－11430
大家小集：冰心集	336－11349
大家小集：丁玲集	356－11431
大家小集：丁玲集	356－11432
大家小集：丁文江集	425－11700
大家小集：傅斯年集	425－11701
大家小集：郭沫若集	357－11433
大家小集：郭沫若集	357－11434
大家小集：胡适集	431－11725
大家小集：老舍集	357－11435
大家小集：老舍集	357－11436
大家小集：梁启超集	425－11702
大家小集：梁实秋集	392－11574
大家小集：梁漱溟集	426－11703
大家小集：林语堂集	380－11527
大家小集：鲁迅集.小说散文卷：插图本	381－11528

大家小集：鲁迅集.杂文卷：插图本	381－11529	带你游香港	020－10075
大家小集：鲁迅集	413－11653	戴厚英创作精品丛书：空中的足音	145－10583
大家小集：吕叔湘集	413－11654	戴厚英创作精品丛书：人啊，人	145－10584
大家小集：吕思勉集	427－11708	戴厚英创作精品丛书：锁链，是柔软的	145－10585
大家小集：茅盾集	413－11655	淡泊人生：俞平伯美文	096－10389
大家小集：聂绀弩集.上	433－11732	当代名家小说译丛：毕加索的女人	257－11032
大家小集：聂绀弩集.下	433－11733	当代名家小说译丛：法兰西遗嘱	171－10699
大家小集：沙汀集	430－11720	当代名家小说译丛：金色的舞裙	257－11033
大家小集：沈从文集（散文卷）	381－11530	当代名家小说译丛：流浪的星星	171－10700
大家小集：沈从文集（小说卷）	381－11531	当代名家小说译丛：一个男人和两个女人的故事	172－10701
大家小集：孙犁集	414－11656	当代文艺家画像.1	013－10045
大家小集：汪曾祺集	392－11575	刀光剑影：共和国50年除暴纪实	233－10942
大家小集：夏丏尊集	430－11721	刀子和刀子	304－11225
大家小集：萧红集	358－11437	刀子和刀子	360－11448
大家小集：萧红集	358－11438	地府演义	066－10264
大家小集：徐志摩集	358－11439	等等灵魂	382－11533
大家小集：徐志摩集	358－11440	滴水集	202－10823
大家小集：叶圣陶集	359－11441	笛子基本教程	365－11466
大家小集：叶圣陶集	359－11442	第七届潮学国际研讨会论文集	414－11658
大家小集：郁达夫集.散文卷	303－11222	第三届潮学国际研讨会论文集	233－10943
大家小集：郁达夫集.小说卷	303－11223	第三十三个乘客	202－10822
大家小集：郁达夫集·散文卷	359－11443	颠沛人生：郁达夫美文	097－10390
大家小集：郁达夫集·小说卷	359－11444	电视散论	202－10824
大家小集：赵树理集	426－11704	电子琴定级考试指定曲目	203－10825
大家小集：周作人集.上：插图本	360－11445	钓客清话	258－11034
大家小集：周作人集.上：插图本	326－11310	东娥错那梦幻	093－10376
大家小集：周作人集.下：插图本	360－11446	东方宏儒：季羡林传	172－10702
大家小集：周作人集.下：插图本	326－11311	东方巨星：冼星海传	081－10322
大家小集：朱光潜集	414－11657	东风浪花：东风东路小学"新课程、新理念、新实践"成果专辑	327－11312
大家小集：朱自清集	336－11350		
大家小集：朱自清集	360－11447	东江悲歌	106－10425
大林莽	013－10044	东山大少	414－11659
大鹏所城：深港六百年	382－11532	东山浅唱	043－10172
大迁徙	304－11224	东周列国志：绣像全图新注.上卷	146－10586
大学轶事	257－11031		
大一女生	133－10536		

东周列国志：绣像全图新注．下卷	146-10587	芳菲之歌	020-10076
动地一槌	233-10944	"仿真洋鬼子"的胡思乱想	286-11150
动物书廊：昆虫的故事	234-10945	访韩纪事	122-10491
动物书廊：乌鸦天使	234-10946	非有意的诠释	289-11160
动物书廊：乌鸦天使	258-11035	分享财富：通向成功的十七条道路	289-11161
动物书廊：野生动物趣话	258-11036	奋蹄集	336-11351
都市边缘人系列：盲流部落	304-11226	丰子恺的青少年时代	172-10703
都市边缘人系列：我流浪因为我悲伤	305-11227	风流时代三部曲：第一部，野情	235-10948
赌城万花筒：世界著名赌场揭秘	305-11228	风流时代三部曲：第二部，野性	235-10949
杜边文集．第二卷	288-11159	风流时代三部曲：第三部，又见风花雪月	235-10950
杜边文集．第一卷	288-11158	风流天子	020-10077
对联写作指导	258-11037	风雨苍黄	259-11039
多少恨	034-10136	风雨人生	259-11040
堕落天使	305-11229	风云诗录	172-10704
		风筝飞过伦敦城	236-10951
		封神演义：绣像全图新注．上卷	146-10588
E		封神演义：绣像全图新注．下卷	146-10589
		疯狂的深秋	305-11230
俄罗斯白银时代诗选	234-10947	烽火征程十二年：抗日战争解放战争时期五华党组织革命斗争实录	259-11041
峨眉情	531-50017	凤凰台	327-11313
二胡基本教程（修订本）	175-10715	佛教与人生丛书：大智度论的故事	134-10537
二十年目睹之怪现状：绘图·评点．上册	044-10173	佛教与人生丛书：觉的宗教：全人类的佛法	155-10628
二十年目睹之怪现状：绘图·评点．下册	044-10174	佛教与人生丛书：六祖法宝坛经浅析	155-10629
二月兰	034-10137	佛教与人生丛书：心地法门	156-10630
		佛教与人生丛书：信愿念佛	134-10538
F		佛教与人生丛书：杂譬喻经的故事	156-10631
		佛教与人生丛书：做个喜悦的人：念处今论	134-10539
发轫之路：北海文学三十年	426-11705	佛经民间故事	156-10632
发生在旅店里的故事	527-50001	佛经文学经典：百喻经	173-10705
法国当代爱情朦胧诗选：爱的迷宫	066-10265	佛经文学经典：贤愚经	173-10706
番禺籍历代书画家作品集	155-10627	佛经文学经典：杂宝藏经	173-10707
方书乐书画选：精品集	259-11038		

佛经寓言故事	156－10633
浮途．上册	361－11449
浮途．下册	361－11450
福尔摩斯侦探小说全集．上	157－10634
福尔摩斯侦探小说全集．中	157－10635
福尔摩斯侦探小说全集．下	157－10636
福尔摩斯侦探小说全集：插图本．上卷	306－11231
福尔摩斯侦探小说全集：插图本．中卷	306－11232
福尔摩斯侦探小说全集：插图本．下卷	306－11233
负重的太阳	066－10266
负重人生	382－11534

G

感伤罗曼史	081－10323
感受西藏	203－10826
干部贤文	147－10592
干妈	067－10267
钢琴综合教程．二	203－10827
钢琴综合教程．三	203－10828
港岛廉政风云	067－10268
港姐自述	044－10175
高考谋略库	203－10829
高考手记	260－11042
告诉你，我不笨	236－10952
格格巫的笑药	534－50029
格里格钢琴抒情小曲66首	336－11352
《工业化、城市化发展进程规律探索》丛书：社区现代工业化、城市化发展进程的实践与演绎：东莞市工业化、城市化发展进程研究报告	121－10486
《工业化、城市化发展进程规律探索》丛书：世界城市化发展进程的尝试与政策	121－10487
共和将军	307－11234
古城魂	174－10708
古典名著中的酒色财气	093－10377
古典诗词名篇吟诵系列：宋词	204－10830
古典诗词名篇吟诵系列：唐诗	204－10831
古典诗词名篇吟诵系列：元曲	204－10832
古汉语析疑解难三百题	081－10324
古罗马诗选	260－11043
古诗文今译及其他	094－10378
蛊惑之年	307－11235
谷饶乡志	260－11044
股市行情分析	106－10426
挂窗帘的走廊	157－10637
拐弯处的微笑	327－11314
怪才陈梦吉	122－10492
怪侠古二少爷．上	094－10379
怪侠古二少爷．中	094－10380
怪侠古二少爷．下	094－10381
管理新脑	204－10833
广东当代作家传略	081－10325
广东纪行	174－10709
广东"农家书屋"系列：灯谜选解	393－11576
广东"农家书屋"系列：笛子基本教程	393－11577
广东"农家书屋"系列：弟子规	361－11451
广东"农家书屋"系列：对联写作指导	260－11045
广东"农家书屋"系列：儿童歌曲100首	393－11578
广东"农家书屋"系列：二胡入门教程	393－11579
广东"农家书屋"系列：干部贤文	394－11580
广东"农家书屋"系列：观世悟言	394－11581

书名	索引号
广东"农家书屋"系列：过目难忘：爱情诗	394－11582
广东"农家书屋"系列：过目难忘：对联	394－11583
广东"农家书屋"系列：过目难忘：古代平民诗选粹	395－11584
广东"农家书屋"系列：过目难忘：网络幽默	395－11585
广东"农家书屋"系列：过目难忘：哲味小品	395－11586
广东"农家书屋"系列：老庄精萃	395－11587
广东"农家书屋"系列：礼记精萃	396－11589
广东"农家书屋"系列：李杜诗精萃	362－11452
广东"农家书屋"系列：了凡四训译解	396－11588
广东"农家书屋"系列：流行歌曲100首	396－11590
广东"农家书屋"系列：鲁迅散文精萃	362－11453
广东"农家书屋"系列：诗骚精萃	362－11454
广东"农家书屋"系列：抒情歌曲100首	396－11591
广东"农家书屋"系列：苏辛词精萃	397－11592
广东"农家书屋"系列：闲侃中国文人	397－11593
广东"农家书屋"系列：徐志摩诗精萃	397－11594
广东"农家书屋"系列：左传精萃	397－11595
广东省出版工作者协会成立大会纪念刊	021－10078
广东省业余钢琴教育考试定级指定乐曲 .1～8级：1999	236－10953
广东艺术（刨刊号）	499－40120
广东音乐200首	307－11236
广东中青年作家文库：解读与选择	205－10834
广东中青年作家文库：迷雾	205－10835
广东中青年作家文库：男人地带	205－10836
广东中青年作家文库：上上王	205－10837
广东中青年作家文库：西关故事	206－10838
广东中青年作家文库：阴晴圆缺	206－10839
广东中青年作家文库：雨季	206－10840
广东中青年作家文库：在刀刃与花朵上梦游	206－10841
广州陈氏书院一百周年；广东民间工艺博物馆三十五周年	134－10540
广州的故事 . 第二集	337－11353
广州花园酒店二十年	236－10954
广州朦胧夜	067－10269
归来的陌生人	021－10079
国外新概念词典	095－10382
国王蓝精灵	533－50027
国学文化经典读本：老庄精萃	398－11596
国学文化经典读本：李杜诗精萃	362－11455
国学文化经典读本：礼记精萃	398－11597
国学文化经典读本：鲁迅散文精萃	363－11456
国学文化经典读本：诗骚精萃	363－11457
国学文化经典读本：苏辛词精萃	398－11598
国学文化经典读本：徐志摩诗精萃	398－11599
国学文化经典读本：左传精萃	363－11458
果园集	003－10003
过目难忘：对联	207－10842
过目难忘：古代平民诗选粹	261－11046
过目难忘：漫画	207－10843
过目难忘：情书	207－10844
过目难忘：诗歌	207－10845
过目难忘：调侃小品	261－11047
过目难忘：寓言	237－10955
过目难忘：杂文随笔	207－10846
过目难忘：中外格言	207－10847
过自己的独木桥	382－11535

H

哈农钢琴练指法	237-10956
孩子，我们的至爱	363-11459
海岛孤女	528-50008
海南过客	289-11162
海山仙馆名园拾萃	208-10848
海山仙馆名园拾萃	208-10849
海上繁华梦	057-10230
海上心情	174-10710
海外情缘	261-11048
海外文丛：不见不散	035-10138
海外文丛：大江流日夜	021-10080
海外文丛：防风林	044-10176
海外文丛：给文明把脉	021-10081
海外文丛：黄金泪	022-10082
海外文丛：美国月亮	045-10177
海外文丛：人的故事	035-10139
海外文丛：泰华小说选	106-10427
海外文丛：新加坡华文小说家十五人集	045-10178
海外文丛：寻	035-10140
海外文丛：野餐地上	035-10141
海外中国：华文文学和新儒学	337-11354
海啸：地下六合彩大黑幕	337-11355
韩北屏文集.上	158-10638
韩北屏文集.下	158-10639
韩水漂漂	364-11460
寒山寺钟声	531-50018
汉苑血碑	036-10142
好女孩坏女孩	327-11315
河源十年：关于建市以来的报道	174-10711
黑山堡纲鉴	237-10957
黑雪	045-10179
红尘陷落：第三次离婚浪潮	175-10712
红巾魂	008-10027
红楼梦：绣像新注 上	123-10495
红楼梦：绣像新注 下	123-10496
红楼梦：绣像新注.上	123-10493
红楼梦：绣像新注.下	123-10494
红叶集	003-10004
洪圣蔡李佛	364-11461
洪秀全传奇	067-10270
洪秀全的梦魇与广西暴动的起源	383-11536
猴王与国王	534-50030
呼鹰楼遐思录	208-10851
狐狸比兔子聪明吗？-1	534-50031
狐狸比兔子聪明吗？-2	534-50032
狐狸比兔子聪明吗？-3	534-50033
虎门春秋	208-10850
虎门遗韵	307-11237
花城插图选	022-10083
花城译作.一九八一年第三期	470-40002
花城译作.一九八二年第四期	473-40013
花城译作.一九八二年第五期	473-40014
花城译作.一九八二年第六期	473-40015
花城译作.一九八二年第七期	473-40016
花城译作.一九八二年第八期	474-40017
花城译作.一九八二年第九期	474-40018
花城译作.一九八三年第十期	476-40028
花城原创：河床（修订本）	399-11600
花城原创：河床	364-11462
花城原创：拉魂腔	364-11463
花城原创：老夫少妻	383-11537
花城原创：流动的房间	365-11464
花城原创：烟花镇	365-11465
花魂	022-10084
花样年华：你的生日花运	289-11163
华雷斯侦探小说选：蒙面人	209-10852
华雷斯侦探小说选：天网恢恢	209-10853
华雷斯侦探小说选：万事通	209-10854
华侨华人大观	068-10271

书名	索引号
华夏书列：瀛外诉评	082－10326
华夏书列：中外海上交通与华侨	082－10327
华严小说：神仙眷属	261－11049
华严小说：兄和弟	262－11050
华严小说：燕双飞	262－11051
华严小说：智慧的灯	262－11052
"华语电视国际展望"学术研讨会论文集	154－10624
划过黑夜的亮星：朱执信传记	337－11356
画梦人生：何其芳美文	097－10391
环球旅游1 地下王国发现记	529－50009
环球旅游2 金钟历险记	529－50010
环球旅游3 黄金梦	529－50011
环球幽默画．上册	005－10009
环球幽默画．下册	005－10010
还我青春	008－10026
黄柏长青集	337－11357
黄帝内经：六十集大型电视纪录片	328－11316
黄河吁天录	210－10855
黄金幻想	068－10272
黄克诚	175－10713
黄皮花开	237－10958
黄秋耘自选集	022－10085
回忆与诗：阿赫玛托娃散文选	262－11053
婚姻中的女人不快乐	175－10714
浑河	057－10231
活该都是你的错	280－11126
活擒密探	529－50012
火宅	068－10273
火中龙吟：余光中评传	289－11164

J

书名	索引号
缉毒别动队	176－10716
激进人生：闻一多随想录	097－10392
记者的人生 别人的故事	176－10717
纪德文集．传记卷	290－11165
纪德文集．日记卷	290－11166
纪德文集．散文卷	290－11167
纪德文集．文论卷	262－11054
纪德文集．游记卷	290－11168
寂寞17岁	158－10640
贾平凹前传．第一卷：鬼才出世	263－11055
贾平凹前传．第二卷：制造地震	263－11056
贾平凹前传．第三卷：神游人间	263－11057
简明英语成语双解词典	123－10497
建国卅年深圳档案文献演绎．第一卷	338－11358
建国卅年深圳档案文献演绎．第二卷	338－11359
建国卅年深圳档案文献演绎．第三卷	338－11360
建国卅年深圳档案文献演绎．第四卷	338－11361
剑啸深圳河	176－10718
江东浪子	023－10086
江湖伦敦：剑桥女孩的叙述	291－11169
江湖十八怪	291－11170
江姐：潮州歌册	013－10046
江门五邑海外名人传．第一卷	107－10428
江门五邑海外名人传．第二卷	107－10429
江门五邑海外名人传．第三卷	107－10430
江门五邑海外名人传．第四卷	107－10431
江门五邑海外名人传．第五卷	107－10432
江门五邑旅外乡彦风采录	108－10433
江门五邑名人传．第一卷	177－10719
江门五邑名人传．第二卷	177－10720
江门五邑名人传．第三卷	177－10721
江门五邑名人传．第四卷	177－10722
江南铸都：神农教耕处正在打造	366－11468
江山有待	082－10328

将久已奔涌的歌喉打开	366-11469	经典散文译丛：昆虫记（修订本）.卷1	427-11709
教父	008-10024	经典散文译丛：昆虫记（修订本）.卷2	427-11710
教父	045-10180	经典散文译丛：昆虫记（修订本）.卷3	428-11711
教学的艺术	108-10434	经典散文译丛：昆虫记（修订本）.卷4	428-11712
街上有个国家	057-10232	经典散文译丛：昆虫记（修订本）.卷5	428-11713
结婚礼物	023-10087	经典散文译丛：昆虫记（修订本）.卷6	428-11714
解析心灵	399-11601	经典散文译丛：昆虫记（修订本）.卷7	429-11715
芥川龙之介の文学と中国	210-10856	经典散文译丛：昆虫记（修订本）.卷8	429-11716
金箔.第一部	023-10088	经典散文译丛：昆虫记（修订本）.卷9	429-11717
金箔.第二部	036-10143	经典散文译丛：昆虫记（修订本）.卷10	429-11718
金箔.第三部	036-10144	经典散文译丛：培根随笔集（修订本）	366-11471
金阁寺·潮骚	095-10383	经典散文译丛：培根随笔集（修订本）	399-11602
金海岸之歌	178-10723	经典散文译丛：塞耳彭自然史	291-11171
金口哨	328-11317	经典散文译丛：一个孤独漫步者的遐想	339-11363
金鹏岁月：利焕南和他的伙伴们	158-10641	经典散文译丛：伊利亚随笔	383-11538
金山之路（第一集）	210-10857	经典散文译丛：伊利亚随笔：插图本	383-11539
金山之路（第二集）	210-10858	经商妙联荟萃	068-10274
今日南粤：广东省一九八八年大事记	058-10233	经营婚姻	339-11364
今夜你有好心情	308-11238	《惊悚奇谈》书列：蝶魇	354-11421
今夜我和你	211-10859	《惊悚奇谈》书列：鼠惑	354-11422
今夜，有暗香浮动	366-11470	镜花缘：绣像新注	147-10590
精彩看世界	311-11249		
精神的驿站：哥伦比亚大学访学记	415-11660		
经典散文译丛：昆虫记.卷一	308-11239		
经典散文译丛：昆虫记.卷二	308-11240		
经典散文译丛：昆虫记.卷三	309-11241		
经典散文译丛：昆虫记.卷四	309-11242		
经典散文译丛：昆虫记.卷五	309-11243		
经典散文译丛：昆虫记.卷六	309-11244		
经典散文译丛：昆虫记.卷七	310-11245		
经典散文译丛：昆虫记.卷八	310-11246		
经典散文译丛：昆虫记.卷九	310-11247		
经典散文译丛：昆虫记.卷十	310-11248		
经典散文译丛：爱默生散文选	339-11362		

九年义务教育初级中学试用课本．音乐．第一册：五线谱版	438－20006
九年义务教育初级中学试用课本．音乐．第一册（审查通过版）：五线谱版	438－20005
九年义务教育初级中学试用课本．音乐．第二册：简谱版	438－20007
九年义务教育初级中学试用课本．音乐．第二册（审查试用版）：简谱版	437－20001
九年义务教育初级中学试用课本．音乐．第二册（审查通过版）：简谱版	438－20008
九年义务教育初级中学试用课本．音乐．第五册（沿海版）：五线谱版	437－20002
九年义务教育初级中学试用课本．音乐．第六册（审查通过版）：五线谱版	437－20003
九年义务教育初级中学试用课本．音乐．第六册（沿海版）：五线谱版	437－20004
就给你一个支点：股市正面倾斜理论与实战	291－11172
绝壁上的情歌	036－10145

K

开放文丛：本文的策略	046－10181
开放文丛：创作的内在流程	046－10182
开放文丛：符号·心理·文学	023－10089
开放文丛：弗洛伊德与文坛	046－10183
开放文丛：论变异	037－10146
开放文丛：美的认识活动	037－10147
开放文丛：魔幻现实主义	024－10091
开放文丛：缪斯的空间	024－10090
开放文丛：审美意识系统	024－10092
开放文丛：外国现代批评方法纵览	037－10148
开放文丛：文学广角的女性视野	046－10184
开放文丛：文学是人学新论	037－10149
开放文丛：文艺的观念世界	046－10185
开放文丛：舞台的倾斜	037－10150
开放文丛：现代艺术的探险者	024－10093
开路先锋：广东风云人物访谈录	399－11603
看断相思	291－11173
康白情新诗全编	069－10275
考场高手	311－11250
科技伦理漫话	311－11251
空间魅力：李挺奋哲理诗选集	158－10642
口琴基本教程	365－11467
苦涩的青果	311－11252
苦娃	264－11060
酷毙一族丛书：高中女生	263－11058
酷毙一族丛书：酷，特长生	263－11059
跨区域华文女作家精品文库：白蛇	340－11365
跨区域华文女作家精品文库：采薇歌	340－11366
跨区域华文女作家精品文库：出走的乐园	340－11367
跨区域华文女作家精品文库：画眉记	340－11368
跨区域华文女作家精品文库：惊情	340－11369
跨区域华文女作家精品文库：盲约	341－11370
跨区域华文女作家精品文库：魔女	341－11371
跨区域华文女作家精品文库：秋千上的女子	341－11372
跨区域华文女作家精品文库：世间女子	341－11373
跨区域华文女作家精品文库：愫细怨	341－11374
快乐婚姻	311－11253
窥梦人：新世纪台湾散文选	384－11540

L

蓝爸爸的错误	538－50047

蓝笨笨和蓝灵灵	538-50048
蓝精灵采菌记	539-50049
蓝精灵大战藏地妖	535-50034
蓝精灵的妙药	539-50050
蓝精灵的新箭术	535-50035
蓝精灵钓鱼	535-50036
蓝精灵斗牛士	536-50037
蓝精灵斗巫士	539-50051
蓝精灵和怪鸟	533-50028
蓝精灵和绿精灵	536-50038
蓝精灵和魔笛	536-50039
蓝精灵和魔术师	539-50052
蓝精灵和瓶妖	540-50053
蓝精灵和青春泉	536-50040
蓝精灵和外星人	540-50054
蓝精灵抗灾	537-50041
蓝精灵乐乐	540-50055
蓝精灵历险记	537-50042
蓝精灵梦游	540-50056
蓝精灵射箭	537-50043
蓝精灵预告石	541-50057
蓝精灵之战	537-50044
蓝妹妹出世	538-50045
蓝妹妹的礼物	538-50046
蓝魔术师	541-50058
滥情的忏悔：一个艾滋病患者的历程	264-11061
浪荡子	058-10234
浪漫人生：徐志摩美文	097-10393
劳伦斯性爱丛书：儿子和情人	147-10593
劳伦斯性爱丛书：虹	135-10541
劳伦斯性爱丛书：激情的自白：劳伦斯书信选	135-10542
劳伦斯性爱丛书：恋爱中的女人	211-10860
劳伦斯性爱丛书：你抚摸了我：劳伦斯短篇小说选	211-10861
劳伦斯性爱丛书：审判《查泰莱夫人的情人》	148-10594
劳伦斯性爱丛书：性与可爱	135-10543
雷潮的故事	531-50019
雷锋在我们心中	069-10276
梨花雨	212-10862
篱外丝雨	238-10959
李碧华作品集.一：霸王别姬 青蛇	264-11062
李碧华作品集.二：胭脂扣 生死桥	264-11063
李碧华作品集.三：潘金莲之前世今生 诱僧	265-11064
李碧华作品集.四：秦俑 满洲国妖艳——川岛芳子	265-11065
李碧华作品集.五：橘子不要哭	265-11066
李碧华作品集.六：女巫词典	265-11067
李碧华作品集.七：水云散发	292-11174
李碧华作品集.八：流星雨解毒片	292-11175
李碧华作品集.九：樱桃青衣	292-11176
李碧华作品集.十：真假美人汤	292-11177
李碧华作品集.十一：梦之浮桥	292-11178
李碧华作品集.十二：泼墨	312-11254
李碧华作品集.十三：草书	312-11255
李碧华作品集.十四：只是蝴蝶不愿意	312-11256
李碧华作品集.十五：八十八夜	312-11257
李碧华作品集.十六：鸦片粉圆	312-11258
李碧华作品集.十八：红袍蝎子糖	328-11318
李碧华作品集.十九：还是情愿痛	328-11319
李碧华作品集.二十：烟花三月：长篇纪实：全彩增补版	342-11375
李碧华作品集：霸王别姬 青蛇	367-11472
李碧华作品集：红耳坠	367-11473
李碧华作品集：流星雨解毒片	367-11474
李碧华作品集：门铃只响一次	367-11475
李碧华作品集：七滴甜水	400-11606
李碧华作品集：青黛	415-11661

李碧华作品集：新欢	367-11476	林海哨声	527-50004
李碧华作品集：胭脂扣 生死桥	367-11477	林文杰书画集	025-10094
李碧华作品集：缘分透支	384-11541	林墉奇谈	058-10235
李辉文集.第一卷，沧桑看云	178-10724	林志颖传：直撼台港的小旋风	108-10435
李辉文集.第二卷，文坛悲歌	178-10725	岭南千家诗.第二辑	329-11320
李辉文集.第三卷，风雨人生	178-10726	岭南文学百家丛书：岑桑作品选萃	136-10544
李辉文集.第四卷，往事苍老	179-10727	岭南文学百家丛书：陈残云作品选萃	109-10436
李辉文集.第五卷，枯季思絮	179-10728	岭南文学百家丛书：杜埃作品选萃	109-10437
李学先.第一卷：铁血雄关	238-10960	岭南文学百家丛书：关振东作品选萃	136-10545
李学先.第二卷：遥听风铃	238-10961	岭南文学百家丛书：韩笑作品选萃	136-10546
李学先.第三卷：中原沉浮	238-10962	岭南文学百家丛书：华嘉作品选萃	124-10498
李援华作品选	082-10329	岭南文学百家丛书：黄庆云作品选萃	124-10499
理性人生：茅盾美文	098-10394	岭南文学百家丛书：黄秋耘作品选萃	109-10438
历史的回声：姚成友朗诵诗选	239-10963	岭南文学百家丛书：柯原作品选萃	137-10551
历史文学.一九八三年第一期	477-40029	岭南文学百家丛书：老烈作品选萃	136-10547
历史文学.一九八四年第二期	480-40043	岭南文学百家丛书：李汝伦作品选萃	136-10548
历史文学.一九八四年第三期	480-40044	岭南文学百家丛书：梁信作品选萃	124-10500
历史文学.一九八五年第一期（总第5期）	483-40056	岭南文学百家丛书：柳嘉作品选萃	137-10549
历史文学.一九八五年第二期（总第6期）	484-40057	岭南文学百家丛书：楼栖作品选萃	124-10501
历史文学.一九八五年第三·四期（总第七·八期）	484-40058	岭南文学百家丛书：芦荻作品选萃	137-10550
历史文学.一九八六年第一期（总第9期）	486-40068	岭南文学百家丛书：秦牧作品选萃	109-10439
历史文学.一九八七年第十期	490-40083	岭南文学百家丛书：司马玉常作品选萃	137-10552
历史文学.一九八七年第十一期	490-40084	岭南文学百家丛书：陶萍作品选萃	125-10502
炼狱：一个女人体模特的自述	266-11068	岭南文学百家丛书：韦丘作品选萃	137-10553
良知	342-11376	岭南文学百家丛书：吴有恒作品选萃	109-10440
梁培龙水墨儿童画选	095-10384	岭南文学百家丛书：萧玉作品选萃	125-10503
两分钟疑案	047-10186	岭南文学百家丛书：杨应彬作品选萃	125-10504
了富贵浮沉.上	400-11604	岭南文学百家丛书：野曼作品选萃	138-10554
了富贵浮沉.下	400-11605		
廖沫沙全集.第一卷	159-10643		
廖沫沙全集.第二卷	159-10644		
廖沫沙全集.第三卷	159-10645		

岭南文学百家丛书：易巩作品选萃	125－10505	旅伴．一九八一年第三期（总第九期）	471－40005
岭南文学百家丛书：于逢作品选萃	126－10506	旅伴．一九八一年第四期（总第十期）	471－40006
岭南文学百家丛书：郁茹作品选萃	126－10507	旅伴．一九八一年第五期（总第十一期）	471－40007
岭南文学百家丛书：曾炜作品选萃	138－10555	旅伴．一九八一年第六期（总第十二期）	471－40008
岭南文学百家丛书：张绰作品选萃	138－10556	旅伴．一九八二年第八期（总第十四期）	474－40019
岭南文学百家丛书：张永枚作品选萃	138－10557	旅伴．一九八二年第九期（总第十五期）	474－40020
岭南文学百家丛书：章明作品选萃	139－10558	旅伴．一九八二年第十期（总第十六期）	475－40021
岭南文学百家丛书：郑江萍作品选萃	139－10559	旅伴．一九八二年第十一－十二期（总第十七—十八期）	475－40022
岭南文学百家丛书：紫风作品选萃	126－10508	旅伴．一九八三年第十三期（总第十九期）	477－40030
刘邦与吕后	025－10095	旅伴．一九八三年第十五－十六期（总第二十一—二十二期）	477－40031
刘书民山水画集	047－10187		
刘晓庆是是非非	159－10646	旅伴．一九八三年第十七—十八期（总第二十三—二十四期）	477－40032
流光	069－10277		
流行语漫谈	313－11259	旅伴．一九八四年第十九期（总第二十五期）	481－40045
柳梢月	159－10647		
柳絮似雪	083－10330	旅伴丛书：中国幽默画①	009－10028
龙岗地方神话传说	239－10964	旅伴丛书：中国幽默画②	009－10029
龙宫秘史	083－10331	旅游．一九八零年第四期	470－40001
龙脉	058－10236	绿色的请柬：河源·万绿湖旅游备览	179－10729
龙跃坑	212－10863	绿色的旋律	014－10048
鲁迅集．小说散文卷：插图本	266－11069	绿色教育	293－11179
鲁迅集．杂文卷：插图本	266－11070	绿星之恋	070－10279
鲁迅学论稿	095－10385	绿叶集	293－11180
鹭岛博士	266－11071	绿韵	070－10280
路漫漫	368－11478		
乱世纯情	313－11260		
罗浮弘道	384－11542		
罗湖视点：1988－2007	384－11543		
落难者和他的爱情	013－10047		
落叶：徐志摩诗文精选	069－10278		
旅伴．一九八一年第一期（总第七期）	470－40003		
旅伴．一九八一年第二期（总第八期）	470－40004		

M

书名	页码
玛格丽特·撒切尔传：妻子·母亲·政治家	025-10096
迈向21世纪的日本企业集团	239-10965
漫画安徒生童话故事.第1集	342-11377
漫画安徒生童话故事.第2集	342-11378
漫画安徒生童话故事.第3集	343-11379
漫画安徒生童话故事.第4集	343-11380
漫画安徒生童话故事.第5集	343-11381
漫画安徒生童话故事.第6集	343-11382
漫画安徒生童话故事.第7集	344-11383
漫画安徒生童话故事.第8集	344-11384
漫画安徒生童话故事.第9集	344-11385
毛笔书法指南	083-10332
毛泽东诗词鉴赏	314-11261
没有马的骑手	148-10595
美国的诱惑	240-10966
美国系列：国际烦恼	314-11262
美国系列：美国梦：美籍华人黄运基传奇	293-11181
美国系列：美国神话：自由的代价	293-11182
美国系列：星条旗下的日常生活	314-11263
美丽的杨之枫	096-10386
美丽的珠江三角洲：抒情歌曲集	415-11662
美育文萃	025-10097
美洲游记	329-11321
妹妹梦去，姐姐梦来	266-11072
蒙昧	240-10967
梦之门	179-10730
梦志	148-10596
迷幻香薰	314-11264
迷狂季节	240-10968
迷娘歌	014-10049
民国时期深圳档案文献演绎.第一卷	267-11073
民国时期深圳档案文献演绎.第二卷	267-11074
民国时期深圳档案文献演绎.第三卷	267-11075
民国时期深圳档案文献演绎.第四卷	267-11076
名篇精读.1	026-10098
名篇精读.2	026-10099
名篇精读.3	026-10100
名篇精读.4	026-10101
名篇精读.5	026-10102
名篇精读.6	026-10103
名人名传文库：悲情王后：玛丽·安托内特传	315-11265
名人名传文库：邓肯自传	315-11266
名人名传文库：拿破仑传	315-11267
名人名传文库：拿破仑传	315-11268
名人名传文库：维多利亚时代四名人传	316-11270
名人名传文库：为爱疯狂：苏格兰女王玛丽·斯图亚特传	316-11269
名人自述：爱国名人自述	180-10731
名人自述：革命名人自述	180-10732
名人自述：文学名人自述	180-10733
名人自述：学术名人自述	180-10734
名人自述：艺术名人自述	180-10735
名著新译：黛尔菲娜	181-10736
名著新译：父与子	181-10737
名著新译：红与黑	159-10648
名著新译：呼啸山庄	181-10738
名著新译：金钱	181-10739
名著新译：鲁滨逊漂流记	182-10740
名著新译：马丁·伊登	212-10864
名著新译：女士乐园	182-10741
名著新译：无名的裘德	212-10865
名著新译：小酒店	182-10742

名著新译：伊索寓言	182－10743
名著新译：战争与和平.第一卷	160－10649
名著新译：战争与和平.第二卷	160－10650
名著新译：战争与和平.第三卷	160－10651
名著新译：战争与和平.第四卷	160－10652
明清两朝深圳档案文献演绎.第一卷	241－10969
明清两朝深圳档案文献演绎.第二卷	241－10970
明清两朝深圳档案文献演绎.第三卷	241－10971
明清两朝深圳档案文献演绎.第四卷	241－10972
明清小说理论批评史	047－10188
明天的太阳	070－10281
命运的云，没有雨	099－10400
魔谷	027－10104
缪斯：莫斯科——北京	368－11479
幕府将军.上	014－10050
幕府将军.下	014－10051
墓后回忆录.上卷	317－11271
墓后回忆录.中卷	317－11272
墓后回忆录.下卷	317－11273
木棉花开满天红	416－11663

N

拿破仑传	183－10744
呐喊人生：鲁迅随想录	098－10395
南美洲方式	242－10973
南越王	059－10237
南粤风华一家：苏家芬画选	431－11726
南粤风华一家：苏小华画选	432－11727
南粤风华一家：苏芸	432－11728
南粤风华一家：韦潞剪纸选	432－11729
南粤风华一家：韦振中木雕	432－11730
南粤风华一家：赠书精粹集	385－11544
南粤警视精选	318－11274
男人是狗狗	280－11127
你将要去的那些地方	183－10745
你将要去的那些地方	183－10746
你就是我所有的青春岁月	213－10866
你是我的宿命	268－11077
你在想什么	005－10011
你知西藏的天有多蓝	329－11322
宁勇阮乐作品集	344－11386
牛不驯集	047－10189
纽约的天空	294－11183
女儿不是天才	242－10974
女儿劫	183－10747
女儿，一生走好	294－11184
女孩子的地图	184－10748
女海盗	329－11323
女教父	148－10597
女人的心	047－10190
女市长和她的丈夫	085－10338
女性多棱镜丛书：女人的秋千：女性的中国	268－11078
女性多棱镜丛书：生为女人：女性的话语	268－11079
女性多棱镜丛书：虞美人：女性的古典	268－11080
女性潜意识：一个心理医生的导引手记	213－10867

O

欧阳海之歌	184－10749
欧阳山文集：第一卷.中短篇小说	048－10191

欧阳山文集：第二卷．中、短篇小说：1936－1949年
　　　　　　　　　　　　　　048－10192
欧阳山文集：第三卷．中、短篇小说：1954－1981年
　　　　　　　　　　　　　　049－10193
欧阳山文集：第四卷．长篇小说：1939－1946年
　　　　　　　　　　　　　　049－10194
欧阳山文集：第五卷．长篇小说：1959年
　　　　　　　　　　　　　　049－10195
欧阳山文集：第六卷．长篇小说：1962年
　　　　　　　　　　　　　　049－10196
欧阳山文集：第七卷．长篇小说：1981年
　　　　　　　　　　　　　　049－10197
欧阳山文集：第八卷．长篇小说：1983年
　　　　　　　　　　　　　　049－10198
欧阳山文集：第九卷．长篇小说：1984年
　　　　　　　　　　　　　　049－10199
欧阳山文集：第十卷．论文及其他：1930年～1987年　　　　　　　　049－10200
欧阳山文选：第一卷．长篇小说　　401－11607
欧阳山文选：第二卷．长篇小说　　401－11608
欧阳山文选：第三卷．中短篇小说　401－11609
欧阳山文选：第四卷．论文、杂文及其他
　　　　　　　　　　　　　　401－11610

P

培根随笔集　　　　　　　　　　330－11324
碰壁与碰碰壁　　　　　　　　　050－10201
批评的实验　　　　　　　　　　242－10975
品茶说天下　　　　　　　　　　318－11275
萍踪志微　　　　　　　　　　　184－10750
破茧·飘叶　　　　　　　　　　345－11387
普通高中课程标准实验教科书．
　　创作选修：简谱版　　　　　441－20017
普通高中课程标准实验教科书．
　　歌唱选修：简谱版　　　　　441－20018
普通高中课程标准实验教科书．
　　演奏选修：简谱版　　　　　445－20034
普通高中课程标准实验教科书．
　　音乐鉴赏必修：简谱版　　　441－20019
普通高中课程标准实验教科书．
　　音乐与舞蹈选修：简谱版　　441－20020
普通高中课程标准实验教科书音乐《音乐鉴赏》
　　教学参考书　　　　　　　　442－20021
普通高中课程标准实验教科书音乐必修《音乐鉴赏》：CD－1　　　　　452－30009
普通高中课程标准实验教科书音乐必修《音乐鉴赏》：CD－2　　　　　452－30010
普通高中课程标准实验教科书音乐必修《音乐鉴赏》：CD－3　　　　　452－30011
普通高中课程标准实验教科书音乐必修《音乐鉴赏》：CD－4　　　　　452－30012
普通高中课程标准实验教科书音乐必修《音乐鉴赏》：CD－5　　　　　453－30013
普通高中课程标准实验教科书音乐必修《音乐鉴赏》：CD－6　　　　　453－30014
普通高中课程标准实验教科书音乐必修《音乐鉴赏》：CD－7　　　　　453－30015
普通高中课程标准实验教科书音乐必修《音乐鉴赏》：CD－8　　　　　453－30016
普通高中课程标准实验教科书音乐必修《音乐鉴赏》：CD－9　　　　　453－30017
普通高中课程标准实验教科书音乐必修《音乐鉴赏》：CD－10　　　　453－30018
普通高中课程标准实验教科书音乐必修《音乐鉴赏》：CD－11　　　　453－30019
普通高中课程标准实验教科书音乐必修《音乐鉴赏》：CD－12　　　　453－30020
普通高中课程标准实验教科书音乐必修《音乐鉴赏》：第一单元CD－ROM　　453－30021

普通高中课程标准实验教科书音乐必修《音乐鉴赏》：第二单元 CD-ROM　　453-30022

普通高中课程标准实验教科书音乐必修《音乐鉴赏》：第三单元 CD-ROM　　453-30023

普通高中课程标准实验教科书音乐必修《音乐鉴赏》：第四单元 CD-ROM　　453-30024

普通高中课程标准实验教科书音乐选修《创作》：CD-1　　454-30025

普通高中课程标准实验教科书音乐选修《创作》：CD-2　　454-30026

普通高中课程标准实验教科书音乐选修《创作》：CD-3　　454-30027

普通高中课程标准实验教科书音乐选修《创作》：CD-4　　454-30028

普通高中课程标准实验教科书音乐选修《创作》：CD-5　　454-30029

普通高中课程标准实验教科书音乐选修《创作》：CD-ROM　　455-30030

普通高中课程标准实验教科书音乐选修《创作》教学参考书　　442-20022

普通高中课程标准实验教科书音乐选修《歌唱》：CD-1　　455-30031

普通高中课程标准实验教科书音乐选修《歌唱》：CD-2　　455-30032

普通高中课程标准实验教科书音乐选修《歌唱》：CD-3　　455-30033

普通高中课程标准实验教科书音乐选修《歌唱》：CD-4　　455-30034

普通高中课程标准实验教科书音乐选修《歌唱》教学参考书　　442-20023

普通高中课程标准实验教科书音乐选修《演奏》：CD 教学光盘-1　　465-30073

普通高中课程标准实验教科书音乐选修《演奏》：CD 教学光盘-2　　465-30074

普通高中课程标准实验教科书音乐选修《演奏》教学参考书　　445-20035

普通高中课程标准实验教科书音乐选修《音乐与舞蹈》：活动与创编 CD　　456-30035

普通高中课程标准实验教科书音乐选修《音乐与舞蹈》：聆听与欣赏 VCD-1　　456-30036

普通高中课程标准实验教科书音乐选修《音乐与舞蹈》：聆听与欣赏 VCD-2　　456-30037

普通高中课程标准实验教科书音乐选修《音乐与舞蹈》：聆听与欣赏 VCD-3　　456-30038

普通高中课程标准实验教科书音乐选修《音乐与舞蹈》：聆听与欣赏 VCD-4　　456-30039

普通高中课程标准实验教科书音乐选修《音乐与舞蹈》教学参考书　　442-20024

普通高中课程标准实验教科书音乐选修《音乐与戏剧表演》：CD　　466-30075

普通高中课程标准实验教科书音乐选修《音乐与戏剧表演》：VCD　　457-30040

普通高中课程标准实验教科书音乐选修《音乐与戏剧表演》：简谱版　　445-20036

普通高中课程标准实验教科书音乐选修《音乐与戏剧表演》教学参考书　　446-20037

普通高中新课程方案的实施与探索　　385-11545

普希金爱情诗选　　450-30002

Q

七里香　　037-10151

七星龙王. 下　　110-10441

骑驴看唱本　　330-11325

其实，命运可以改变　　294-11185

起帆的岛：理学博士生周志发校园青春小说	269－11081	青春旗系列丛书：六月的青橙	369－11482
乞丐公主	027－10105	青春旗系列丛书：青春那么八卦	385－11546
千年之门：金岱人文思想随笔	330－11326	青春旗系列丛书：我们把青春写在纸背上	369－11483
千万不要告诉别人	281－11128	青春旗系列丛书：无轨列车	369－11484
欠发达地区农村社会保障问题：江西老区社会保障调研报告	294－11186	青春旗系列丛书：笑我太疯癫	385－11547
强渡大渡河	528－50005	青田神石	530－50013
强颜男子．上册	345－11388	清人绝句的诗情画意	149－10598
强颜男子．下册	345－11389	情感幕后：别说你又爱上谁 中国首位隐私热线主持人手记	345－11390
乔治·桑情爱小说：达妮拉小姐	170－10693	情牵百粤	139－10560
乔治·桑情爱小说：德维尔梅侯爵	170－10694	情僧	070－10282
乔治·桑情爱小说：贺拉斯	170－10695	情与美：白先勇传	416－11664
乔治·桑情爱小说：莱昂纳·莱昂尼	170－10696	权奴	318－11276
乔治·桑情爱小说：莫普拉	171－10697	全因为想得太多	281－11129
乔治·桑情爱小说：最后的爱情	171－10698	群星灿烂：屈干臣作词歌曲选	085－10339
亲情无价：德丰堂文集	368－11480	群众文化思辩录：全国部分省市文化（艺术）馆发展战略研讨会论文集（第1－20届年会）	345－11391
秦岭雪诗集．情纵红尘	402－11611		
清澈人生：冰心美文	098－10396		
倾出真情	214－10870		
青春动感系列小说：18岁宣言	184－10751	**R**	
青春动感系列小说：毕业生	243－10976	让我们认识爱	050－10202
青春动感系列小说：灿烂季节	184－10752	热带惊涛录	009－10030
青春动感系列小说：高校男儿	243－10977	热烈人生：郭沫若美文	098－10397
青春动感系列小说：花开花落	213－10868	人海人．上集	346－11392
青春动感系列小说：寂寞17岁	161－10653	人海人．下集	346－11393
青春动感系列小说：那一年，我们一起走过	295－11187	人间传奇．2	015－10052
青春动感系列小说：我们正年轻	213－10869	人类六千年	244－10980
青春动感系列小说：阳光女孩	243－10978	人情四书：骨肉情	100－10401
青春动感系列小说：正是高三时	126－10509	人情四书：故园情	100－10402
青春动感系列小说：走读生	243－10979	人情四书：男女情	100－10403
青春美丽豆	161－10654	人情四书：师友情	100－10404
青春期女生档案	330－11327	人生的9个学分	295－11188
青春旗系列丛书：爱情选择题	369－11481	人生看得几分明：姚成文散文选	269－11082

人生如棋	244－10981
人文新走向：广东抗非实践中人文精神的构建	
	386－11548
人与创造丛书：创造是精确的科学	
	038－10152
人与创造丛书：创造是心智的最佳活动	
	050－10203
人与创造丛书：创造性教育与人才	
	050－10204
人与创造丛书：创造性想象	038－10153
人与创造丛书：创造中的自我	051－10205
人与创造丛书：发明导游	038－10154
人与创造丛书：发明学入门	038－10155
人与创造丛书：发现与发明过程方法学分析	
	051－10206
人与创造丛书：高效学习与创造技法	
	039－10156
人与创造丛书：军人素质的延伸	051－10207
人与创造丛书：人与人	051－10208
人与创造丛书：智慧术	051－10209
人与创造丛书：综合与创造	039－10157
人约黄昏后	071－10283
忍者神龟大战太空人.1	546－50077
忍者神龟大战太空人.2	546－50078
忍者神龟大战太空人.3	546－50079
忍者神龟大战太空人.4	546－50080
日本棋道精萃.第一册	085－10340
日本人的商务礼仪	214－10871
日本人的心扉	318－11277
日月流转	370－11485
如何学习丛书：如何学习	269－11083
如何学习丛书：有效阅读	270－11084
如何学习丛书：掌握时间	270－11085
如何学习系列：如何学习	319－11278
如何学习系列：有效阅读	319－11279
如何学习系列：增进记忆	319－11280
如何学习系列：掌握时间	319－11281
儒林外史：全图新注	147－10591
儒士衣冠	185－10753

S

三国小札	190－10777
三国演义：绣像新注.上	101－10405
三国演义：绣像新注.上	101－10407
三国演义：绣像新注.下	101－10406
三国演义：绣像新注.下	101－10408
三剑侠·上	533－50024
三剑侠·下	533－50025
三十年散文观止.上册	416－11665
三十年散文观止.下册	416－11666
三下西江	270－11086
三心二意	214－10872
三倚堂诗词	417－11667
三月·铃语：香港女性散文选	149－10599
"三资"企业的成功之路：广东优秀"三资"企业34家	077－10311
珊瑚梦魂	071－10284
山花海月：姚成友诗歌选	270－11087
山里欢歌	402－11612
汕尾人文读本：管窥海陆丰	417－11668
商承祚先生捐赠文物精品选	185－10754
商海浪迹	185－10755
上海两才女：张爱玲 苏青散文精粹	127－10510
上海两才女：张爱玲 苏青散文精粹	271－11088
上海两才女：张爱玲 苏青小说精粹	127－10511
上海两才女：张爱玲 苏青小说精粹	271－11089
上海滩	027－10106
上海闲人	295－11189
少年英雄江格尔	271－11090
舍己救人好干部邵荣雁	244－10982

舍弃的智慧	370－11486	圣斗士星矢：火凤凰反戈	547－50081
谁伴风行	040－10161	圣斗士星矢：天马圣衣	547－50082
谁影响你孩子的未来	295－11190	圣斗士星矢：血战魔界岛	547－50083
申华事变	185－10756	圣斗士星矢：银河擂台赛	547－50084
深圳布吉凌家	386－11549	圣斗士星矢：智胜巨无霸	547－50085
深圳文化研究	271－11091	圣经人物辞典	088－10353
沈从文文集．第一卷：小说	006－10012	胜数：成功商战九九归一法	214－10873
沈从文文集．第一卷：小说	086－10341	盛夏	402－11613
沈从文文集．第二卷：小说	006－10013	诗词写作指导	215－10874
沈从文文集．第二卷：小说	086－10342	诗歌辞典	027－10107
沈从文文集．第三卷：小说	006－10014	诗经探微	039－10158
沈从文文集．第三卷：小说	086－10343	诗联写作指南	215－10875
沈从文文集．第四卷：小说	007－10015	诗人丛书第五辑：从这里开始	028－10108
沈从文文集．第四卷：小说	087－10344	诗人丛书第五辑：黑色戈壁石	028－10109
沈从文文集．第五卷：小说	007－10016	诗人丛书第五辑：花神和雨神	028－10110
沈从文文集．第五卷：小说	087－10345	诗人丛书第五辑：剪影	028－10111
沈从文文集．第六卷：小说	007－10017	诗人丛书第五辑：空白	028－10112
沈从文文集．第六卷：小说	087－10346	诗人丛书第五辑：诗人之恋	029－10113
沈从文文集．第七卷：小说	007－10018	诗人丛书第五辑：天鹅之死	029－10114
沈从文文集．第七卷：小说	087－10347	诗人丛书第五辑：屠岸十四行诗	029－10115
沈从文文集．第八卷：小说	007－10019	诗人丛书第五辑：眼睛和橄榄	029－10116
沈从文文集．第八卷：小说	087－10348	诗人丛书第五辑：醉石	029－10117
沈从文文集．第九卷：散文	007－10020	诗世界丛书：非马的诗	244－10983
沈从文文集．第九卷：散文	087－10349	诗世界丛书：鲁藜诗选	272－11092
沈从文文集．第十卷：散文、诗	007－10021	诗世界丛书：野曼诗选	272－11093
沈从文文集．第十卷：散文、诗	087－10350	时光九篇	059－10238
沈从文文集．第十一卷：文论	007－10022	石脚印	530－50014
沈从文文集．第十一卷：文论	087－10351	十五岁的风筝	386－11550
沈从文文集．第十二卷：文论	007－10023	实用出国暨赴港澳常识	088－10354
沈从文文集．第十二卷：文论	087－10352	实用出国人员英语	040－10159
审判《查泰莱夫人的情人》	052－10210	实用服务人员礼遇英语	040－10160
生命的高度	417－11669	实用人生：胡适随想录	084－10333
生命中的第一个男人：父亲	186－10757	实用诗词曲格律词典	215－10876
生命中的第一个宁馨儿：孩子	186－10758	实用诗词曲格律辞典	088－10355
生命中的第一个女人：母亲	186－10759	实用易学辞典	110－10442
生命中的第一枚橄榄：恋人	186－10760	实用自费留学指南	071－10285

史林小札	190－10778
世代寻梦记：我们街区的孩子们	071－10286
世纪名流．一卷	215－10877
世纪之龙丛书：变奏	167－10680
世纪之龙丛书：闯入梦里的訇音	167－10681
世纪之龙丛书：都市文学的疏离情结	167－10682
世纪之龙丛书：还是那颗星星	167－10683
世纪之龙丛书：米修司，你在哪里	168－10684
世纪之龙丛书：生命的冲动	168－10685
世纪之龙丛书：西装问题	168－10686
世纪之龙丛书：阳光下的履痕	168－10687
世纪之龙丛书：中英文化差异漫谈	169－10688
世界爱情经典名著：阿霞 初恋	149－10600
世界爱情经典名著：傲慢与偏见	149－10601
世界爱情经典名著：长青藤	150－10606
世界爱情经典名著：大尉的女儿	150－10602
世界爱情经典名著：贵族之家	150－10603
世界爱情经典名著：简爱	140－10561
世界爱情经典名著：克莱芙公主	140－10562
世界爱情经典名著：曼侬	150－10604
世界爱情经典名著：少年维特的烦恼·茵梦湖	150－10605
世界爱情经典名著：泰蕾丝·拉甘；玛德兰·费拉	140－10563
世界爱情经典名著：新爱洛伊丝	140－10564
世界女性题材畅销名著：波丽娜1880	141－10565
世界女性题材畅销名著：茶花女正传	141－10566
世界女性题材畅销名著：征服巴黎的女人	141－10567
世界女性题材经典名著：爱玛	110－10443
世界女性题材经典名著：爱玛	110－10444
世界女性题材经典名著：安娜·卡列宁娜·上	127－10512
世界女性题材经典名著：安娜·卡列宁娜·上	128－10514
世界女性题材经典名著：安娜·卡列宁娜·下	127－10513
世界女性题材经典名著：安娜·卡列宁娜·下	128－10515
世界女性题材经典名著：包法利夫人	111－10445
世界女性题材经典名著：包法利夫人	111－10446
世界女性题材经典名著：茶花女	128－10516
世界女性题材经典名著：茶花女	128－10517
世界女性题材经典名著：红字	111－10447
世界女性题材经典名著：红字	111－10448
世界女性题材经典名著：嘉莉妹妹	141－10568
世界女性题材经典名著：嘉莉妹妹	141－10569
世界女性题材经典名著：交际花盛衰记	151－10607
世界女性题材经典名著：交际花盛衰记	151－10608
世界女性题材经典名著：卡门	112－10449
世界女性题材经典名著：卡门	112－10450
世界女性题材经典名著：娜娜	112－10451
世界女性题材经典名著：娜娜	112－10452
世界女性题材经典名著：她的一生	113－10453
世界女性题材经典名著：她的一生	113－10454
世界女性题材经典名著：英迪亚娜	113－10455
世界女性题材经典名著：英迪亚娜	113－10456
试剑石	531－50020
市井百态：方唐新闻漫画精选．加大版	216－10879
市井百态：方唐新闻漫画精选	216－10878
市楼的野唱	331－11328
市委书记在上任时失踪	272－11094
事林小札	191－10779
首义元戎邓玉麟	272－11095

书名	索引号
树上的日子：我的一九六八	386－11551
双剑侠传奇（上）	541－50059
双剑侠传奇（下）	541－50060
水边人的哀乐故事	072－10287
水浒传：绣像新注 上	114－10459
水浒传：绣像新注 下	114－10460
水浒传：绣像新注．上	114－10457
水浒传：绣像新注．下	114－10458
瞬息流火	216－10880
思想者文库：被现实撞碎的生命之舟	216－10881
思想者文库：辫子、小脚及其它	217－10882
思想者文库：非神化	217－10883
思想者文库：另一种启蒙	217－10884
思想者文库：思想史上的失踪者	217－10885
思想者文库：我思，谁在	217－10886
四星将军	015－10053
宋词小札	191－10780
苏东坡在海南岛	115－10461
苏华画集	072－10288
苏家杰1978瑶山速写选集	430－11719
苏家杰1980广东名山大川速写选集	430－11722
苏家杰绘画选集	434－11736
苏家杰连环画选集	434－11737
苏家杰三十年文学书籍封面设计作品选集	426－11706
苏家杰书籍插图选集	433－11734
苏家杰线描	433－11731
苏家杰赠书目录	403－11614
苏家杰装饰画选集	434－11738
苏家美术馆藏画选	187－10761
苏家五人画选	431－11723
苏曼殊文集．上	088－10356
苏曼殊文集．下	088－10357
宿命的伤感	194－10791
宿命的伤感	221－10900
速写技法教程	187－10762
随笔佳作：1979～1995《随笔》百期精粹	142－10570
随笔佳作．续编·上集：1995～2004《随笔》作品精选	346－11394
随笔佳作．续编·下集：1995～2004《随笔》作品精选	346－11395
《随笔》双年选：2005～2006	379－11522
随笔．一九八一年第十八期	472－40009
随笔．一九八二年第十九期	475－40023
随笔．一九八二年第二十期	475－40024
随笔．一九八二年第二十一期	476－40025
随笔．一九八二年第二十三期	476－40026
随笔．一九八三年第一期（总第24期）	478－40033
随笔．一九八三年第二期（总第25期）	478－40034
随笔．一九八三年第三期（总第26期）	478－40035
随笔．一九八三年第四期（总第27期）	478－40036
随笔．一九八三年第五期（总第28期）	479－40037
随笔．一九八三年第六期（总第29期）	479－40038
随笔．一九八四第一期（总第30期）	481－40046
随笔．一九八四年第二期（总第31期）	481－40047
随笔．一九八四年第三期（总第32期）	481－40048
随笔．一九八四年第四期（总第33期）	482－40049
随笔．一九八四年第五期（总第34期）	482－40050

随笔.一九八四年第六期（总第35期）
　　　　　　　　　　482－40051

随笔.一九八五年第一期（总第36期）
　　　　　　　　　　484－40059

随笔.一九八五年第二期（总第37期）
　　　　　　　　　　484－40060

随笔.一九八五第四期（总第39期）
　　　　　　　　　　485－40061

随笔.一九八五年第五期（总第40期）
　　　　　　　　　　485－40062

随笔.一九八五年第六期（总第41期）
　　　　　　　　　　485－40063

随笔.一九八六年第一期（总第42期）
　　　　　　　　　　487－40069

随笔.一九八六年 第二期（总第43期）
　　　　　　　　　　487－40070

随笔.一九八六年第三期（总第44期）
　　　　　　　　　　487－40071

随笔.一九八六年 第四期（总第45期）
　　　　　　　　　　487－40072

随笔.一九八六年第五期（总第46期）
　　　　　　　　　　488－40073

随笔.一九八六年第六期（总第47期）
　　　　　　　　　　488－40074

随笔.一九八七年第一期（总第48期）
　　　　　　　　　　491－40085

随笔.一九八七年第二期（总第49期）
　　　　　　　　　　491－40086

随笔.一九八七年第三期（总第50期）
　　　　　　　　　　491－40087

随笔.一九八七年第四期（总第51期）
　　　　　　　　　　491－40088

随笔.一九八七年第五期（总第52期）
　　　　　　　　　　492－40089

随笔.一九八七年第六期（总第53期）
　　　　　　　　　　492－40090

随笔.一九八八年第一期（总第54期）
　　　　　　　　　　492－40091

随笔.一九八八年第二期（总第55期）
　　　　　　　　　　492－40092

随笔.一九八八年第三期（总第56期）
　　　　　　　　　　493－40093

随笔.一九八八年第四期（总第57期）
　　　　　　　　　　493－40094

随笔.一九八八年第五期（总第58期）
　　　　　　　　　　493－40095

随笔.一九八八年第六期（总第59期）
　　　　　　　　　　493－40096

随笔.一九八九年第一期（总第60期）
　　　　　　　　　　494－40097

随笔.一九八九年第三期（总第62期）
　　　　　　　　　　494－40098

随笔.一九八九年第四期（总第63期）
　　　　　　　　　　494－40099

随笔.一九八九年第五期（总第64期）
　　　　　　　　　　494－40100

随笔.一九八九年第六期（总第65期）
　　　　　　　　　　495－40101

随笔.一九九零年第一期（总第66期）
　　　　　　　　　　495－40102

随笔.一九九零年第二期（总第67期）
　　　　　　　　　　495－40103

随笔.一九九零年第三期（总第68期）
　　　　　　　　　　495－40104

随笔.一九九零年第四期（总第69期）
　　　　　　　　　　496－40105

随笔.一九九零年第五期（总第70期）
　　　　　　　　　　496－40106

随笔.一九九零年第六期（总第71期）
　　　　　　　　　　496－40107

随笔.一九九一年第一期（总第72期）
　　　　　　　　　　496－40108

随笔．一九九一年第二期（总第73期）
497－40109
随笔．一九九一年第三期（总第74期）
497－40110
随笔．一九九一年第四期（总第75期）
497－40111
随笔．一九九一年第五期（总第76期）
497－40112
随笔．一九九一年第六期（总第77期）
498－40113
随笔．一九九二年第一期（总第78期）
498－40114
随笔．一九九二年第二期（总第79期）
498－40115
随笔．一九九二年第三期（总第80期）
498－40116
随笔．一九九二年第四期（总第81期
499－40117
随笔．一九九二年第五期（总第82期）
499－40118
随笔．一九九二年第六期（总第83期）
499－40119
随笔．一九九三年第一期（总第84期）
500－40121
随笔．一九九三年第二期（总第85期）
500－40122
随笔．一九九三年第三期（总第86期）
500－40123
随笔．一九九三年第四期（总第87期
500－40124
随笔．一九九三年第五期（总第88期）
501－40125
随笔．一九九三年第六期（总第89期）
501－40126
随笔．一九九四年第一期（总第90期）
501－40127

随笔．一九九四年第二期（总第91期）
501－40128
随笔．一九九四年第三期（总第92期）
502－40129
随笔．一九九四年第四期（总第93期）
502－40130
随笔．一九九四年第五期（总第94期）
502－40131
随笔．一九九四年第六期（总第95期）
502－40132
随笔．一九九五年第一期（总第96期）
503－40133
随笔．一九九五年第二期（总第97期）
503－40134
随笔．一九九五年第三期（总第98期）
503－40135
随笔．一九九五年第四期（总第99期）
503－40136
随笔．一九九五年第五期（总第100期）
504－40137
随笔．一九九五年第六期（总第101期）
504－40138
随笔．一九九六年第一期（总第102期）
504－40139
随笔．一九九六年第二期（总第103期）
504－40140
随笔．一九九六年第三期（总第104期）
505－40141
随笔．一九九六年第四期（总第105期）
505－40142
随笔．一九九六年第五期（总第106期）
505－40143
随笔．一九九六年第六期（总第107期）
505－40144
随笔．一九九七年第一期（总第108期）
506－40145

随笔．一九九七年第二期（总第109期）
506－40146

随笔．一九九七年第三期（总第110期）
506－40147

随笔．一九九七年第四期（总第111期）
506－40148

随笔．一九九七年第五期（总第112期）
507－40149

随笔．一九九七年第六期（总第113期）
507－40150

随笔．一九九八年第一期（总第114期）
507－40151

随笔．一九九八年第二期（总第115期）
507－40152

随笔．一九九八年第三期（总第116期）
508－40153

随笔．一九九八年第四期（总第117期）
508－40154

随笔．一九九八年第五期（总第118期）
508－40155

随笔．一九九八年第六期（总第119期）
508－40156

随笔．一九九九年第一期（总第120期）
509－40157

随笔．一九九九年第二期（总第121期）
509－40158

随笔．一九九九年第三期（总第122期）
509－40159

随笔．一九九九年第四期（总第123期）
509－40160

随笔．一九九九年第五期（总第124期）
510－40161

随笔．一九九九年第六期（总第125期）
510－40162

随笔．二〇〇〇年第一期（总第126期）
510－40163

随笔．二〇〇〇年第二期（总第127期）
510－40164

随笔．二〇〇〇年第三期（总第128期）
511－40165

随笔．二〇〇〇年第四期（总第129期）
511－40166

随笔．二〇〇〇年第五期（总第130期）
511－40167

随笔．二〇〇〇年第六期（总第131期）
511－40168

随笔．二〇〇一年第一期（总第132期）
512－40169

随笔．二〇〇一年第二期（总第133期）
512－40170

随笔．二〇〇一年第三期（总第134期）
512－40171

随笔．二〇〇一年第四期（总第135期）
512－40172

随笔．二〇〇一年第五期（总第136期）
513－40173

随笔．二〇〇一年第六期（总第137期）
513－40174

随笔．二〇〇二年第一期（总第138期）
513－40175

随笔．二〇〇二年第二期（总第139期）
513－40176

随笔．二〇〇二年第三期（总第140期）
514－40177

随笔．二〇〇二年第四期（总第141期）
514－40178

随笔．二〇〇二年第五期（总第142期）
514－40179

随笔．二〇〇二年第六期（总第143期）
514－40180

随笔．二〇〇三年第一期（总第144期）
515－40181

随笔.二〇〇三年第二期（总第145期）
　　　　　　　　　　　　　　515－40182
随笔.二〇〇三年第三期（总第146期）
　　　　　　　　　　　　　　515－40183
随笔.二〇〇三年第四期（总第147期）
　　　　　　　　　　　　　　515－40184
随笔.二〇〇三年第五期（总第148期）
　　　　　　　　　　　　　　516－40185
随笔.二〇〇三年第六期（总第149期）
　　　　　　　　　　　　　　516－40186
随笔.二〇〇四年第一期（总第150期）
　　　　　　　　　　　　　　516－40187
随笔.二〇〇四年第二期（总第151期）
　　　　　　　　　　　　　　516－40188
随笔.二〇〇四年第三期（总第152期）
　　　　　　　　　　　　　　517－40189
随笔.二〇〇四年第四期（总第153期）
　　　　　　　　　　　　　　517－40190
随笔.二〇〇四年第五期（总第154期）
　　　　　　　　　　　　　　517－40191
随笔.二〇〇四年第六期（总第155期）
　　　　　　　　　　　　　　517－40192
随笔.二〇〇五年第一期（总第156期）
　　　　　　　　　　　　　　518－40193
随笔.二〇〇五年第二期（总第157期）
　　　　　　　　　　　　　　518－40194
随笔.二〇〇五年第三期（总第158期）
　　　　　　　　　　　　　　518－40195
随笔.二〇〇五年第四期（总第159期）
　　　　　　　　　　　　　　518－40196
随笔.二〇〇五年第五期（总第160期）
　　　　　　　　　　　　　　519－40197
随笔.二〇〇五年第六期（总第161期）
　　　　　　　　　　　　　　519－40198
随笔：2006年合订本　　　　370－11522

随笔.二〇〇六年第一期（总第162期）
　　　　　　　　　　　　　　519－40199
随笔.二〇〇六年第二期（总第163期）
　　　　　　　　　　　　　　519－40200
随笔.二〇〇六年第三期（总第164期）
　　　　　　　　　　　　　　520－40201
随笔.二〇〇六年第四期（总第165期）
　　　　　　　　　　　　　　520－40202
随笔.二〇〇六年第五期（总第166期）
　　　　　　　　　　　　　　520－40203
随笔.二〇〇六年第六期（总第167期）
　　　　　　　　　　　　　　520－40204
随笔.二〇〇七年第一期（总第168期）
　　　　　　　　　　　　　　521－40205
随笔.二〇〇七年第二期（总第169期）
　　　　　　　　　　　　　　521－40206
随笔.二〇〇七年第三期（总第170期）
　　　　　　　　　　　　　　521－40207
随笔.二〇〇七年第四期（总第171期）
　　　　　　　　　　　　　　522－40208
随笔.二〇〇七年第五期（总第172期）
　　　　　　　　　　　　　　522－40209
随笔.二〇〇七年第六期（总第173期）
　　　　　　　　　　　　　　522－40210
随笔.二〇〇八年第一期（总第174期）
　　　　　　　　　　　　　　523－40211
随笔.二〇〇八年第二期（总第175期）
　　　　　　　　　　　　　　523－40212
随笔.二〇〇八年第三期（总第176期）
　　　　　　　　　　　　　　523－40213
随笔.二〇〇八年第四期（总第177期）
　　　　　　　　　　　　　　523－40214
随笔.二〇〇八年第五期（总第178期）
　　　　　　　　　　　　　　524－40215
随笔.二〇〇八年第六期（总第179期）
　　　　　　　　　　　　　　524－40216

条目	编号
随笔．二〇〇九年第一期（总第180期）	524－40217
随笔．二〇〇九年第二期（总第181期）	524－40218
随笔．二〇〇九年第三期（总第182期）	525－40219
随笔．二〇〇九年第四期（总第183期）	525－40220
随笔．二〇〇九年第五期（总第184期）	525－40221
随笔．二〇〇九年第六期（总第185期）	525－40222
岁月·70	434－11735
岁月潮声	273－11096
岁月有情．第一部：别了，昨日的屏障	273－11097
碎纸集	245－10984
孙超现象	040－10162
孙中山和他的亲友	052－10211

T

条目	编号
她从梦中走出来	052－10212
台港澳暨海外华文文学大辞典	187－10763
太平洋线上的中国女人	187－10764
谭大鹏画集	129－10518
谭仲池歌词选	403－11615
坦荡人生：瞿秋白随想录	099－10398
唐栋作品集．第一卷：沉默的冰山	273－11098
唐栋作品集．第二卷：醉村	273－11099
唐栋作品集．第三卷：无人之境	274－11100
唐栋作品集．第四卷：兵车行	274－11101
唐栋作品集．第五卷：岁月风景	274－11102
唐栋作品集．第六卷：什普利河梦幻	274－11103
唐人咏怀绝句精品赏析	072－10289
唐诗小札	191－10781
唐诗译析	059－10239
逃出束缚	245－10985
天京之变	004－10005
天南地北	059－10240
天涛画中诗	417－11670
天涯倦客	218－10887
田夫吟：增订本	187－10765
恬适人生：周作人小品	084－10334
铁锤颂：潮州歌	015－10054
铁甲小宝——欢仔与波仔	544－50071
铁血莲花	331－11329
铁血雄关	161－10655
庭门柳	188－10766
同学一场系列：爱情从今晚开始	275－11104
同学一场系列：大二的冬天	275－11105
同学一场系列：青春的沉淀	275－11106
同学一场系列：青春困惑	347－11396
同学一场系列：十七岁的梦与泪	275－11107
同学一场系列：我是差生	296－11191
同学一场系列：乌托邦中学	296－11192
同学一场系列：享受成长	296－11193
同学一场系列：校园浪子	296－11194
同学一场系列丛书：恋恋风尘	188－10767
同学一场系列丛书：恋恋风尘	218－10888
同学一场系列丛书：清华园的故事	218－10889
同学一场系列丛书：三个半年的大学	218－10890
童年的梦	060－10241
童年，只有一次	276－11108
图书馆论坛"从业抒怀"选集	370－11488
图唐卡门王陵秘辛	532－50021

W

书名	页码
外国恐怖小说精选集1：海底的歌声	371-11489
外国恐怖小说精选集2：死亡的气味	371-11490
外国幽默讽刺小说选.上册	331-11330
外国幽默讽刺小说选.下册	331-11331
外面的世界	219-10891
晚晴诗文	188-10768
万能与万恶	015-10055
王老师外史	320-11282
王蒙自传.第一部：半生多事	371-11491
王蒙自传.第二部：大块文章	387-11552
王蒙自传.第三部：九命七羊	403-11616
网络之星丛书：灰锡时代	276-11109
网络之星丛书：猫城故事	276-11110
网络之星丛书：人类凶猛	276-11111
网络之星丛书：蚊子的遗书	277-11112
网络之星丛书：我爱上那个坐怀不乱的女子	277-11113
网络之星丛书：性感时代的小饭馆	277-11114
危崖上的贾平凹	403-11617
微音	089-10358
微音看人世	245-10987
微音.续集	245-10986
微音忆旧	320-11283
围龙	188-10769
韦振中木雕集	060-10242
蔚蓝色的梦	115-10462
为人民守护公正	320-11284
为什么我老碰到这种事？	320-11285
温暖的情思	004-10006
温柔	161-10656
《文史纵横》精选：岭南逸史	404-11618
《文史纵横》精选：羊石春秋	404-11619
《文史纵横》精选：粤海星光	404-11620
《文史纵横》精选：珠水艺谭	404-11621
文学的选择	072-10290
文艺期刊论	129-10519
文艺学大视野丛书：穿过历史的烟云——20世纪中国文学问题	246-10988
文艺学大视野丛书：时代的回声——走向新世纪的中国文艺学	246-10989
文艺学大视野丛书：始于玄冥 反于大通——玄学与中国美学	246-10990
文艺学大视野丛书：异化的扬弃——《1844年经济学哲学手稿》的当代阐释	246-10991
文艺学大视野丛书：异样的天空——抒情理论与文学传统	247-10992
问岁集	405-11622
我不担心你骗我	281-11130
我的好莱坞大学	320-11286
我的记者生涯	102-10409
我的记者生涯.第二辑	115-10463
我的记者生涯.第三辑	129-10520
我的记者生涯.第四辑	161-10657
我的记者生涯.第五辑	277-11115
我的灵魂是火焰	278-11116
我的律师生涯：一个蒙冤入狱律师的故事	189-10770
我的模特生涯	219-10892
我的无产阶级生活	321-11287
我佛山人文集.第一卷：长篇社会小说	061-10243
我佛山人文集.第二卷：长篇社会小说	061-10244
我佛山人文集.第三卷：中长篇社会小说	061-10245
我佛山人文集.第四卷：中长篇社会小说	061-10246

我佛山人文集.第五卷：中长篇历史小说	061-10247	五年日志	405-11624
我佛山人文集.第六卷：中长篇写情小说	061-10248	五十年花地精品选.诗歌卷	406-11625
我佛山人文集.第七卷：短篇小说·笔记·寓言·笑话	061-10249	五十年花地精品选.小说卷	406-11626
我佛山人文集.第八卷：戏曲·诗歌·散文·杂著	061-10250	五十年花地精品选.小小说卷	406-11627
我佛山人作品选本：恨海	053-10213	五十年花地精品选.杂文随笔卷	406-11628
我佛山人作品选本：胡涂世界	030-10118	五线谱歌曲视唱	347-11398
我佛山人作品选本：九命奇冤	030-10119	五星耀中国：中国大酒店的成功之路	247-10993
我佛山人作品选本：情变	053-10214	五月.一九八五年第四期（总第四期）	485-40064
我佛山人作品选本：痛史	053-10215	五脏六腑平衡养生术——施氏拍打疗法：随书附送CD	468-30086
我佛山人作品选本：新石头记	041-10163	五洲梦寻	321-11290
我佛山人作品选本：最近社会龌龊史	053-10216	五祖庙	030-10120

X

我可爱的家	162-10658
我恋	041-10164
我说红楼	219-10893
我与福彩的故事征文获奖作品集	405-11623
我与叙事诗	371-11492
我长得这么丑，我容易吗？	321-11288
无后为大	278-11117
无冕之王	321-11289
无名氏：北极风情画 塔里的女人：修正订本	142-10571
无名氏：淡水鱼冥思	142-10572
无名氏：海艳	142-10573
无名氏：绿色的回声	143-10574
无名氏：塔里·塔外·女人	143-10575
无名氏：野兽、野兽、野兽	143-10576
无羞可遮	347-11397
无怨的青春	041-10165
吴丽娥：九十三岁老人画集	387-11553
梧桐，梧桐	073-10291
五国风情随笔	278-11118

西部的柔情：西部女作家写西部散文精编	247-10994
西窗法雨：西方法律文化漫笔	189-10772
西点军校领导魂	189-10773
西方诗论精华	073-10292
西方诗论精华	089-10359
西方现代诗论	054-10217
西关小姐	347-11399
西汉双星：汉武帝与司马迁	073-10293
西魂集：律诗	372-11493
西游记：绣像新注.上	130-10521
西游记：绣像新注.下	130-10522
西藏的感动：阿里雪山神秘之旅	219-10894
西藏之旅	189-10771
牺牲者	054-10218
席慕蓉抒情诗120首	073-10294
席慕蓉抒情诗合集	089-10360
席慕蓉抒情诗选	450-30001

喜欢女人的总统	297－11195	笑对人生：中国第一个女子世界冠军邱钟惠自述	221－10899
虾球传	016－10056	校花校草	221－10898
峡谷芳踪	016－10057	邂逅	321－11291
遐想集	278－11119	谢志峰艺术人生	248－10996
夏天的故事	220－10895	心	248－10997
下雪的日子	348－11400	心歌	279－11121
鲜花的早晨	004－10007	新编小学生多用手册.语文分册.上册	091－10366
仙人洞	348－11401	新编小学生多用手册.语文分册.中册	091－10367
显山露水	372－11494	新格罗夫爵士乐辞典.第二版	417－11671
现代汉语新词语词典：1978－2000	248－10995	新警世通言.上	192－10783
现代家庭经济研究	190－10774	新警世通言.下	192－10784
现代家庭经济研究	190－10775	新人类	297－11196
现代聊斋	348－11402	新三字经	144－10578
现代散文诗名著译丛：白色的睡莲	090－10361	新时期教师丛书：班主任工作新论	116－10467
现代散文诗名著译丛：地狱一季	090－10362	新时期教师丛书：当代外国教学法	116－10468
现代散文诗名著译丛：卡第绪——母亲挽歌	090－10363	新时期教师丛书：教师的能力结构	117－10469
现代散文诗名著译丛：隐形的城市	090－10364	新时期教师丛书：教师的人际关系	117－10470
现代文明进程的密码	130－10523	新时期教师丛书：教师的新形象	117－10471
香港三部曲之一：她名叫蝴蝶	220－10896	新时期教师丛书：教师的知识结构	117－10472
香港三部曲之三：寂寞云园	220－10897	新时期教师丛书：教师的职业道德	118－10473
相思红	041－10166	新时期教师丛书：教书育人新探	118－10474
相约每周：小小对你说	190－10776	新时期教师丛书：教学管理	118－10475
乡土长篇小说系列：野婚	054－10219	新时期教师丛书：教学心理	118－10476
乡土长篇小说系列之二：京门脸子	091－10365	新时期教师丛书：教育与新学科	119－10477
乡贤风采	143－10577	新时期教师丛书：现代教育思想	119－10478
象国·狮城·椰岛	016－10058	新闻写作学	119－10479
向人生问路：哲味居随笔集	115－10464	新醒世恒言.上	192－10785
像心一样敞开的花朵	279－11120	新醒世恒言.下	192－10786
潇洒人生：梁遇春小品	099－10399	新注今译中国古典名著丛书：老子	193－10787
小老鼠法拉布历险记.1	548－50086	新注今译中国古典名著丛书：四书	193－10788
小老鼠法拉布历险记.2	548－50087	新注今译中国古典名著丛书：孙子兵法：孙膑兵法 吴子 司马法	193－10789
小老鼠法拉布历险记.3	548－50088		
小人议红	406－11629		
小鱼吃大鱼.上	116－10465	新注今译中国古典名著丛书：周易	279－11122
小鱼吃大鱼.下	116－10466		

新注今译中国古典名著丛书：庄子	193－10790
新注今译中国古典名著：古文观止注译.上	407－11630
新注今译中国古典名著：古文观止注译.下	407－11631
新注今译中国古典名著：老子注译	387－11554
新注今译中国古典名著：论语注译	387－11555
新注今译中国古典名著：孟子注译	407－11632
新注今译中国古典名著：诗经	297－11197
新注今译中国古典名著：诗经注译	372－11495
新注今译中国古典名著：世说新语	372－11496
新注今译中国古典名著：世说新语注译	388－11556
新注今译中国古典名著：四书注译	388－11557
新注今译中国古典名著：孙子兵法注译	388－11558
新注今译中国古典名著：周易注译	388－11559
新注今译中国古典名著：庄子注译	389－11560
新注今译中国古典名著：左传注译.上	389－11561
新注今译中国古典名著：左传注译.下	389－11562
新作家丛书：野石榴	120－10481
星光集	162－10659
星河	030－10121
星星河	004－10008
性别的革命	297－11198
性灵草	031－10122
幸福备忘	279－11123
幸福是如此简单	373－11497
徐訏奇情小说集.上	162－10660
徐訏奇情小说集.下	162－10661
悬念的技巧	054－10220
学会担承：15岁中学生留美随笔	408－11633
学琴的孩子最快乐——让孩子学好音乐的家长手册	280－11124
雪中跳舞的红裙子	280－11125
血祭河山	390－11563
血色军旅	408－11634
血性男儿	390－11564

Y

雅致人生：梁实秋小品	084－10335
亚玛街	031－10123
胭脂	042－10167
胭脂泪	062－10251
盐卤里的人	062－10252
羊城风华录：历代中外名人笔下的广州	373－11498
羊城风华录.续：当代中外作家笔下的广州	408－11635
阳春山水	009－10031
杨铨先生捐献文物撷珍	194－10792
遥远的绝响	221－10901
瑶族歌堂曲，又名，盘古书	010－10032
椰树之歌：屈干臣作词歌曲选	120－10480
夜的诱惑	091－10368
夜香港	074－10295
夜之卡斯帕尔	074－10296
叶灵凤文集.第一卷，永久的女性：小说	222－10902
叶灵凤文集.第二卷.散文 小品：灵魂的归来	222－10903
叶灵凤文集.第三卷，香港掌故：文史	222－10904
叶灵凤文集.第四卷，天才与悲剧：随笔	222－10905
叶帅的风采	548－50089
一笔OUT消VS百万富翁.1	282－11131
一笔OUT消VS百万富翁.2	282－11132

一笔OUT消VS百万富翁.3	282－11133	译海.一九八四年第三期（总第十一期）	483－40054
"一分钟MBA"系列丛书：商业领袖	200－10813	译海.一九八四年第四期（总第十二期）	483－40055
"一分钟MBA"系列丛书：商战赢家	200－10814	译海.一九八五年第二期（总第十四期）	486－40065
一个罗马皇帝的临终遗言	055－10221	译海.一九八五年第三期（总第十五期）	486－40066
一个女人给三个男人的信	074－10297	译海.一九八五年第四期（总第十六期）	486－40067
一个意大利人的自述.上	282－11134	译海.一九八六年第一期（总第十七期）	488－40075
一个意大利人的自述.下	282－11135	译海.一九八六年第二期（总第十八期）	488－40076
一家三代八位女画家画集	322－11292	译海.一九八六年第三期（总第十九期）	489－40077
一路走来.上卷	418－11672	译海.一九八六年第四期（总第二十期）	489－40078
一路走来.下卷	418－11673	译海.一九八六年第五期（总第二十一期）	489－40079
一息安宁	373－11499	译海.一九八六年第六期（总第二十二期）	489－40080
医生爱娘	373－11500	艺林小札	191－10782
遗忘的脚印	016－10059	艺术的喜悦	390－11565
以人为本	332－11332	艺术家散文：陈从周散文	223－10906
译丛.一九八一年第一期	472－40010	艺术家散文：黄苗子散文	194－10793
译丛.一九八一年第二期	472－40011	艺术家散文：黄永玉散文	194－10794
易道中亙：易经体系	418－11674	艺术家散文：林风眠散文	223－10907
易经与现代生活	091－10369	艺术家散文：刘海粟散文	223－10908
译海.一九八一年第二期	472－40012	艺术家散文：钱君匋散文	223－10909
译海.一九八二年第二期（总第四期）	476－40027	艺术家散文：叶浅予散文	195－10795
译海.一九八三年第一期（总第五期）	479－40039	艺术家散文：赵丹散文	195－10796
译海.一九八三年第二期（总第六期）	479－40040	艺术人生：丰子恺小品	084－10336
译海.一九八三年第三期（总第七期）	480－40041	异客	322－11293
译海.一九八三年第四期（总第八期）	480－40042	异域情絮	120－10482
译海.一九八四年第一期（总第九期）	482－40052		
译海.一九八四年第二期（总第十期）	483－40053		

义务教育课程标准实验教科书.音乐.一年级上册：
简谱版　　　　　　　　　　　439－20010
义务教育课程标准实验教科书.音乐.一年级下册：
简谱版　　　　　　　　　　　439－20011
义务教育课程标准实验教科书.音乐.二年级上册：
简谱版　　　　　　　　　　　439－20009
义务教育课程标准实验教科书.音乐.二年级下册：
简谱版　　　　　　　　　　　439－20012
义务教育课程标准实验教科书.音乐.二年级下
册：简谱版　　　　　　　　　440－20013
义务教育课程标准实验教科书.音乐.三年级下册：
简谱版　　　　　　　　　　　443－20025
义务教育课程标准实验教科书.音乐.四年级上册：
简谱版　　　　　　　　　　　443－20028
义务教育课程标准实验教科书.音乐.四年级下册：
简谱版　　　　　　　　　　　444－20029
义务教育课程标准实验教科书.音乐.四年级下册：
简谱版　　　　　　　　　　　444－20030
义务教育课程标准实验教科书.音乐.五年级上册：
简谱版　　　　　　　　　　　446－20038
义务教育课程标准实验教科书.音乐.五年级下册：
简谱版　　　　　　　　　　　446－20039
义务教育课程标准实验教科书.音乐.六年级上册：
简谱版　　　　　　　　　　　447－20043
义务教育课程标准实验教科书.音乐.六年级下册：
简谱版　　　　　　　　　　　447－20044
义务教育课程标准实验教科书.音乐.七年级上册：
简谱版　　　　　　　　　　　440－20014
义务教育课程标准实验教科书《走进音乐世界》
小学音乐教材总体介绍－1　　458－30046
义务教育课程标准实验教科书《走进音乐世界》
小学音乐教材总体介绍－2　　459－30047
义务教育课程标准实验教科书《走进音乐世界》
小学音乐教学参考书．一年级．上册
　　　　　　　　　　　　　　440－20015

义务教育课程标准实验教科书《走进音乐世界》
小学音乐教学参考书．一年级．下册
　　　　　　　　　　　　　　440－20016
义务教育课程标准实验教科书《走进音乐世界》
小学音乐教学参考书．二年级．上册
　　　　　　　　　　　　　　443－20026
义务教育课程标准实验教科书《走进音乐世界》
小学音乐教学参考书．二年级．下册
　　　　　　　　　　　　　　444－20031
义务教育课程标准实验教科书《走进音乐世界》
小学音乐教学参考书．三年级．上册
　　　　　　　　　　　　　　443－20027
义务教育课程标准实验教科书《走进音乐世界》
小学音乐教学参考书．三年级．下册
　　　　　　　　　　　　　　444－20032
义务教育课程标准实验教科书《走进音乐世界》
小学音乐教学参考书．四年级．上册
　　　　　　　　　　　　　　445－20033
义务教育课程标准实验教科书《走进音乐世界》
小学音乐教学参考书．四年级．下册
　　　　　　　　　　　　　　446－20040
义务教育课程标准实验教科书《走进音乐世界》
小学音乐教学参考书．五年级．上册
　　　　　　　　　　　　　　447－20041
义务教育课程标准实验教科书《走进音乐世界》
小学音乐教学参考书．五年级．下册
　　　　　　　　　　　　　　447－20042
义务教育课程标准实验教科书《走进音乐世界》
小学音乐教学参考书．六年级．上册
　　　　　　　　　　　　　　448－20045
义务教育课程标准实验教科书《走进音乐世界》
小学音乐教学参考书．六年级．下册
　　　　　　　　　　　　　　448－20046
义务教育课程标准实验教科书《走进音乐世界》
音乐教材．小学一年级上册：多媒体教学光盘
　　　　　　　　　　　　　　450－30003

义务教育课程标准实验教科书《走进音乐世界》
音乐教材.小学一年级上册：多媒体教学光盘
（盒装封套） 450－30004
义务教育课程标准实验教科书《走进音乐世界》
音乐教材.小学一年级上册：随书附送CD
451－30005
义务教育课程标准实验教科书《走进音乐世界》
音乐教材.小学一年级下册：多媒体教学光盘
457－30043
义务教育课程标准实验教科书《走进音乐世界》
音乐教材.小学一年级下册：多媒体教学光盘
（盒装封套） 458－30044
义务教育课程标准实验教科书《走进音乐世界》
音乐教材.小学一年级下册：随书附送CD
458－30045
义务教育课程标准实验教科书《走进音乐世界》
音乐教材.小学二年级上册：多媒体光盘
451－30006
义务教育课程标准实验教科书《走进音乐世界》
音乐教材.小学二年级上册：多媒体教学光盘
451－30007
义务教育课程标准实验教科书《走进音乐世界》
音乐教材.小学二年级上册：随书附送CD
451－30008
义务教育课程标准实验教科书《走进音乐世界》
音乐教材.小学二年级下册：多媒体教学光盘
459－30048
义务教育课程标准实验教科书《走进音乐世界》
音乐教材.小学二年级下册：多媒体教学光盘
（盒装封套） 459－30049
义务教育课程标准实验教科书《走进音乐世界》
音乐教材.小学二年级下册：随书附送CD
459－30050
义务教育课程标准实验教科书《走进音乐世界》
音乐教材.小学三年级上册：多媒体教学光盘
460－30051

义务教育课程标准实验教科书《走进音乐世界》
音乐教材.小学三年级上册：多媒体教学光盘
盒（盒装封套） 460－30052
义务教育课程标准实验教科书《走进音乐世界》
音乐教材.小学三年级上册：随书附送CD
457－30042
义务教育课程标准实验教科书《走进音乐世界》
音乐教材.小学三年级下册：多媒体教学光盘
460－30053
义务教育课程标准实验教科书《走进音乐世界》
音乐教材.小学三年级下册：多媒体教学光盘
（盒装封套） 460－30054
义务教育课程标准实验教科书《走进音乐世界》
音乐教材.小学三年级下册：随书附送CD
461－30055
义务教育课程标准实验教科书《走进音乐世界》
音乐教材.小学四年级上册：多媒体教学光盘、
CD（盒装封套） 461－30057
义务教育课程标准
实验教科书《走进音乐世界》
音乐教材.小学四年级上册：多媒体教学光盘
461－30056
义务教育课程标准实验教科书《走进音乐世界》
音乐教材.小学四年级上册：随书附送CD
461－30058
义务教育课程标准实验教科书《走进音乐世界》
音乐教材.小学四年级上册：学生用CD－1
462－30059
义务教育课程标准实验教科书《走进音乐世界》
音乐教材.小学四年级下册：多媒体教学光盘
462－30060
义务教育课程标准实验教科书《走进音乐世界》
音乐教材.小学四年级下册：多媒体教学光盘
CD（盒装封套） 462－30061
义务教育课程标准实验教科书《走进音乐世界》
音乐教材.小学四年级下册：随书附送CD－1

义务教育课程标准实验教科书《走进音乐世界》
　　音乐教材.小学四年级下册：随书附送 CD-2
　　　　　　　　　　　　　　　462-30062

义务教育课程标准实验教科书《走进音乐世界》
　　音乐教材.小学五年级上册：多媒体教学光盘
　　CD（盒装封套）　　　　　463-30063

义务教育课程标准实验教科书《走进音乐世界》
　　音乐教材.小学五年级上册：多媒体教学光盘
　　　　　　　　　　　　　　463-30064

义务教育课程标准实验教科书《走进音乐世界》
　　音乐教材.小学五年级上册：随书附送 CD 上
　　　　　　　　　　　　　　463-30065

义务教育课程标准实验教科书《走进音乐世界》
　　音乐教材.小学五年级上册：随书附送 CD 下
　　　　　　　　　　　　　　463-30066

义务教育课程标准实验教科书《走进音乐世界》
　　音乐教材.小学五年级下册：多媒体教学光盘
　　　　　　　　　　　　　　464-30067

义务教育课程标准实验教科书《走进音乐世界》
　　音乐教材.小学五年级下册：多媒体教学光盘
　　CD　　　　　　　　　　　464-30068

义务教育课程标准实验教科书《走进音乐世界》
　　音乐教材.小学五年级下册：随书附送 CD1
　　　　　　　　　　　　　　464-30069

义务教育课程标准实验教科书《走进音乐世界》
　　音乐教材.小学五年级下册：随书附送 CD2
　　　　　　　　　　　　　　464-30070

义务教育课程标准实验教科书《走进音乐世界》
　　音乐教材.小学五年级下册：随书附送 CD3
　　　　　　　　　　　　　　465-30071

义务教育课程标准实验教科书《走进音乐世界》
　　音乐教材.小学六年级上册：多媒体教学光盘
　　　　　　　　　　　　　　465-30072

义务教育课程标准实验教科书《走进音乐世界》
　　音乐教材.小学六年级上册：多媒体教学光盘
　　CD　　　　　　　　　　　466-30077

义务教育课程标准实验教科书《走进音乐世界》
　　音乐教材.小学六年级上册：随书附送 CD（二）
　　　　　　　　　　　　　　457-30041

义务教育课程标准实验教科书《走进音乐世界》
　　音乐教材.小学六年级上册：随书附送 CD（三）
　　　　　　　　　　　　　　467-30079

义务教育课程标准实验教科书《走进音乐世界》
　　音乐教材.小学六年级上册：随书附送 CD
　　（一）　　　　　　　　　 466-30078

义务教育课程标准实验教科书《走进音乐世界》
　　音乐教材.小学六年级上册：学生用 CD
　　　　　　　　　　　　　　467-30080

义务教育课程标准实验教科书《走进音乐世界》
　　音乐教材.小学六年级下册：CD（二）
　　　　　　　　　　　　　　467-30082

义务教育课程标准实验教科书《走进音乐世界》
　　音乐教材.小学六年级下册：CD（三）
　　　　　　　　　　　　　　468-30083

义务教育课程标准实验教科书《走进音乐世界》
　　音乐教材.小学六年级下册：CD（一）
　　　　　　　　　　　　　　467-30081

义务教育课程标准实验教科书《走进音乐世界》
　　音乐教材.小学六年级下册：多媒体教学光盘
　　　　　　　　　　　　　　468-30084

义务教育课程标准实验教科书《走进音乐世界》
　　音乐教材.小学六年级下册：多媒体教学光盘
　　CD　　　　　　　　　　　468-30085

殷墟甲骨刻辞词类研究　　　　322-11294
姻缘　　　　　　　　　　　　528-50006
银幕内外姐弟情　　　　　　　042-10168
英文名句欣赏　　　　　　　　297-11199
英语语法高分大谋略　　　　　283-11136
营地　　　　　　　　　　　　283-11137
影视艺术概论　　　　　　　　224-10910

永不原谅	248－10998
永恒的爱：保尔·柯察金生活原型的感人记录	
	249－10999
幽默人生：林语堂小品	084－10337
悠然见南山	283－11138
悠悠岁月情	322－11295
游子吟：旅美诗文抄	163－10662
有帆永飘	390－11566
有龙则灵	249－11000
友谊花开	527－50002
幼儿园环境装饰设计与制作	195－10797
幼儿园环境装饰设计与制作 .1	349－11403
幼儿园环境装饰设计与制作 .2	349－11404
余丽莎作品系列：堕入红尘	224－10911
余丽莎作品系列：非常日记：我被绑架的日子	
	224－10912
余丽莎作品系列：情陷北京城：	
一个新加坡女商人的真实故事	
	224－10913
余丽莎作品系列：心影心影：	
一段爱生爱死忘年恋	225－10914
余秋雨的背影	249－11001
与我同行看美国	062－10253
雨想说的：洛夫自选集	374－11501
预测致胜：敢对技术分析说不	225－10915
预测致胜：期货运筹韬略	151－10609
预测致胜：齐济全息判断	163－10663
缘分立交桥：身边的情爱故事经典版	
	332－11333
圆梦：白先勇与青春版《牡丹亭》	374－11502
原色爱情	298－11200
远远一片帆	031－10124
粤北当代诗词选	120－10483
粤海艺潭	063－10257
粤警雄风	283－11139

粤西当代诗词选	092－10370
粤韵千年：一个记者眼中的广东民间民俗文化	
	431－11724
阅读爱情	332－11334
月光汹涌	163－10664
越秀丛书：爱海归帆	031－10125
越秀丛书：地狱的回声	062－10254
越秀丛书：等待判决的爱	010－10033
越秀丛书：分居之后	055－10222
越秀丛书：黑三点	010－10034
越秀丛书：岭南作家漫评	010－10035
越秀丛书：溜冰恋曲	011－10036
越秀丛书：留在记忆中的早晨	017－10060
越秀丛书：迷乱的乐章	074－10298
越秀丛书：情有独钟	063－10255
越秀丛书：送我一颗心	011－10037
越秀丛书：题材纵横谈	017－10061
越秀丛书：小城之夜	017－10062
越秀丛书：血玫瑰	063－10256
越秀丛书：应召女郎之泪	032－10126
越秀丛书：影子在月亮下消失	011－10038
越秀丛书：云霞	008－10025
越秀丛书：战场启示录	032－10127
越秀丛书：追月	011－10039
越秀丛书：总工程师的日常生活	017－10063

Z

杂忆与杂写	102－10410
再创新辉煌：2005年佛山发展战略与远景目标研究	
	195－10798
在 SARS 的流行前线	323－11296
在我吸毒的日子里	349－11405
在眩目的色彩中	012－10040
在眩目的色彩中	012－10041

早醒的黎明	012－10042
张爱玲：张迷世界	284－11140
张爱玲：最后一炉香	298－11201
张爱玲作品集：爱默生选集	164－10665
张爱玲作品集：半生缘	164－10666
张爱玲作品集：第一炉香	164－10667
张爱玲作品集：对照记	164－10668
张爱玲作品集：流言	164－10669
张爱玲作品集：倾城之恋	165－10670
张爱玲作品集：惘然记	165－10671
张爱玲作品集：续集	165－10672
张爱玲作品集：余韵	165－10673
张爱玲作品集：怨女	165－10674
张爱玲作品集：张看	165－10675
张大千系列丛书：张大千·飞扬世界	284－11141
张大千系列丛书：张大千·画坛皇帝	225－10916
张大千系列丛书：张大千论画精萃	196－10800
张大千系列丛书：张大千全传.上	197－10801
张大千系列丛书：张大千全传.下	197－10802
张大千系列丛书：张大千·人生传奇	196－10799
张大千系列丛书：张大千诗词集.上	197－10803
张大千系列丛书：张大千诗词集.下	197－10804
张俊彪研究文选	166－10676
张良王静珠电影剧本选	121－10484
张瑛姐姐牵手丛书：人小鬼大	323－11297
张瑛姐姐牵手丛书：我不想长大	298－11202
张瑛姐姐牵手丛书：我们是小小留学生	350－11406
张瑛姐姐牵手丛书：我是小摄影师：全国十佳少先队员李小楠成长日记	350－11407
张瑛姐姐牵手丛书：我是一本书	323－11298
张瑛姐姐牵手丛书：我有我的世界	298－11203
张瑛姐姐牵手丛书：我有许多朋友	323－11299
张瑛姐姐牵手丛书：我有一个彩色的梦：全国十佳少先队员马思健成长日记	299－11204
张瑛姐姐牵手丛书：小鬼当家	324－11300
张瑛姐姐牵手丛书：张蒙蒙日记.1：告诉你，我不笨	299－11205
张瑛姐姐牵手丛书：张蒙蒙日记.2：告诉你，我不是丑小鸭	299－11206
张瑛姐姐牵手丛书：张蒙蒙日记.3：童年，只有一次	324－11301
张瑛姐姐牵手丛书：张蒙蒙日记.4：快乐伴我成长	299－11207
张瑛姐姐牵手丛书：张蒙蒙日记.5：边玩边长大	324－11302
张瑛姐姐牵手丛书：张蒙蒙日记.6：我的天空有彩虹	332－11335
张瑛姐姐牵手丛书：张蒙蒙日记.7：青春美丽	350－11408
张永枚故事诗选	102－10411
张资平小说选	130－10524
长短集：文艺作品选	225－10917
哲味的寻觅	032－10128
哲学十大错误	092－10371
真假驸马的故事	075－10299
真假故事集.第一辑：真假鲤鱼精的故事	075－10300
真假故事集.第二辑：真假驸马的故事	075－10301
真假国王的故事	075－10302
真假李逵的故事	076－10303
真假太子的故事	076－10304
真假杨六郎的故事	076－10305
真情	166－10677
真情永远：德丰堂文集	390－11567
争当新世纪高素质政工干部	226－10918

郑九蝉文集. 第一卷: 黑雪	250-11002		419-11678
郑九蝉文集. 第二卷: 浑河	250-11003	中国符号文化: 风云际会: 自然卷	420-11679
郑九蝉文集. 第三卷: 荒野. 上	250-11004	中国符号文化: 古神化引: 古代神话人物卷	
郑九蝉文集. 第四卷: 荒野. 下	250-11005		420-11680
郑九蝉文集. 第五卷: 红梦. 上	251-11006	中国符号文化: 鹤鸣九皋: 动物卷	420-11681
郑九蝉文集. 第六卷: 红梦. 下	251-11007	中国符号文化: 南方有台: 建筑卷	420-11682
郑九蝉文集. 第七卷: 擦痕. 上	251-11008	中国符号文化: 琴书乐道: 文玩卷	421-11683
郑九蝉文集. 第八卷: 擦痕. 下	251-11009	中国符号文化: 搔首问天: 人体卷	421-11684
郑九蝉文集. 第九卷: 野猪滩	252-11010	中国符号文化: 神游八卦: 数字卷	421-11685
郑九蝉文集. 第十卷: 参王	252-11011	中国符号文化: 升平春色: 色彩卷	421-11686
郑九蝉文集. 第十一卷: 能媳妇	252-11012	中国符号文化: 修竹留风: 花木卷	422-11687
郑九蝉文集. 第十二卷: 武装的硬壳		中国花卉文化	103-10413
	252-11013	中国民间记事年选.2008	422-11688
郑玲诗选	032-10129	中国女皇——武则天传奇	063-10258
正是高三时	130-10525	中国散文年选.2001	300-11209
政协旅程集锦	198-10805	中国散文年选.2002	325-11305
知青故事	198-10806	中国散文年选.2003	333-11338
知识产权法的辩证法思考	419-11675	中国散文年选.2004	351-11411
中关村倒爷: 一部中关村商人的创业史、奋斗史		中国散文年选.2005	375-11507
和心灵史	300-11208	中国散文年选.2006	376-11508
中国"野人"之谜	033-10130	中国散文年选.2007	409-11638
中国报告文学年选.2003	333-11336	中国散文年选.2008	422-11689
中国报告文学年选.2004	351-11409	中国谁在不高兴	423-11692
中国报告文学年选.2005	374-11503	中国诗歌年选.2002-2003	333-11339
中国报告文学年选.2006	375-11504	中国诗歌年选.2004	352-11412
中国报告文学年选.2007	409-11636	中国诗歌年选.2005	376-11509
中国报告文学年选.2008	419-11676	中国诗歌年选.2006	376-11510
中国的东南亚研究: 现状与展望	103-10412	中国诗歌年选.2007	409-11639
中国短篇小说年选.2002	325-11304	中国诗歌年选.2008	422-11690
中国短篇小说年选.2003	333-11337	中国时评年选.2008	423-11691
中国短篇小说年选.2004	351-11410	中国肃毒战	121-10485
中国短篇小说年选.2005	375-11505	中国随笔年选.2002	325-11306
中国短篇小说年选.2006	375-11506	中国随笔年选.2003	334-11340
中国短篇小说年选.2007	409-11637	中国随笔年选.2004	352-11413
中国短篇小说年选.2008	419-11677	中国随笔年选.2005	376-11511
中国符号文化: 板桥道情: 民间人物卷		中国随笔年选.2006	377-11512

条目	页码
中国随笔年选.2007	410-11640
中国随笔年选.2008	423-11693
中国微型小说年选.2006	391-11568
中国微型小说年选.2007	410-11641
中国微型小说年选.2008	423-11694
中国文明史.上	284-11142
中国文明史.下	284-11143
中国文史精华年选.2005	377-11513
中国文史精华年选.2006	377-11514
中国文史精华年选.2007	410-11642
中国文史精华年选.2008	424-11695
中国文学评论双年选.2005~2006	391-11569
中国文学评论双年选.2007-2008	424-11696
中国文学在国外丛书：中国·文学·美国——美国小说戏剧中的中国形象	324-11303
中国文学在国外丛书：中国文学在朝鲜	076-10306
中国文学在国外丛书：中国文学在俄苏	076-10307
中国文学在国外丛书：中国文学在法国	076-10308
中国文学在国外丛书：中国文学在英国	103-10414
中国巫傩史：中华文明基因初探	285-11144
中国现代唯美主义文学作品选.上	151-10610
中国现代唯美主义文学作品选.下	151-10611
中国新诗年编.1983	018-10064
中国新诗年编.1984	018-10065
中国新诗年编.1985	033-10131
中国玄幻小说年选.2006	377-11515
中国杂文年选.2003	334-11341
中国杂文年选.2004	352-11414
中国杂文年选.2005	378-11516
中国杂文年选.2006	378-11517
中国杂文年选.2007	410-11643
中国杂文年选.2008	424-11697
中国知青部落.第一部：一九七九·知青大逃亡	285-11145
中国知青部落.第二部：青年流放者	285-11146
中国知青部落.第三部：暗夜舞蹈	285-11147
中国知青部落	077-10309
中国中篇小说年选.2002	325-11307
中国中篇小说年选.2003	334-11342
中国中篇小说年选.2004	352-11415
中国中篇小说年选.2005	378-11518
中国中篇小说年选.2006	378-11519
中国中篇小说年选.2007	411-11644
中国中篇小说年选.2008	424-11698
中华传统美德：小学低年级版	166-10678
中华民族传统美德教育丛书：恭	131-10526
中华民族传统美德教育丛书：俭	131-10527
中华民族传统美德教育丛书：廉	131-10528
中华民族传统美德教育丛书：勤	131-10529
中华民族传统美德教育丛书：让	132-10530
中华民族传统美德教育丛书：义	132-10531
中华民族传统美德教育丛书：勇	132-10532
中华民族大家庭	055-10223
中华千家姓	425-11699
中华通史.第一卷：绪论·上古史	152-10612
中华通史.第二卷：秦汉三国史	152-10613
中华通史.第三卷：两晋南北朝史	153-10614
中华通史.第四卷：隋唐五代史	153-10615
中华通史.第五卷：宋辽金史前编	153-10616
中华通史.第六卷：宋辽金史后编	153-10617
中华通史.第七卷：元史	153-10618
中华通史.第八卷：明史	153-10619
中华通史.第九卷：清史前编	153-10620
中华通史.第十卷：清史后编	153-10621
中年李逵的婚姻生活	379-11520

书名	索引号
中外长篇小说（第一辑）	490－40081
中外长篇小说（第二辑）	490－40082
中外名人跟你说：伦理道德	133－10533
中外名人跟你说：人与人性	133－10534
中外小品林：山水小品	104－10415
中外小品林：诗意小品	104－10416
中外小品林：温情小品	104－10417
中外小品林：醒世小品	104－10418
中外小品林：幽默小品	104－10419
中外小品林：悠闲小品	104－10420
中外新闻选	105－10421
中学生朗诵诗选	033－10132
中医临床常见病证护理健康教育指南	353－11416
重围	077－10310
周恩来外交风云	198－10807
周志发校园青春小说三部曲.第二部：青春的骚动	286－11148
珠冠泪	055－10224
珠玑巷传说与掌故	300－11210
朱力士幽默小说选	042－10169
朱玉书文集	286－11149
朱执信纪念文册	353－11417
竹溪诗词选	391－11570
烛照人生	379－11521
烛之泪	391－11571
追杀	533－50026
追踪文学新潮	105－10422
纵横古今说人事	253－11014
走不完的西藏：雅鲁藏布江大峡谷历险手记	226－10919
走出风雨	353－11418
走近大海	253－11017
走进荒凉——张爱玲的精神家园	253－11015
走进音乐世界系列：拜厄钢琴基本教程	226－10920
走进音乐世界系列：车尔尼钢琴初步教程作品599	198－10808
走进音乐世界系列：车尔尼钢琴快速练习曲作品299钢琴基本教程	326－11308
走进音乐世界系列：车尔尼钢琴练习曲选集（初级本）	226－10921
走进音乐世界系列：车尔尼钢琴练习曲选集（中级本）	227－10922
走进音乐世界系列：车尔尼钢琴流畅练习曲作品849	253－11016
走进音乐世界系列：车尔尼钢琴每日练习三十二首 作品848	199－10809
走进音乐世界系列：电子琴分级教程（1、2、3）级	199－10810
走进音乐世界系列：电子琴分级教程：音阶、和弦、琶音	227－10923
走进音乐世界系列：哈农钢琴练指法	199－10811
走进音乐世界系列：实用乐理	227－10924
走进音乐世界系列：实用乐理	353－11419
走进音乐世界系列：视唱练耳基础教程	199－10812
走进音乐世界系列：视唱练耳基础教程（修订版）	354－11420
走向混沌：从维熙回忆录	392－11572
祖国颂：屈干臣作词歌曲选	154－10622
罪恶的录像	532－50022
最后的收获：艾米莉·狄金森诗选	154－10623
昨天的故事	227－10925
作家谈创作.上册	018－10066
作家谈创作.下册	018－10067

后 记

2018年初，为向读者提供多层次的名人专藏文献服务，展示名人专藏整理成果，广州图书馆拟定《2018—2020年广州人文馆名人专藏文献书目编印方案》，计划出版馆藏"南粤一家"苏家捐赠文献中的苏家杰图书封面设计集。广州图书馆以往开展文献整理、编目工作都是根据现有文献著录书目，再补充封面书影；而这本图书却是先有封面图片，再著录书目。这是我馆开展各种书目文献编纂工作以来从未遇到过的。

根据工作安排，此项工作由我具体负责。接到苏家杰先生提供的2269幅设计原图，惊叹于苏家杰老师设计生涯涉及的图书版次、印数之多，覆盖年代之广，敬佩之情油然而生。但同时也认识到，这对馆员的专业水平提出了极大的挑战。虽然每幅图的文件名注有简单的设计时间、书名和出版社信息；但是无论查看哪家图书馆的公开书目数据，都无法准确分辨究竟哪一幅封面图片是属于哪一版哪一印次的图书。此外，同一版本同一印次的图书同时存在几张不同的封面图片，看不出来究竟是精装本、软精装还是平装本，也分不清楚是同一版次、印次图书的外封面还是内封面。为了尊重和全面展示苏家杰先生的设计艺术成就，我馆对苏家杰老师提供的所有设计原图全部纳入整理，除苏家杰老师主动删除或个别因故不得不剔除外，全部保留；未收入我馆馆藏的图书封面也一并进行专业编排、整理与著录。这就意味着，不少封面图片并没有入藏本馆，没有任何书目基础。这是一次技术难度与复杂程度都远超普通书目整理的信息组织任务，涉及设计艺术美学、版本学、文献编目与图书馆学知识组织理论的方方面面。该从何入手，如何组织，如何实现，每一步都在考验着广州图书馆馆员的专业素质，编纂成果也代表着广州图书馆开展名人专藏整理研究的水平。

编纂过程完全从零开始，摸着石头过河。

制定编例是首要考虑。首先确定编排原则。开始时，图片按照图书出版时间排，但是编纂过程中发现，实际情况异常复杂：部分图书封面的设计时间与出版时间不一致，比如图书第一版第一次印刷所设计的封面与第一版第二次印刷出版物的出版时间一致，但两幅图片的设计时间不一致；又如，第一版出版时间与第二版出版时间不一致，设计时间也不一致；甚至，某些文学畅销书同时存在第一版第1、2……N次印刷，第二版第8、9次印刷等，5、6种设计于不同时期的封面图片。到底采用图书出版时间还是设计时间作为编排的首要原则？如何说明一本书的封面设计时间与图书版次、印次的关系？经考虑，为了展示苏家杰设计生涯的艺术发展脉络和具体设计风格变化，还是按照苏家杰先生的设计时间作为首要编排原则，把出版时间作为书目的其中一项元数据进行客观著录，同时具体著录出版物的详细版次、印次信息。

面对如此复杂的情况，笔者运用管理学中的"整分合原理"作为工作部署的指导思路，对纷繁的工作进行系统分拆、分步实施，再进行系统整合。编纂过程中，无论是封面图片或书目数据，均以正式出版物实体书为准，这是全书各项核对准确性的关键。"多维度、多视角协同工作"是顺利开展这项编纂工作的原则。由于封面设计与文献编目属于两个专门领域，既要兼顾艺术作品集的视角，又要符合图书馆编目规范。从两个视角来看都可以接受，才付诸实施。"取最大公约数"的理念一直贯穿着全书编纂过程，在本书的书目元数据设计方面也采取个性化的措施。比如苏家杰先生设计的丛书封面从设计风格上自成系列，因此，编者把丛书名著录在书名前方，而不单独另列丛编项。这样既从视觉上体现了图片设计风格的系列性，又方便丛书书目的集中编排。

笔者通过编制"图文对照索引"实现书目与图片的一一对应，并逐本核查馆藏实体书的版权页信息（图书在版编目数据）。经过2年的时间实现标准书目著录，旨在充分发挥书目的导读作用，为广大读者提供专业的书海导航。

为稳妥起见，在初步著录书目数据结束的同时，又专门启动针对封面设计原图的系统核对工作，把设计图与正式出版物封面进行逐幅核实，确保封面图片的图案、颜色、文字等信息均准确无误。书目数据也是确认对应设计原图无误后，再逐本核实和修改。书目著录完成后，再根据广州图书馆馆藏目录逐书取出，对应著录馆藏索书号。无法确定装帧方式和印次的，书面咨询苏家杰老师意见后确定。

所有的校对，都从编目视角审视一遍，又从图片视角再审视一遍，直至达到"最大公约数"的效果。

2022年下半年，波澜壮阔的图片赋号工程正式启动。在确定赋号方法与技术思路后，借助广州图书馆技术型志愿者的力量，对所有图片文件进行分类、分批赋号。最艰难的莫过于计算机批处理后的人工核校与细致调整。经过大量细致的核对审校工作，才最终造就图片与图文对照索引完全一一对应，呈现可直接出版的完整素材。

经过书目数据核对一遍、设计原图核对一遍，图片文件名赋号批处理，再实现图文一一对应，工作量是普通书目编撰工作的4倍。经过6年锲而不舍的努力，终于付梓。

2023年3月广州图书馆完成全书图片核对与数据审校，提交广西师范大学出版社，进入出版流程。

这是广州图书馆与名人专藏专家合作编纂的第一部名人专藏目录，从启动到付梓跨越了6年有余。其间，历经馆内多项重大任务叠加、人力资源极度匮乏、软硬件差异导致双方无法通过Office软件和QQ邮箱进行交流沟通、各方意见不一等困难。但是无论遭遇何种困难，这个项目都始终坚持运转，每月按时填报项目进度表，直至完成结项。

感谢苏家杰老师不厌其烦地根据我馆核校意见修改图片、提供各种咨询回复、想方设法查找原书等，并亲自设计本书封面，把关全书设计风格等。

项目的顺利完成离不开广州图书馆馆长方家忠、副馆长刘平清和信息咨询部主任陈智颖的关心和支持。感谢广州图书馆研究发展部主任肖红凌、副主任付跃安、常务编辑邵雪在统筹管理"广州图书馆文献整理丛书"过程中付出的努力。感谢广州图书馆采编部同事为馆藏图书所做的扎实的编目基础。全书编纂工作大部分时间都花在原书检索、审核校对和图片赋号等，尤其是图片、书目的核对工作量大而枯燥，广州图书馆实习生、轮岗馆员、志愿者和图书馆同行在不同的时期都分别为这个项目提供了切实的帮助。他们是实习生陈思茹同学、郑凯瑞同学、关慧瑜同学、曾昭雅同学，轮岗馆员范加丽（现任职于儿童与青少年部）、黄玉莹（现任职于文献流通部），徐山河（现任职于信息咨询部），志愿者卢立红女士、欧美英女士、冯峰女士等。尤其感谢技术实现图片赋号批处理和图文对应的两位专家志愿者，他们分别是——数据分析专家志愿者王嘉霖先生（前期启动批量赋号）、黄埔区图书馆副馆长陆锐梁先生（最终完成批量赋号、人工核校与细致调整）。还要感谢广西师大出版社文献分社社长鲁朝阳先生及相关编辑为本书出版付出的艰辛努力。谨此一一致谢。

《文学的长河：封面·构成》是广州图书馆开展名人专藏整理的又一成果。在编纂过程中，广州图书馆人始终秉持"理性　平等　开放　包容"的理念，以工匠精神认真对待这项文献编纂工作，不负专家、不负读者。期待图书馆所藏的各种专藏文献都可以得到有效开发与利用，服务于更广泛的人群。

何　虹

2024年4月2日